高等职业教育旅游与酒店管理类专业“十三五”规划系列教材

烹饪工艺学

主　　编　陈苏华

东南大学出版社
·南京·

图书在版编目(CIP)数据

烹饪工艺学/陈苏华主编. —南京:东南大学出版社,2008.5（2019.1重印）
（高等职业教育旅游与酒店管理类专业“十三五”规划系列教材）
ISBN 978-7-5641-0765-9

Ⅰ. 烹… Ⅱ. 陈… Ⅲ. 烹饪—方法—高等学校:技术学校—教材 Ⅳ. TS972.11

中国版本图书馆 CIP 数据核字(2007)第 066952 号

烹饪工艺学

出版发行	东南大学出版社
社　　址	南京市四牌楼 2 号　　**邮　　编**　210096
出 版 人	江　汉
网　　址	http://www.seupress.com
电子邮箱	press@seupress.com
经　　销	全国各地新华书店
印　　刷	虎彩印艺股份有限公司
开　　本	787 mm×1 092 mm　1/16
印　　张	17.75
字　　数	432 千字
版　　次	2008 年 5 月第 1 版
印　　次	2019 年 1 月第 5 次印刷
书　　号	ISBN 978-7-5641-0765-9/TS·21
定　　价	45.00 元

（凡因印装质量问题，可直接向读者服务部调换。电话:025—83792328）

出版说明

当前职业教育还处于探索过程中，教材建设“任重而道远”。为了编写出切实符合旅游管理专业发展和市场需要的高质量的教材，我们搭建了一个全国旅游管理类专业建设、课程改革和教材出版的平台，加强旅游管理类各高职院校的广泛合作与交流。在编写过程中，我们始终贯彻高职教育的改革要求，把握旅游管理类专业课程建设的特点，体现现代职业教育新理念，结合各校的精品课程建设，每本书都力求精雕细琢，全方位打造精品教材，力争把该套教材建设成为国家级规划教材。

质量和特色是一本教材的生命。与同类书相比，本套教材力求体现以下特色和优势：

1. 先进性：(1)形式上，尽可能以“立体化教材”模式出版，突破传统的编写方式，针对各学科和课程特点，综合运用“案例导入”、“模块化”和“MBA 任务驱动法”的编写模式，设置各有特色的栏目；(2)内容上，重组、整合原来教材内容，以突出学生的技术应用能力训练与职业素质培养，形成新的教材结构体系。

2. 实用性：突出职业需求和技能为先的特点，加强学生的技术应用能力训练与职业素质培养，切实保证在实际教学过程中的可操作性。

3. 兼容性：既兼顾劳动部门和行业管理部门颁发的职业资格证书或职业技能资格证书的考试要求又高于其要求，努力使教材的内容与其有效衔接。

4. 科学性：所引用标准是最新国家标准或部颁标准，所引用的资料、数据准确、可靠，并力求最新；体现学科发展最新成果和旅游业最新发展状况；注重拓展学生思维和视野。

本套丛书聚集了全国最权威的专家队伍和由江苏、四川、山西、浙江、上海、海南、河北、新疆、云南、湖南等省市的近60所高职院校参加的最优秀的一线教师。借此机会，我们对参加编写的各位教师、各位审阅专家以及关心本套丛书的广大读者，致以衷心的感谢，希望在以后的工作和学习中为本套丛书提出宝贵的意见和建议。

高等职业教育旅游与酒店管理类专业
“十三五”规划系列教材编委会

高等职业教育旅游与酒店管理类专业
“十三五”规划系列教材
编委会名单

高等职业教育旅游与酒店管理类专业
“十三五”规划系列教材
编委会会员单位名单

扬州大学旅游烹饪学院
上海旅游高等专科学校
江苏经贸职业技术学院
太原旅游职业学院
浙江旅游职业学院
海南职业技术学院
桂林旅游高等专科学校
青岛酒店管理职业技术学院
无锡商业职业技术学院
扬州职业大学
承德旅游职业学院
无锡城市职业技术学院
应天职业技术学院
江苏农林职业技术学院
常熟理工学院
江苏食品职业技术学院
浙江工商职业技术学院
浙江育英职业技术学院
上海工会职业技术学院
上海思博学院
南京视觉艺术学院
湖南工学院
湖南财经工业职业技术学院
常州轻工职业技术学院
南京化工职业技术学院
成都市财贸职业高级中学
四川省商业服务学校
南昌女子职业学校
金陵旅馆管理干部学院
四川烹饪专科学校
镇江市高等专科学校
海南经贸职业技术学院
昆明大学
黑龙江旅游职业技术学院
南京铁道职业技术学院
苏州经贸职业技术学院
三亚航空旅游职业学院
无锡市旅游商贸专修学院
金肯职业技术学院
南京工业职业技术学院
江阴职业技术学院
湖南工业科技职工大学
安徽工商职业技术学院
苏州科技学院
登云科技职业学院
新疆职工大学
陕西职业技术学院
海口经济职业技术学院
海口旅游职业学校
长沙环境保护职业技术学院
成都商业高等专科学校
广东韩山师范学院
吴忠职业技术学院
吉林商业高等专科学校
河北旅游职业学院
安徽城市管理职业学院

前 言

中国烹饪工艺高职教育全日制大专创办于1984年。先在扬州大学旅游烹饪学院(原江苏商业专科学校,江苏商业学院),接着在黑龙江商业学院、四川烹饪专科学校相继设置了烹饪高职教育机构。其时,改革开放之初,百废待兴,中国高等烹饪及酒店、旅游教育还是空白。此前,始于20世纪60年代中期的烹饪技校教育已有十多年办学经验。但是到了文革期间就全面停止了,而在此期间,国际上烹饪教育正在许多国家和地区蓬勃发展,在第三产业中发挥着极其重要的作用。如美国、法国、英国、德国、瑞士、新加坡、日本、韩国等国家和地区的中、高级烹饪教育体制已得到完善建制。为了跟上世界第三产业发展的步伐,率先在中国几个重要的饮食文化中心地区建立相应的烹饪高等教育机构是教育部的一项重要决策。

1984年夏,我从扬州师范学院中文专业毕业,考虑到我已有十年厨师的烹饪工作经验,学校选择我担任中国烹饪系的工艺专业教师,实际上也是国内全日制大专的第一位专业老师。当时,我既感到荣幸,又感到困惑,毕竟这是一个前无古人的事业。我深感重任难当,但又不舍放弃。高等教育与技校教育完全不同,需要一个理论体系与实验体系的相互支撑。而技校教育的教材与实验的系统性、完整性,理论与技术的深度和广度以及教学方法等方面,都远远不能达到高职教育的要求和标准。这是一个需要全新拓展的领域,其中教材的建设尤为重要,我参与了第一轮的教材建设工作。起先,我们一边探索,一边写讲义,一边教学,其间几易其稿。1992年春,由中国商业出版社出版发行了《中国烹饪工艺学》,它是中国第一部运用科学观念全面系统地总结中国烹饪传统工艺实践经验的理论著作,也是第一部烹饪全日制高等教育教材,填补了中国烹饪高等教育无相应教材的空白,结束了讲义教学的历史,也让技校教学影响得以终结。在其后的年代,又有几种不同版本的《烹调工艺学》与《面点工艺学》问世,其实质是从《中国烹饪工艺学》中分离出来的两个部分,这两种教材虽然在形式上不同,但在基础内容方面具有更多的重叠,遗憾的是,这已形成了现有教材的固定结构,从而不便更改。

本教材依照该既成内容构成要求,将面团与面点成形两节内容留给《面点工艺学》,着重在菜肴制作工艺方面作了更多的充实、更新、完善,使之系统性与模块化更加突出。整个教材以案例为引导,以学习目标为宗旨,由浅入深,层层递进,以大量案例为基础,分析详尽,体系完整,内容新颖,与第一线实践紧密贴近,理论与实操性结合得更为紧密,深度与广度又更与高职高专实际教学标准相贴切,这一切都深受东南大学出版社的老师们的有益启示和教益。由于本教材第一次采用案例导入式体例写作,在很多方面尚欠成熟。然而,本教材无论在内容体系还是在模块形式方面,无疑已对前期教材(包括高教版与轻工版)有诸多突破和革新，也与食品加工专业理论有多方面的融合，因此也较适合食品加工专业选修使用。我们相信，本教材在以后会不断地得到充实和完善，必将对烹饪教育和社会餐饮发挥其应有的功能作用。

著者：梅岭愚庖

2007. 7. 25

目 录

绪　论

学习目标

通过本章的学习，使学生对烹饪工艺学有一个概括性的了解，明确学习任务，掌握学习方法，提高研究兴趣。

本章导读

本章主要阐述烹饪的本质、烹饪工艺学的性质和特点以及相关技术组成内容，明确指出烹饪的五大特征孕育了其技术体系的形成，并进一步指出现代科学方法是现代烹饪工艺理论体系形成的有效手段和必要途径。

一、烹饪工艺学的性质及其特点

1. 烹饪的本质

人，要靠摄取食物来维持生命，但又不能像其他动物那样被动地摄取，而是必须通过能动的专门劳动——食品生产，这就产生了人类的饮食文明活动。人类随着文明程度的提高，饮食活动也日益进步，其首要的表现便是使自然状态的食物原料，经过各种各样的熟化加工，以适应人类的生理需要和心理需要，这种熟化的饮食生活，称之为“烹饪”。

在熟化加工过程中，不仅要使食品合乎人们在卫生与安全方面的需要，以及具备丰富的、有益于健康长寿的营养物质，还要在色、香、味、形、质、意、器等诸方面给人以美感享受，以达到人性化食品——“美食”的标准。即在烹饪过程中要使食物在卫生、营养、美感三方面达到高度统一而成为美食，就需对烹饪过程进行合理性的控制。因此，习惯上也称之为“烹调”。调是调节、控制的意思，这里是指对烹饪工艺的设计、安排和实施。

2. 烹饪工艺学的性质

烹饪工艺学，是指从人的饮食需要出发，对食品卫生、营养、美感三要素进行统一控制，使菜点在卫生的保障下达到营养与色、香、味、形、质、意、器具美的一门专门学科。本学科以中国传统风味菜肴与点心的制作工艺为研究对象，以手工加工为基本特征，以卫生、安全为前提，以风味为核心，以营养为目的，是食品加工科学的一个分支，是总结和揭示中国烹饪工艺一般规律的学科。因此，准确地说，应该称之为中国烹饪工艺学。

在人类饮食文明史中，每一个国家、每一个民族乃至每一个自然区域，都有其极富特色的风味食品，这些食品具有浓郁的地方风味，精湛的加工技艺，多样的形式，丰富的品种和鲜明的文化风格。可见，烹饪工艺学是各地区物质文化与精神文化的结晶，具有浓郁的民族特性。

烹饪工艺学不同于工业化食品工程学，它是一个以手工艺为主体的更为复杂而丰富的技艺系统，它具有复杂多样的个性、强烈的艺术表现性，通常都是随制随吃，因此，它不同于其他工科技术强烈的复演性和机械性，并且它的艺术表现性也更是其他工科技术所不及。据不完全统计，目前人类直接食用的成品食品中，工业产品占30%左右，手工艺产品则约占70%。而值得一提的是，当前大多数工业化食品加工只停留在二至三级产品层次，亦即原料性层次，仅对农产品的再加工或者深加工。另外，在终端产品方面，对保鲜、灭菌、风味以及形式的多样性方面尚难以解决，即使解决了，也只能是一些简单工艺的快捷食品，无法达到烹饪手工工艺的各项质量标准。

在欧美国家，真正顶级的饮食享受无不是通过手工艺食品——烹饪工艺菜、点来实现的。因此，工业化食品加工永远是无法取代烹饪手工艺的，就像机印无法取代手工绘画一样，因为高级食品需要更多个性的文化内涵。

然而，现代的科学食品观正影响并改变了一些传统的食品观，并直接引导着现代烹饪工艺的发展方向。现代科技知识的总量已远远地超过了以往任何一个时代，这也对烹饪工艺工作者提出了更多的素质要求，安全、健康、自然、环保、营养、完美性、多样化、特色性等现代理念正深入到烹饪工艺体系之中，烹饪工艺已不是过去的经验体系了。烹饪工艺理论正向着现代食品科学体系融进，烹饪工艺直接为人类饮食生活的身—心健康服务，是食品科学工程体系的一个特殊体系，是一个具有中华民族文化特质的食品艺术工程体系。

3. 烹饪工艺的特点

研究中国烹饪工艺和了解中国烹饪有别于世界其他国家和地区烹饪的特点是十分必要的。中国烹饪的特点主要反映在以下几个方面：

(1) 以粮食为主食的东方农业型食物结构　中国位于北半球，欧亚大陆东部，太平洋西岸，南北跨纬度近50°，东西跨经度60°以上，地势西高东低落差较大，地形地貌复杂，气候变化多样。从而生长了多种动植物群落，为中国烹饪提供了众多的食物原料品种，形成造料广泛的特色。在广大季风气候区，夏季"普遍"高温，水稻、玉米等作物在最北地区都能种植，尤其是在广大的东部地区，受夏季风带来的海洋暖湿气候的影响，雨量充沛，为农业生产提供了优越的条件。

在特定地理气候条件下，中国在四千至七千年前就形成了东方大陆的大河流域精耕农业型主辅食物结构，即：五谷为养、五果为助、五畜为益、五菜为充的食物结构，这对中国烹饪传统食品价值观的形成与食品结构的形成起到了主导作用。

(2) 筷(箸)匙进餐的饮食方式　经过若干年代的进化发展，至汉魏之时，中华民族已习惯用筷、匙助食，这种进餐方式明显地影响着中国烹饪工艺的发展。例如，在菜肴组配中，食物原料的基本料形长于片、条、丝、丁、末、茸等精细形态，从而形成了与之相适应的"旺火速成"制熟方法群，这是中国烹饪工艺中最具特色，与西方烹饪最具区别的工艺类型——快速加热、均匀成熟、方便筷匙摄食。

(3) 四时五味养生美食的价值传统　数千年来，中国民族一直以四时五味养生的价值观念传统指导着烹饪饮食过程，追求饮食中身—心双修的理想境界，中国传统认为美食即食药，既可养身又可养德，这种医食同源的互动通过烹饪工艺来实现人们的饮食理想，从而造就了中国"食不厌精，脍不厌细"的精细雅美的烹饪工艺体系。

(4) 坚持以热为主的熟食风格　长期以来，中华民族崇尚热食，被认为热食既可养胃而不易引起肠胃疾病，也可以通过热食在口腔里自然降温的过程，品尝到食品最为充分的滋味，这是中国养生饮食的一个重要方面的体现。据数据显示，中国名菜中，热菜点占95%以上；制熟方法中，约85%是因热食的需要而产生；筵席中，热食性菜点约占85%。餐饭中，基本上全是热食，乘热而食对中国烹饪工艺的运用确定了最高标准："烫食"。据测试，现炒的菜表温度不低于80℃，炖、焖品则要见沸食用，宁可吹气降温也不能温凉食用（冷菜、冰点除外）。通常，冷餐酒会来自于西餐，热气蒸腾的筵席则在中餐。

(5) 多元融合，大统归一的形式体系　在人类农业定居以前，世界各地早期人类的饮食特征几乎一致，皆"随水草而迁涉，食肉衣皮，不识盐谷"。人类定居以后，开始产生各地区间的差异，此谓之饮食民族化、风味地区化的开始。在中国由"烤炙"型手抓饮食发展到鼎鬲"蒸煮"型手、筷、刀并用饮食，进而发展至釜甑加热、筷箸进食，直至现代，从现有的史料看，大约七千余年。

在漫长的历史发展进程中，中国烹饪随着中华民族各族间的多次融合而发展形成了广泛而又多样化的统一。在表面上看，形成了以汉民族为主流的烹饪特色，其内部却包含着历史上众多民族的文化因子，从而形成了民族性质的、地区性质的、社会阶层和文化信仰性质的不同烹饪风格和众多流派。例如在地区差异方面呈现有淮扬、川湘、粤海和京鲁分别代表中国东、西、南、北四大方位的鲜明特色；在民族烹饪方面存在着汉、蒙、回、壮等明显区别；在文化阶层方面又有宫廷、市肆、清真、佛食、雅食等流派。正是这些错综交叉的纷繁特色，构成了中国烹饪的充实内容。另外，中国烹饪学蕴含着丰富的历史经验和深层的文化积淀，体现了养生学说的身心结构的统一。

二、烹饪工艺学的研究内容

烹饪工艺学将食物加工过程视为一个完整流程，流程中一切工艺现象皆是被研究的内容，它不在于研究现成的最佳流程，而是在于研究能够组成最佳流程的基本工艺因素。因此，它的研究内容包括一切技能、技术和工具的操作总和。主要由如下流程组成：

1. 选择与清理加工工艺

依据食用意图对烹饪原料进行选择，并进行去粗取精和卫生处理的专门加工，使原料基本符合制熟加工的各项标准，成为直接的、纯净的烹饪原料。诸如对植物性新鲜原料的摘选加工，对动物性新鲜原料的宰杀加工，对干货原料的涨发加工等等。

2. 分解加工工艺

将经清理加工后的原料进一步进行切割分解，使料形精细，扩大对制熟加工的适应面，便于人们取食，丰富制品种类。诸如对动物整形胴体的拆卸加工，刀工与刀法运用，基本料形成形与运用等等。

3. 混合加工工艺

将多种原料混合配置，形成一种新型深加工原料，如同混凝土搅拌形式。诸如制馅、制缔、制面团等等，这一工艺加工阶段能够开拓食品新的系列，丰富菜点内容。

4. 优化加工工艺

在本质基础上对食料的色泽、香气、口味、形态、质地及营养成分诸方面进行进一步提高改良的加工，其主要目的在于增加食料的风味性、美观性以及优化其品质。诸如调味工艺、着色工艺、着衣工艺、致嫩工艺和食品雕刻工艺等等。

5. 组配加工工艺

将各种成形原料按规则配置加工成完整的菜点生坯，并将各种菜点按规则组配成餐饭和筵席品种套路，达到完美表现、平衡膳食、合理经营的目的。诸如设计与菜点组配、餐饭与筵席制品组配等等。

6. 制熟加工工艺

运用加热或不加热的方法，将经过组配的菜点生坯，运用炸、熘、爆、炒、炖、焖、煨、烧、烤、㸆、熬、煮、煎、煽、糟等制熟加工，使之最终成为成熟制品。

7. 成品造型及装饰加工工艺

运用拼摆、堆砌、排扣、装盛等方法，将制熟的菜点以某种美的造型展现，给人提供食的方便和观赏的愉悦。菜点通过形象设计与造型，达到良好的视觉效果，最终实现菜点品尝的最佳综合效应。诸如冷盘造型、热菜造型、装饰造型加工工艺等等。

三、烹饪工艺学的任务与研究方法

（一）烹饪工艺学的任务

中国烹饪工艺学是在中国烹饪的现代化变革中设立的专业技术课程，只有当中国烹饪的传统技艺和经验同现代科学有效结合的时候，才能称其为一种特质性的食品加工科学。中国烹饪工艺学的任务就是运用现代科学观点与方法继承与革新中国几千年来的烹饪技艺经验，合理重建烹饪工艺理论体系，从而达到揭示规律的目的，为实践提供依据，进一步提高工艺操作的灵巧性、准确性和科学性，为中国烹饪工艺的未来发展奠定坚实的理论与实践基础，为现代人类饮食生活服务。

（二）烹饪工艺学的一般研究方法

由于烹饪工艺过程广泛融合了卫生学、营养学、生物学、保健学、化学、微生物学、食品机械学、美术与美学、民俗学、心理学、经济学、商品学等多种相关学科知识，因此，烹饪工艺学具有明显的边缘与交叉学科性质。烹饪化学、烹饪营养学、烹饪卫生学、烹饪美学与烹饪原料学的相继设立，为烹饪工艺学的建立奠定了前期基础。烹饪工艺学作为烹饪学科体系的中心课程，要求把与烹饪相关的科学与技术视作一个整体，通过对多学科在烹饪工艺中的不同作用来研究烹饪工艺。因此，采用自然科学与社会科学相关学科方法结合的方式是烹饪工艺学研究方法的特色。根据概括程度与适用范围，有如下三类：

1. 分析比较法

有流程结构分析法、功能模拟法、形式比较法、综合程序法等。

2. 理化测试法

充分运用有关化学、生物学、生理学、营养学中对食品进行分析、测定的实验方法。

3. 调查统计法

主要运用有关心理分析、社会调查等方法，进行归纳、统计的分析研究。

第一章　食物原料的选择与清理工艺

学习目标

通过本章教学使学生能够了解食物原料的种类、品质，掌握选料方法和清理加工的技术，尤其是使学生能在不同的食用目的下灵活应用对畜、禽、鱼、虾、贝及干货等原料的选择与清理加工技法，为最优化实现工艺目的奠定坚实的基础。

本章导读

人类的食物原料，按原料学可分为动物性原料，如畜奶、禽蛋、鱼、虾等；植物性原料有粮食、蔬菜、果品等；矿物性原料如盐、碱、矾等；以及人工加工性原料如复合调料、色素、香料等等。这些原料具有各不相同的品质特征，在烹饪工艺中具有不同的用途，给人以营养和风味的多样性享受。对这些原料的使用应按照卫生法规的原则对品质进行鉴定和选择，还应根据具体人的饮食需要对其在营养、风味、形态和新鲜度方面进行综合审定才能选择，以符合特定菜点所需要的各项原料标准。

然而，被选用的原料大多还只是毛料，不能直接将其加工制熟成菜点。为了使它们符合制熟加工的要求，则必须对其进行去粗取精和卫生方面的专门加工，将毛料加工成为能直接被用于加工制熟的净料，为菜点合格制品提供前提，这类加工主要有摘选、宰杀、清脏、干料涨发、洗涤等内容，概括称之为清理加工。

第一节　食料的选择原则与规律

引导案例

小王刚上班，厨师长便安排他验收早晨购进的食物原料，小王勇敢地承担了这一任务，他认真地检查每一种肉类和蔬菜，并没有看到、闻到、触摸到异常，有时还采用舌头接触的方法，检查那些葫芦里是否有苦味，胡椒是真有假，结果也没有发现不正常情况，他满意的回到厨房开始了餐前准备工作。不一会儿，厨师长气冲冲地过来了，对他严肃地批评了一顿，说有许多原料不符合质量标准，小王感到很纳闷，明明是没有发现原料的臭、粘、黄、损现象，为什么厨师长还要说质量不达标准呢？问题出在哪里呢？小王百思不得其解。

分析：在酒店生产过程中，第一道程序就是对所用食物原料进行检验选择，一般采用感观测试的方法，所谓感观测试就是指眼看、鼻嗅、耳听、手触、口尝。本案例中，小王虽然采用感观检测的方法，依据卫生与原料学的相关知识没有发现不良色质、气味、质感、声音和口味，看似食料在安全卫生和新鲜程度上是符合标准的。但是，他忽略了一个重要问题，即依据特定产品所规定的特定质量标准对食料做技术性的选择，例如猪肉的部位等级和肥瘦问题，鱼的大小和新鲜程度问题，蔬菜的老、嫩问题等等。因此，小王的选料问题主要出在因菜选料方面。如果他在验收食料前，对产品选料订货计划加以充分了解，就会在检验中发现问题，从而拒收不合格原料。

如上所述，选料的基本目的和意义就是为人类饮食安全和身体健康提供保障，同时还要为人类饮食制品提供特定的风味质量保障。对此尤其需要了解风味菜点制作的一般选料原则与规律。

一、一般选择原则

（1）安全卫生原则　卫生性选择的目的是防止食物中毒。食物中毒是指人吃了有毒食物而引起疾病的现象，主要有微生物性食物中毒和化学性食物中毒两大类。在发病的快慢上，有急性、亚急性和慢性三种情况，其中容易引起人们注意的是急性食物中毒，而某些慢性食物中毒其危险性更大，甚至会贻害子孙。

对食物的卫生选择，必须具备丰富的卫生学、原料学知识，选用经过卫生检疫部门认可的肉类原料、蔬菜、粮食以及添加剂原料，并对腐败变质原料加以杜绝，对生理有毒物质严格鉴别和控制。

（2）营养搭配原则　选料要根据制品特定营养搭配和营养物质质量指标进行选择，需对原料营养构成与加工损耗和变化特点作动态选择。例如，绿色蔬菜易在酸味菜肴的加热过程中损失过多的维生素物质，故而制作酸甜菜肴不宜选择绿色蔬菜。再例如在肉类菜肴中，一般需要选择粗纤维丰富的植物性原料为搭配的辅料，制成品更易于被人体消化和吸收，从而达到酸碱平衡。

（3）风味性选择原则　风味是指食物所特有的化学成分或食物形态，给人以触觉、温觉、味觉、嗅觉及视觉的综合感受，烹饪上，习惯称为色、香、味、形、质。

由于人对风味的感受是一种生理—心理通感现象，所以风味具有强烈的个人、地区、民族、宗教等方面的差异性。

大多数风味物质本身虽然是非营养性的，但能给人以快感，进而增强人的食欲。良好的风味是构成烹饪品质量的重要因素，因此，对烹饪原料的风味性选择，应综合生理与心理诸方面因素进行审定。

（4）原料形体的选择原则　形体即原料的外部性状特征，一般来讲，结构健全、体态完美、躯干丰腴饱满、表体光洁的原料是优质菜品的选料标准。对原料形态的选择应根据特定菜肴的要求，还应考虑在特定形体条件下原料的最佳使用性和最大运用率。成菜造型标准是否实现，取决于原料形体的完美。选料应贴切，不应大料小用，整料残缺，应对原料形体大小、宽窄、长短、粗细分别运用，各尽其用。

二、一般选择规律

对原料的选择主要有理化鉴定法与感官鉴定法两种。在烹饪工艺中，通常采用的是感官鉴定法，即运用听觉、视觉、嗅觉、味觉和触觉对原料综合审定，这是一个集多种知识复杂判断的过程。一般来说，对烹饪原料的选择使用有如下规律：

（1）从生长期方面分级使用。

(2) 从品种区别方面分级使用。

(3) 从不同部位方面分级使用。

(4) 从个体形态方面分级使用。

(5) 从经济价值方面分级使用等等。这在烹饪原料学中被得到充分的阐述。

通过对原料的分级使用，物尽其长，才能收到对烹饪原料选择的实际效果。由于原料不同分级应用内容已在烹饪原料学中有详尽的阐述，故而此处不作更多的重复。

第二节　植物性原料的清理

引导案例

某饭店开始了新一轮招收厨师的考核，题目是每个人制作五道时蔬菜肴：炒丝瓜、烩冬笋、香菇菜心、韭菜炒鸡蛋和炒花椰菜。几个年轻的应考厨师心里乐开了花，认为这还不容易。于是他们很快完成了考核，只见菜绿、瓜白，火候正好。有人还尝了几口，觉得鲜脆可口，口味也很鲜美，每个人都认为自己必胜无疑。可是待评委结果一宣布，个个都傻了眼，一个也不合格！为什么？问题出在哪里？他们带着不解的心情询问一位观战的老师傅。"问题出在对这些蔬菜的摘剔加工上。"老师傅回答说。

分析：新鲜植物性原料统称蔬菜，大多属于高等植物，由根、茎、叶、花、种五部分组成，根据可食用部分，原料学将之分为根菜类、茎菜类、叶菜类、花菜类、果菜类加上菌类菜共有六大类。对其清理就是要去除非食用部位，但这还不行，还要依据成菜设计的标准最佳保持原料的形、色、质等外观的美。本案例中，每位应考的厨师都或多或少犯了以下几个错误：将丝瓜皮刨去太多，使之失去绿色和脆感；将菜心削得太过，破坏了菜根的箭状造型；另外，将花椰菜的菜朵和冬笋的笋尖以及韭菜的菜白都破坏掉了。因此，对植物性蔬菜原料的清理加工应注意如下原则：

(1) 加工时应尽可能保持原料形体的完整性、美观性，使原料适应多种用途的需要，不可无目的、无章法的乱摘乱削，破坏形体，使使用性受到限制，从而增加损耗，提高成本。

(2) 应根据成菜要求，采用不同方法，最佳地达到质量要求。例如，运用刮皮法可使"翡翠冬瓜球"达到碧绿的效果，而采用刨皮法则难以实现同样效果。

(3) 对虫卵、泥沙、农药、化肥滞留最多的夹缝处，应重点清理，防止残存污物伤害人体，影响菜点的质量。

(4) 应先洗涤，然后再切割整理，减少水溶性营养物质从刀口处流失溶解，从而使食用价值不受损害，尤其应注意的是，切割后的原料不宜长时间浸泡于水中而破坏其营养与风味质量。

(5) 对有些原料可采用综合处理使用，如菜心摘出后，较嫩的边叶仍可留作他用，不应浪费。

一、蔬菜原料摘剔加工的方法

蔬菜原料的不同形态是摘剔加工方法实施的依据，经归纳有摘、敲、剥、削、撕、刨、刮、剜等方法。鉴于这些都是日常生活的常识性问题，在此就不加以叙述，本书主要介绍几种比较特别的加工方法。

1. 碱液去皮法

这是将原料置于一定浓度和温度的碱溶液中，利用碱的腐蚀性，使原料表皮与果肉间的果胶物质腐蚀溶解，从而使果皮脱落的方法。此法在罐头工业中被广泛使用，而在烹饪工艺中仅指对莲子红皮的去除，其方法是：将干莲浸湿置于10%食碱溶液中（水温90℃以上），迅速顺一方向搅动约2～3分钟磨擦去皮，然后投入流动水中漂清碱液，再用10%的盐酸来中和除去剩余碱液防止变色，去皮后用细竹扦顶出莲心即可。

2. 油炸去皮法

这是将原料投入160～180℃油中炸制，使外皮卷曲脆化脱水，然后搓揉去皮的方法。适用于对干果中一些果仁皮的去除，如核桃肉、杏仁、松子仁、花生仁、白果仁等等。

3. 沸烫去皮法

这是将原料投入沸水略烫，使表皮突然受热凝固与果体分离，然后撕下外皮的方法。此法适用于对一些浆果、核果的外皮去除，如番茄、桃子、杏子、枇杷等等。

在蔬菜原料中，以去皮方法较为复杂，除上述三法外，尚有撕皮、剥皮、刨皮、刮皮、擦皮等法。另外，在食品加工工业中，尚有机械去皮（如旋皮机去皮，转筒擦皮机去皮）、红外线辐射去皮、火焰去皮、冷冻去皮、酶去皮法等等，皆适用于对原料大批量生产。鉴于烹饪业及家庭厨房的加工特点，目前仍以手工为主，此类方法还不常用。

值得注意的是，尽管将常用摘剔方法归纳为上述数种，但在实际加工中，对一种原料的加工，往往需几种方法综合运用才能达到目的。例如，将原料上不可食用的叶、茎、根、皮、筋质等去除后，有的还需对料形修整，使之达到光洁、平滑、美观的效果，运用剔的方法去除虫眼、缝隙中杂物和刨平料体。

二、粮食及添加剂原料的拣选加工

（一）原料种类及其加工目的

在植物性原料中，用于人们一日三餐主食的原料，统称之为粮食，有豆类、稻类、麦类、玉米、高粱、芝麻及其加工粉碎制品等等。

在烹饪过程中，用于对食品调味、增白、致嫩、着色、发酵而添加的原料，统称添加剂，有碱、矾、苏打、发酵粉、色素、盐、香料、酒、醋、味精、酱、油等等，它们也有各种不同的成品形态。

对这两类原料的加工目的是去除其中霉变、风化、污染部分以及泥沙、草屑等杂质；将块状原料碾碎，受潮原料烘干过筛；将混浊之液体澄淀过滤、炼制等；为主食及食品的添加提供纯净、卫生、方便的原料。

（二）拣选加工方法

依据原料的不同形态，目前，在烹饪行业中有如下几种手工加工方法：

1. 分拣法

将原料铺于案面，分别拣选出次品、杂质与正品。此法适用于对颗粒较大的原料加工，如花生仁、玉米、干蚕豆、黄豆等。

2. 播扬法

将原料置于簸箕之中，顺风向扬起，让较轻的壳屑、灰尘随风吹去，较重的泥块沉于底面，拣出中间的正品。此法适用于对较小颗粒原料的加工，如红豆、绿豆、米粒、麦粒、芝麻等。

3. 过筛法

将原料置于细目筛中，通过揉擦晃动，使细粉从筛目中漏下，拣去杂质。此法适用于对米、麦面粉的加工。过筛后，面粉更为细腻而膨松，方便使用，尤其对糕点制品的制作，筛粉是一道必要过程。

4. 碾压法

用重物或专用碾槽、碾筒将结块的添加剂压碎成粉，方便使用，适用于对碱块、矾块、盐块、糖块的加工。

5. 溶解法

按一定的浓度比例，用水将浓度较高的可溶性结晶粉末原料溶解，方便使用。如碱、矾、色素、硼砂粉、味精等。经溶解后的原料，作为溶液使用，添加更为准确，在食品中扩散迅速而均匀。尤其对味精的使用，若用干粉则难以准确添加，常因手勺沾得过多而使制品产生异味和浪费，一般来说，用80℃热水溶解味精成20%的味精水溶液，使用既方便，又准确、入味和节约。

6. 过滤法

即将混浊液体注入筛箩，使液体部分漏下，让固态絮状杂质留下，此法适用于酱油、醋、酒等液态添加剂，如系黏稠液体，可用适量水稀释后过滤；如系悬浊液，则应澄清后再过滤。

7. 炼制法

将油脂加热去除油腥味及油沫。一般来说，精炼植物油本是无味的，但在贮藏过程中往往因酸败而产生一种类似豆腥气以至鱼腥气的气味，其原因是不饱和脂肪酸自动氧化产生的不饱和醛类所致，通常是不饱和脂肪酸含量高的油脂，如大豆油、亚麻子油、菜子油等。另外，一些含水量较高的动物脂肪亦会由于自动氧化作用，常产生一种如马粪纸似的异味，对这些现象，采用重新炼制法即可去除；而植物油脂将其加热至180℃即可；动物油则还需添加适量的姜、葱、酒。

一些植物油如贮藏时间较长，则会由于自动氧化的聚合作用而产生黏稠现象，使用时会产生大量泡沫，因此也需将其炼制。

第三节 水生动物原料的清理加工

引导案例

几个大学生被分配到了某大酒店的水台实习，他们轻视这项工作，认为不让他们直接上灶炒菜是浪费人才。然而当他们工作了一天下来时，问题却出了一大堆，厨师长严肃地批评说："鱼鳞没有除干净，有些鱼的去脏方法也不对，鱼鳃忘记取出来了，鲨鱼皮的沙粒也没有去干净等等。"这些问题已严重地影响到食品的质量，进而也影响到酒店的生存。

分析：现代酒店生产非常注重原料的鲜活程度，尤其是水产品要求活养、活杀，以最大限度保证鲜活性，水台就是根据菜单对水产原料要求即时处理的场所，这也是厨师学艺的最为关键性的基础技术之一。由于水生动物种类很多，在生物学上分属节肢、软体、棘皮和脊椎动物等门属，因此对其清脏加工也就十分复杂和困难，加工时不仅要知道订单的菜肴品种，做到按订单加工，因菜而异，方法正确；还需对被加工水生动物生理和结构做到充分了解，以免出现割破鱼胆、划破鱼皮或者将某些肢体破坏的现象。

对水产品的清理以清除内脏最为重要，其他有宰杀、去鳞鳃、褪沙、剥皮、去壳、摘洗等加工。水产品中往往富有黏液血渍，内脏有胆和肠等最难去除，在加工中应彻底去除，尤其是无鳞类鱼的去腥十分重要。在加工中除了要应对菜单需要，还要保持其最佳完整性，扩大其使用面，采用适当的方法对原料进行综合运用，减少浪费。

一、鱼的清脏加工方法

加工程序一般是：

刮鳞→去鳃→整理内脏→修鳍→洗涤

详细步骤如下：

1. 刮鳞

用刀或特制的耙，从鱼尾至鱼头逆鱼鳞生长方向刮去鳞。此法专指对骨质鳞片的去除，脂质鳞则不应去除，对有沙的鱼和无鳞鱼没有此项加工，另有褪沙、剥皮、泡烫、宰杀等方法。

(1) 褪沙　专指对小鲨鱼的加工，即将鲨鱼用70～90℃热水泡烫1～3分钟，然后用小刀刮去鱼表生理性沙。烫时应根据鱼的老嫩决定温度的高低和时间的长短，防止皮破沙陷。

(2) 剥皮　皮质较粗而味劣的鱼需剥皮，如绿鳍马面钝，从头部向下剥去皮，然后去鳃及内脏。

(3) 泡烫　海鳗、江鮰、泥鳅等无鳞鱼，体表富含黏液，腥味较重，需用95℃热水泡烫，使黏液凝结洗去，以方便去鳃，取脏。要注意的是，江鮰还需用刀刮去表皮灰色黏膜。

(4) 宰杀　在鱼的清脏加工中，一般无宰杀内容，仅鳝鱼谓之"宰杀"。鳝鱼为合鳃鱼，生命力极强，离水不易死亡，尤其鳝鱼死后食用能引起组胺酸中毒，故只能乘活宰杀食用。对鳝鱼的宰杀有"活杀"与"汆杀"两种方法。

活杀：即趁活放血至死的方法。或将其击昏后剖腹取出内脏；或切断颈椎放血后剖腹取出内脏(背剖亦可)。宰杀后，用少量盐揉擦，使黏液渗出，洗净即可。

汆杀：即汆烫至死之法。以500 g黄鳝为例，将2 kg清水烧沸，加20 g盐、15 g醋，将黄鳝迅速投入锅中，加盖。待鱼身卷曲至死，揭盖，用勺柄轻轻在鱼中搅动以去黏液，待水复滚即掺少量冷水降温，使水保持在80～90℃左右，浸烫约10～15分钟，待鱼嘴张开，肉质放松即出锅捞出置于凉水中，便可出骨，此谓之"点水浸烫"。

在汆杀鳝鱼的溶液中，盐的作用是使鱼皮收缩增加弹性，从而防止了破裂；醋的作用是使鱼皮色素沉着，增加色泽光亮，并兼有去其鱼体放线菌的特有土腥气的作用。另外，据分析盐与醋对增强鱼肉质的松嫩和弹性也有一定的作用。

一般来说，取生性原料制菜常用活杀方法，如生炒鳝鱼片。取熟料制菜则采用汆杀方法，如炒软兜等等。

2. 去鳃

鳃是鱼的呼吸器官，所需去除的是鳃的鳃片和鳃耙，有的还需要去除咽齿，但鳃盖不用去除。鱼有四对全鳃，每一对全鳃有二鳃片(半鳃)，鳃片上富有毛细管进行气体交换。鲤有鳃弓五对，第五对是鳃弓无鳃片，但有咽齿需去除，去鳃时，需剪断鳃弓两端，然后取出。要注意的是，鳃耙有刺，不仅容易割破手指，而且还会由于用力不均而折断，造成鳃片残留而影响质量，故不宜用手拉取鱼鳃。

3. 整理内脏

内脏需从鱼体腔中取出,取脏方法有三种:

(1) 脊出法 从鱼的脊背剖开,割断肋骨与椎骨的连接,取出内脏,刀口在背鳍的一侧,长度从项圈下至肛门等高点。此法适合于对纺锤形鱼的加工,是"釀烧鱼"、"荷包鱼"或腌鱼的特殊取脏形式,鱼腔利于填陷,完整性较好。

(2) 腹出法 从鱼的腹部正中剖开鱼腔取出内脏,刀口长度从胸鳍至肛门。这是基本去脏法,适用于对所有鱼的加工。

(3) 鳃出法 将鳃弓两端剪断,用三只竹筷两下一上夹住鳃片向鱼腹伸入至肛门,将鱼肛门前端横割一刀口割断尿肠,然后顺一方向搅动竹筷使鱼肠卷附于竹筷上拉出竹筷。此法适用于对纺锤形鱼的加工,是制作"八宝桂鱼"的特殊方法,一般适用于对腥异味小、肉白细腻的名贵淡水鱼的处理,如鳜鱼、刀鲚、白鱼等。一些体窄肠短的鱼亦可采用鳃出法。

取内脏时应注意鱼腔内脏器官的位置,防止刺破或拉破鱼胆,并应去除鱼腔内黑色体腔膜和腹腔膜(胆去除),鱼肠、胰、胆、胃、肝、鳔、脾、籽留用。

4. 修鳍

修鳍是将取过内脏的鱼进行整形,主要是将鱼鳍裁齐,使鱼体显得加工精细而美观。方法是用刀剁去鳍尖(不能完全去掉),尾鳍呈剪刀形。鳜鱼背鳍有毒而锋利,应裁齐后再刮鳞,以免刺伤人手,修鳍后洗净即可。

二、两栖与爬行动物原料的清脏方法

该类原料主要有鳖、龟、蛙和蛇,而以鳖的加工最复杂。除蛇外,生理构造均比鱼类复杂。

1. 龟鳖的加工方法

龟鳖体分头、颈、躯干及尾四个部分。对龟鳖的加工以中华鳖最为典型,中华鳖俗称甲鱼,其死后易产生组胺中毒现象,故需选用活体加工,其程序是:

放血→浸烫→刮膜→开壳→整理内脏→焯水→洗涤

将甲鱼腹朝上,待头伸出即从颈根处断气、血管,将其置于70~80℃热水中浸烫约2~5分钟,待皮膜凝固与鳖甲分离时取出浸入50℃温水中,用小刀轻轻将背甲与鳖裙分离取下背甲。背甲取下后即整理内脏,先完整取出卵,再取出其他脏器。除了膀胱、尿肠及腹中黄油和气管、食管、胃外,甲鱼的其他内脏包括心、肝、胆、肺、卵巢、肾都能食用。内脏整理后即去除爪尖,剖开泄殖腔,焯水洗涤待用。

宰杀甲鱼应注意务必放血干净,浸烫要勤观察,防止烫得过时。刮皮膜务必将颈、爪部皆刮净,开壳应保持鳖裙的完整。

2. 蛙的加工方法

蛙是两栖类的典型代表,分头、躯干和四肢三部分。蛙类捕食害虫,是农田、林区的保护者,因此野生的蛙类禁止食用,作为食用对象的仅牛蛙、虎斑蛙、林蛙等,尤以牛蛙为多见。牛蛙体形大,重量可达500 g,声叫如牛吼,原产于北美洲,现已在我国许多地区养殖,其加工程序是:

摔死→剥皮→剖腹→整理内脏→洗涤

蛙摔死后，从颌部向下剥去皮，用刀竖割开肚腹（小蛙可直接从腹下端撕开），整理内脏，仅保留肝、脾、胰与心以及菊花形油脂，其他包括肠、胃、肺、胆、膀胱等一概去除，剪去蛙头、蹼指，洗净待用。

3. 蛇的加工方法

蛇是爬行动物的一个重要亚目。分有毒与无毒两类，以无毒蛇为主。其种类极多，分布极广，是西南地区的特色原料之一。食用对象多取自养殖性的游蛇科的品种，如锦蛇、滑鼠蛇、水蛇等。而那些非养殖性的野生蛇则是国家保护动物，禁止食用。

对蛇宰杀，用右手先将蛇轻轻拿起，左手沿蛇身轻轻捋上蛇头，食、拇指突然用力捏紧蛇头两侧，右脚踏着蛇尾，右手持小刀割开颈圈皮层，然后将刀尖插入皮内，从头割至尾，剥去蛇皮，连内脏带出，剁去头、尾，洗净待用。蛇胆可药用。

三、甲壳动物原料的加工方法

对甲壳动物原料的加工，主要是虾和蟹的加工。

1. 虾的加工方法

虾是重要的烹饪原料，主要有沼虾、螯虾、对虾、毛虾、龙虾等，其体形大小不等，沼虾、毛虾最小，螯虾略大，龙虾、对虾体大肉多，对虾体长可达20～30 cm。

虾的加工主要是剪去额剑、眼、触角、鄂足和步足，大者还需剔去食胃与沙肠，洗净。以对虾为例：用手托着虾身，脊背向上，先剪去额剑、触角，用剪尖在额剑下方剔出虾肠。最后将虾尾柄上下分别剪齐，洗净待用。虾籽洗净后可用。

2. 螃蟹的加工方法

螃蟹有海蟹与淡水蟹两大类。著名的有三疣梭子蟹（又叫梭子蟹）、中华绒螯蟹（简称河蟹，毛蟹）。

螃蟹的加工，首先将其静养于清水中，待其吐出泥沙，然后用软毛刷刷净骨缝的残存污物，最后挑起腹脐挤出粪便，洗净即可使用。如用毛蟹清蒸，还需将蟹足拢起，用棉线呈十字形将其捆扎，称“扎蟹”，此法可防止加热时蟹足脱落，蟹脂外溢，保持原汁原味并增加上桌的形式美观。要注意的是，死蟹不宜加工，易引起组胺酸中毒。

四、软体动物原料的加工

软体动物原料主要有田螺、鲍、蚌、江瑶、蛤蜓、牡蛎、乌贼、章鱼等。

1. 田螺的加工

田螺是腹足动物的代表。对田螺的加工，需先将田螺静养三日吐尽泥沙，然后置于1%碱溶液中刷净壳层泥垢，洗净，可用于制熟挑食；若需吸食，则用钳钳断壳顶三层螺旋；若需直接取用腹足，则可将壳砸碎，选摘。螺肉富含黏液，需用盐搓洗至净，头部魇盖需去除。

2. 蚌的加工

蚌又名无齿蚌，俗称河蚌，是瓣鳃动物中最大的品种，加工较其他品种复杂，其方法是：用薄型小刀插入前缘两壳结合处，向两侧移动，割开前、后闭壳肌，然后贴上下壳内侧剜出软体，摘去鳃瓣与肠胃，用少量盐液洗涤。较大的蚌足（斧状肉）需轻轻捶松，便于加热成熟。

其他较小形瓣鳃动物取肉加工与河蚌同,但无明显肠胃与瓣鳃,故取出软体仅需浸于1%~1.5%盐溶液中浸40~80分钟,使其吐出体内泥沙杂物,洗净即可。一些海产蛤蜊剖开后有大量体液流出,鲜味强烈,应澄清后使用。

3. 乌贼的加工

乌贼又叫墨鱼、乌子,是头足动物的典型代表。乌贼的体形特殊,分头、足和躯干三部分。对乌贼摘洗,需去除皮膜、眼、吸盘、前后唾液腺(有毒)、胃、育囊、胰脏、墨囊、肾囊、羽状鳃、直肠和肛门、食道等,对章鱼的加工还需将嘴、眼中沙子挤出,搓洗干净即可。

除上述原料外,尚有腔肠动物的一些品种,以鲜海蜇为例:一般只需摘去皮膜及管状、丝状物后洗净即可使用。

第四节 陆生动物原料的清理加工

引导案例

某日下午,厨房的全体厨师被通知到前厅开现场质量分析会,在一张餐桌上呈放着十多种中午供应被客人吃剩下的菜肴,有红烧肉、糟鸡爪、炒猪肝、油爆肫片、酱汁白肚片等等。经理严厉地要求厨师们先看再品尝,再发表自己的看法。从外观看,这些菜似乎都很正常,但是没有一个被认为是合格的产品,其问题几乎都是出现在去粗取精的清理加工方面,这与组配厨师有着直接的事故关系,当然,热加工厨师也有不可推卸的责任。

分析: 上面出现的问题主要是红烧肉上有残存的毛根,鸡爪上有角质皮的残留,猪肝的胆筋没有除尽,肫花的外皮没有去尽,猪肚的白膜没有刮尽等等,这些都严重地危害了菜肴的口感和香气。实际上,我们从市场上购进已宰杀的猪肉、内脏和禽类,依然有数量不等的残毛、黏膜、苦筋、角质皮层以及血渍黏液、淋巴等不可食用的遗存,这是务必彻底给予去除的,来不得半点马虎,否则就会造成上述不良后果。

一、畜肉脏器的清理加工方法

1. 心脏整理

对心脏的整理,主要是剥去外膜,割去心房上端血管,割开容腔,洗去淤血即可。

2. 肺的整理

肺内部呈海绵状结构,气管末端膨大成囊状气室。由于肺由无数气泡组成,肺中血管丰富,故而对肺的整理是将清水从肺气管中灌入肺叶,使之膨胀,水不断溢出,直至肺叶白而略呈透明,将凝血洗净即可。

3. 胃的整理

胃分贲门、幽门和胃体。幽门部与肠道相接,开口处有括约肌,肉质最厚,俗称"肚岭",宜制爆菜。胃壁光滑而富含黏膜,胃通常被称为"肚",是制作凉菜的上好原料,烧、炒、煨、卤皆宜。一般来说,对胃的整理加工采用的方法是:盐醋搓洗→焯水→刮洗的方法,去除黏液、异味和刮去贲门部白膜,若取肚岭需在焯水前割下,铲去外皮即可。

一些食草动物的反刍胃则较为复杂,分瘤胃、网胃、瓣胃和皱胃四部分。瘤胃光滑而壁厚，通常叫"肚岭"。加工时，将其洗净铲去外皮即可。网胃又称蜂窝，瓣胃与皱胃通称"百页"，前者内壁有许多网状的褶皱和细小角质乳突，后者内壁有叶状纵瓣和无数角质乳突，两者皆有黑膜。用蜂窝和百页煨食，需焯水刮去黑膜，如取百页涮或爆，则无需焯水。加工时，可用石灰溶液浸泡腐蚀，搓洗刮膜。

4. 肾的整理

肾俗称"腰子"。左右一对，位于腹腔背侧，形如扁豆，内侧凹陷，称为肾门，肾外被透明薄膜包裹，肾体由皮质和髓质构成。皮质较厚，由无数肾小体、肾小管和血管构成。质嫩而有脆性、异味小，是爆、炒、氽、涮的上等原料。髓质由许多肾小管的集合管组成肾乳头开口于肾盂，通向输尿管，故质韧而异味较大，但成熟后有特殊的酥香风味，且又有较好的食疗功能，是"酥腰"所必不可少的部分。

对肾的整理，主要是剥离附着的腺体、薄膜，割断肾门和各管的连接，洗净即可用于卤、煨"酥腰"。如果用于炒、爆、氽等旺火速成菜肴，则需上下匀等剖开肾体，去除肾髓质部分。

5. 肝脏的整理

肝脏是动物最大的消化腺，呈深暗红色，分左、右两叶，每一叶又分成几小叶。肝脏下面有胆囊，两者由胆管相连接。体内过多的葡萄糖以肝糖原(亦叫动物淀粉)形式贮藏于肝内，并贮有铜与铁元素，因此，肝具有较高的食用价值，常用作炒、氽、卤菜的原料，整理时，只需割净胆囊管，冲洗干净即可。

6. 肠的整理

肠是消化和吸收的重要器官，分小肠和大肠，二者交接处有盲肠，小肠较长，壁薄。大肠远较小肠短，包括盲肠、结肠和直肠，大肠壁厚，尤以直肠为最，开口于肛门，俗称"铜头"。大肠肥润，常用于烧、煨、卤、熘，具有特殊的风味。小肠则常被用作香肠的外套膜。对肠脏的食用，以猪、羊肠为最常见。一般狗、兔及其他较小动物肠则较少食用。

肠脏具有丰富的黏液，尤其是大肠黏膜。大肠亦是消化后残余渣的贮存所，因此十分脏黏，并异味较重。肠脏整理应采用盐醋搓洗→里外翻洗→摘除肠壁脂肪→焯水洗涤的方法。

7. 附肢整理

指对头、尾及四爪的整理。这些部位具有多种孔裂、缝隙、凹凸面多，绒毛较多，故易遗留过多残毛而难以食用。可采用烤燎去毛法，对猪头、尾和爪用火苗燎去残毛，牛头、蹄则还需烤焦皮表，烤燎后需浸泡刮洗干净。应当指出，目前行业中有些人用松香沥青法去除家畜头爪的残毛，这是绝对错误的做法，必须严加禁止。一般来说，对较大的畜头，如猪、牛头，还应取出舌、脑进行单独整理。

(1) 舌的整理　舌又称"口条"。表面具味蕾，较粗糙，有的具有角质化突起刷毛。整理时需将其用95℃热水浸烫3～5分钟，然后用小刀刮去苔皮，洗净即可。

(2) 脑的整理　脑在加工时需浸泡在60℃温水中，轻轻拍打，使嵌入脑沟中的血筋突出，撕去表皮薄膜，用凉水漂洗，然后将3%盐溶液加热至沸，氽入猪脑，凝固即用原汤泡着待用。

8. 网油及其他整理

裹着胃的腹膜从胃大弯下垂形成折襞状，折襞中充满脂肪，而且遮盖着大肠的部分，称为大网膜，俗称“网油”，呈渔网状，在网眼间由透明薄膜连接。网油是制作花色风味菜的重要包卷材料，质地娇嫩易破，并有一定的肠脏分泌气味。加工时，需将其浸于用花椒、葱、姜、黄酒调制的混合液中约15分钟，去除异味，取出铺平，裁去破边碎头，再卷成长筒状，置于0℃冷柜中冷藏待用。

另外，尚有牛鞭，牛、羊睾，牛、猪脊髓等，亦常用于制作菜肴，具有特殊的营养与风味效果。牛鞭为雄牛的阴茎，用多量水将其焯透，剖开尿道，刮尽尿道皮膜，反复用温水冲漂、洗漂至无味。宜炖、焖使用。牛、羊睾为雄羊、牛的睾丸，形如鸭蛋。用沸水焯烫，剥去外皮薄膜，浸于1%盐开水中待用。牛、猪脊髓在脊骨中，有皮膜包住，青白色，质细嫩易碎。用80℃热水浸烫，撕去外膜，浸于1%盐开水中待用。

二、家禽的宰杀清理加工方法

禽鸟原料的宰杀加工对象主要是鸡、鹅、鸭、鹌鹑、家鸽等，目前对大批家禽的加工已由专业加工部门从事，饭店与餐馆基本以购进宰杀后的净料为主体，但根据菜品的特殊需要，掌握手工宰杀技术仍具有重要意义。

加工程序是：

放血→褪毛→开膛→整理内脏→洗涤

以鸡为例，方法分述如下：

1. 放血

左手握住鸡翅，伸出小手指钩住鸡右腿；将鸡头向脊弯曲，左手拇、食指紧捏喉部后端使气管、颈动脉血管在枢椎处前突，摘去喉结毛；右手持刀，用刀尖割断二管；放刀，右手捏住鸡头向下，左手将鸡体上抬，使血液尽流入水碗中（碗中置少量盐水，水温30℃，盐1%），血放尽后，将血水搅匀。宰杀刀口应如黄豆般大小。

对家禽除了需放血致死外，尚有闷死、淹死、摔死等法，皆适用于对小型家禽的加工，如鹌鹑和鸽子。

2. 褪毛

家禽致死后，即需褪去体外羽毛与其他体外角质物，如爪外鳞皮与喙上外壳等。依据原料的大小及种类，有湿褪与干褪两种方法。

（1）湿褪　将原料浸烫后去毛叫湿褪，根据原料的老嫩程度，又分热褪与温褪。热褪即水温85～95℃，适用于对老禽的浸烫。温褪即水温70～80℃，适用于对仔禽的浸烫。

烫时应先胫、跗，以能轻易脱去角质鳞皮为水温正常，如爪趾屈曲则水温高，鳞皮不易脱下则水温低，应作相应调整，此法称作“试烫”。若天气较寒或烫料较多，则水温需略高。另外，水禽由于油脂腺分泌丰富，阻碍热水的渗透，则还需用凉水预湿，控制油表体的张力，提高水的渗透力，使之浸烫均匀。

烫的目的，主要是使表皮收缩与真皮分离，有利于毛根的脱落。烫透后，应先脱去嘴喙外壳，再从头、颈、胸、腿、脊、翅、尾顺次褪去羽毛。褪毛时，不宜逆向，亦不宜用力过大而造成皮破。

（2）干褪　不经浸烫，直接从动物体去除羽毛叫干褪。一些小型禽类或铁雀适合此法。

干褪采用的方法，先胸脯后骨背再颈头，逆向逐层摘毛。摘毛时，一次不宜过多，以数根为度，否则易使皮破。

一些被猎杀的野禽，如野鸭、雉等，如皮破、淤血较多，或存放较久，已无保全皮肤的必要则可采用剥皮的方法。剥时，从颈根开口，抽出禽颈切离禽头，然后向下翻剥，连着翅夹、胫爪剥去。

3. 开膛

褪毛后，即开膛取内脏，依据菜品的特定要求，有三种开膛方法：

(1) 腹开　从禽腹肛门上端竖切开约 3～4 cm，伸进三指，先勾断肛门上端肠段，再按肠→卵→肝→心→肌胃→嗉囊→食管顺序逐一取出，最后从胸腔上挖出肺与气管。如因嗉囊有食过大，可在锁骨上端切开约 2 cm 小口，取出嗉囊。

家禽内脏以消化系统脏器为最主要，切不可无顺序乱拉而造成肠断、肝破、胆碎、嗉囊破裂等不良后果，操作时应小心细致。刀口长度应居中适度，不能过长而破坏胸脯面，成熟后，刀口如蛋。这是常规剖腹法，大多数禽类皆采用此剖腹法。

(2) 脊开　沿尾椎至一侧，剖开禽腔，取出脏器，此法是扒、炸、焖、炖、整形禽类菜肴的专门开膛法。脊开，使菜肴成熟后，胸脯朝上，十分饱满，肥壮美观。剖时，刀口延伸不宜过下，防止割破脏器。

(3) 肋开　在肱骨下端肋间横割 2～3 cm 刀口，取出内脏，又称腋开，是烤鸭、凤鸡等原料的特殊开膛法。肋开能较好地保持丰满，但肋开的技术性较强，需谨慎处理，其操作以烤鸭最为典型，方法如下：

① 从喉部割断食管，拔出鸭舌，将气、食管从放血口拉出，伸进食指直抵嗉囊将其周围连接分离，但暂不取出。

② 手指伸入肛门，勾断直肠，接着从右腋下胸肋与脊骨连接处横割一刀口，右手拇指从刀口处伸入推到肋骨。

③ 拇、食指伸入体腔，掏出鸭心。接着贴鸭背从鸭颈拉出气、食二管，用左手拉紧，右手指伸入鸭腹，将肌胃、肝脏与周围组织分离拉出，接着再拉出嗉囊、肠脏，最后取出肺叶。

④ 内脏掏出后，反复冲洗，挤出鸭头内血水，再将污水至肛门控出，漂洗干净待用。

4. 整理内脏

对开膛后的其他原料整理，主要是去除气、食管、嗉囊、胆、肺。其他皆可整理使用，主要有心、肝、肾、肌胃(肫)、肠、睾丸、卵、脂肪、血和鸭舌等，分述如下：

(1) 心，剖开洗净；肝，摘去胆囊洗净；肾与睾丸，洗净；脂肪，洗净置碗中加姜葱蒸溶；血液，入 90℃热水中烫熟。

(2) 肌胃，又叫肫，为禽鸟所特有。从侧面剖开胃腔，剥去角质膜，洗净。若用于炒、爆、熘、炸则还需铲去肫表皮质，取出肌肉(肫仁)。

(3) 卵及卵巢，完整取出卵洗净，卵巢需剖开，用盐搓洗。剪开二支梓肠，摘去胰脏，剖开，洗涤如卵巢。

(4) 鸭舌，为制作花式菜肴的上等材料，需剥去外膜，加热至熟抽出舌骨。

(5) 家禽宰杀后整理，除上述内容外，还应进一步检查残存羽根，剥去趾尖外壳，还需去除鹅、鸭等水禽的尾部油脂腺。

在特殊情况下，对家禽宰杀务必要注意如下控制：

(1) 放血的控制

应割断气管与颈动脉，务必在较短时间内使之气绝、血尽，否则延缓死亡，会为下一步加工造成困难；血放不尽则会使肉质色紫血腥气重，影响风味质量。

(2) 煺毛的控制

水温、水量与浸烫时间的控制，依据动物体的老嫩及气温的高低作相应调整。一般来说，老禽烫毛水温为90～95℃，嫩禽为70～85℃。水禽的羽毛油脂性较强，需在烫前用凉水预湿浸透，另外水量大小，烫时长短均与老嫩及冷热气温成正比。还应注意褪毛方向、力度和顺序，褪毛的方向顺逆、力度的强弱、顺序的前后与原料的老嫩成比例。一般来说，老禽要逆向褪毛，嫩禽则顺向褪毛。务必去尽残存毛根和喙、爪、角等部位角质层，严防皮破肉损，影响质量。

(3) 开膛的控制

开膛方法应合乎烹调的要求，尤其对禽类原料要从成菜的特定要求出发，开膛的形式、刀口的长度，要做到料尽人意，应用多样。

(4) 整理内脏的控制

采用多种洗涤方法去除黏液、血污及其他杂质，综合利用以防止无目的的割破或损坏脏器体壁，造成浪费。

在宰杀过程中，应注意对毛、羽等角质杂料以及皮、胆囊、血液的收集，发挥其经济效益，不可随意抛弃。

第五节 干货原料的涨发加工

引导案例

中国的食材中，干制品是十分重要也是十分丰富的，常用的有蹄筋类、肉皮、鲨鱼皮、鱼肚、海参、鲍鱼、鱼翅、干贝、鱿鱼、菌类、菜干类等等，因其涨发加工的复杂性，有些酒店干脆不用或者外购涨发的半成品，从而造成成本加大，质量低下，品种和档次上不去等一系列问题。尤其在质量方面，由于一些不科学涨发原料的原因，常有糜烂、夹心、缩水过大、异味和有毒性问题存在，造成了加工销售与消费者的损失。

分析： 干货原料是中国特有的一个种类，具有独特的风味魅力，干货涨发加工也是中国厨师们要掌握的基本功之一。然而干货原料的多样性为加工造成了困难。要实现最佳的发料效果，就必须熟悉干料的不同理化特性，正确使用涨发方法。涨发加工就是运用水、油、盐等作出介质或溶剂，通过加热或不加热浸泡使之重新膨胀，吸收水与最大限度地恢复原有鲜嫩松软状态，除去腥臊异味和杂质达到合格的能被直接运用到菜点制品之中的精净原料标准。在本质上，发料是通过某些合理因素，如酸碱度、温度等作用下，使原已脱水的原料细胞组织重新吸水，或使气体分子充满它们那些精细的组织结构之中，从而达到使之膨松、柔嫩，与原料新鲜时状态接近的目的。

一、干货涨发的材料

1. 干料

干制品因其细胞处于脱水状态，酶的活性被抑制，而具有干缩、干裂、组织结构紧密，表面硬化、老韧等特点。干制品水分一般处于3%～25%之间。蔬菜干4%以下，肉干5%～10%。

2. 工具

在涨发过程起加热、保温、装盛、刮镊、剪切、过滤、拈夹作用的工具有炉、锅、盆、桶、保温桶、镊子、刮刀、剪刀、箩筛等等。

3. 介质

涨发过程起导热、浸溶、膨胀作用的传热介质一般有植物油脂、清水和精盐等等，油、盐在200℃以上高温下，能使原料中结构水汽化，在原料胶体中形成膨胀的多孔结构，从而为原料的复水创造了条件，缩短了涨发时间。

4. 添加剂

在涨发中起腐蚀、漂白、中和、增味和去腥作用的物料，统称助发添加剂，如碱、石灰、硼砂等碱性物料。还有如葱、姜、酒及鸡、火腿、肉骨、虾籽等，在涨发过程中能有效地去除异味，增加风味，提高成品质量。

涨发加工对每种工具、介质及添加剂的运用，都有特定的功能和对象，不应盲目运用。如铁锅涨发会使铁离子对鱼翅的皮质与翅针造成影响；碱溶液会与铜、铝制的器皿发生反应，产生某些不利于人体的有害物质。再如，油发海参会使海参脂溶性养分析出而破坏了海参应有品质，等等。因此，涨发加工时，对干料—溶液、溶液—工具、工具—干料之间关系的把握是十分重要的。

二、干料涨发加工程序及规律

一般来讲，干料涨发的加工程序分三个阶段进行，即：

预发加工→中程涨发→终结涨发

1. 预发加工

即在原料正式膨大前的一切加工，目的是为膨胀扫除障碍，提供条件。主要有浸洗、烘焐乃至烧烤，以及对原料的干修整等。

2. 中程涨发

即干料完成基本涨大的过程，形成疏松、饱满、柔嫩的质态，这是最关键过程，形成干料涨发的特定品质。主要有碱溶液浸发和煮、焖、蒸、泡以及炸、(盐)炒等方法。

3. 终结涨发

即涨发过程的最后阶段，干料完成最终充分膨胀、吸水而松软的质量要求，并通过进一步的清理，去除杂质，洗涤干净，从而符合卫生要求，实现涨发加工的最后目的。此过程仅限于纯净水的浸发方法。

不同的助发介质会产生不同的发料品质，发料操作的最终目的是使干料重新吸收水分，因此，以纯净自然水的浸发是其根本。当水的自然溶涨不能使原料充分涨发，或需用较长时间才能达到目的，则采用强化控制，从不同程度上在温度、介质、时间、工具、添加剂方面进行调整，以达到提高涨发率、缩短涨发时间的目的，而这些强化方法大多数集中在中程涨发阶段，因此，中程涨发尤为重要。

依据终结涨发以前所使用的助发介质情况，涨发方法有水发、油发、盐发和混合涨发四类，但都必须终结为水的浸发才能实现最终目的。

三、干料涨发方法

依据助发介质的不同，涨发方法通常分为以下几类：

（一）水发法

用水为助发溶剂，直接将干料浸润至膨胀、松软、柔嫩的涨发方法统称为水发。依据在涨发过程中对温度的控制又可分为冷、温水浸发与热水涨发两个层次。水发适用于对任何干料加工。

1. 冷、温水浸发

系指水温在常温与60℃之间，夏季为常温，冬季为温水，将原料静置涨发的方法。依据水质控制溶液性质，又有自然水浸发与碱溶液浸发两种。

（1）自然水浸发　即以纯净清水直接浸发的方法。将干料直接浸置于流水中自然吸湿，这是一个自然溶胀过程，一些具空洞结构的植物性干料以及含碳水化合物较高的菌、藻原料能在自然吸湿过程中涨发得与新鲜时相近，这些原料如银耳、口蘑、黄花菜等，碳水化合物含量在65%以上，蛋白质含量在10%以下，其吸水性质与动物性原料的蛋白质吸水不同，原料中多糖分子之间一些次级键得到恢复和重新形成。

对以蛋白质为主或结构致密的厚大原料，自然水浸发则难以奏效，只是重要的预发方法之一，目的是通过浸发使原料初步回软，为中程涨发的强化提供方便，其意义主要有：

① 在热水涨发前，浸发回软能提高水分子的渗透能力，增强原料对水的吸附力，为里外涨发的一致性奠定基础，并能缓解原料表面受热水的突然刺激而过早凝固，或造成某些原料表面的破裂，对保护干料的完整性具有一定作用。如鱼翅、莲子等，与沸水直接接触会造成破裂的不良结果。

② 在碱液浸发前，浸发回软能缓解原料表体受碱水的直接腐蚀，从而对防止原料表体的糜烂具有积极的作用。

③ 浸发回软能使干料表体污垢、毛根以及沙、皮膜、角质松动，有利于去除，尤其是一些粗厚外皮的原料，经烧（烤）焦外皮后，则必须用水浸软后，才能刮去焦皮，整理干净。

自然水浸发还包括油发、盐发、混合涨发的一切涨发方法的最后加工，最终使干料完成充分吸水膨胀过程，符合制熟的需要。

（2）碱溶液浸发　简称“碱发”，是在自然涨发基础上采用的强化性方法。一些干硬老韧性皮腱、筋质原料，含胶原纤维丰富，还含有少量油脂的原料，如蹄筋、鱿鱼、鲍鱼等，难以在自然水中浸发膨胀。为了缩短时间，提高成品的涨发率和质量，在介质溶剂中可适量添加碱性剂溶胀。

涨发用碱溶液一般有单一碱溶液和混合碱溶液两种。

① 单一碱溶液即用一种碱性溶剂调制的溶液。有碳酸钠溶液、氢氧化钠溶液、石灰水等。

碳酸钠溶液腐蚀性较小，适宜对许多干料的涨发过程，一般使用浓度在1%～10%之间，在浓度较小的情况下，可对燕菜、猴头等高档细小原料的“热碱提质”。例如燕菜提质浓度为0.4%左右。

氢氧化钠溶液的碱性强烈，故会对原料表体造成过度腐蚀，易产生糜烂现象，在使用时，应严格控制溶液浓度，一般使用浓度为0.4%左右。不宜用于对薄小动植物性干料的涨发。

生石灰水的碱性较强，但后劲不足，对干料粗厚外皮有腐蚀作用，除了对海螺干单独涨发外，在大多数情况下与其他弱碱性材料配合为混合液使用。用量一般为 0.1%左右。

② 混合碱溶液即用两种碱性剂配合调制的碱溶液。

氧化钙＋碳酸钠溶液俗称热碱水，主要用于对鱿鱼和墨鱼干的涨发。一般比例为：碳酸钠 500 g 加石灰 150 g 置盆中，放入 3.5～4 kg 沸水，用力搅拌，溶解后加一倍冷水搅匀，沉淀后过滤使用。

碱溶液浸发应注意如下问题：

① 碱溶液浸发是为了缩短时间、在短时间内达到较高的涨发率所采用的化学强化方法。但是，此法对原料营养及风味物质均有一定的破坏作用，因此，凡能运用自然水通过加温等方法达到相当标准者，应尽可能不用碱水浸发。

② 在浸发时应预先将干料用自然清水浸置回软，以避免碱水对料表体的直接腐蚀，提高水分子向干料内部的渗透速度，使内外达到平衡。

③ 因料而定，严格控制浓度、温度、时间及投料量。一般来说，溶液 pH 值以 10 为基数，随干料的大小、老嫩、厚薄、多少而升降，与时间亦成正比，在温度方面尤为重要，如浓度高则绝对不能加温，防止碱液对原料表体腐蚀加快，内外失去平衡而造成表面糜烂现象；如浓度低则可适当加热，但不宜超过 60℃，否则易对蛋白质的持水性造成一定影响。

④ 发料以色呈半透明，形态丰满，富有弹性、质感脆、嫩、软、滑即基本成功。在涨发中应时时注意观察，分质提取，取出后应立即浸漂干净。

2. 热水涨发

在水发过程中，进行升温加热的控制，提高水分子的渗透速度，改善蛋白质的吸水性能，使之充分膨胀的方法叫热水发。热水发一般使水温保持在 60℃以上。具有组织致密程度高、蛋白质丰富、脂性足的干硬厚大特点的干料，用常温水浸发难以达到预期效果，加热可加快分子的热运动，使水分子进入原料的速度加快，并加大了蒸发热量所作的膨胀功，从而加强了蛋白质胶体网状结构的吸水性，使原料的致密结构疏松。因此，热水发具有速度快、出率高、品质好的特点。

依据对不同原料涨发的不同加热方式，又有煮发、焖发、蒸发和泡发等四种：

(1) 煮发　将涨发锅由低温到高温逐渐加热至沸腾状态的过程叫煮发。这时水分子热运动速度达到最大值，强力地向干料体内渗透。对体大厚重和特别坚韧的原料，如熊掌、海参、牛蹄筋、大鱼翅等，还需适当保持一段微沸状态。时间由 10 分钟至 20 分钟不等，有的还可反复煮发，但不能一次性长时间煮发，而产生外部水化过快，内部水化不够的不平衡状态。

(2) 焖发　将原料置于密闭容器中，保持在一定温度上，使原料内外涨发平衡的过程叫焖发。这实际上是继煮发之后的配合方法。

焖发的温度因物而异，一般为 60～85℃不等。传统的方法是用微火保温或将煮发后干料置于保温设备中，如保温箱或桶。

(3) 蒸发　将涨发原料置于笼中，利用蒸汽加热涨发的方法叫蒸发。一般体小易碎原料或有鲜味原料，不宜采用煮、焖之法，而宜用蒸发。蒸发能有效地保持原料原形而不易使之破损。

对一些缺味的高级干料的涨发，亦可添加高汤及姜、葱、酒以及鸡腿、肉骨之类原料，达到去异味、增香鲜的目的，如对干贝、蛤士蟆、龙肠、乌龟蛋及去沙骨的鱼翅等的涨发。

(4) 泡发　将干料置于容器中，用沸水直接冲入容器中，使原料受热迅速膨胀的方法叫泡发。适用于对粉条、腐竹、虾米和碱面腐蚀后的鱿鱼块的涨发。这些原料虽致密，但蛋白质已经变性或淀粉已经糊化；或者体积过小；或者经碱蚀后使结构基本酥松，已不能承受煮、焖或蒸发的热力，故采用泡发具有迅速而较好的效果。

在涨发中通常将泡发称为“一次性涨发”，将煮、焖、蒸发称为“反复多次涨发”。泡发时，需加盖以使温度不会冷却过快，有利于水分子向酥松结构中渗透。

不管在什么水涨发过程中，都要对原料适时整理，如海参去脏、鱼翅褪沙、剔除蹄筋筋间杂质等等。要勤于观察、换水、分质提取，最后浸漂待用。在浸漂中，原料可通过水的对流性去除残余异味，并使原料胶凝，从而保持了大量水分，最终达到膨润光滑的最佳效果，符合直接使用的标准。

(二)油发法

将干料置于油中，加热使物体内部的水分蒸发，形成空洞结构而使其膨松涨大的方法叫油发。具有丰富胶原蛋白质的皮、腱性干料，如猪皮、蹄筋、鱼鳔等适用油发。油的沸点高，利用油的高温，能使干料结构中水充分汽化膨胀形成无数气室，致使胶体失去凝胶作用而脆化产生完全与水发不同的品质与结构特征。

油发在涨发加工中具有特殊的地位，它的一般程序是：

烘干→蕴发→炸发→浸漂

1. 烘干

一般情况下，用于油发的原料是经过干制加工脱去大部分自由水及食物多孔结构中Ⅲ级束缚水的干料，结构十分紧密而坚韧，残余水以Ⅱ级束缚水与Ⅰ级束缚水为主体，约含15%以下(即结构水与不冻结水)。但由于贮藏原因，干料或多或少受周围环境空气饱和湿度的影响而吸湿，此谓之平衡水分或吸湿水。若超过20%则不利于涨发，因为过多的吸湿水分会阻碍油的热渗透，使干料结构中Ⅰ、Ⅱ型束缚水充分汽化膨胀受阻而减缓汽化速度和膨胀功。因此，对有吸湿现象的干料在油发前进行烘干处理，使之含水量达到最小限度，恢复干燥的品质是十分重要的。可采用烘房40～50℃烘干、晒干或在热锅中炕干处理的方法。烘干后，原料应是质地坚硬、重量减轻状态，含水分10%左右。

2. 蕴发

又叫油焐。烘干后，干料同冷油一起加热至60℃左右，干料收缩，至110～115℃时，原料中胶体呈半熔状态，具有弹性。要注意的是原料在110～115℃油温中要浸泡一段时间，直至符合炸发的要求，这种将干料置于恒温的多量油中浸泡一个相对时间的过程，叫蕴发。

蕴发的目的是折断肽链之间的联系，破坏胶原的螺旋结构，使胶原结晶区域“熔化”而收缩，具有弹力和充足的张力，并进一步蒸发Ⅱ型束缚水，形成结构中无数细小的组织间空隙，为干料在炸发中骤然遇高温产生爆发式汽化膨松奠定基础。

如果油发不经过焐油或焐不彻底，则会产生“僵化”的不良后果，这种后果是难以挽救的。因此，在焐油过程中应冷油投料，防止原料表体受热过高而起泡凝固，并应经常翻动使之受热均匀。在温度与时间上，视具体原料而定，一般来说，原料薄小较短，如鱼肚(提片)115℃ 20～40分钟，猪皮120℃ 2小时，猪蹄筋115℃ 50～60分钟。

经焐油后的干料，重量减轻，在油中有弹性，手捏有空松感，目测有白色条丝，蹄筋则有透明感。

3. 炸发

将焐油后的干料投入 180～210℃多量油中，使之骤然受热产生爆发式汽化膨松的方法叫炸发。汽化的主要水分是Ⅰ型束缚水，又称结构水，这部分水在溶质上以单层水分子层状吸附着，结合力最强，在一般高温中难以蒸发，在油温达 200～210℃左右时才被破坏。由于原料在焐油中呈半熔状态，因此，这部分水在汽化的瞬间膨胀形成气室现象，并由于蛋白质完全失水，丧失凝胶特性而将无数气室固定下来，产生酥脆的质感。

经炸发以后，干料在一般情况下，重量比涨发前减少 10%左右，色呈金黄，体态空松平整饱满，体壁呈蜂孔均匀分布。猪皮与蹄筋的蜂孔则呈大小不平等分布，鱼肚则呈细小紧密的均匀分布。

4. 浸漂

原料经炸发后只是半成品，还需经浸漂使之自然吸水而形成柔软膨松的质感，才能达到最终目的。对炸发后的原料不宜采用 80℃以上热水泡发，因为热水会使之焗缩，胶原纤维变软而失去支持力，从而影响吸水率，影响油发原料的质地。一般来说，吸水后原料可增重 2.5 kg 左右。

（三）盐发法

将干料置于加热的多量盐中，经翻焐使料体受热，逐渐膨胀松脆的方法叫盐发。盐发需用大颗粒结晶食盐，干料受热原理与油发相似，凡用于油发的干料皆可盐发。

盐发程序如下：

盐预热→ 焐发→炒发→浸漂

1. 预热

将盐加热至 80～100℃，使盐中水分蒸发，有盐爆声温度可达 110℃。

2. 焐发

待盐中含水蒸发后，即可投进干料翻焐，盐量应多于干料 5 倍以上，将其完全掩埋。由于盐经预热，故极干燥，能将干料中自由水、束缚水中Ⅲ、Ⅱ型迅速吸收并蒸发，从而以较快的速度破坏料体内维系蛋白质空间结构的键链。因此，在盐中焐发的时间一般短于焐油约 1/2～1/3 时间。将原料翻匀受热后即用小火保温焐制，至干料重量减轻而干脆时，即可炒发。

3. 炒发

当焐发完成后，即改用高温加热，迅速将原料翻炒，使干料中结构水充分汽化，干料体逐步膨松涨大呈多孔构象，这时盐温可高达 210℃以上。干料中胶原纤维由于水分的完全丧失而显得极脆，呈不可逆性。因此，炒发后干料的外部与内部构象与油发品相似。

4. 浸漂

炒发后的干料亦是半成品，与油发一样还需用自然水浸漂复水回软，其多孔的结构，像海绵一样为吸水提供了有利的条件。

尽管如此，盐发与油发还是具有如下的区别：

盐发需热盐下锅，利于对干料水分的蒸发，因此，用料可稍湿；油发需凉油下锅，防止干料表层过早凝结，因此，用料要干燥。

盐发焐制过程短于油发，色泽淡黄；而油发色泽金黄，香气优于盐发成品。

（四）混合涨发法

用两种以上不同性质的介质对一种干料的涨发叫混合涨发，又叫水油两属涨发，这是诞生历史不久的新工艺，目前仅限于对蹄筋、鱼肚等少数原料的加工。各地在实际使用上又有一定的差异，主要有如下两种加工程序：

加工流程(1)

炸→碱溶液发→焖发→浸漂

（碱溶液发与焖发之间：洗涤）

加工流程(2)

（碱液浸发与泡发之间：洗涤；泡发与浸漂之间：分质）

油焐→煮发→碱液浸发→泡发→浸漂

以蹄筋的涨发过程为例，分述如下：

流程(1)：将干蹄筋直接投入180℃油中炸至表层起泡、而呈“僵化”的内部不透形捞起，再投入浓度为3%的碱溶液中，保持60℃浸发4小时，涨发后洗去碱液，接着浸入清水加热至沸，保持80～85℃焖发约2小时，直至松软取出浸漂于清水中待用。

流程(2)：将蹄筋浸入凉油中加热，保持110℃焐发约25～30分钟后捞出，置于清水锅中加热煮沸，并保持微沸状态约40分钟，至蹄筋有明显弹性，捞出蹄筋浸入5%当量食碱溶液中，保持50℃浸发约6小时，待蹄筋基本膨胀达70%～80%，捞出洗净碱液，泡入80℃热水中约4小时，至两头垂下，质呈软滑状，分质提取，浸漂待用。

以上两种流程涨发成品比较：前者表呈多孔状，内部孔室紧密，色呈淡黄，质地松软，每500 g干蹄筋产出率约得2～2.25 kg水蹄筋。后者表呈光滑，无明显孔室构象，色呈洁白，质地嫩滑而略松，形体饱满，含水充足，每500 g干蹄筋产出率约得2.5～3 kg，最高可得3.5 kg。碱溶液中，前者沉淀物高于后者，两者虽风味倾向性不同，但后者更为合理。

（五）火发及其他

将干料置于明火上烧烤至外皮焦化的方法叫火发。火发不能直接使干料膨胀，因此，实际上是一种预发加工方法，适用于对具有粗劣外皮的海参水发前加工，熊掌的水发前加工亦可采用此法。要注意的是将原料浅层表皮烧焦后，需浸泡于水中，使之回软，用小刀刮去焦层。一般具有粗劣外皮的海参，如大乌参、岩参等，外皮既不能食用，又妨碍参体吸水涨大，因此，火发是十分重要的一个过程。火发只限于粗糙的表层皮质，防止过深伤损肉质。

除上述涨发方法外，尚有砂发，其流程、原理皆与盐发同，在此不一一重复叙述。

四、干料涨发案例

【例1-5-1】　玉兰片涨发流程

浸→泡→煮→焖→泡→煮→浸→煮→泡

具体流程是：①常温自然水浸12小时回软；②90℃自然水泡5小时；③煮沸约15分钟；④恒温95℃约30分钟；⑤90℃清水泡10小时；⑥煮沸约10分钟；⑦浸入淘米水约10小时

去黄色；⑧连淘米水煮沸约 10 分钟；⑨换 90℃清水泡约 4 小时待用。玉兰片产出率每500 g 可得 2～3 kg，成品色泽洁白或微黄，质地脆嫩，无异味。

【例 1-5-2】 燕窝涨发流程

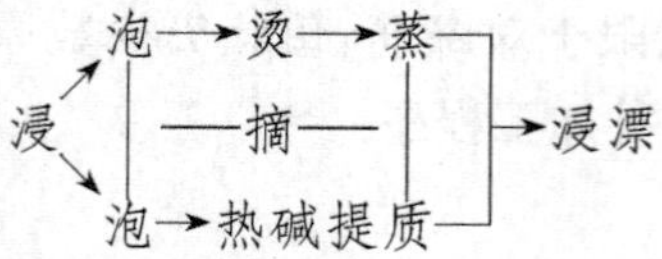

燕窝实际有两种涨发方法：一种需蒸发；一种需热碱提质，具体方法如下：

流程(1)：①清水 50℃浸至水凉；②清水 70℃泡发至松，换清水镊净绒毛漂洗；③入 100℃沸水略烫；④入碗上笼加清水蒸至软糯；⑤浸漂于凉清水中待用。

流程(2)：同流程(1)中的①②；③热碱提质，以 15 g 干燕菜为例，可用 750 g 沸水加 6 g 食碱调成 8‰的溶液泡入燕菜，至柔软嫩滑体积增大 3 倍；④立即漂洗干净使用。

【例 1-5-3】 猪蹄筋涨发流程

蹄筋涨发分油发、水发、盐发、混合涨发四种流程，除水发外，其他三种前面均已讨论，现将水发表述如下：

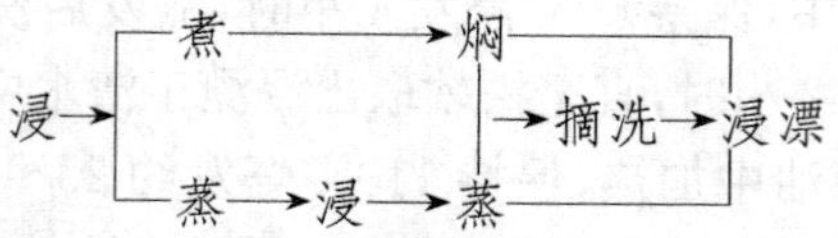

蹄筋水发有两种途径：前者需煮、焖；后者用蒸、浸。具体内容如下：

流程(1)：①清水常温浸发 2 小时，洗净；②用凉水，加热煮沸约 5 分钟；③恒温 80～95℃焖约 4～6 小时，视两头垂下软糯去出；④浸入恒温为 0～5℃的凉水中浸漂待用。

流程(2)：①与上同；②蒸发约 4 小时，直至富有弹性；③换凉水浸发约 2 小时，至基本涨大；④加葱、姜、酒、凉水上笼蒸发约 1～1.5 小时至软糯取出；⑤浸漂与上同。

水发蹄筋一般 500 g 干品出料 1.5～2 kg。质地纯糯、色泽洁白。

【例 1-5-4】 海蜇头涨发流程

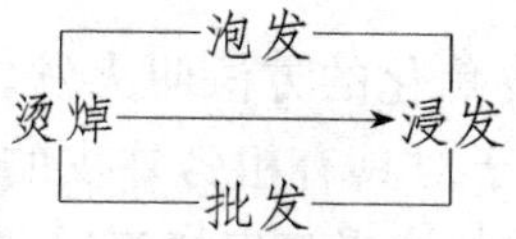

海蜇头亦有两种不同加工。其一，沸水浸烫至收缩，即取出洗净，再用 80℃热水泡发 4～6 小时，至软嫩，两头垂下取出。这种海蜇常用为汤羹烩菜。其二，将海蜇烫收身洗净，批成薄片，入白醋 5%凉水浸发 24 小时至还原，常用于拌菜。

【例 1-5-5】 鱼肚涨发流程

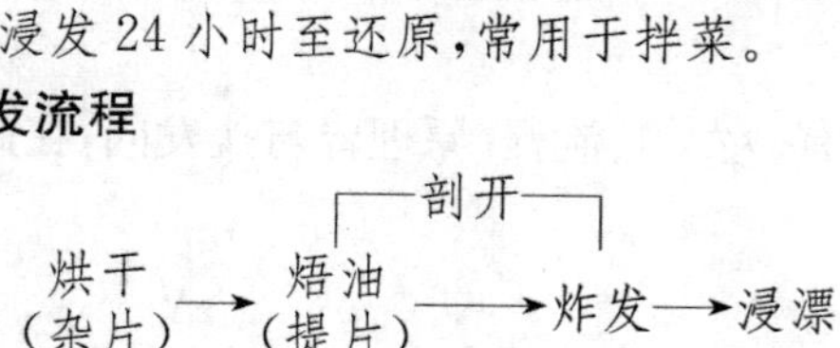

鱼肚中较大的"提片"如正常油发，在焐油过程中需要剖开较厚的壁，继续焐透。较小的杂片则随凉油下锅，在油的升温过程中达 180～200℃炸发。用色拉油炸发色泽金黄，若用花生油或菜油炸发则会稍黄于前者。

【例 1-5-6】　干贝涨发流程

浸洗→蒸发→浸渍

将干贝在冷水中浸约 20 分钟，洗去表面灰尘，去除筋质，置容器中加清水及姜、葱、酒蒸约 1～2 小时，至能捏成丝状取出为宜，用原汤浸渍待用。

【例 1-5-7】　乌鱼蛋涨发流程

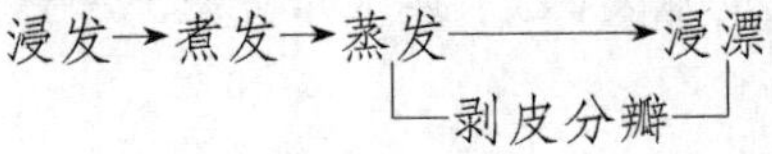

具体流程为：① 清水常温浸约 1 小时；②换清水煮约 1～1.5 小时，水面保持微沸；③换清水蒸发 1～2 小时，剥去脂皮，揭开一片片“乌鱼钱”；④换清水将“乌鱼钱”浸漂待用。

【例 1-5-8】　鲍鱼涨发流程

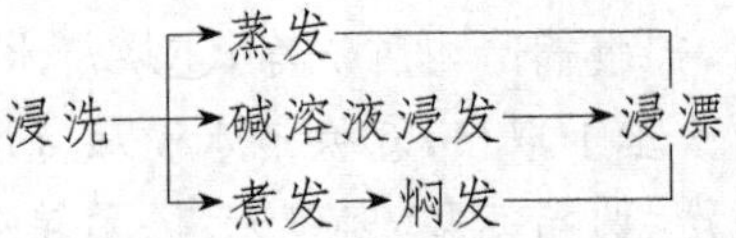

鲍鱼的涨发有三种方式：其一，将鲍鱼放在清水中浸发约 12 小时，洗净，换清水上笼蒸约 10 小时，至涨大无硬心，换凉水浸漂待用；其二，浸发洗净后，用 3%碱溶液浸发 8～10 小时；其三，浸发洗净后，用清水煮，焖约 5 小时，亦可加鸡骨、葱、姜、酒于涨发溶剂中煮、焖 18～20 小时。此三种方法以第三种成品质量最佳。

【例 1-5-9】　鱿鱼涨发流程

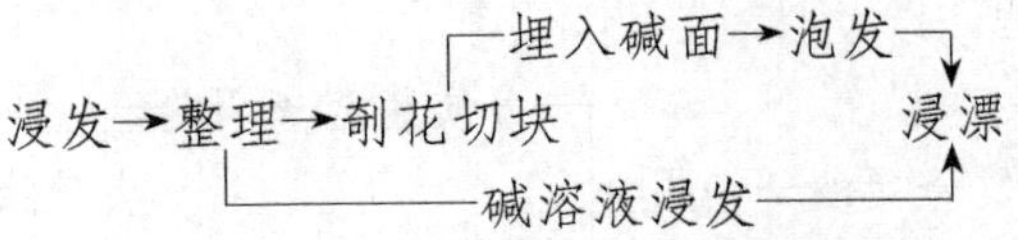

具体流程为：① 清水常温浸发约 8～12 小时，至回软；②整理摘去外膜、软骨，取下头足、边鳍；③ 将鱿鱼肉片剞刀改块(麦穗花或筒形)；④用碱粉沾满并掩埋鱿鱼花块，置通风干燥处 7～15 天。亦可将整理后的鱿鱼浸入 5%浓度的 50℃温碱溶液中涨发 8～12 小时，直至充分涨大；⑤用时，将鱿鱼块泡入 95℃热水中涨发约 0.5～1 小时，至充分涨大(碱水发则不用热水泡发)；⑥冷水浸漂待用。

【例 1-5-10】　海参涨发流程

海参品种较多，不同的品种具有不同的涨发特点。海参主要有三种类型，即皮薄肉嫩类型，如红旗、乌条、花瓶等；皮坚肉厚类型，如大乌、岩参、灰参等；皮薄肉厚类型，如明玉、秃参、黄玉成年等。这三种类型海参的涨发特点是：前者少煮多泡；中者是火烤而多煮焖；后者是勤煮多泡，其流程分别是：

(1) 皮薄肉嫩型

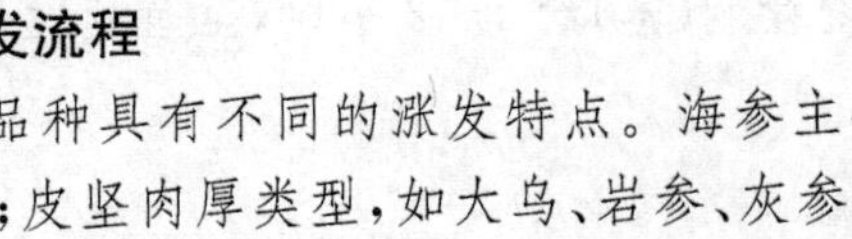

具体流程为：① 冷水浸约 4 小时洗净；②水泡发约 12 小时，中途换两次水，至回软涨大 50%，剖腹取出韧带，洗去泥沙；③微火煮发约 30 分钟；④沸水泡发约 12 小时，反复换水 3～4 次，约 2～3 天，至粘糯取出；⑤浸漂于清水中待用。

(2) 皮坚肉厚型

火发——→浸发→煮发——→浸发→煮焖→浸漂
（火发→浸发之间：刮洗；煮发→浸发之间：剖洗）

具体流程为：① 烤焦外皮，刮洗去焦皮；②冷水浸发约 12 小时回软；③煮沸用微火保温约 70～80℃焖 2 小时，至海参涨发近 50%，剖腹摘出韧带，洗去腹中泥沙；④换冷水焖发约 12 小时继续溶涨；⑤换清水反复泡发（勤于换水），直至充分涨发，两头垂下，软糯取出；⑥置于冷水中浸漂待用。

(3) 皮薄肉厚型

浸发→煮发→泡发——→煮发→泡发→浸漂
（泡发→煮发之间：剖洗）

具体流程为：① 冷水浸发约 4 小时；②换清水加热至沸即离火；③恒温 70～80℃泡发 6～8 小时，至涨大约 50%取出，剖腹摘除内脏洗净；④换清水加热至沸即离火；⑤保持 70～80℃水温泡发约 12 小时，至两头垂下取出；⑥换清水浸漂待用。

海参发成后，应是饱满、嫩滑、两端完整、肉壁光滑、无异味，每 500 g 干品出3 kg 左右。

【例 1-5-11】 鱼翅涨发流程

同海参一样，鱼翅亦品种繁多。总体来说，将鱼翅分为老、嫩两种类型，前者统称排翅，以老黄翅（金山翅、吕宋翅、香港老黄）为最；后者通常为杂翅，一般为小青翅。两者在质量、加工上皆有很大区别，因此，涨发鱼翅需老嫩有别。传统上，发好的鱼翅忌用铁器盛装，可能是铁的某些化学反应影响鱼翅质量，产生黄色斑痕。鱼翅的涨发流程如下：

(1) 老黄翅涨发流程

剪边→浸发→煮发→泡发→褪沙→切根→（分质装篮→焖发 / 分质扣盆→蒸发）→去骨除腐肉→（焖发 / 蒸发）→浸漂待用

① 剪边，防止沙粒在涨发过程中陷入翅内；②常温下，用清水浸发约 10～12 小时使之回软；③换水用小火加热至沸约 1 小时；④用沸水焖至沙粒基本突起，用小刀刮沙，洗净，切去翅根；⑤按老嫩将鱼翅分别装入竹篓，或扣入汤盆，加清水、姜、葱、酒及花椒少许，将装篓之鱼翅换清水加热至 90℃焖发约 4～6 小时；⑥扣汤盆的鱼翅则需蒸发约 1～1.5 小时；⑦抽出翅骨及腐肉；⑧换水继续焖（蒸）约 1～2 小时，至鱼翅粘糯，分质提取；⑨浸漂于清水中，保持 0～5℃待用。

(2) 小杂翅涨发流程

剪边→泡发→褪沙→分质装篓→焖发→去骨→浸漂

① 同上；②在 85～90℃热水泡发约 1～2 小时；③用手摸擦去沙，洗净，切根；④分老嫩装篓；⑤换清水加热至 90℃左右焖发约 3～4 小时；⑥抽去翅骨及腐肉；⑦清水恒温 0～5℃浸漂待用。

不管采用什么涨发流程，都应注意尽可能保持原料的完整，防止营养成分过多流失，要去除异味、杂质，勤于观察，分析提取，适可而止，立发即用，防止污染、破损、糜烂等不良现象的产生。

第六节 洗涤加工

引导案例

在许多情况下，供应的菜点在风味与加热制作上本身并无问题，问题往往出现在洗涤加工方面，例如菜中有沙子或小虫，肠肚的黏液残存使其散发出异味等等。洗涤虽然是一道最为基础的加工，但其会影响到整个过程，这不仅是卫生安全问题，也是风味的成败问题，同时也是初学者往往不够重视的地方。

分析： 洗涤是用水洗去被污染原料的泥沙、虫菌、血渍、渣沫、黏液和毛屑等杂物以及各种化学物质的专门卫生性加工方法。由于烹饪原料的形态各异、品种繁多，污物又以各种性质与形式出现，从而造成了洗涤的困难。只有经过洗涤，食料才能最终成为合格的烹饪原料，给人以安全与健康的根本保证。因此，洗涤绝不是一个简单的过程，因料而异，只有采用正确的洗涤方法，才能保证原料的完整性、营养性、风味性和卫生性的最佳标准。例如，将虾仁洗碎了，虽达到了卫生的标准，但破坏了虾仁的各种食用价值。因此，对各种洗涤方法加以集中阐述是很有必要的。

一、洗涤的程序与类型

洗涤的一般程序为：初洗→清汰。

洗涤类型依据强化性质的不同，洗涤方法分为两类：自然洗涤（包括漂洗法、淘洗法、冲洗法、灌洗法、浸洗法、烫洗法）和强力洗涤（包括刮洗法、里外翻洗法、刷洗法、搓洗法、搅洗法）。依据洗涤液的不同，有清水洗涤、盐溶液洗涤、食碱溶液洗涤、矾溶液洗涤、盐醋洗涤、高锰酸钾溶液洗涤等等。

二、洗涤方法及其控制

（一）自然洗涤法

系指在洗涤过程中，很少用外力作用，只利用洗涤液体的浸溶性和浮力作用对原料进行洗涤的各种方法。这里主要介绍各种水洗方法。

1. 漂洗法

将原料置于容器中，缓缓注入清水，利用流动水的冲力，稀释并漂去原料中的少量血渍、色素及鳞、毛、草、壳等残存杂质。洗时，需轻轻拨动原料，拣去杂物。此法能保持易碎原料的完整与光滑，适用于对脑、髓、筋及搅洗后的虾仁等原料。

2. 淘洗法

将原料置于漏水容器中，边洗边轻轻揉擦边滤去水及其中的泥沙、灰粉等杂质。此法适用于对颗粒原料的洗涤，亦常与漂洗结合，边淘边漂。如芝麻、米、豆、玉米等。

3. 冲洗法

在较强流动水下，利用水流的冲击力直接对原料进行洗涤，冲击中洗去泥沙、虫卵及化学污染物质，边洗边捋动原料表面。此法一般用于对蔬菜的洗涤，尤宜瓜果、根、茎原料，当然，对蔬菜的洗涤亦常用冲洗法。

4. 灌洗法

将流动水不断注入具有容腔结构的原料中，使沉淀于原料体腔的淤血及其他杂质溶出。此法尤宜于对猪肺的加工，可使血肺成为银肺，而其他洗涤方法则难以达到此标准。

5. 浸洗法

将原料静置于多量清水中经较长时间（一般为数小时至1天）浸泡，使原料中的淤凝血渍及污垢充分溶出或松解。浸洗还具有去除异味、淡化咸涩味的功能。一般对猎杀的野禽、兽和腌制品常用此法。

6. 烫洗法

将原料置于80～90℃热水中洗涤，去除黏液、油脂和皮膜等的方法，此法还有一定的去除腥臭异味的作用。适用于对胶性强、黏液丰富和油性较重原料的洗涤，如鳝、鳗、鮰、肠、胃及肉和禽类等。

（二）强力洗涤法

系指一些难以用自然洗涤法洗净的原料，常借用外力（机械力）的作用来进行洗涤的方法，主要有如下几种：

1. 刮洗法

即一边洗涤一边用硬器刮去原料表面的污垢、黏液、皮膜、毛根等杂质。此法常与浸洗、烫洗结合，常用于对块肉、尾、蹄、头、火腿等原料的加工。

2. 刷洗法

在洗涤中用毛刷刷去附着在物体表面或孔隙中的泥沙污物，也可用其他工具，如竹帚、草把等，对附着较紧污物的擦洗，如火腿、罗皮表面、螃蟹的缝隙、根茎原料都常采用刷洗之法。

3. 搓洗法

在洗涤中将原料如同洗衣服般搓擦，常用于对较薄而不易破损、内含泥沙或黏液较多原料的洗涤，如肚、肠、罗皮等。

4. 里外翻洗法

将原料正面、反面翻转洗涤，适用于软韧、具有容腔而里外皆脏的原料，如动物的肚（胃）、肠等。

5. 搅洗法

将原料置于容器中，用数支竹筷或竹帚或五指分开，在水中顺方向迅速搅动，利用惯力离心与摩擦的作用将原料洗净脱去原料上的色素或薄膜，俗称“打水”。如鲜虾仁、鲜贝、鲜牡蛎、竹蛏、文蛤肉等常用此法。

强力洗涤的手工方法主要是上述五种，若批量较大的洗涤，还有机械洗涤方法，如滚筒机洗涤、旋筒机洗涤、震荡洗涤等。

（三）水溶液洗涤法

即在洗涤水中加入其他化学物质的洗涤方法，它可以去除水洗法难以去除的油脂、黏液血渍、污垢和虫菌，常有如下一些方法：

1. 稀盐溶液洗涤

用1%～5%的食盐水溶液对原料进行浸洗。此法一般用于对叶菜类及瓣鳃动物原料的洗涤。盐的渗透性可使叶菜上虫卵吸盘收缩而脱落，使瓣鳃动物肌质收缩而排出沙粒。

2. 高锰酸钾溶液洗涤

用0.1%～0.3%的高锰酸钾水溶液对原料浸洗，一般用于浸洗蔬菜瓜果，浸时约为5分钟，此法有消毒杀菌的作用。

3. 明矾溶液洗涤

用浓度为1%～2%的明矾溶液，适宜对具有色素产品的洗涤，尤其对虾青素具有分解作用，如虾仁"打水"可用明矾溶液。

4. 稀碱溶液洗涤

用3%～5%碳酸钠(食碱)溶液对原料洗涤，主要利用其与脂类进行皂化作用去其油污，其浓度因原料的硬度与油污程度而定，如油发肉皮1%、香肠3%、火腿为5%。

5. 醋及盐洗涤

直接用盐和醋对原料搓擦洗涤，适用于黏液丰富而腥臭味重的原料，主要是动物消化、排泄和生殖器官，盐可使黏液凝结，酸醋则可去除不良气味。如果原料仅黏液而异味少，则可采用单纯盐洗涤方法，如生黄鳝、鸭肠等。

最后，要特别强调以下两点：一是对较肮脏、脂、腥臊原料需综合多种方法才能达到洗涤目的；二是在洗涤过程中还应对原料进一步清理修整，如对鸡洗涤应检查并清理残存的毛根和遗留杂质，对油发蹄筋洗涤时应摘除残存在筋间的杂质等等。

本章小结

本章主要内容和要点有：

1. 依据食用意图有目的地对食料进行选择。
2. 对植物性食料的清理摘剔加工。
3. 对畜肉脏器与肢体的整理。
4. 对禽类食料的宰杀与清理加工。
5. 对水产类食料的去脏清理加工。
6. 干货原料的涨发清理加工。
7. 对食料的专门洗涤加工。

检　测

一、名词解释

烹饪　烹调　清理工艺　感观测试　风味　食物三要素　点水浸烫　肚岭　干料涨发　热碱提质　中程涨发　混合涨发　熟碱水　焖发　搓洗法　灌洗法

二、复习思考题

1. 调查五种类型的社会餐饮业，谈谈现代中国烹饪的发展趋势。
2. 中国烹饪的特点与中国烹饪工艺的形成有什么因果关系？
3. 在基本安全卫生指标达到的前提下，怎样认识原料的新鲜程度与特定制品之间的关系？
4. 用五种经典菜点案例，阐述选料的特点。
5. 料形的完美是怎样通过摘剔加工来保证的？
6. 参加二次厨房初加工摘剔加工实训。
7. 简述混合涨发猪蹄筋的工艺机理。

8. 怎样做才能保证涨发海产品达到最佳品质？
9. 碱溶液涨发要注意哪些控制事项？
10. 对陆生动物性原料清理加工要注意哪些控制？
11. 简述烤鸭、蛋美鸡的开膛去脏方法与常规方法有什么区别？有何意义？
12. 去除水禽尾部的油脂腺的意义是什么？怎样去除？
13. 分述荷包鲫鱼、三鲜脱骨鱼、清蒸刀鱼和干烧鳜鱼的清理去脏方法。
14. 马面鱼、龙利鱼、甲鱼、乌贼、鳝鱼和鲨鱼的清理去脏加工是怎样进行的？
15. 简述田螺、河蚌、带子、扇贝、鲜海参的清理加工过程。

第二章 分解工艺

学习目标

通过本章内容的学习，使学生能基本掌握对动物原料胴体的分档取料技术，熟练运用各种刀工刀法对原料进行切割，准确把握菜肴构成的基本原料形态，深刻理解分解加工操作的规范化和标准。

本章导读

烹饪原料经过清理加工，从理论上讲可直接用于制熟加工，例如，鸡经宰杀后可以直接炖、烤等加热制成熟食。然而，对于形体较大的原料，如猪、羊等，就必然会给加热带来困难，难以受热均匀，延长成熟时间，也不方便取食和咀嚼，更不能适应配餐多样性的需要。因此，对原料进行有目的、有规则的切割分解，使之成为具有相对独立意义的更小单位是十分必要的。通过分解加工将原料分割成不同意义的部件，使原料由厚大到薄小，由粗糙到精细，从而能有效地缩短加热时间，方便入味，利于取食与咀嚼消化，并能从多个侧面发挥原料的优良性质，扩大原料的使用面，满足人们对菜点食品多样性的不同需要。本章所涉及的内容主要有：拆卸工艺、切割刀工工艺、基本料形加工及其应用和剞花工艺等内容。

第一节 拆卸工艺

引导案例

中午的饭市很忙，一些原料已经用完了，库存尚有一些整鸡和半片猪肉胴体，这时餐厅又点下了几份煎猪排、炒鸡片和蟹炒筋片等菜品。因临近中市尾声，大师傅们已经下班，只留小王值班，热热菜什么的。对于平时用惯了现成精料的他，此时看着这些菜发愁了，为了营业不扫顾客的兴致，小王随意地在猪腿上和鸡上割了些瘦肉来应付点单。当菜肴做好以后，正在得意之时，厨师长出现了，原来这是一次没有预知情况下的测验活动，而小王取料的情况恰恰暴露了目前青年厨师所面临的普遍问题：①他们不会分档取料；②他们普遍地忽视特定菜肴所要求特定部位原料的特定标准；③他们也普遍地缺乏对不同档位原料综合利用的了解。

分析：在大酒店的厨房中，一般都有专门分档、出骨、取料的加工人员。因为，这更利于综合利用，从而能有效地减少原料成本，掌握拆卸工艺还能有利于对不同档位原料性能的把握，有利于生产最佳品质的菜品，而对于小王来说，分割的瘦肉档位与制品特定要求不符，所以，在一定程度上既影响了产品质量，又具一定的浪费性。因此,每个厨师在学艺之初,要深入了解原料不同档位结构性质,不畏辛苦苦练这一技术是十分必要的。

一、拆卸加工的程序

分档→出骨→取料

1. 分档

依据原料的身躯器官结构特征,将其分割成相对完整的更小部件档位,方便出骨。

2. 出骨

将骨与肉分离成两个部分,一般采用分档、出骨的步骤,一些禽、鱼原料还可采用整料出骨的方法,以保持原料外形的完整性。

3. 取料

从出骨的档位取出对特定菜点最佳运用的部分。

拆卸加工主要针对家畜、家禽和一些较大的鱼类,一些虾和蔬菜原料也具有分档取料的实用意义。

二、拆卸加工的方法

(一) 家畜胴体体片的拆卸加工

以半片猪胴体为例,具体步骤与方法如下:

1. 分档

在烹饪行业中通常将之分为三个档位十五个具体单元。这是烹饪工艺所特有的分档方法,这与医学上的生理解剖方法完全不同。

(1) 前肢档位　包括头、颈、夹心(肩胛)、上脑、前蹄与前爪。从第七胸肋、椎处断开。

(2) 身肢档位　包括通脊、肋条、奶脯。从第五腰椎切断。

(3) 后肢档位　包括臀尖、坐臀、外档、后蹄与爪、尾。

2. 出骨

即剔骨,要求剔除全部硬骨和软骨,剔骨应保持肉块的完整性,要准确地从骨缝与关节处进刀,避免碎肉和骨渣,降低骨上的带肉量。具体操作如下:

(1) 前肢出骨　主要步骤为:①从腕骨关节卸下前爪,切下颈椎骨取下血脖;②从胸骨下端进刀取下前胸肋和胸椎;③斜刀从肩胛上缘割下上脑,割开附着肩胛骨上的腱膜,从肱骨与肩胛骨连接处关节将其前夹和前蹄分离,刮清肩胛骨平面上腱膜,从两侧进刀,剔下肩胛骨;④将前蹄平放,从肱骨骺处顺下将其剖开,使肱骨、尺骨与桡骨裸露,呈扇面状。从腕骨与尺、桡骨关节处进刀,取下肱骨,再剔下尺、桡二骨(亦可采用抽骨的方法)。

(2) 身肢出骨　在胸肋后八根下端进刀,取下胸肋与脊骨,再从通脊肥膘上剥下通脊肌(又叫扁担肉),在肋条与奶脯切割分离后,再将软肋和硬肋分割开。脊肌亦可连在椎骨上取下,叫做"大排"。

(3) 后肢出骨　从跗骨下关节切下后爪,斜刀从髋骨与荐椎的连接处取下荐椎,刮净髋骨表层腱膜,从髋骨和股骨的关节取下髋骨;顺股骨剖开,将股骨裸露,完整剥下股二头肌、臀中肌,剔下股骨及膝盖骨,剥下底层肌肉,将余下肉切成大方块;后蹄从腓骨一侧剖开,剔出胫骨,或割上下端腱膜连接,抽出腓胫骨。

3. 取料

(1) 前肢取料 ①血脖。色次,肉间夹脂与结缔较多,质老,常用作为馅料。②上脑。肌长,夹脂,肌间结缔较少,质嫩,适用于熘、炒、汆(涮)。③夹心。肌阔,结缔组织多,含水量少,干而紧,故吸水量较大,是制作肉缔(糜)的上好原料。④前蹄。皮厚,腱膜组织丰富,适宜炖、焖、扒、烧、卤等。⑤头。皮厚,多是括约肌,适卤、烧、扒等。⑥胸肋。用作小排,可炖、焖、煨、烧、炸、熘等。其他骨皆可制汤。

(2) 身肢取料 ①硬肋。自第八根肋骨到十五肋骨下腹壁肌,肌层丰富厚实,宜烧、烤,又叫“上五花”肉。②软肋。又叫“下五花”肉,即肋骨后到股骨与荐椎前一段,无肋骨,组织疏松,多脂肪,肌层较薄,宜制馅或炼油。③奶脯。组织更为疏松,用法如软肋;④通脊。有肌肉形如扁担,又叫扁担肉,肌丝较长,色淡,夹脂与结缔组织较少,质嫩,宜熘、炒、汆(涮)。通脊下脂肪厚实,宜炼油。⑤椎骨。连通脊肌取下,称作“大排”,宜煎、炸、烤、焖、炖等,若不带通脊肌则可制汤。⑥肋骨。即胸肋后半部,又称小排,用法与前胸肋骨同。⑦里肌。附着于腰椎上的一条长椎形肌肉,色呈紫红,肌丝长而纯净,是猪的特级瘦肉,含水量大也最细嫩,宜熘、炒、汆(涮)。

(3) 后肢取料 该段取料最多,加工也更复杂。①臀尖。位于髋骨下前端,质嫩、宜炒。②股二头肌。如球状肌束团,俗称“弹子肉”,“黄爪条”位于弹子肉背缘,形似黄爪长圆,“抹裆肉”位于股骨下、“弹子肉”前端,皆块面较大,肌纤维纯净而长,质嫩,宜炒、熘、汆、炸等。③臀板肉。位于“弹子肉”下,“黄爪条”内侧,形似长方,有较多结缔腱膜隔离,肌纤呈紫红,质老,用于腌制“方肉”代替“火腿”,亦宜煮熟作“回锅肉”原料。④后蹄、爪。用途同前蹄、爪。

对猪胴体分档、出骨,取料后要进一步进行整理,这主要包括对所选部位去皮、肌外膜、淤血、伤肉、黑色素肉、粗血管、淋巴结、疏松组织结膜及牛、羊肉的项韧带、碎骨和表面污物等。整理后即可按制品的要求进一步分解切割成块、条、片、丝等更小形体。

牛和羊胴体的分解拆卸与猪大同小异,在此不再赘述。

(二) 禽类原料的拆卸加工

禽类原料的拆卸加工,从理论上讲,非食用所必需,因为经清理宰杀加工后的家禽即可直接简便地进行制熟加工,如“清炖全鸡”、“京葱扒鸭”、“烤鹅”等菜肴就没有拆卸加工的内容。然而,禽体不同部位肌肉的不同品质特性,成为诱导人对其分解拆卸的动因,以其得到全方位的风味欣赏以及对营养消化的特殊的满足,如“醋熘仔鸡”、“芙蓉鸡片”、“玉带鸭片”等菜肴,就是通过拆卸加工来实现的,优良的风味品质被充分发挥。从营养学的观点看,原料被切割分解是体外消化的一种形式,能缩短咀嚼与体内消化时间。对家禽原料的拆卸加工具有丰富禽类菜肴品种,提高食用价值的现实意义。

由于家禽的身体构造与家畜具有很大的差异性,因此,在拆卸前对其骨骼与肌肉组织系统有个概略的了解是十分必要的。

家禽的拆卸方法有两种,即分档出骨与整禽出骨。

1. 分档出骨

将家禽胸肌、锁骨下肌及腿肌分别从不同档位剥离,分级使用,一般来讲,家禽可分为八个档位,即头、颈、胸、背、翅、腿、爪、尾,具体加工步骤如下:

(1) 分档 从跗蹠骨关节卸下爪,沿椎骨竖割开脊背皮,在两腿内侧割开与腹面的皮连接,将两腿向背部屈起,使股关节脱落,割断结缔撕下两腿,顺带剔下愈合荐椎与腰带骨间形似核桃的腰肌(俗称"核桃肉")。割断肱骨和锁骨、乌爰骨、肩胛骨的关节连接,向下撕下胸大肌(俗称"脯子"),割断锁骨下肌附着在鸟喙内侧的腱膜韧带,向下撕下肌肉。

分档后,各档位原料差异极大,其用途各异。脊背无肉,一般只宜制汤。两块"核桃肉"极嫩,宜熘、炒。腿部肌肉丰富,但结缔腱膜丰富,色泽因血红蛋白较多而呈玫瑰红色,宜烧、熘、焖、熏、烤、炸。胸大肌与锁骨下肌,肌纤维纯净而细长,结缔组织极少且色泽较淡,以鸡弦为最,宜炒、汆、熘、涮,尤宜制茸,质嫩。但野禽胸肌不宜制茸是因色泽紫红的缘故。爪和翅皆胶原丰富,肉质脆嫩或黏滑,具有特殊的风味,宜炝拌、炖、焖、扒、烩等。头与颈皮多肉少骨大,宜卤制,但颈部去除颈骨可制工艺菜肴,如"彩酿鸡颈"、"炸鸭颈卷"等。尾部一般不作单独使用,去油脂腺后,随脊背制汤。其他胸脊、肋骨等可制汤。

(2) 出骨　当家禽一经分档完毕,其躯干骨骼便被去除,这里主要是指对附肢骨骼的去除。

① 翼部出骨:割断肱骨周围腱膜,抽出肱骨,再割断桡、尺骨上端骨骺周围腱膜连接,抽出二骨。运用生出骨方法难以抽出腕掌指等骨则可采用熟出骨的方法,即将禽翅肱骨以下两节水煮至烂,从尺骨上侧划开翅背,抽出各骨。

② 腿部出骨:从内侧剖开,使股骨与胫骨裸露,从关节处将股、胫骨分离,割断骨骺周围腱膜,抽下股骨,再用同法取下胫骨。爪部出骨一般选用肥大水禽爪和肉用鸡爪,采用熟出的方法,即将爪水煮至烂,从爪背划开皮腱,抽出跗、蹠、指各骨。

2. 整禽出骨

即从整形的禽体内腔中抽出除头与第一翅节以外的其他各骨,仍保持完整禽体的出骨方法。整禽出骨具有很好的封闭性,既便于填料,又能较好地保持填料的卤汁与原味,还能为食用省去剔骨的麻烦,并有独特的造型。整禽出骨在技术上更难于分档出骨,其步骤如下:

(1) 出颈椎骨　沿颈根至肩一侧,略作斜划一约 3～4 cm 刀口,从宰口处切断颈椎及气、食两管,自刀口处抽出,将皮向下翻剥使肩关节裸露,并将肱骨从关节上割离,割断肱骨周围腱膜,抽出肱骨。

(2) 出胸肋骨　将肉朝外向下翻出向下剥,边剥边割断与胸椎和锁骨的结缔连接,至龙骨突前,手指伸进将龙骨突两侧肌肉附着分离,割断龙骨突上缘骨膜,将肉体继续向下翻剥,压迫胸肋,剥至愈合荐椎,用刀在荐椎上刮清骨膜,边刮边剥至腰带,脱出龙骨,将两腿向上屈起,使股骨脱离腰带关节,剔下腰肌,再刮剥至尾综骨,切断尾综,取下胸肋骨等骨。

(3) 出腿骨　在内侧剖开股骨上侧使之裸露,在关节处将股骨与胫骨分离,割断刮清骨骺周围结缔连接,分别抽出股、胫二骨,复原禽体洗净。

全禽出骨后应皮无破洞,肉面平整,骨不沾肉,刀口正常。操作时应注意防止宰口、刀口、荐椎、腰带、尾综等处的皮被撑破或拉裂。僵硬期原料不宜出骨,过嫩、肥、老皆不利于出骨,应选用当年壮禽,宰后即用或使之自氧化成熟后使用,禽皮具有很好的弹力。

(三) 鱼的拆卸加工

在水生动物中,拆卸加工以鱼为主,较大的鱼必须经过拆卸加工,一般来说 1 kg 以下的鱼则无需拆卸加工,即使有拆卸过程,有的鱼也未必具有分档使用的现实意义,如带鱼。只有具备两种以上独立品尝部位的鱼,才具有分档使用的现实意义,否则仅是切成小块而已。

只要有分档使用价值，即使是小鱼也可拆卸，如黄鳝的背、腹、尾等。经拆卸分档使用，能充分表现各部位的特点，提高食用效果和经济效果。因此，对鱼的分档使用的拆卸加工具有一定的选择意义，要正确分档，提高使用率、出肉率，了解鱼的骨骼与肌肉结构是十分重要的。

对鱼的拆卸亦有分档出骨与整鱼出骨两种方法。

1. 分档出骨

鱼的分档，一般为三部五档位。即，头部，包括颃及颈圈；中躯部，包括脊背和腹；尾部。从胸鳍后椎骨第二节处切下鱼头。也有从鳃骨后端切下颈圈单独使用的，如"红烧颈圈"。有的鱼吻部较肥，亦可单独切下使用，如"白汁鱼吻"。但在大多数情况下，鱼头肉层较薄，形式不美，为增加可食性和美观性，可斜线从兼背至腰鳍切下鱼头，与尾配合使用，叫"鱼头尾"。

从肛门后侧切下鱼尾，可单独使用。鱼尾结缔组织较多，具有独特的风味，叫做"甩水"。鱼的中躯又叫"鱼中段"，是鱼的主体，肌肉层厚实，背轴是出肉的主体，腹部脂肪丰富，风味特殊，但无出肉的价值，名菜"烧滑丝"即用青鱼腹肉所制作。

鱼头一般皆不出骨，但鳙鱼头具有头大肉多的特点，可采用熟出骨的方法，即将其置于95℃热水中约15分钟至熟，换浸于凉水之中，再逐一抽出各种骨片。

鱼的出骨主要是对中躯的椎、肋骨的去除，其方法是：将鱼中段脊朝里，从右端椎骨上侧平向进刀，切断椎肋的关节，将其剖为软、硬相对的两片，带椎骨者叫硬片，反之为软片。在硬片一侧用同法取下椎骨，刮下附着在骨上的残存肌肉（骨可制汤）。然后用斜刀法批下肋骨及肋骨下端腹壁，即得净鱼肉。若制茸缔则需进一步斩下鱼皮，若用于炒丝需去皮，片则可连皮，2.5 kg以上者皆需去皮。一般来讲，鱼尾不宜拆骨，大者则剖开为软、硬两片（连尾鳍也要两片），可与头作软硬边配合使用。

对鱼的拆卸，应尽可能地综合运用各档位，扬其长而避其短。以2 kg一条青鱼为例，头尾可烧"青鱼头尾"，腹裆可熘"瓦块鱼"，脊背硬边可熏"青鱼方"，脊背软边炒"瓜姜鱼条"，碎肉可制茸缔作"清汤鱼圆"。这样，青鱼各部位的优点都被得到发挥，各显其长，物尽其用，收到了食用和经济的最好效果。

2. 整鱼出骨

直接从鱼体中取出椎、肋骨而不破坏鱼体的整形构象的方法叫整鱼出骨。一些壁体较厚、身瓣较宽的鱼或椎、肋较小的鱼常用此法，如鳜、鲤、白、鲚、鲫鱼等。整鱼出骨的性质与整禽出骨同（1 kg以上250 g以下的鱼一般不适用此法），这是制作"脱骨八宝桂鱼"、"三鲜脱骨鱼"、"蒸酿双皮刀鱼"、"怀胎鲫鱼"、"无骨鲜卤白鱼"等菜肴的特殊出骨方法。

依据出骨点可分为脊出骨和项出骨两种。

(1) 脊出骨　从鱼的背脊两侧剖开鱼背，取出鳍骨和椎骨，在斜刀剔出肋骨，亦可不出肋骨。

(2) 项出骨　在鱼的一面项圈处直切一口，切断椎骨；在鱼的另一面肛门下端直切一口，切断椎骨。用长出骨刀由项圈下刀口伸进胸肋肌肉间，贴骨向肛门处运行，上下运刀使胸肋、椎骨与腹鳍骨在内部的一侧分离，将刀抽出再由肛门处刀口伸进，向项圈运行，使内腔另一侧骨与肉分离，然后将分离的椎、肌从项圈刀口抽出。

鱼的出骨中，以鳝鱼的拆卸较为特殊，在行业中，称之为"划长鱼"，通常有熟划和生划之分。

熟划法：将鳝鱼烫后，背朝外，腹朝里，头左尾右，平放于案上，左手捏住鱼头，右手捏住划长鱼刀(长鱼刀为骨制，尖刃窄身，厚约 1.5 mm，长约 7～8 cm，宽约 1.5 cm)，从项下腹侧入刀，中指和无名指护卫鱼身，顺椎骨向右移动，划开鱼体成腹、背两片，再用同法将椎骨一侧划开，接着划出椎骨。鱼腹可制“煨脐门”，背肉可制“炒软兜”，尾部可制“炝虎尾”。

将鱼腹和脊背分离的划法叫“双背划”，尚有腹背不分的“单背划”，即划的第一刀仅将其一侧划开，然后再取出椎骨。

生划法：即直接将未经烫的鱼体剖开取出椎骨的方法，又有脊划法和腹划法两种。脊划法由背侧剖开，铲去椎骨；腹划法由肚腹剖开，先在椎侧割开使脊骨突出，然后铲出椎骨。

(四) 虾、蟹的拆肉加工

1. 虾的拆肉

一般来说，整食虾既方便又鲜美，但用虾肉单独制菜则具有更多的不可忽视的价值。例如，对虾的“虾片”、沼虾的“虾仁”，乃至“虾圆”、“虾糕”等，皆是脍炙人口的名菜，其食用价值是整虾所不具备的。因此，拆卸虾肉能大大地提高虾的使用率，丰富虾的菜肴品种。

依据虾形的大小，一般采用剥壳和挤捏两种方法拆肉。剥壳法针对大型虾，如对虾、龙虾。需从腹部先胸甲、次腹甲、再尾柄，分节剥去甲壳。挤捏法针对中、小型虾，如草虾、青虾、白虾等。其方法是：左手捏住虾尾，右手捏住虾胸甲向尾部挤压，摘下胸及第一节腹甲，接着右手至尾部捏住尾柄向后压迫，使虾肉从甲壳中脱出。

挤出虾仁后需挑出腹背后肠。虾的真皮层中散布着许多色素细胞，有不同的色素颗粒(红、蓝、黑等)，可以随着光线及环境的不同而改变，这些色素细胞中存在虾青素或虾红素，虾青素经蒸煮被氧化而成为虾红素使虾体变红，油烹虾时，色素溶于油中，从而呈现鲜艳的橙红色，用虾仁肉制菜则是取其洁白，方显出肌质的细嫩，因此，在虾肉取出后，即需用明矾溶液(约 1%浓度)或稀碱溶液(约 0.5%浓度)浸漂“打水”，使真皮脱去，防止色素对虾肉的影响。

2. 螃蟹的拆肉

螃蟹与虾一样，整食性较强，持螯赏菊为千古美事，但整蟹的使用具有很大的局限性，为了丰富蟹菜品种，对螃蟹拆肉具有重要的意义。

螃蟹外壳十分坚固，在管壁间、胸肋和胸甲相连的腔内肋间的骨缝中有丰满的肌肉，这些肌肉由于肌浆较多，固体性较差。背甲和胸甲之间，有丰满的“脂肪”，雌性色呈橘红，称之为“黄”；雄性色呈乳白，称之为“脂”。由于螃蟹骨缝较多，且肌肉固体性质较差，拆肉十分繁难，生拆不能达到目的，因此，必须采用熟拆的方法。其步骤如下：

蒸(煮)熟 →卸下步足→撬出腿节→摘下屈腹→开背壳→剔出上壳内脂肪与肌肉→剔去食胃→摘除胸肋上肺叶→剔出肋间脂肪→将胸甲剪为左右两半→剖开胸肋成上下两半→剔去肋缝中肌肉→撬开螯足剔出肌肉→分别剪去步足关节→压或扦出足壁间肌肉→剖开曲腹去除屎肠→剔出腹中肌肉→分装保管。

现在，有人设计了一整套食剔拆蟹肉的工具，不仅小巧玲珑，而且非常有效，不妨予以采用。

(五) 蔬菜原料的分档使用

在蔬菜原料中，亦不乏因部位不同而存在不同品质的差异性。如笋根与笋尖、菜叶与菜柄、菜心和菜边等等都具有明显的质量差异，在实际使用中，时常将一些蔬菜分档使用，以实现综合运用、优质优价以及其他特殊需要的目的。常用于分档使用的有白菜、葱、蒜苗、韭菜、青菜、竹笋、香菜、菠菜等。

第二节　切割刀工工艺

引导案例

一天下午，厨房部举办每月一次的刀工例行比赛，参赛的对象是一些参加工作1～2年的年轻厨工，目的是检验年轻厨师对刀工技术的精勘程度。在同一竞争条件下，有的很快完成了项目，并且质量上佳，然而有的厨师却迟迟完不成项目，其质量也不理想，成品料形有连刀、钉头、毛糙、粗厚、散碎等不良现象。厨师长检查了他们使用的刀具和操作刀法情况，发现前者刀口平薄锋利，刀形美观，墩板也平整，操刀切割也能因原料不同采用正确方法；后者却刀口和墩板都显得凹凸不平，刀刃毛缺、圆钝、刀形丑陋，其切割方法也不正确，充分反映了这些失败者平时对于刀工技术操作的疏懒程度，他们严重地影响了生产效率和质量。

分析：上述案例实际上也反映了年轻厨师普遍存在的一种现象，他们在对刀工工具的保养与刀法的正确应用方面较为疏忽，应付了事的思想阻碍了他们向更高层次的进步，有的厨师所切出的肉丝连家庭主妇也不如，每天工作靠膛几下刀度日，从而也不会磨刀和对墩板的修理。如果说料形的完美得之于正确的运刀方法的途径，那么一套保养得好的刀工工具正是其基本保证。因此，大师们都是惜刀板如命的，做不到这一点，纵有再好的切割技艺也只能是事倍功半。

一、刀工工具及其保养

刀工工艺主要是厨师刀与菜墩板的配合使用。切割时，刀刃挤压原料，使之折断，墩板衬垫在原料下部给原料以支撑，这种运动是简单机械原理中斜面机械之一的“尖劈”的具体使用。刀刃越薄则挤压力越大，原料承受压力的点越小，则越易折断；刀距越短越垂直，压力越大，使用则越省力。因此，刀工对刀具的选择和保养是十分必要的。

（一）刀具的选择

在长期的烹饪实践中，我们勤劳智慧的祖先创造了具有各种用途的刀具，其中以方刀最为典型。方刀呈长方形，刀身前高后低；刀刃前平薄后略厚而稍有弧度；刀身上厚下薄；刀背前窄后宽，刀柄满掌、刀体短宽；刀高，前约12 cm，后约10 cm，长约20～22 cm，前厚约0.3 cm，后厚约0.7 cm，重约800 g，这是“大方刀”。特点是：刀柄短，惯力大，一刀多能，前批、后剁、中间切，使用方便而又省力，具有良好的性能。

除了大方刀外，各地使用的尚有如下优良刀种：

(1) 小方刀　大方刀的缩小，便于切削，重约500 g。

(2) 马头刀　刀身略短，刀尖突出，刀板胶皮轻薄，重约700 g，便于切、削、剜、剔。

(3) 圆头刀　刀头呈弧形，刀腰至刀根较平，刀身略长，略轻薄，重约750 g，适于切削。

(4) 尖头刀　又叫心形刀，前薄尖，后厚，重约1 kg，专用于剔骨、剁肉。

(5) 斧形刀　形如斧头，但比斧头宽薄，重量最重，有 1～2 kg，专用于砍剁大骨。

(6) 片子刀　刀板薄，刀刃平直，刀形较方，重量较轻，200～500 g 不等，依据用途，又有刀宽包薄、刃平直的干丝片刀；刀窄而刃证弓形的羊肉片刀；刀窄而刃平直的烤鸭片刀等。

除了对刀形及用途选择外，刀刃的硬度、刀的重量都具有重要的选择意义。

(二) 刀具的保养

俗话说："三分手艺七分刀"，刀具的锋利是使原料光滑、完整、美观的根本保证，也是操作者刀工操作多快好省的条件之一。而刀锋的锐利是通过磨刀及其科学保养来实现的。

1. 磨刀

磨刀需要如下工具：

磨刀石(砖)：有粗、细两种。粗石为黄砂石，质地较粗松，用于对刀的粗磨。细石为青砂石，质地较硬而细腻，不伤刀刃，一般用于对刀的精磨。二者结合能缩短磨刀时间，使刀刃光滑而锋利。

辅助工具：由磨刀池、磨刀台(凳)、磨刀木板托组成。

磨刀台面前沿应低于后沿，以便污水排放，木托以石体长宽为度，防止石滑，磨刀应有专门场所，以符合卫生的要求。

磨刀方法有三种，即平磨、翘磨和平翘结合磨。

(1) 平磨　刀身与刀石贴紧，推拉研磨，使用于磨制刀身平薄的批刀，可以使刀板平滑的同时也使刀刃锋利。

(2) 翘磨　刀身与刀石保持一定的锐角角度，推拉研磨，适用于磨制刀身厚重的砍剁刀，可以直接对刀刃研磨而不磨及刀身。

(3) 平翘结合磨　一般来说，平翘结合是采用平推翘拉的磨法，平推是对刀板的磨制，能保持其平滑，翘磨是直接对刀刃磨制，但又不损伤刀刃，适用于一般切削工具的研磨。以大方刀为例，是前平、后翘、中腰为平翘结合。

无论使用何种磨刀法，均要不时向刀和磨刀砖(石)洒水。刀的两面、前后的磨制时间及用力度要均匀、适宜，防止出现如下现象：①偏锋。磨刀两面用力轻重不一，磨数不同，刀锋偏向一侧。②毛口。角度不对，刀刃磨研过度，呈锯齿状或翻卷。③罗汉肚。前后磨数不均，刀身中腰呈大肚状突出。④月牙口。中间用力过重，磨数过多，向内呈弧度凹进。⑤圆锋。用而不磨，膛刀过多，刀刃圆厚，久磨不利。⑥摇头。前厚后薄，重心不稳。

磨刀完毕，应对刀作如下鉴定才能判断其为锋利合格：

(1) 迟钝刀刃原有的白线消失时，试锋有不滑滞涩的感觉；

(2) 两面平滑，无卷口和毛锋现象；

(3) 刀面平整无锈迹，两侧重量均等，无摇头现象；

(4) 刀背等处如有刃口，应磨圆，防止操作时割破手指。

2. 刀具的一般保养

刀磨后需洗净擦干，如长时间不用应擦油上架或入套。平时使用应针对原料区别用刀，不宜硬砍硬剁，避免刀刃受损。

(三) 菜墩的使用与保养

大多数菜墩是选用橄榄树、银杏、榆树或柳树等材料制成的，这些树的木质坚固而具有韧性，既不伤刀刃又不易断裂和腐烂，经久耐用，有少量碎屑对人体也无害。制墩应选用外皮完整、不空不烂、无结疤、墩面淡青、色泽均匀无花斑的材料。

一般来说，新墩使用前应先用盐溶液浸渍，使本质紧缩致密，能有效地防止虫蛀及腐烂。用时不应损坏皮层，否则易裂，如缺皮可采用新鲜猪皮箧圈。每次用后应刮净墩面，不宜固定在一个部位长时间切削排剁，而要四面调节，保持墩面平整。整理墩面时应满刮墩面，防止凹凸不平，影响刀工的进行。切勿在墩面上硬砍硬剁，造成墩面的损坏。墩板用后应洗净晾干，用洁布或墩套罩上，防止污染。墩板还不宜在烈日下曝晒，否则骤然受热会使其炸裂。

二、刀工的操作规范化

目前刀工主要还是手工操作，具有一定的劳动强度，刀工的规范化程度关系到操作者的身体健康。据有关资料反映，不正确的操作姿势是从事烹饪工作的专业技术人员得职业病的重要原因之一，这些疾病包括腰肌劳损、梨状肌综合征以及肩周炎等，还有一些人为的手指切伤也与此有关。正确的操作规范不仅对提高工作效率、省时省力、减少职业病具有重要作用，也是刀工操作准确、迅速、精细、安全的保障。

另外，在刀工进行时，工具的卫生与否，会对原料造成直接的影响。例如，污染的工具与手会在刀工中污染原料等等。刀工的操作规范化具有下列内容：

1. 刀工前准备

刀工前准备指刀工加工前对刀案位置以及应用工具和卫生工作的调整与准备。

(1) 刀案位置　即指刀工的操作台(案)位置，应以宽松无人碰撞为度。工作台应有调节高度装置，可随工作人员身高调节，一般以腰高为宜。

(2) 应用工具陈放位置　一般用于刀工加工的工具是刀、墩、杂料盛器、实料器、空料器、洁布、水盆等，陈放在工作台上应以方便、整洁、安全为度。

(3) 卫生准备　刀工加工前应对手及应用工具进行清洗杀菌消毒，手可用70%酒精擦拭，工具可采用蒸汽杀菌或高锰酸钾浸泡杀菌或沸水浸烫杀菌，案面与地面应保持清洁。

2. 操作姿势

(1) 站立势　双脚呈八字，脚尖与肩尖，两腿直立，挺腰收腹，与案距约5 cm。双肩水平，双臂收拢自然放松靠腰。目正视，颈自然微屈，重心垂直。

(2) 握刀势　手心紧贴刀柄，小指与无名指屈起紧握刀柄，中指屈起握刀箍，食指上端按住刀背，前端与拇指相对捏住刀身。

3. 运刀

系指刀的运动及双手的配合。运刀用力于腕肘，小臂运力于腕、掌，作弹性切割，匀速运行。

左手按料，拇指与小指按料两侧，防止切料松散。食指、中指与无名指按料的上端，主要有两种形式：①指尖微屈，中指前突，指甲面抵住刀身，以规范刀距，并起安全防范作用，用于切的配合；②手指伸平按于料面，规定进刀的厚度，用于批片的配合。刀随手移，手衬刀移，有节律地向后运动。

三、刀法的种类

刀法是指对原料切割的具体运刀方法。依据刀刃与原料的接触角度来分，有平刀法、斜刀法、直刀法和其他刀法四大类型。平刀法，刀刃运行与原料保持水平的所有刀法，成形原料平滑、宽阔而扁薄，故行业中叫“片”或“批”；斜刀法，刀刃运行与原料保持锐(钝)角的一切刀法，成形原料具有一定坡度，以平窄扁薄的料形为最终料形，故行业中叫“斜批”或“斜片”；直刀法，刀刃运行与原料保持直角的一切刀法，直上直下，成形原料精细、平整规一，故行业中叫“切”或“剁”。除上述平、直、斜刀法以外，也经常使用一些其他刀法，现将分类刀法详述如下：

(一) 平刀法

依据用力方向，平刀法有平批、推批、拉批、锯批、波浪批和旋料批诸法。

1. 平批

原料保持在刀刃的一个固定位置，平行批进，不向左右移动，通常对易碎的软嫩原料，如豆腐干、鸡血等常采用此法。

2. 推批

运用往外的推力，批料时，原料从刀尖入刃向刀腰移动断离。通常对脆嫩性蔬菜，如生姜、白菜、茭白、竹笋、榨菜等使用此法。

3. 拉批

运用向里的拉力，批料时，原料从刀腰进刃，向刀尖部移动断离。通常对韧性稍强的动物性原料，如鸡脯、腰子、猪肝、瘦肉等采用此法。

4. 锯批

即推拉的结合，通常对韧性较强或软烂易碎或体块较大的原料采用此法。

5. 波浪批

又叫抖刀批，刀刃进料后作上下波浪形移动，此法应用较少，仅指对菊花变蛋的批片。另外，一些固体性较好的原料亦可采用此法，如豆腐干、蛋糕等。

6. 旋料批

即批料时一边进刃一边将原料在墩面上滚动，专指对球体或柱体原料的批料，旋料批可以取下较长的片。植物性原料一般刃进上端，叫上旋批，如黄瓜、笋、萝卜等；动物性原料一般从下端进刃，叫下旋批，如肉块。

值得注意的是，平刀法的运刀要用力均衡，不应此轻彼重，产生凹凸不平的现象。

(二) 斜刀法

依据运刀时左侧的钝、锐角度，斜刀法有正斜刀和反斜刀之分。

1. 正斜刀法

即正斜批，右侧角度为40°～50°，一般来讲，正斜刀法运用的是拉力，故又叫“斜拉批”，适用于加工软嫩而具有韧性的原料，如对鸡脯、腰片、肫肝、鱼肉等的加工。正斜刀法是切割柳叶片、抹刀片的专门刀法，能相对扩大较薄原料的坡度截面，增加与汤卤的接触面，在运刀时，要求两手同时相应运动，左手按料，刀走下侧，每批下一片即屈指取下，再按料再进刀，反复进行。

2. 反斜刀法

即反斜批，右侧角度为钝角，约 130°～140°，一般来说，反斜刀所用的是推力，故又叫“斜推批”，适用于对脆性而黏滑原料，如熟牛肉、猪胃、葱段等的加工。反斜刀法运刀时，左手按料，刀身倾斜抵住左手指节。

斜刀批料较为一致、平稳，故一般上好原料皆用斜刀批片。如果说平刀批的片大多数还需进一步切割成更小料形，那么，斜刀片则无需再切割，因此，斜刀片又叫“精片”。

(三) 直刀法

直刀法是刀法中最为复杂多样，也是最为主要的一类刀法。依据用力度可分为切、剁、排三类。

1. 切法

运用腕力，刀刃离料 0.5～1 cm 向下割离原料的方法。依据用力的方向又有直切、推切、拉切、锯切、铡切、滚料切等方法。

(1) 直切　用力垂直向下，切断原料，不移动切料位置的切法即叫直切，连续迅速切断原料叫“跳切”，适用于对脆嫩性植物原料的加工，如萝卜、土豆、白菜等。

(2) 推切　运用推力切料的方法，刀刃垂直向下、向前运行，适用于对薄嫩易碎原料，如豆腐干、猪肝、里脊肉、鱼肉等的加工，推切时要求一推到底，刀刀分清。

(3) 拉切　运用拉力切料，刀刃垂直向下、向后运行，适用于对韧性原料的加工，如一般肉。拉切时要求一拉到底，刀刀分清，用力稍大。

(4) 锯切　切势如锯木，故叫锯切，是推拉力的结合。对酥烂易碎原料，如羊膏、脊肉等常用此刀法。锯切要求以轻柔的韧劲入料，加强摩擦强度，减弱直接的压力，慢慢如锯木，至三分之二时再直切下。

(5) 铡切　运刀如铡刀切草，是切刀法的特殊刀法，刀刃垂直平起平落或交替起落。前者叫平铡法，适用于对薄壳原料的加工，如螃蟹、熟鸡蛋等；后者叫前后起落铡法，对小型颗粒原料，如虾米、金桔饼等的切碎常采用此刀法。锯切时必须右手握刀柄，左手按住刀背前部，相应用力而下。

(6) 滚料切　在切料时，一边进刃一边将原料相应滚动的方法，是对球形或柱形原料取块的专门刀法，滚料切所成的块，叫“滚刀三角块”。

2. 剁法

用力于小臂，刀刃距料 2 cm 以上垂直用力，迅速截断原料的方法。根据用力的大小又可分为斩剁、排剁、跟刀剁、拍刀剁和砍剁等五种刀法。

(1) 斩剁　将刀扬起，运用小臂的力量，迅速垂直向下，截断原料的方法。带骨和厚皮的原料常用此法。操作要点：①运刀时，左手按料离刀稍远，右手举刀直剁而下，故又叫直剁。②斩剁不宜在原刀口上复刀，应一刀断料，准备迅速，否则易产生碎骨、碎肉，从而影响原料质量。用于斩剁的原料，一般有排肋、鱼段等。

(2) 排剁　即反复有规则、有节律的连续剁，是制肉茸、菜泥的专门刀法，由于这种剁是由左至右再由右至左的运刀，故叫排剁。排剁要求有鲜明的节律性，根据原料性质轻重缓急，循序渐进，密度均匀。

(3) 跟刀剁　将原料嵌进刀刃，随刀扬起剁下断离的方法。适用于一些带骨的圆而滑的原料，如兔头、鱼头等常用此刀法。对这些原料采用跟刀剁的刀法能提高准确性和安全性。

(4) 拍刀剁　刀刃嵌进原料,左手猛击刀背,截断原料的方法。此法与跟刀剁相似。

(5) 砍剁　借用大臂力量,将刀高扬,猛击原料的刀法。专指对大型动物头颅的开片刀法,砍剁时要稳、准、狠,要充分注意安全并注意刀的硬度。

3. 排法

运用排剁的方法,但又不将原料断离,只使之骨折、筋断,肉质疏松的方法。排法具有扩大原料表体面积,增强对浆、糊的附着力,使致密结构疏松柔软,方便成形,便于入味,缩短加热时间,利于咀嚼食用的诸多功能。例如,猪排通过排刀而使肉质疏松;扒鸭通过排刀使身躯柔软;红酥鸡则通过排刀而使之松嫩并有利于肉糜的粘接等等。根据排刀的不同运刀部位,又有刀跟排与刀背排之区别。

(1) 刀跟排　即运用刀跟部刃口,在原料肉面进行排剁,使之骨折、筋断的刀法。适用于对腱膜较多的块肉和用于扒、炖、焖的禽类原料的加工,刀跟排深度不宜超过二分之一。

(2) 刀背排　用刀背对原料肉面排敲,使之肉质松嫩的刀法,通常此法适用于对猪排、牛排的加工。

使用上述两种排法,皆应注意用力不宜过猛,保持排刀的均匀密度,防止皮破、肉碎或凹凸不平的现象产生,从而影响原料的质量。

(四) 其他刀法

平、直、斜刀法之外的刀法统称之为其他刀法,绝大多数属于不成形刀法,从而不是刀工的主体,大多数是作为辅助性刀法使用的。有些虽然能使原料成形,但由于应用受原料的局限而极少使用。这些刀法有削、剔、刮、塌、拍、撬、剜、剐、铲、割、敲和吞刀等。

(1) 削　左手持料,右手持刀,悬空切去老根或皮,常用于清理加工。有直削与旋削两种,后者常用于圆形瓜果和蔬菜。

(2) 剔　将刀尖贴骨运行,使骨与肉分离,是拆卸加工的专门刀法。

(3) 刮　刀身垂直,紧压料面,作平面横向运行,去除附着于原料表层的骨膜及皮层毛根、鳞片和污物。按照刀势走向,有顺刮和逆刮两种。

(4) 塌　刀身一侧紧压原料,斜刀作平面推进,将原料碾压成茸泥,通常,细嫩软烂原料的茸泥,皆运用此法,如虾仁、豆腐、热土豆等。

(5) 拍　刀身横平猛击原料,使之松裂,适用于对纤维较长,较为紧密原料的加工,如姜块、茭白、瘦肉等。

(6) 撬　刀刃嵌入原料约 1/3,以刀身作为杠杆,拨开原料,料块表面有纤维丝裂状,此法能提高原料对调味卤汁的吸附力,仅限于对"烩冬笋"的取块加工。

(7) 剜　尖刀插入原料一侧,旋转挖孔,去除虫眼及霉斑杂质。

(8) 剐　刀跟顺骨臼作弧形运动,使关节的凸凹面分离。

(9) 铲　带平刃向外,紧贴皮层,运用推力向前使皮与肉分开。

(10) 割　运用推拉的方法,悬空将肉的某一部分从整体上取下。

(11) 敲　用刀背猛击,使粗壮之长骨折断。

(12) 吞刀　在整块肉的肉面,有规则地切片或块,但皮仍保持完整的刀法。吞刀寓分割于整形之中,便于成熟和用筷夹食之用。

第三节　基本料形加工及其应用

引导案例

星期天，老张家请客，张太太特意做了炒青鱼片、熘仔鸡丁和炒牛柳，本想获得大家的称赞，可是当菜肴端上桌一看，却令人遗憾，只见鱼片变成了鱼末，鸡丁生熟不均，牛柳变形成团。张太太自己也觉得尴尬，"怎么就变样了呢?"张太太满腹狐疑。

分析：就此案例来看，除了其他原因，料形切割的不准确正是产生这种不良效果的主要原因之一。其青鱼片是按照黑鱼片那些顶丝批的片，鸡丁切得大小不等，牛柳则为顶丝切的，并且形状又粗又短，料形的不准确不规范造成了这次制菜的失败。实际上，每种菜肴构成的基本料形都是由食材组织结构和成菜制熟方法的特性所决定的，中国菜肴特别注重刀工的精细，它是由料形精致的规格等级来具体体现的，基本料形的等级正是一个由粗到细的精致加工过程，如下图所示：

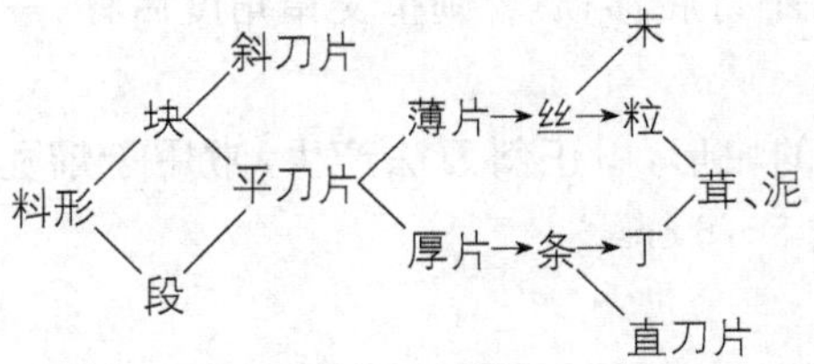

每一层次料形都不是单一的，而是根据原料的生物组织结构，赋予丰富的变化。在料形的丰富性中，匀称与统一法则被得到充分的体现，这对菜点质量的好坏具有十分重要的影响。因此，了解和把握基本料形的一般规格是十分重要的。

一、一般料形的实用规格

(一) 块形

具有一定立方体，成团成疙瘩的料形叫块，由切、剁、撬和斜刀法产生。块具有许多不同的形态，常用的有方块、长方块、菱形块、三角块、瓦形块和劈柴块等。

1. 方块

呈正立方体，边长均等，在菜肴中常将大方丁以上的料形称之为方块，如红烧肉块，边长约为 2.5 cm 的方块。

2. 长方块

即长度超过宽和高的方形，一般有四等形制：

(1) 烤方　长方形之最大形制，常用于肉，如烤酥方，约 25 cm×20 cm×4 cm，重约 3 kg。

(2) 酱方　仅次于烤方，为第二大形制，常用于肉，包括卤方、熏方皆属此类，适用于炖、焖，如松子熏方，约 16 cm×13 cm×3 cm，重约 500～750 g。名菜有火方、枣方、松子熏方、松子肉、四喜肉、东坡肉等。

(3) 蒸方　长方形之第三大形制，适用于鸡、鱼及冬瓜等，为蒸制常用方形，如八宝瓜方，约 6 cm×4 cm×2.5 cm；鸡、鸭方还小一些，一般为 5 cm×3 cm×2 cm 左右。

(4) 骨牌块　长方形的最小形制，大小如骨牌，故有此名，较小而不称方，常将排骨加工成此形，如清滋排骨，约 2.5 cm×2 cm×1.5 cm，适合炸、熘、烧、烩等。

方块与长方块皆是依据原料原厚度而确定其高度的，因此，高度无统一规定，而长和宽则具有一定的规律性，如果长度超过宽度 2 倍以上者，则称之为条块。

3. 菱形块

边长相等，由相对钝、锐角构成，又叫“象眼块”，由切法产生，可用不易变形的原料切成此形，用于冷盘造型，如肴肉、羊膏、酱牛肉、熟鸭脯等，规格最大不宜超过 2.5 cm 边长。

4. 三角块

块形如三角形，由切法产生，多用于豆腐、豆腐干、萝卜、土豆等，有等腰三角块与任意三角块两种。

(1) 等腰三角块　又叫正三角块，即三角的两腰边长相等，块面平整，常用于豆腐及豆腐干，如三虾豆腐，边长不超过 3 cm。

(2) 任意三角块　又叫滚料切块，适于球体和柱体原料的块形，又有梳背三角与锥形三角之分。前者在滚料时，刀平行后移；后者则呈交错角度后移，一般底高不超过 3 cm。

5. 瓦形块

即形似中国旧式小瓦的块形，由正斜刀法产生，常用于熘瓦块鱼、熏鱼的块形，宽度两端形成弓形弧度，长不超过 5～6 cm。

6. 劈柴块

形似劈柴，由撬刀法产生，又叫撬刀块，仅用于“烩冬笋”的料形，约 4.5 cm×2 cm，是一种特殊料形。

总的说，块形一般较大，大都在中、小火慢制菜品中使用，瓦形块取自鱼体的自然形态，采用斜刀法使之正反两端具有较大坡度截面，而相对变薄，因此可用于熘法制熟。

(二) 段

将柱形原料横截成自然小节叫段，如鱼段、葱段、芸豆段、山药段等。由于原料的自然形体的关系，段没有宽窄之限制，如鱼段宽度可超过长度。保持原来物体的宽度是段的主要特征，另外，段亦没有明显棱角特征。在使用中，段的长度则具有一定的规定，俗称有寸段、寸二段、寸半段三等，即分别为 3.3 cm、4 cm 和 5 cm。通常前两个等级可作为碟菜料形，后一等级可作为大菜料形，如果鱼中段有超过这三种规格者，在传统上则称之为“鱼方”。

在刀法的运用中，段可用直刀与斜刀法产生，因此，在形态上，段可分为斜刀段与直刀段两种。

1. 斜刀段

即运用斜刀法加工的段，多用于葱、蒜等管状蔬菜。运用反斜刀法的段，叫“雀舌段”，用于炒、爆菜的辅料料形。

2. 直刀段

即运用直刀法加工的段，多用于柱形蔬菜和鱼。在多数情况下，直刀段可再加工成更小料形，一般用法与块相同。

(三) 片形

具有扁薄平面结构的物体叫片。

运用平、直、斜刀法皆可取片，片形最为复杂多样，依据不同刀法的运用分平刀片、斜刀片和直刀片三个基本类型。

1. 平刀片

运用平刀法在较大物体上取下的片统称平刀片，主要是大方片或菱形片，如贴类菜肴的片形，典型品种有锅贴鸡、锅贴鱼等，锅贴鱼的片形规格约 6 cm×4 cm×0.2 cm，其他皆需再加工。

2. 斜刀片

运用斜刀法在较大物体上取下的片统称斜刀片，主要有柳叶片、玉兰片、长条片和大菱形片等形制。

(1) 柳叶片　两头微尖，中间略宽，片体较薄，形似柳叶，故得此名。从禽类胸肌或畜类里脊等肌肉上横或斜向取下，用于滑炒，规格为 5 cm×1.5 cm×0.1 cm。

(2) 玉兰片　一头微圆而宽，一头微尖而窄，片体较薄，形似玉兰花瓣而得名。从鱼类轴上肌斜向取下，用于滑炒，如黑鱼片，规格为 5 cm×2.5 cm×0.2 cm。

(3) 长条片　形体略长而窄，正反斜刀法皆可取，体壁较厚，适用于大菜。常用于油发肉皮、鱼肚或熟肚取片，可烩制。有的将正斜刀条片称之为"抹刀片"，长约 6 cm，宽约 2.5 cm，厚度依所用原料而定。

(4) 大菱形片　规格最大，一般从水发鱼皮、鱿鱼、鱼裙等原料上取片，用于扒、烩。规格约 6～8 cm 长，作大菜料形。

3. 直刀片

运用直刀法在宽条状原料上取下的片统称为直刀片。一般形体较小，整齐划一，体壁较薄，具有良好固体性质的脆、嫩、酥、烂原料皆宜用直刀法取片。常用形制有长方片、月牙片、小菱形片、夹刀片和佛手片等。

(1) 长方片　具有长方体结构，规格有大、中、小三等，大号规格约 6 cm×2 cm×0.2 cm，大菜中使用，适用于扒、蒸、烩菜肴的辅料料形；中号规格约 5 cm×2.5 cm×0.3 cm，常用于冷菜刀面料形；小号规格约 3.5 cm×1.5 cm×0.2 cm，常用于热碟辅料料形。

(2) 月牙片　将柱形或球形原料剖开取片，半圆如月牙，一般以原料的半径决定其大小，用于热碟长度(半径)不超过 4 cm。香肚、捆蹄半径较长，用于冷碟料形。

(3) 小菱形片　从菱形条、块上直切产生，多用于热碟，规格近似于小方片。

(4) 夹刀片　即一刀断一刀不断两片相连的片形，大小视原料而定，在多数情况下，夹刀片由直刀法产生。

(5) 佛手片　在扁薄原料上取片，五刀相连，受热卷曲形似佛手，又称龙爪。用于炝、拌、炒、爆，名菜有佛手罗皮、龙爪长鱼、蓑衣黄瓜等，一般不超过 3.5 cm×2.5 cm。

直刀片厚度依原料质地而定，易碎者应较厚，在 2～3 cm 左右，如一般鱼片、熟肉片等；有一定韧性的原料应较薄，不超过 2 cm，如灯影牛肉片、笋片等。切片时应注意原料的纤维纹理方向，较老者应逆向，如牛肉片、笋片等；较嫩者宜顺向，如鱼片等。片的切面应光滑，片体均匀，厚薄一致，宽长相等。另外，直刀片制尚有心形片、鹅毛片、秋叶片等许多种，皆用于冷盘造型，随形而设、随心所欲，众多变化，意在创造。

(四) 条与丝

将片形原料切成细长的形状，即叫条或丝，条粗于丝，截面呈正方形。

1. 条

一般将宽于0.5 cm以上的细长料形称为条，有三个基本等级。

(1) 一号条　粗约1.5 cm，因如指粗，故又称为指条。一般不作终结料形，可再加工成丁，如鸡丁，有时亦用于扒、炖，如扒羊肉条。

(2) 二号条　粗约1 cm，长约3.5～4 cm，因粗如笔杆，故又称之为笔杆条。一般用于熘、炒、烩等，有时用于冷盘料形。如卤笋条、酱汁茭白等，可加工成丁。

(3) 三号条　粗约0.5 cm，长约3.5～4 cm，因粗如竹筷，故又称之为筷子条。一般用于炒、烩等，可再加工成丁。

2. 丝

一般将细于0.5 cm以下的细长料形称为丝，亦有三个基本等级。

(1) 一号丝　细约0.3 cm，因细如绒线，故又叫绒线丝。收缩率大或易碎原料宜切此形，如牛肉、鱼肉等。用于炒、烩等。

(2) 二号丝　细约0.15 cm，因细如火柴梗，故又称火柴梗子丝。收缩较小或具有一定韧性的原料宜切此丝，用于炒、拌等。

(3) 三号丝　细约0.1 cm以下，因细如麻线丝，可穿过针眼。适用于固体性强的原料，主要有姜丝、菜叶丝等。非特殊需要不用此料形。

条与丝虽形式相近，但切法不同。条较厚，需从厚片上切下，一般采用单片切的方式。丝较细，需从薄片上切下，一般采用叠片切的方式，但由于原料的不同，具体切时需有区别，有卷切式、辅切式和叠切式三种方式。

① 卷切式：将原料卷成柱形，再切成丝，适用于对薄而韧的大张头原料的加工，如百页、罗皮、蛋皮等。

② 辅切式：将原料铺成整齐的瓦楞形，再切成丝，肉类原料宜用此法。

③ 叠切式：将原料叠成方正的墩，再切丝，适用软、脆、嫩性原料，如豆腐干、白菜、北瓜等。

丝的长度较条要长，一般在5～6 cm，条与丝都应注意以下几个问题：

① 片是条、丝的基础，应保证片的平整均匀。

② 前后粗细一致，防止钉子头、扁形、蜂腰现象。

③ 不应连接，应刀刀分清，防止碎头过多。

④ 应注意条、丝纹理，不宜卷叠过厚，并勤洗刮墩面。

(五) 丁、粒、末形

此三种料形皆分别从相应条、丝上切下。

1. 丁

从条上截下的立方体料形叫做丁。分三等：一号丁从一号条上取下，又叫指丁，常用于炸、熘、炒、烩等，如鸡丁、肉丁等；二号丁从二号条上取下，又叫蚕豆丁，常用作炒、烩或作馅心料形，如鱼丁、熟肉丁等；三号丁从三号条上取下，又叫黄豆丁，常用于炒或作馅心料形，如名菜“瓜姜鱼米豆”、“五丁虾仁”等。

2. 粒、末

从丝状原料上截下的立方体叫粒或末。粒取自一号丝，大小如末，故又叫末，如“松子鱼末”、“滑炒鸽松”等，亦可用作缔子料形，为粗茸；末取自二、三号丝，前者适用于肌肉原料，如肉末，后者适用于植物原料，如生姜末、白菜末，有锯末之称，多用于馅心、配料料形，若用于制缔，则统称为粗茸。

(六) 茸(泥)形

茸(泥)是料形的最小形式，由排剁、刮、揭等刀法产生，传统上称动物原料是茸，植物原料叫泥。茸(泥)一般手触和目视皆无明显颗粒感，又叫细茸，茸(泥)是制缔的专门料形，其颗粒越小，与水的接触面越大，亲水性越强，吸水越多，出料率越大，质地越细嫩。因此，制茸要求十分细腻，在使用上具有十分重要的地位。

二、刀法在料形加工中的综合运用

一种料形的最终形成，在大多数情况下并不是一种刀法单独加工的结果，而是通过多种刀法相互配合才能产生。两种以上刀法用于对一种料形的确定过程，叫刀法的综合运用，一般有如下形式：

(1) 批切式　即从块(段)原料上批片，然后再切成条、丝的方法。

(2) 切批式　即从块(段)原料上切出小块(段)，然后再斜批成片的方式。

(3) 刮剁式　先从原料上刮出碎片，然后再排剁成茸，此是鱼茸加工的专门方法。

(4) 切剁式　先将原料切成粒，再排剁成细茸，常用于加工肉茸。

(5) 排切式　先在厚的或腱较多的原料上排刀，然后再切成条、丁。

(6) 拍切式　即块(段)原料拍松裂，然后再切成条、丁。

要准确地运用刀法，就必须加强严格的料形意识训练，刀工不是简单的唯料形的加工，而与整个菜肴的营养与风味具有全面联系。均匀一致的料形，能够在加热过程中实现受热、生熟老嫩的一致性，同时给人的视觉有愉快的感受。料形的确定，还能起到对原料扬长避短的作用，使易碎的不易碎；使老的变脆嫩；使瘦薄的变肥厚等等。

在料形的运用上，一般用于旺火速成和热碟菜肴的原料基本料形应小，用于中、小火慢制和大菜菜肴原料基本料形应略大，对整块(只)禽、肉原料的加工，应遵循分割于整形之中的原则，合理运用排刀和吞刀法，以适口咀嚼、筷夹食用为度。

对料形的加工还应充分把握大料大用、小料小用的基本原则，防止大中取小，提高成本，造成浪费，为了单纯的料形美观而造成浪费是违反料形规律的。

第四节 剞花工艺

引导案例

我们到酒店吃饭，通常会听到一些对菜肴质量的抱怨，例如：①一条红烧鱼，等了很长时间，结果上来的鱼外面虽好，但打开一尝则淡不入味，并且有土腥味；②炒的鸡丁或腰块不入味或质较老;③一大块东坡肉无从下箸,不便于筷夹等等。

分析:上述问题都与剞花的正确与否具有很大关系,剞花不同于雕刻,是切割的特殊形式,除了可使原料形态美观外,更重要的目的就是缩短成熟时间。使加热渗透均匀,在短时间内让食料内外老嫩度达到平衡。剞花能使调味品深入到食料内部,又便于短时间散发掉内部异味,还有利于卤汁的裹附,形块也美观。由此我们看到,剞花既是分解工艺的一部分,又具有很强的刀工表现力,所以在不该剞花时剞花或者剞法错误都会给菜品带来明显的损害。

然而,剞花毕竟是切割刀工的特殊内容,并不是任何原料在任何情况下都适宜剞花,剞花对原料与使用的时机而言是具有很强的选择性和针对性。因此,在实际操作时,应注意如下准则:

1. 具有剞花的必要

所用原料如较厚,不利于热的均衡渗透;或过于光滑不利于裹附卤汁;或有异味不便于在短时间内散发,则具有剞花的必要。

2. 利于剞花的实施

所用原料必需具有一定面积的平面结构,利于剞花的实施和刀纹的伸展。

3. 突出条纹的表现力

所用原料应具备不易松散破碎而有一定韧性和弹力的条件,具有受热收缩或卷曲变形的性能,能突出剞花刀纹的美观。

依据三项标准,常用于剞花的原料一般有整形的鱼,方块的肉,畜类胃、肾、心;禽类的砂胃;鱿鱼和鲍鱼等。有时豆腐干亦可用于剞花。

一、剞花的基本刀法和类型

在剞花的过程中,大多是对平、直、斜刀法的综合运用,故有人亦称之为混合刀法。在这个意义上,剞花的基本刀法是直剞、斜剞和平剞。

1. 直剞

运用直刀法在原料表面切割具有一定深度刀纹的方法,适用于较厚原料。直剞条纹短于原料本身的厚度,呈放射状,挺拔有力。

2. 斜剞

运用斜刀法在原料表面切割具有一定深度刀纹的方法,适用于稍薄的原料。斜剞条纹长于原料本身的厚度,层层递进相叠,呈披复之鳞毛状。又有正斜剞与反斜剞之分。

3. 平剞

运用平刀法将原料横纵呈相连状的方法,适用于较小块的原料。平剞条纹最长,呈放射卷的菊花瓣状。

依据刀纹的深浅度区别,有深剞花型与浅剞花型两个基本类型。深剞花型刀纹深度超过厚度1/2以上,作用于原料的受热卷曲变形,或方便筷夹食用,主要用脆嫩性脏器、鱿鱼、带皮鱼肉和方块肉为加工对象;浅剞花型刀纹深度不超过1/2,主要作用于表面的收缩成形,突出刀纹的图案美,主要用于以整条鱼为加工对象。

二、剞花形态的种类

1. 深剞花刀

(1) 麦穗花刀　逆肌纤维排列方向斜剞深约4/5,刀距约2 mm的平行刀纹,再顺向直剞同等深度,刀距的平行刀纹,顺向切成5 cm×2.5 cm条块,受热卷曲呈麦穗花形,适用于肌纤维平面排列的原料，为单向相对卷曲。尤宜鱿鱼，常用于炒或爆，如“爆麦穗鱿鱼”。

（2）卷筒花刀　顺肌纤维排列方向，略斜向直剞交叉十字刀纹，深4/5，刀距约2 mm，顺向切成约5 cm×3 cm长方形块，受热卷曲如卷发筒形。使用原料与卷曲性质同麦穗花刀法，如“爆鱿鱼卷筒”。

（3）荔枝花刀　在原料表面直剞交叉十字刀纹，深约2/3～4/5，刀距约2.5 mm，切成3.5 cm长菱形块，受热卷曲成荔枝形。此法适用于肌肉纤维呈立面排列的原料，为双向四面相对卷曲似球状，尤宜腰、肫、肚等原料，不宜鱿鱼，用于爆菜。

（4）绣球花刀　花纹与荔枝同，只料块切成等腰三角块。此法适用于肉层较厚的带皮鱼块，受热三面卷曲如球状，如“白汁绣球回鱼”。

（5）蓑衣花刀　刀纹方向与麦穗相反，再于原料反面斜向推剞深约2/3，刀距2 mm的平行刀纹，与正面呈透空网络状，切成3.5 cm×3.5 cm的方块，受热收缩卷曲呈蓑衣形。适用原料主要是腰子，宜炒，如“蓑衣腰花”。

（6）菊花花刀　从原料一端平剞深约4/5，再直切剖开部分为长条，受热卷曲呈菊花形。适用鱼、肉、鹅肫等原料，卷曲呈放射状，宜熘、炸。

（7）鳞毛花刀　在原料表面逆纤维走向斜剞深约4/5，刀距约4 mm平行刀纹，再顺向直剞同等深度，刀距与前刀纹交叉成90°的平行刀纹，拍粉油炸后呈磷毛批复状。此法宜对整条带皮鱼肉的加工，用于熘、炸，如“松鼠桂鱼”。

（8）竹节花刀　将原料切成4 cm×2.5 cm长方块，顺长直剞4条深约4/5平行刀纹，再横向在原料两端约1 cm处各直剞两道深约2/3、刀距2 mm的平行刀纹，受热卷曲似竹节形，适用于鱿鱼、猪腰等原料，用于炒，如炒“竹节腰花”。

（9）眉毛花刀　又叫鱼或梳子花刀，即先直剞深约2/3、刀距约2.5 mm的平行刀纹，再顶纹切或斜批成片，单片为梳子，连刀片为眉毛。

（10）篮格花刀　又叫两面连花刀，因有透空孔格似竹篮孔格，故得此名。在原料两面平面略斜向直剞深约2/3、刀距约2～4 mm平行相叉刀纹，拉开两面透孔呈篮格状。适用于腰、肫、肚尖和豆腐方干，前者用于爆、炸，如“汤爆双脆”，后者如“卤篮花干子”。

（11）葡萄花刀　在原料肉面交叉斜剞深约4/5、刀距约1.2～1.5 cm的斜向平行刀纹，受热卷曲呈一串葡萄形。适用于带皮较厚的鱼块，常用于熘、炸，如“熘葡萄鱼”。

（12）万字、回字、棋格花刀　皆为肉面的剞刀花纹，即在方块肉皮面上直剞象征万字、回字和棋格的刀纹，深度一般在2/3左右，用于炖、蒸、扒，如乳方、樱桃肉等。

（13）螺旋花刀　从方块一侧进刀，平剞至3/4深度，旋转平剞至3/4深度再旋转平剞直至到底，受热呈螺旋形，适用肉与鸭、鹅，宜炖、焖和炒，如“螺旋肉”、“螺旋肫花”等。

深剞花刀法除上述外，尚有若干种，但都具有相同原理，不管采用什么花形，都应遵循如下原则：

（1）深剞的卷曲、收缩应顺应原料的肌纤维排列方向。一般来讲，具平面排列的原料是相对卷曲；具立面排列的原料是四面卷曲；网状排列的则收缩变形，此三类变形性质是花刀实施的依据。

（2）剞刀的深度与刀距皆应一致，否则由于收缩不均，翻卷不一，既不能受热均匀，又影响形体的美观。

(3) 较薄原料宜采用斜剞的刀法,以增加条纹坡度,较厚原料宜采用直剞的刀法,以表现条纹的挺拔,切不可盲目剞刀,因形伤质。

(4) 所剞花形应符合加热特性,区别运用。一般来说,炖、焖、扒、烧所用花形应较大;爆、炒、熘、炸所用花形居中,氽、唰、蒸、烩所用花形应较小。

2. 浅剞花形

(1) 秋叶花刀　以鱼体作叶面,直剞上象征叶筋的条纹,深度约 1/3。适合较窄的鱼体,如白鱼、鲚鱼等,一般作蒸的花形。

(2) 波浪花刀　用刀尖在鱼体两侧直剞象征波浪的曲线,共三层,深约 1/3,其作用与秋叶同。

(3) 蚌纹花刀　用刀尖在鱼的两侧直剞上象征河蚌蚌壳纹理的刀纹,深约 1/3,适用于较宽的鱼体,一般作为蒸的花形,如"清蒸鲂鱼"、"网蒸桂鱼"等。

(4) 人字花刀　在鱼体两侧直剞上象征人字的刀纹,为相背五对人字,适用于较宽鱼体,如鲳鱼、鲂鱼、桂鱼等,深约 1/3,作用与蚌纹同。

(5) 双十字与一字花刀　在鱼体一侧直剞斜向双十字或一字条纹,深度至椎骨,约1/2,对短厚的鱼体宜作此法,双十字为扇面鱼头尾的花形,一字为一般头尾的花形,常用于烧,如"红烧青鱼头尾"。

(6) 小字花刀　在鱼体两侧体侧线上,直剞象征小字的刀纹,呈弧形排列,适用于窄而厚长的鱼体,如青鱼、草鱼、大马哈鱼、鲮鱼等,宜烧。

(7) 散线花刀　在鱼体两侧直剞三条单线一组共六组呈八字排列,深约 1/3,适用对体壁宽薄的鱼,如鲫鱼、鲤鱼等,宜烧。

(8) 牡丹花刀　运用斜刀法在鱼体两侧斜剞弧度刀纹,深至椎骨,鱼肉翻开呈花瓣形,用于熘,体壁宽厚的鱼宜用此法,如"黜熘牡丹桂鱼"。此法不应剞破腹壁。

(9) 瓦楞花刀　在鱼体两侧直剞,深至椎肋的横向刀纹,再平剞进 2～2.5 cm,使鱼肉翻起呈瓦楞排列状,此法适用于体轴长窄、肌壁较薄的鱼,如黄鱼、鲈鱼、鲷鱼等,用于熘。

(10) 菱格花刀　在鱼体两侧直剞相叉十字刀纹,即呈菱格图案,深约 1/2,刀距约2 cm左右。适用于炸、烤,如"脆皮桂鱼"、"网烤鲤鱼"等。要注意的是,剞菱格花刀的原料一般需拍粉、挂糊或上浆,否则易使表皮脱落。

浅剞花刀除上述常见的方法外,尚有许多,因不够典型,此不多论。但是,浅剞应遵循如下规则:

(1) 浅剞应以简单的形式达到较好的效果,并在简单线条表现中体现形式的美观。

(2) 浅剞应与具体菜肴相贴切,构成统一的意趣氛围。

(3) 浅剞应根据鱼体特征而赋予变化,充分体现出原料的优点,而避开原料的弱点。

(4) 因为鱼皮收缩,易与肌肉脱落,因此,在剞花时应充分注意刀纹之间的连接性,防止肌肉裸露,因剞伤质。

本章小结

本章主要内容和要点有:

1. 对畜、禽、鱼等食料胴体的分档、取料、出骨。

2. 切割刀工刀法的应用以及对刀工工具的养护管理。

3. 菜肴构成的原料基本形态及其规范和标准。

4. 剞花的种类与操作规范。

检 测

一、名词解释

分档取料 刀工 刀法 整料出骨 黄瓜条 抹档肉 里肌肉 核桃肉 鸡牙肉 鱼甩水 滑丝 斜刀法 切法 排刀法 吞刀法 剞花 搨刀法 夹刀片 佛手片 基本料形 刮剁式 卷切式 条 丝 丁 粒 深剞花刀 麦穗花刀 荔枝花刀 鳞毛花刀 卷筒花刀 秋叶花刀 波浪花刀 瓦楞花刀

二、复习思考题

1. 描图说明猪、鸡、鱼的档位与具有独立意义的最小单位。
2. 简要叙述整鸡出骨的刀法与步骤。
3. 怎样做到保障肌肉块的完整性?
4. 用十种菜肴说明不同部位原料的品尝意义。
5. 刀具保养不当易出现什么现象?对刀工操作有何影响?
6. 分别指出肉丝、黑鱼片、姜丝、羊糕片、鸡腿、猪肝片、干丝的成形对刀法的规范应用。
7. 简述中国名菜五种具体菜品的构成原料料形标准及其成形加工过程。
8. 指出片、条、丝、丁、块的不同规格和具体用途。
9. 黑鱼片、牛肉丝、熘鸡丁、瓦块鱼、烩冬笋块的料形性能和特征是什么?
10. 指出与红烧鲤鱼、清蒸白鱼、醋熘桂鱼、叉烤桂鱼相应的剞花形式。
11. 举例说明剞花的实用性意义。
12. 指出麦穗花刀、卷筒花刀、鳞毛花刀、秋叶花刀、散线花刀、牡丹花刀的关键点。

第三章 混合工艺

学习目标

馅，通指被包被在另一种原料中的食料；缔子则是指多种食料黏结混合的一种复合食料。馅心和缔子大都需要经过混合加工，它们是菜点食材的重要组成，本章通过案例实训，使学生掌握加工这两类食料的基本常识和技术。

本章导读

将两种以上不同食料混合形成一种复合型食料的加工过程叫混合工艺。在日常的饮食生活中，我们可以看到大量的通过混合加工而形成的食品，例如各类点心、各类缔子菜肴和各类有馅食品等等，因此，混合工艺是烹饪工艺中极其重要的内容。无论菜肴还是点心都在很大程度上与混合加工有关，混合加工极大地丰富了人类的食品种类，充分地将食料进行综合利用，扬长避短，提高了菜点的品级与风味质量，开拓了烹饪食品广阔的新领域。本章涉及的内容主要有制馅工艺、制面团工艺和制缔工艺。一般认为制面团属于面点的专项，实际上菜肴中也有许多制面团内容，鉴于目前教学的程式化，兹将面团内容留待在《面点工艺学》专讲，本章则以制馅与制缔工艺为重点加以诠释。

第一节 制馅工艺

引导案例

某饭店开业不久便享誉一方，在所有产品中，尤以有馅食品令人耳目一新，除了通常所见到的点心馅和菜肴中的三鲜、八宝、笋肉、虾蟹和蔬菜馅外，一些馅心也打破了常规，令人大开眼界，例如：鱼香肉丝做包子馅，宫爆鸡丁（也叫宫保鸡丁）做百页卷馅，更有鱼皮锅贴里包的是咸莲茸火腿馅等等，这些馅菜点在筵席中的巧思安排，给人以新、奇、特的强烈感受。

分析：这是一个深通制馅之道的案例。馅心藏在制品里面，本身会给人以某种神秘感，人们总是要先尝为快，以获得探秘的新奇快感。巧妙应用各种食材制作出新出奇的馅心正是其重要的一种方法。一般来讲，馅心是形成许多特色的重要因素，其作用主要有三个方面：

(1) 突出表现菜点品种的风味特征：如八宝鲜香、蟹肉细嫩都说明了包馅菜点的风味倾向性是馅心。

(2) 增进食物原料间的互补：馅心由多种原料混合而成，各原料之间的色、味、香、质及营养素诸方面相互补充和融和，从而提高了单纯原料制品原有的食用价值。

(3) 馅心的变化是菜点不同品种的重要标志：例如八宝鸭、三鲜脱骨鱼、叉烧肉包、雪笋包子、枣泥羊肉卷等等。

传统上认为适宜制作馅心的是指那些具有独特风味的原料，这些原料的独特风味主要是具有诱人的特色，而缺乏独特诱人风味的原料，除特殊需要外，一般不适宜用来制作馅心，一般来讲，绝大多数食物原料都可以被用作馅心的原料，如肉、禽、鱼、虾蟹和蔬菜、干果、蜜饯等，这在原料学中都有详尽的阐述。现代制作馅心已有了许多突破和发展，馅心已成为菜点制作中的一个较为宽泛的领域。

一、馅心的种类与特征

(一) 馅心的种类

目前常用的定型馅心一般有如下种类：在口味的侧重性方面分咸、甜两类；在原料性质方面分荤、素与混合三类；在制熟方法上分生制与熟制两类；在基本料形样式方面又有糜、缔、丁(粒)、浆(糊)状四类。综合大致如下图所示：

		荤馅(例)	素馅(例)	混合馅(例)
馅心	生制馅—咸馅	生肉馅	白菜馅	韭菜生肉馅
	熟制馅—咸馅	蟹粉馅	素什锦馅	五丁馅
	熟制馅—甜馅	叉烧馅	翡翠菜馅	南腿枣泥馅

实际上，馅心的变化与设计空间是非常宽广的，用简单的分类并不能概之全貌，时下馅心的发展已大大地突破了前一世纪的范畴，中、西点以及菜点之间的互渗，使市面上创新出大批新的馅心品种，在口味和材质方面尤为突出，这大大促进了有馅类菜点更为多样性的发展，目前对馅心的设计已上升至相对独立的主导性层面，并且决定着有馅菜点的加工进程。

(二) 馅心的特征

1. 菜点馅心的特征比较

如上所述，菜点之中都同样具有馅心内容，但在实践中不难发现，在许多方面，两者之间还是存在着一些精细区别的，了解这些区别对设计馅心和使用馅心具有现实意义。

(1) 菜肴馅心的特征　①菜肴的馅心一般是衬托渲染，补充菜肴主体的，因此大都不作为主料而作为辅料，例如三丝鱼卷，鱼是主体，卷是形式，三丝是辅料。②菜肴馅心具有更多的形式，除了生、熟制馅外，还有一些无明显制馅过程的馅心，例如桃仁鸡卷中核桃仁是直接取用炸熟的桃仁。③动物性茸缔馅心在菜肴中需具备较强的黏接作用，因此一般无需掺冻、打水的加工，例如酿青椒、彩色鱼夹、蟠龙卷切等，多采用硬质缔子馅。④菜肴的馅心在浓郁风味特征上虽也很重要，但比之点心则为次要，内馅并不能决定菜肴的主流调味，其主体风味还得取决于对整体菜肴的主流调味上。

(2) 点心馅心特征　①点心馅心在点心中调味占有主导作用，无论是在风味上、重量比例上、材质取用上都是馅比皮贵。②除了快餐型皮厚馅少的大众餐饭食品外，用作风味品尝性的皮薄重馅或皮馅对等的中高档点心品种都以馅心的不同而不同，特别是皮薄馅重的点心，其馅心比重在60%～80%之间。③与菜肴馅心不同的是点心馅心全部必须经过严格的配方和精细的制馅加工，一般不直接取用未经制馅过程的原料直接包卷于面皮之中。④点心之馅不在于馅心与外皮的黏接，而在于外皮将馅心包被，因此注重掺冻、打水、加油而重卤或重油，例如生肉包、汤饺、豆沙包、鸭油烧卖等等。茸(泥)馅心点心内的热流溶性是评定许多点心质量优劣的一项标准，如肉包馅无汤卤，豆沙馅不泻滑，菜包馅不油亮皆是质次的表现。⑤由于点心以馅心风味为主，在口味、香味、触觉感、形态方面的作用都是以馅带皮的。因此，点心最终风味的形成除了馅心材质差异与馅心制熟方法的差异外，基本是来自于馅心的口味差异。

二、馅心的基本结构与组成

通过上述比较，菜点馅心之间，虽然存在着一些差异，但在总体结构上又具有相同的特征，一般有如下结构：

(1) 主料　构成馅心的主体原料，通常由一种或多种原料组成，例如，五丁包子的馅心是由鸡丁、肉丁、虾仁、笋丁、香菇丁各占1/5而混合形成馅心的主体。

(2) 辅料　补充主料的原料，通常亦可由一至多种原料与主料混合构成馅心主体，例如笋肉蟹黄饺的馅心，则以肉茸为主料，笋丁与蟹黄为风味性辅料，比重占肉茸的1/3与1/10，目的是对馅心主体风味与营养性质的补充与完善。

(3) 功能添加料　具调节功能的非主体性原料皆为添加料，其中起调味、致嫩、保水、增黏、增色作用在以后章节中讨论，这里主要讨论馅心中起凝冻作用的皮冻工作原理。

皮冻：是将猪肉皮经煮烂、切碎加水(汤)在小火上煮至溶化的溶胶，冷却后可以凝练成固体。皮冻掺入馅中可使馅心增厚便于点心的包捏成形，加热后溶化可使馅卤增多，味道鲜美。

皮冻一般有软冻、硬冻与水晶冻三种。硬冻水量少于软冻，容易凝结，一般在夏季使用；水晶冻是提取单纯皮汤冻制，冻体透明如水晶，多用于糕团凉点与菜肴。一般硬冻的皮汤配比是1∶1～1∶1.5，软冻是1∶2～1∶2.5。根据投料的不同，又有一般皮冻与高级皮冻之分。高级皮冻的熬料除猪皮外，还有火腿、干贝、鲜鸡等。馅内掺冻应根据坯皮的性质而定，组织紧密的水调面和嫩酵面团坯皮包馅，掺冻量不少于60%，如淮安汤包可达1∶1以上，而一般酵面或其他面团坯皮包馅则应小于40%。皮冻加工时应注意以下问题：

(1) 鲜猪皮必须洗刮发白，剖尽皮下脂肪后方能煮烂，煮时应采用微沸的方式，防止皮汤混浊。

(2) 皮烂后需提出冷凝，上机粉碎(或切碎)，再用原汤在小火上长时间加热熬制，务必使胶原蛋白充分溶化，形成凝胶，切忌急火高温加热，因焦化过快影响色泽与应有风味。

(3) 溶熬的皮胶体应过滤后盛放到事先经过高温杀菌的容器里，否则皮汤极易产生酸败变质。

(4) 皮汤应自然冷凝后，密封收藏，保持5℃的稳定和防止与生水接触，以避免稀解。

除了皮冻外，目前还有啫喱粉、琼脂、鹰栗粉等，也具有一定的凝冻作用。

三、馅心的式样与制作方法

(一) 馅心的式样

馅心的式样是指馅心成形的外观形态特征，一般来说，馅子皆由细小料形构成，通过搅拌或炒拌形成混合状态，并再通过增凝、增黏形成馅黏团才能方便坯皮的包、卷、裹、镶而成形。依据不同的馅料形状可以分为如下几种式样：糜糊状凝结馅、粒末状凝结馅、丁丝状黏结馅和膏脂状凝冻馅。

(1) 糜糊状凝结馅　即肉糜加水(汤)、皮冻及盐等搅拌成糊状,通过冷凝黏结而成,例如生肉馅、蟹肉馅之类。

(2) 粒末状凝结馅　素(蔬)菜粒末料或熟肉粒末,加入熟猪油、芝麻油或菜油等经拌或炒烩后冷凝而成的粒末黏结状馅心,例如雪冬馅、菜肉馅、玫瑰椒盐馅之类。

(3) 丁丝状黏结馅　即由原料切成丝或丁状,加动物性脂肪或淀粉之类经过炒或拌匀,冷置利用脂肪与淀粉冷凝作用形成的黏合状馅。例如三丁馅、冬菜肉丝馅、八珍馅之类。

(4) 膏脂状凝冻馅　即枣泥、豆茸、蛋奶加猪脂或牛脂、黄油、琼脂类,经过熬炼形成的浆糊状,在动物脂肪或琼脂的凝冻作用下形成膏脂状,例如枣泥、豆茸、蛋黄馅之类。

另外,缔质状黏稠馅由于缔子的特殊性质,拟在后面章节中讨论,此不多述。

(二) 馅心的加工方法

馅心主要有生制与熟制两类方法。

1. 生制法

即不经过热加工,将所用各料直接运用混合搅拌的方法制成馅心,其中生制荤馅与素菜馅又有区别。

(1) 生制荤馅法　以包饺所用猪肉馅最为典型,其加工流程为:

切料粉碎→调味→打水→掺冻→凉冻作用

└──────搅拌──────┘

① 原料配置:猪前夹净肉茸 1 kg,肥瘦 4∶6,精盐 10 g,鸡精 4 g,酱油 25 g,白糖25 g,虾籽 2 g,姜、葱末各 5 g,绍酒 15 g,皮冻 400 g,水(汤)800 g(肋条肉吸水少,一般为 200 g),芝麻油 10 g。

② 加工要点:将猪肉粉碎极细,下调料充分搅拌起黏上劲,分数次下水(汤)充分搅拌"吃水"致嫩,加皮冻拌匀,入 5℃冰柜冷置待用。

(2) 生制素馅法　主要使用白菜、韭菜、香菜、萝卜、豆腐等原料,一般工艺流程为:

切碎(粒或丝)→腌制→挤水→增黏搅拌→调味→待用

蔬菜一般含水量大,细切后会有多量水析出而影响馅心的质量,包馅后易使面皮糜烂,不利点心成形。因此,必须排除部分水分才能符合要求。用适量盐腌制,盐的渗透压会使原料中部分水分迅速析出,从而使部分水分的有效排除,同时也能消除一些苦、涩味。排水一般采用挤、压、甩,多量也可采用脱干机脱干方法。但是,经排水以后,生菜的黏接性依然很差,松散而不利于点心成形,因此需添加黏稠剂与之搅拌,主要用熟猪油或素油、蛋液粉浆等,增黏调味混合均匀后即可凉置凝黏待用。

生制混合馅加工亦如其上,此不复述。

2. 熟制法

即将馅心所用各料混合加热制熟成馅的方法。在咸、甜各式馅心中,几乎大多数品种皆是熟馅,因此,行内常有"生缔熟馅"之说。熟制馅心的目的和作用是入味、生香、方便菜点内外成熟度的一致性和缩短菜点整体加热时间。熟馅是馅心的主流,无论荤、素,其加工特征基本相似,一般加工流程为:

主料预熟→切料→炒拌→调味→冰冻待用

熔熬

翻拌

预熟是对馅心主料或煮或焯或油炸处理，使之基本变性成为半成品，然后将半成品加工成细小料形，如丝、丁、粒、末、茸等，莲、枣、豆类还需焗沙、洗沙，最后用炒烩翻拌，熬炼之法制熟为馅心成品，晾凉使用。

四、不同馅心模式成品质检的外观标准

(1) 生制糜状馅　如生制鲜肉馅：生馅有较好黏稠度，肥瘦配比适当，成熟后成团，有一定弹性、光滑，并有相应汤卤析出。色泽光亮，质地细密，咸甜适口，鲜香味美。

(2) 生制缔状馅　如生制鱼肉缔馅：生馅有较好黏稠感，光感透气、强度匀密，熟时凝结强，有弹性，质地细腻光滑，色洁，饱满无塌陷，无孔洞，口感鲜嫩。

(3) 生制丝丁粒末状馅　如生制萝卜丝馅：生馅萝卜丝细长，丝白，葱绿，火腿红，油黏度较好，无游离水析出，光润。成熟原色不变，不脱水，丝脆葱香而油滑。

(4) 熟制丁粒馅　如①熟制三丁包馅：成品馅三丁均匀，汤芡糊化充分，黏着度呈稠厚糊团状，无游离水析出，蒸出后，三丁鲜香，有浆状油卤析出，油滑光亮，红、白适度。②熟制菜肉馅：成品馅菜绿粒整而匀细，肉丁齐整，整体油黏性高，无游离水析出。蒸出，菜色翠绿不烂，无生味，滑爽光鲜，清香油润，咸甜皆宜。③熟制五仁馅：成品馅五仁香脆，粒匀，油黏成团，蒸(烤)出，五仁香脆不减，油脂泻下，香甜可口。

该类模式的馅心若用于有馅类菜肴之中，则在汤芡、油脂量方面相应减少1/2为宜。例如八宝鸭馅等。

(5) 熟制膏糊状馅　如①熟制枣泥馅：成品馅枣泥细腻，黏稠，无渣如膏凝状，油光度强，冷凝后可搓成团。蒸熟后则恢复黏滑原态，呈柔细黏糯滑亮，可由点心咬口处泻出。②熟制蛋奶馅：成品馅由蛋黄粉、琼脂、鲜奶、糖、黄油等热溶为厚浆状，凝冻成块，质地细腻光滑，蒸(烤)后还原为黏溶状。

此模式的馅心若用于有馅菜肴与卷、夹点心类，则应相对增稠1/3为宜，这样在菜点熟制时不会因过于稀解而失形。例如枣泥羊肉卷、夹沙软糕，脆炸鲜奶等。

五、馅心的典型案例

(一) 咸式馅心

即以咸味为主要口味倾向的馅心，主要有咸鲜、咸甜、咸辣三类味型。所用原料多为时令蔬菜、腌腊制品和动物性新鲜原料，具体的品种以生熟菜馅、生熟肉馅、生熟菜肉馅以及三鲜、五丁、什锦等混合馅等最具典型。

1. 咸式生菜馅

【例3-1-1】　白菜馅　口味：咸鲜

原料：白菜梗1 000 g，香干100 g(或水发木耳、麻仁、香菇、玉兰笋、冬笋等)，精盐、鸡精、开洋粒适量，熟猪油200 g。

△ 工艺流程

香干切粒↓
白菜梗切粒→盐涤→挤水→混合调味→拌油待用

2. 咸式生荤馅

【例 3-1-2】 蟹黄肉馅 口味:咸鲜

原料:猪夹心肉 1 000 g,熟蟹黄油 250 g,姜末、葱末、绍酒、酱油、精盐、肉汤、皮冻适量,麻油 25 g。

△ 工艺流程

蟹黄油热溶↓
猪肉粉碎→腌拌起黏→吃水(汤)→调味→拌入黄油→掺皮冻→冷藏待用

注:蟹黄油是蟹黄、蟹肉与熟猪油熬炼而成的。各料配比是蟹黄 500 g,蟹肉 500 g,熟猪油 1 000 g,姜末 20 g,葱末 20 g,绍酒 25 g,精盐 15 g,在中火上熬炼翻炒至油黄味香鲜味溢,出鲜即可。不宜旺火熬焦,属半乳性混合油脂,用于调味增香鲜。

掺皮冻若超过肉馅,1∶1 或 1∶1.5 则是汤包馅。

【例 3-1-3】 豉椒牛肉馅 口味:咸甜微辣

原料:净牛肉瓜条 1 000 g,苏打、水、姜、葱、酱油、白糖、曲酒、精盐、白胡椒粉、味精、熟豆豉粒适量、红辣牛油 200 g。

△ 工艺流程

豆豉煸香↓ 牛油热溶↓
牛肉粉碎→腌拌→加苏打→搅水→调味→加牛红油→冷藏待用
(腌拌—搅拌—搅水)

3. 咸式生混合馅

【例 3-1-4】 荠菜肉馅 口味:咸鲜

原料:净荠菜 1 000 g,猪肉茸(或虾肉茸)500 g,姜末 20 g,葱末 10 g,精盐、鸡精、绍酒适量,鸡蛋 2 只取清,湿淀粉团 15 g,熟猪油 250 g。

△ 工艺流程

荠菜焯烫→挤干→粉碎→混合→调味→掺油→冷藏待用
↑肉茸制厚缔

【例 3-1-5】 笋肉馅 口味:咸甜

原料:猪夹心肉 500 g,熟笋粒 250 g,绍酒、精盐、酱油、白糖、鸡蛋液、姜末、葱末、湿淀粉团适量,芝麻油 25 g。

△ 工艺流程

猪肉粉碎→腌拌→着浆→拌笋→拌芝麻油→冷藏待用

若用于包子、饺子则可加相应皮冻。

4. 咸式熟素馅

【例 3-1-6】 紫金干贝馅 口味:咸鲜

原料：紫鞭茄 1 000 g，干贝松 50 g，精盐、味精、干贝精适量，熟猪油 250 g。

△ 工艺流程

茄子切对半→干蒸（密封）→压去水→细切粒→混合调味→拌猪油→冷藏待用

5. 咸式熟肉馅

【例 3-1-7】 咖喱鸭丁馅　口味：咸甜香辣

原料：熟鸭肉 1 000 g，净土豆 100 g，球葱 100 g，油咖喱、酱油、白糖、干红椒末、精盐、味精、绍酒、鲜汤、湿淀粉、熟猪油、芝麻油适量。

△ 工艺流程

土豆煮熟→切三号丁
鸭脯、球葱
煸咖喱、球葱→烩制勾芡→拌麻油

6. 咸式熟混合馅

【例 3-1-8】 干菜肉馅　口味：咸甜

原料：霉干菜 1 000 g，去皮五花肉 500 g，酱油、白糖、精盐、鸡精适量，熟猪油 250 g，芝麻油 50 g，绍酒、姜葱末各 10 g，湿淀粉适量。

△ 工艺流程

干菜泡发→切末→焯水挤干→烩㸆→拌芝麻油→冷置待用
五花肉煮烂→切三号丁→原汤红烧
煸炒姜葱

7. 咸式多重混合馅

【例 3-1-9】 八宝馅　口味：咸鲜（或咸甜）

原料：瘦猪肉 100 g，熟火腿 50 g，鸡腿肉 100 g，鸭肫 100 g，水发海参 100 g，水发干贝 50 g，水发鱿鱼 100 g，鲜虾仁 100 g，银杏 100 g，薏仁 50 g，芡石 50 g，糯米 500 g，熟笋100 g，水发香菇 50 g，精盐 50 g，莲子 100 g，鲜汤、绍酒、虾籽、精盐、味精、酱油、白糖适量，熟猪油 500 g，湿淀粉、芝麻油、姜葱末适量。

△ 工艺流程

糯米浸泡→蒸饭
芡实、薏仁浸泡→蒸熟
干贝撕碎
荤素八宝各料切丁（或粒）→煸炒→调味烩熟→勾芡→拌菜油待用

八宝馅全套为荤素八宝，分别都有八样，简便也可荤素合八宝。用于填鸡、鸭切料为丁；用于填鸭颈、鸡腿或做包饺馅则需切作小粒。

（二）甜式馅心

即以甜味为主要口味倾向性的馅心，主要为枣、豆、莲、栗等干果蜜饯与鲜果的糖油制品，甜馅大多数是熟制馅心，以甜为主，注重与香、酸的配合，一些新派甜馅主要来自与西点的结合。

【例 3-1-10】 玫瑰椒盐糖馅　口味：甜咸

原料：熟猪油 500 g，绵白糖 250 g，精盐、花椒粉、葱末 150 g，玫瑰精 0.5 g（或玫瑰酱 100 g）。

△ 工艺流程

熟猪油凝冻→各料搅拌→冷藏待用

制馅要善于变化，成竹在胸，信手拈来，应因时、空、人、物而变，即使是同一品种，在投料、口味方面也不尽相同，如生肉馅，南方多掺冻，北方多打水。再如八宝馅，素八宝、荤八宝、混合八宝皆可为之。口味的差异是南方多甜，北方多咸。干湿软硬的变化在同一馅心里也可以因具体的不同而变化，但不管作任何变化，一经确认便成标准，不宜随意更改而应使之成为定型产品。

六、馅心的一般应用规律

不同的馅心是依据不同菜点的具体标准而制作的，各类馅心的应用皆有一定的规律。

1. 馅心的对应规律

馅心是针对菜点的需要而产生的，不同的菜点对馅心的要求各不相同。一般来说，具密封结构的菜点对馅心的卤性要求较高；具致密性包皮的菜点要求成熟馅渗出汁较多，如汤包、葫芦鸭等；具开放性结构的菜点则要求馅心黏着性要强，如笋卷、椒斗、夹沙年糕等；外皮具渗透性质的菜点则要求馅心固形性好，汤卤较干（或少汤卤），如发酵类外皮点心、以蔬菜类原料为包层材质的菜肴。大型菜点馅料形态可以相对粗放些，小型菜点馅料形态则一定要细匀。

2. 料形应用规律

馅心被包裹、镶在菜点生坯内部，加热时应与外皮同时成熟，因此视具体菜点的需要而决定粒形的大小。过细的馅心在老韧性外坯里面易产生皮熟馅老而失味的结果；反之过粗的馅心在细嫩外坯里面则易产生馅熟皮烂，或者皮熟馅还生的结果。通常，一些有馅菜点制作失败的原因正是忽视了这一规律。

3. 制馅工艺的应用规律

在制馅工艺方面，生制馅的菜馅既要保持鲜脆嫩，又不能因汤卤过多而难以成形，因此凡生菜馅必须盐涤排水，再拌猪油以增黏；而生肉馅则要采用近似于制缔的方法，使之保水保嫩，并通过打水或掺冻实现馅心鲜嫩卤多的效果。熟制馅一般用焯、炒、烩、拌的综合方法，解除既香鲜入味，又排除生熟不匀的顾虑。加热易使原料汤卤析出而增多，勾芡则会使汤卤稠浓，冷后凝黏便于使用。在各馅中，猪脂则起到了调味与黏结的双重作用。

4. 馅心的调味规律

一般来说，有馅菜点的馅心应做到既有突出的风味，又不影响整体效果的正常表达。点心是单独食用的，总体咸味应小于菜肴，内馅咸味应与正常菜肴相等，菜肴内馅口味应相对弱于菜肴正常口味，否则加上菜肴整体正常口味则会产生过咸或过重的不良效果。

第二节 制 缔 工 艺

引导案例

初学者往往在制缔上面临这么几个难点：①吃盐量不准；②吃水量不准；③搅拌力度和

程度不准;④破碎度不准;⑤蛋、粉、油等辅料投放不准等等。因此在其出品上容易出现松散破碎、不光滑、孔洞过大过多、质过于老化和色泽发次等不良效果。

分析：上述情况是由于对缔子所用原料和成形特性缺乏必要的了解之故。例如对水在缔子中的作用,盐的作用,蛋、粉的作用以及主要原料本身蛋白质特性等等缺乏了解,使制缔成为一种盲目加工,所制缔子的成品质量达到最佳是不可能的。因此,我们应当首先了解缔子的相关特性。

从胶体科学的角度看,缔子是复杂的胶体体系,其液态部分可以粗略地视作亲液或疏液的胶体,但其中又杂有很多固体颗粒和碎块,这一点酷似建筑业的混凝土浆料,一经缩水凝结便成形固化。

一、缔子的特性

缔子是由动物肌肉茸或块根植物、豆类茸泥与水、鸡蛋液等填辅料混合而成的具稠粘状态的混合型食物原料,广东称为“胶”,工业上称为“糜”,这里以其粘结的工艺性能称之为缔子。缔子一般有如下特性:

(一) 缔子的胶体特性

缔子的胶体特性是指缔子中胶态体系的稳定状态。在缔子的胶态体系中,蛋白质起着重要作用,这主要由蛋白质的特性所决定。一般来讲,蛋白质的胶体共有良好的稳定性,胶态粒子的大小一般在 10～100 Å 之间,带有相同电荷,与溶液分子形成溶剂化层。在蛋白质大分子表面上的许多亲水基因,如氨基、羧基、羟基等,在水溶液中能与水结合起水化作用。每克蛋白质可以结合 0.3～0.5 g 水,因此,在水溶液中每个蛋白质大分子表面都有一个水化层。加之蛋白质分子具有可离解的极性基因,在一定 pH 状态下,蛋白质大分子表面都带有相同的电荷,这些电荷和周围电荷相反的离子构成稳定的双电层,这是蛋白质溶液的胶态体系稳定的根本原因。

肌肉中的活性蛋白即是形成胶态体系中的胶体粒子,它们相互交联在一起,形成一个有组织的空间网络结构。由于未结合部位的蛋白质大分子水化作用和网状结构的毛细管作用,使得缔子能保持大量水分,给成品带来良好的咀嚼性、嫩度和出品率。

要使活性蛋白从肌细胞纤维中提取出来,需要建成一个合适的离子强度环境,这个数值一般认为 0.8～1.0 较为合适。例如猪肌肉本身的离子强度约为 0.26,要使其达到0.8～1.0 则需加入一定量的第三种电解质——食盐。据有关资料测算,猪肉缔的成品中食盐含量应达 4.7%左右,但由于口味的关系不易被人接受。为降低食盐的含量,在工业上常添加复合磷酸盐作为改良剂来解决这一矛盾。

在工艺中,还有许多影响蛋白质胶态体系稳定的因素,如脂肪量的控制,温度的控制及添加剂的控制等等。脂肪具有相当强的憎水性,会降低表面蛋白质大分子的活性,而不利于活性蛋白质的溶出。此外,温度也是影响胶态体系稳定的一个因素,将肉温控制在 2℃左右,最利于肌肉活性蛋白质的溶出。再有,食盐的添加也使活性蛋白质溶出作用加强,但同时也易使肌纤维收缩,不利于空间网状结构,使胶态体系呈不稳定状态,持水能力降低,因此,在有些肌肉缔中加入适量糖,通过糖在脱制过程中产生酸使肌纤维弛张,至纤维空间网状结构疏松,有利于保持大量水分。

由于缔子胶态体系的稳定,致使缔子具有相当的黏度,凝聚成团,其成品才能具有一定的弹性,并保有多量的水分。

(二) 缔子的弹性特性

弹性,即指缔子的伸缩强度特性,这是由缔子中蛋白质的凝结强度所决定的。我们知道,肉中主要成分除了水外,就是蛋白质,约占肌肉的20%左右。肌肉蛋白质分为三类,即肌浆蛋白、基质蛋白和肌原纤维蛋白,使肉缔制品富于粒弹性的主要因素是肌原纤维中蛋白质的存在。

1. 肌浆蛋白质

占蛋白质总量的20%~39%,主要有肌溶蛋白、肌红蛋白、肌球蛋白以及肌粒中的蛋白质,这些蛋白质易溶于水或低离子强度的中性盐溶液中,是肉中最易提取的蛋白质,故也称为可溶性蛋白质。将其从肉中提出,肉的各种特性,如形态、性质均无明显改变,因此,肌浆蛋白质并不是影响肉缔制品弹性的主要因素。

2. 基质蛋白质

主要存在于结缔组织中,属硬蛋白类,主要有肌原蛋白和弹性蛋白,这两种蛋白质占总重量的20%,加热可生成明胶,但在常温下不溶于盐溶液和水。肌原蛋白在有水存在时加热可以膨润,弹性蛋白加热至130℃以上才能发生水解。因而在缔子中,肌原蛋白只能以固态存在,不能吸收水分膨胀,要达到形成明胶溶液,其温度为80℃,远高于肌动球蛋白的凝固温度(40~45℃)。有人认为,缔子中弹性形成的主要因素是结缔中的胶原蛋白,因为明胶溶液形成后已失去可以自由扩散渗透的条件。

3. 肌原纤维蛋白质

包括肌球蛋白(即肌凝蛋白)、肌动蛋白(即肌纤维蛋白)、肌动球蛋白(即肌纤凝蛋白)等,这些蛋白质占肌肉蛋白质总量的40%~60%,该类蛋白质能使肌肉保持一定的形体结构。从肌肉中将这些蛋白质抽提出来,肌纤维的形状和结构即遭破坏,肌肉的形体结构随之消失,因此,又称这类蛋白为结构蛋白质。其中肌球蛋白质是肌原纤维中暗带的重要组成部分,如将其除去,则暗带消失,肌纤维即失去了一定的结构和形状。肌球蛋白溶于离子强度为0.2以上的盐溶液中。在有盐时,变性温度为30℃,对热很不稳定。所以在无恒温条件下,夏季肉缔的吃水量较小,通常制缔须控温在2℃最佳。

在肌原纤维的蛋白质中,肌球蛋白占55%,是肉中含量最多的蛋白质,在屠宰后成熟的肉中,肌球蛋白与肌动蛋白结合成肌动球蛋白,这是分子量相当大的线型结构,在其受热变性凝固的过程中,分子之间互相交联,对不溶性物质起着黏着剂的作用。同时,其自身形成网状结构,内部充填了水分、脂肪和可溶于水或脂肪的其他成分。肌动球蛋白溶解于离子强度为0.4以上的盐溶液中,变性温度为45~50℃,因此又称为盐溶性蛋白质。

综上所述,肌动球蛋白是缔子制品的弹性、嫩度及其他性质变化的最重要因素。

4. 肉中的水

除了蛋白质的本质之外,肉中的水亦对缔子制品的弹性起着关键作用。

水可分为结合水、不易流动水和自由水三种。不易流动水存在于纤丝、肌原纤维及膜之间,是肉中水分的主体,能溶解盐及其他物质,在0℃以下温度中易结冰,又称可冻结水。缔子内水分的多少是影响其弹力、嫩度的直接因素。一般说,含水量少较老,适中弹力较好,过多则松散而失去黏接力。在大多数缔子中,都需掺入一定量的水分,使缔子中蛋白质充分吸水,提高缔子制品的嫩度和数量。除此之外,在缔子中掺入一定量的蛋液、淀粉,对提高缔子的弹性、黏度和保水率皆具有一定的作用。

（三）缔子的乳化特性

缔子的乳化是指利用绞碎和切剁工序，以机械激动的方法，使肉中蛋白质产生黏性，使肉黏结，从而将脂肪包被，均匀地分散在缔内，提高油嫩度。机械激动主要是切剁和搅拌，切剁即将原料粉碎；搅拌是将原料翻滚至浆糊状，使肉体内不溶解的液体混合物悬浮、稳定，增加黏合力。有研究表明，切剁效果比绞碎好，因剁能充分破坏蛋白质细胞膜，而绞碎则不能达到这个效果，因为绞肉机基本上是通过挤压的方式绞碎肌肉的。测试表明，在肉缔中，肌球蛋白具有较高的乳化能力，盐溶液蛋白在切碎的脂肪球外面形成被膜，在加热中包被着脂肪球而凝固。

在缔子中，脂肪在蛋白溶液中形成乳胶悬液，带电的蛋白质分子降低了水油两者间的表面强力，提高了乳化稳定性，蛋白质对脂肪的乳化程度高则缔子制品愈滋润。换句话说，即蛋白质溶液包被的脂肪球，在缔子中分散得匀密，则缔子就油嫩。在一些脂肪缺少的原料缔子中掺入一定量的脂肪，就是为了增加缔子的乳化性，达到其滋润的目的，如鸡缔和鱼缔等。

二、缔子的种类

缔子的种类是很多的，一般有如下分类：

(1) 依据用料性质有：鸡、鱼、虾、猪肉、牛肉、羊肉、豆腐等单一型缔和将两种以上主料复合使用的混合型缔子，例如鸡与虾、鱼与猪肉、鱼与羊肉、豆腐与鱼肉等。

(2) 依据缔料形态结构区别有粗茸缔与细茸缔之分。

(3) 依据液态调和剂区分又有水调、蛋浆调、蛋泡以及羹汤调缔之别。

(4) 依据缔子成品的弹性硬度之分则有硬质缔、软质缔与嫩质缔。

如上所述，各种缔子之间的层次性联系是具有一定规律的，如下图所示：

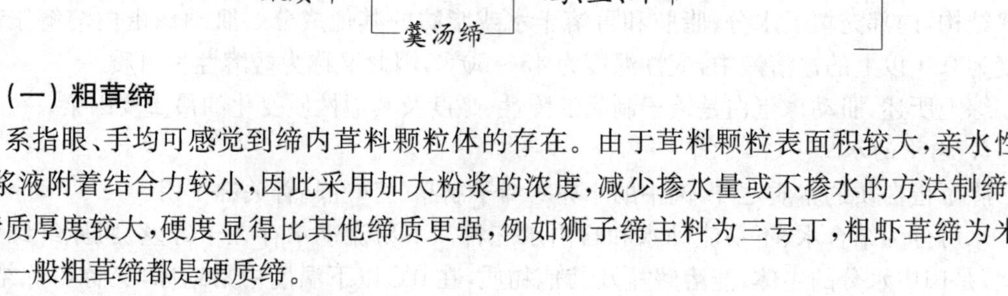

（一）粗茸缔

系指眼、手均可感觉到缔内茸料颗粒体的存在。由于茸料颗粒表面积较大，亲水性降低，浆液附着结合力较小，因此采用加大粉浆的浓度，减少掺水量或不掺水的方法制缔，故而缔质厚度较大，硬度显得比其他缔质更强，例如狮子缔主料为三号丁，粗虾茸缔为米粒状。一般粗茸缔都是硬质缔。

【例 3-2-1】 清炖蟹粉狮子头缔

猪瘦肉 600 g，肥膘 400 g 切成石榴丁，加蟹粉 250 g，精盐 6～8 g，在 2℃条件下加工，可用水 150 g 左右，鸡蛋液 100 g，淀粉 15 g 调制，在 20℃以上条件下可不加水，但蛋清量不减，淀粉量可增加至 25～30 g。

【例 3-2-2】 马蹄虾茸圆缔

河虾仁 1 000 g，猪肥膘 300 g，生荸荠 200 g，皆为米粒料形，盐量 8～10 g，不加水，蛋清 150 g，淀粉 50 g，虾仁揭碎前还需吊干或吸干水分。（鲴鱼狮子头，鱼羊狮子头，素狮头缔也如此做法）

（二）细茸缔

系指眼、手皆不容易感觉到茸料的颗粒体，缔子滑如膏、凝如脂，十分细腻。由于颗粒细，对水、浆的亲附力特别强，有的甚至能与超过自重 2～6 倍的水结合成为稠浆状，加热后仍能固形。如鱼圆缔，鸡粥缔等。细茸缔运用最为广泛，所制菜品品种极其丰富，是缔子制品的主流，细分又有软质缔、嫩质缔与硬质缔三类。

1. 软质缔

蛋浆或清水（汤）掺和适中，占饱和量的 1/2～1/3。缔质稠黏，成熟后有较好的固形，质感柔软细嫩，既可独立成菜，又可被用为包、卷、贴、酿等菜肴的黏结剂，同时也可以作为馅心使用，因此具有广谱性质。大多数应用的缔子都属于软质缔。软质缔又因主要调和剂的不同而具有浆调软缔与（纯）水调软缔两种类型。

（1）浆调软缔　是用蛋液、淀粉与水（或汤）构成混合浆液所调制的缔子，该缔在各类菜式中被广泛使用。蛋粉浆加入缔中具有保水增黏的作用，浆调软缔具有良好的固形，柔韧的弹性，细嫩的口感，特别适用于一些结缔组织、脂肪组织多或缺乏足够黏性的含水量较多的原料制缔，其中又有蛋清浆调、蛋黄浆调与蛋浆调的具体区别。

【例 3-2-3】 鸡酥圆缔

鸡腿净肉 700 g，猪脂 200 g，熟笋 150 g，精盐 8 g，鸡肉粉碎成茸，猪脂与熟笋皆切成末，如果纯用水调则成品黏凝性与弹性皆不够，需用水 150 g、全蛋液 150 g、淀粉 25 g 构成混合蛋浆调和，则会产生较好的弹性和凝结效果，使成熟品表面光洁，质感软嫩。

【例 3-2-4】 豆腐虾茸混合缔

豆腐泥 600 g，虾茸 400 g，猪生脂 100 g，精盐 8 g，主料与辅料皆缺乏黏结性，因含水量大，亲水性极差，因此一般不能再掺水调和，而是仅用鸡蛋清液 100 g 与湿淀粉团 50 g 构成厚蛋粉浆调制，则能防止成熟后松散、塌陷，从而保持良好的弹性与固体性。

【例 3-2-5】 金钱鱼饼缔

草鱼肉茸 700 g，猪脂茸 300 g，马蹄粒 200 g，精盐 10 g，鱼茸具有较好的水化性，但过多的水则会造成鱼饼成品的塌缩或碎散，从而不能达到应有的弹性和成形标准。鱼饼缔宜采用与茸料相等的水、蛋黄液与淀粉调和成混合浆液进行调制。这里可用水 200 g，蛋黄液（可蛋清、可蛋黄亦可全蛋）与淀粉 25 g。除淮扬风味外，许多地方为强化鱼圆的弹韧性也采用蛋粉浆调制方法。

（2）水调软缔　顾名思义，水调就是纯用水（汤）不用蛋、粉调制的软质缔，主要适用于对吸水性较好鱼类的加工，例如白鱼、鲮鱼、青鱼、草鱼、鳜鱼、黄鱼、鲺鱼以及鲜墨鱼等，无鳞鱼类可选择的一般是鳗鱼。鱼茸在盐与水的作用下，肌动球蛋白能被最充分地溶解，黏性特强，一般没有特殊的需要，不必使用蛋液来强化增黏，由于没有蛋、粉的参与，缔子成品显得特别细腻、清纯、绵柔，而又有一定的弹性，这是鱼缔的一种独具特色的特性。一般其他如畜肉茸、禽肉茸、虾茸的这种特性则较差。在使用脂肪原料方面，传统上普遍使用生或熟猪脂，这是因为猪脂不但使鱼缔乳化而滋润，更由于猪脂能增加鱼所不具有的风味，现代运用无色的植物性调和油在取代猪脂，乳化性方面更为优越，但在香风味上显得不足。水调软缔在用水（或汤）方面比浆调液量是大一倍。

【例 3-2-6】 白鱼圆缔

1 000 g 鱼茸可用 1 500 g 水（或汤）调解，10～12 g 精盐搅黏，500 g 脂油掺和。

2. 嫩质缔

在茸料中水、蛋液掺和饱和，缔形呈稠浆状或膨松如雪堆糊状，成熟后质感特嫩，入口即化，虽有可塑性，但弹性较差，一经触摸，即会塌陷或破裂。其中又有膨松嫩缔与羹浆制缔两种形式。

(1) 膨松嫩缔　即用蛋液调制的缔子，因蛋清洁白又被形容称为芙蓉嫩缔。蛋泡由生蛋清抽打而成，蛋清间充满气泡，膨松似棉团，与茸料调和，使缔质松空而软嫩，加热时极易被损坏。一般来说，芙蓉缔所用原料最多的就是鸡茸和鱼茸，偶尔也有使用猪瘦肉茸与虾茸的。细分又有完全膨松嫩缔与半膨松嫩缔之别。

①完全膨松嫩缔　即不掺和水（或汤），完全用蛋清充分打发调制，使缔质充分膨松的嫩缔。

【例 3-2-7】 无锡鸡茸蛋缔

鸡脯肉茸 75 g，猪肥膘茸 35 g，精盐 4 g，7 只鸡蛋取清，其中 1 只蛋清与盐将鸡茸调和至黏，再将 6 只鸡蛋的清打至充分膨松，分两次与鸡茸调和，加热后成品软嫩而膨松。

② 半膨松嫩缔　即掺和一定量水（或汤）与蛋液调制的嫩缔，使缔质既有空松感又具有较好的保水性，嫩度与弹性加强，形似厚糊而不像雪堆状。以芙蓉鸡、鱼片缔与鸡豆花缔最具典型。

【例 3-2-8】 淮扬芙蓉鱼片缔

白鱼茸 100 g，冷清鸡汤 50 g，精盐 3 g，鸡蛋清 200 g（4 只蛋的清），先用清汤与盐将鱼茸调和至黏，再将蛋清完全打发（能使筷子在蛋液中直立），分 2～3 次加入调匀，此缔加热成熟后，质感滑细软嫩，微见松胀，稍有弹性，该缔水量不宜过多，一般在肉料的 1/2 以下，不宜用虾茸。鱼肉用水量稍大于鸡肉，否则会因水花过大而达不到成品要求。

制作膨松嫩缔的关键在于搅打蛋清成液，通过搅打旋转，使蛋液层的切变产生了应力，应力作用作于液体气—液环流路线的周界上，导致液体向旋转的中心紧缩，使得蛋白质大分子多肽链特有的有规则排列发生了变化，保持蛋白质空间构象的那些弱链断裂，破坏了多肽链的特定排列，引起蛋白质的变性。在搅打中蛋白质分子内部多肽链的结合强度减弱，使气—液周界上的许多类分子钻到蛋白质大分子的链状中间，随着搅打的次数增多，进入链状中间的分子愈多，蛋白质体积不断胀大，最终形成蛋泡。

蛋清起泡是在温度较低（以 5～10℃为最佳），暴露时间短的情况下进行的，只涉及于蛋白质的三、四级结构，故这种变性是可逆的。蛋清发泡后不久，还可还原成蛋清，但已不易再起泡，这是由于蛋白质空间结构组织已遭破坏的缘故，所以蛋清发泡后即需使用。在新鲜蛋中，浓厚蛋白较多，蛋白质分子中水化层较厚，其黏性较强，应力较大，故易起泡，不新鲜的蛋清则稀而不易起泡，搅打蛋清应顺一个方向，至充分起泡即止，一般采用发蛋器快速旋转发蛋，少量可用竹筷抽打，速度一般为 4 次/秒，以竹筷能在蛋泡中直立不倒为度。

(2) 羹浆嫩缔 用多量水(或)汤,蛋液淀粉浆调和,使缔质稀稠,缔形如羹浆状,这是制作鸡、鱼粥的特定缔子,这类缔子的用水量常高达茸料重量的3～4倍,成缔犹如煮饭的稠米汤,因此不具可塑性。成熟制品显得增稠如糊,用汤匙舀食,口感爽滑细嫩。

【例3-2-9】 鸡粥缔

鸡茸150 g,膘茸75 g,蛋清125 g,湿淀粉团25 g,精盐4 g,与冷清鸡汤450 g调和。

【例3-2-10】 鱼粥缔

白鱼茸150 g,鸡蛋清160 g,膘茸75 g,精盐4 g,湿淀粉团45 g,与冷鸡汤600 g调和。鱼缔的掺水(汤)应视具体鱼茸品种的不同而定。一般白鱼较多,鲢鱼则较之少1/4左右。

3. 硬质缔

如前所述,硬质缔一般选用粗茸,加水极少或不加水,加强粉蛋浆的使用,强化黏结固形,而细茸在特殊需要的情况下,也可制作硬质缔,起到强化弹性、增加黏凝的可塑性,防止因高温加热而热膨冷缩,如果说细茸软质缔主要用于氽、蒸加热,那么细茸硬质缔则是炸、烤、煎加热方法的对应选择。成品不易因水汽的蒸发过大而萎塌或空洞。硬质缔的典型品种有广式鱼青(胶)、灌汤牛丸缔和金钱鸡塌缔等。

【例3-2-11】 广式鱼青(胶)

鲮鱼茸500 g,加精盐6 g、鸡蛋清30 g、食碱1 g搅至起黏,再将70 g 15℃水淀粉分两次掺入搅打均匀。

【例3-2-12】 灌汤牛丸缔

牛瓜肉500 g,捶成肌浆,剔出筋膜,加精盐8 g、苏打粉3 g搅至起黏,再将50 g 50℃水淀粉分两次掺入搅打均匀。

以上两种缔子成品经油浸炸或氽熟后,有一定的弹跳性,口感弹中有韧,耐人寻味。

【例3-2-13】 金钱鸡塌缔

鸡茸500 g,加精盐5 g、猪脂粒50 g、鸡蛋液250 g与湿淀粉团50 g搅拌起黏。

三、制缔原料及其应用

制缔原料有:肌肉茸、稀释液、辅料、调味料、致嫩剂及其他填料等六类。分述如下:

1. 肌肉茸

来源于骨骼肌,以脂肪与结缔组织少为好,主要有畜类的肩胛、上脑、后臂、通脊等部分的肌肉;禽类的胸大肌及锁骨下肌;鱼类的轴上肌和虾的腹壁肌。豆腐也常作为制缔的原料。

对肌肉的选择,应采用经排酸成熟的肉。以猪肉为例,僵直期肌肉的pH值在5.4～5.5,这正是肌原纤维主要蛋白质肌球蛋白的等电点,持水性较轻。由于ATP蛋白酶的丧失和肌动球蛋白的形成,使肌球蛋白纤丝与肌动蛋白纤丝间空隙减少,使其持水性降低,从而影响了缔子制品的弹性和持水性。据测试,用活取的鱼、虾肌肉制缔,难以破碎,吸水量小,缔子缺乏特定的黏度,成品质感较老,没有特定的弹力,切面较为粗糙。而后熟期的肌肉,质地因氧化而柔软,持水性高,并含有一定量的形成肉风味的前驱物质,如肌苷酸。肌动蛋白与肌球蛋白往往结合成肌动球蛋白而存在,所以黏性较强。

2. 稀释液

清水或清质鲜汤,都可以用作稀释液。它们用来溶解可溶性物质,使肌肉茸成为混合的糜状稠厚溶液。清水作一般使用，规格高可使用清质鲜汤，主要取清鸡汤，目的是提高缔子的鲜味，另外，对提高缔子的溶胶性亦有一定作用。

3. 辅料

盐：在制缔中的主要作用是溶解肌动球蛋白，使糜状肌肉茸溶液稠黏。用水调和肌肉茸，还不能使盐溶液蛋白质溶出，需加盐2%～2.5%，离子强度在0.6左右时，适宜肌动球蛋白溶出。

过多的盐相反会使蛋白质因缩塌而析水过多，不易稠黏，过少则又使蛋白质溶解不足，也难以稠黏，因此正确把握盐量是至关重要的。

蛋：用于增凝增黏。一般来讲，浆调在缔子中还需添加蛋白质，以增加缔子的黏结性和制品的弹力。在工业上，对西式火腿加工要加入一定量蛋白质，可添加的有肉蛋白、血蛋白、大豆分离蛋白，这些蛋白可称为"功能蛋白质"。它的添加并不是作为一般的营养强化，而是起到黏结的功能，以肉蛋白最佳。这些蛋白溶解性好，凝胶性能良好，能持水，也能避免脂肪的流失。在制缔中，用生蛋液则具有同样的作用。蛋液具有水解、凝胶的良好特性。另外，蛋清与蛋黄也可分别使用，蛋黄为增色作用，但由于其成熟是粉质状态，从而对缔质的嫩度有一定的影响。

淀粉：在缔子中起着重要的作用。一般来说，制缔在正常室温下进行，搅拌后的淀粉在缔中不溶于水，而以均匀的颗粒分布在整个缔子之间，吸收少量水，体积略膨胀。但当缔子成菜加热时，在高温下的淀粉颗粒会大量吸水膨胀，体积增加到几十甚至一百倍，淀粉颗粒破裂，分子溢出，在缔内形成具有一定黏度的胶状体，这就是所谓的"糊化"。有研究认为，淀粉颗粒的糊化温度较肉蛋白质变性温度高，当淀粉糊化时，肌肉蛋白质的变性作用已经基本完成并形成了网状结构。此时，淀粉糊化作用的进行，是夺取存在于网状结构中所结合的不够紧密的水分，这部分水分被淀粉颗粒固定，因而持水性变好，使缔子菜内持水量被保持在较高水平，保证了缔子的嫩度。糊化使淀粉变得柔软而具有黏性，起着粘胶剂的作用，其制品在加热过程中不易破碎、松散。

添加淀粉应根据缔质黏度把握用量，尽量少用或不用。用量过多，会使缔子制品受热而失去弹性，产生紫色而显老硬，用量一般在0.5%左右。

肥膘：即猪脂，分生脂和熟脂两种。生脂指尚未煮熟或溶化的脂肪；熟脂，又有熟肥膘和油之分。在制缔中，生脂常用于硬缔之中，熟脂常用于软、嫩缔之中。目前无色植物性调和油也被广泛使用，作用与熟猪脂相同。

脂肪油滴能滋润缔质，给人以美好的口感，但用量过多则不利于可溶性蛋白的溶出和形成胶状量悬液，从而减弱缔子的乳化特性和弹性。用量一般在10%～30%左右，黏性较小的缔子用量要少，反之则可略多。

4. 调味料

盐除了起到电解质作用外，还起到基本调味的作用，其他调味品如葱、姜、酒、味精、酱油、糖、虾籽以及香味挥发油等等，也都起到调节口味、增加风味的作用。在一些缔子中糖亦对缔子结构的形成和持水量的增加具有一定作用。一些挥发性强的调味品，如香味油、香粉、香精和调鲜剂之类，应待缔子充分稠黏后再投入拌匀。这里要注意的是，一些具有酸味的物质，如醋类、梅类、番茄酱之类，有碍于缔子的稠黏和持水性，因此应慎用或不用。一些有盐味调味品，如酱油和有盐的味、鸡精等，应与主味平衡。

5. 致嫩剂

在一些缔子中亦有投入适量致嫩剂的，如鱼青中有食碱，牛丸缔中有苏打，虾茸缔中有泡打粉等，目的都是提高缔中的持水性和嫩度，其机理在优化工艺一章中详述，此处不详述。

6. 其他填料

与缔子稠黏结构的形成没有必然关系的其他固态或液态添加料都叫填料，旨在缔中增加某种有感物质，产生对比或层次性变化，从而增加缔质内部风味与色彩的丰富性。如加笋粒在肉缔中，给人以嫩中有脆的感觉，从而丰富缔子的风味。常用的填料还有松子仁、核桃仁、瓜子仁、荸荠、香菇、有色菜末等等。填料应在缔子充分黏结后缓缓加入，一些含水量过多或出水量过高的原料不宜加入或应慎重加入，否则不利于缔质成形。

液态填料主要是指有色菜汁，如绿菜汁、紫苏汁、苋菜红汁、姜黄汁等等，主要起到着色作用，其用量应与缔质应有的嫩度相协调，具体着色机理待后详述。

四、缔子的工艺流程

对缔子进行加工的目的是使肌肉中盐溶性蛋白充分溶出，并保持或增加肉中水分，从而赋予缔子制品优质的弹性和嫩度，其加工流程如下：

修整清理 →破碎→ 腌拌 → 稀释 → 增凝 → 定味
（破碎）→搅拌→填料→（定味）

（一）修整清理

即对所用原料进行去粗取精和洗漂的加工，主要是畜、禽肉需去皮与肌外脂肪；剔去肌外膜、夹筋、伤斑、淤血、淋巴结和软、硬碎骨等。鱼肉还需去皮下血和肉组织部分与刺骨，再拍松用清水漂尽血渍；虾肉则需打水去虾青素再吊干；豆腐皮去外老皮；其他填料，如是硬质材料，如笋、松子等皆应预熟处理，有色菜汁则需过滤使用。另外，在夏日较高气温下应将所用茸料放入冷柜降温处理，以保证制缔茸料达到最佳温度。而对速冻品则应将其缓慢地自然解冻后使用。

（二）破碎

将块状原料加工成碎小颗粒或茸泥状，目的是破碎肌肉细胞，扩大原料与水的接触面。具体是通过绞肉机、粉碎机和切、刮、剁、搨、敲等方法达到不同的破碎度。

传统实践认为，绞肉机绞碎肌肉的效果不如排剁等手工至碎的效果好。原因是绞碎破坏的肌肉细胞少，而且输送的原料通过网板的挤压，促使肉中温度回升快，使部分肌肉中肌球蛋白变性而影响可溶性蛋白的溶出量，但有节省体力和加快速度的可取之处。因此，这有待对其功能的进一步改进。目前的方法是绞后的肉茸再进行排剁，并在绞肉时加入适量冰块控制机内温度。

刮、搨、切是针对鱼、虾、畜、禽肌肉而分别采用制作粗茸的手工方法，目的都是缩短排剁时间，提高茸料的均匀度。刮，针对鱼肉，将鱼茸一层层从肉体片上刮下，方便去筋、刺；搨，针对虾仁、豆腐等，能提高破碎速度和破碎匀度；切，针对禽、畜肌肉，即先将整块肉切成丁、粒，再进行排剁，这叫“细切粗斩”。

一般来说，原料颗粒越小，与水接触表面面积扩大，亲水性越强，其持水能力则相应提高，可溶性蛋白质越易溶出，缔质越易稠黏。

对较为老韧的原料还可用刀背排敲的方法，敲砸出肌浆达到目的。对特别细白原料还可用肉皮衬垫进行排剁，既防止墩板屑对茸料污染，又可使肉皮上脂胶渗入肉茸，增加其滋润与光泽度。

（三）搅拌

茸料制成后，还需加盐使茸内蛋白溶出而稠黏，掺水以达到特定的持水嫩度；掺粉浆以增强黏弹度；填料与定味以达到特定品种的口味、口感与色彩标准，这一切都是通过搅拌来实现的。

搅拌是将原料与调、辅、填料置于容器中，运用翻拌、滚揉、旋绞等机械力激荡的方式，使之混合融合为一体的方法，在饮食业中俗称为“串缔”，串，就是串联的意思。

搅拌有机械搅拌与手工搅拌。在烹饪工艺中，对少量的茸缔常采用手工搅拌的方式，搅拌时应尽量扩大工具与茸料的接触面，如用多面搅拌器和多根竹筷等作匀速圆周或上下翻滚运动，始终须向一个方向。在搅拌中，蛋白质受到强烈振荡，空间结构被破坏，蛋白纤维犹如一团“乱麻”。当搅拌顺着一个方向旋转或翻滚时，这些杂乱无章的“乱麻”被得到伸展，形成新的“纤维束”式结构，并且相互之间如棉线般缠绕，而使缔子稠黏。由于缔子的逐步稠黏，在搅拌中，一些空气被压进缔内，形成无数微细气泡，从而增强了缔子的浮力和表面张力，这里应当注意的是，搅拌速度与强度应视具体缔种而不同，硬质缔一般搅拌力度较强，包括使用摔打的方法来强化缔质紧密。软、嫩质缔一般较平缓，特别是水调软缔，运用中速平缓的力度，可使缔内气泡缜密细小，成熟后缔面平滑细腻，反之则使气泡增大，成熟后缔面不够光滑细腻。要达到优质优量，搅拌并不能通过一次性投料完成，而应根据不同投料次序分阶段逐步渐进。

1. 腌拌

加盐及去腥调料于茸料中，迅速搅拌至黏。有条件可置于2～8℃温度中静置1小时左右，可使可溶性蛋白质充分溶出，对持水性能较好的鱼肉茸，可先用水（或汤）稀释后再腌拌，对质老茸料，加适量致嫩剂，可明显改善其嫩度和持水性，但不慎会产生碱味等不良味感。

2. 掺水

根据缔子的黏度要求，掺入清水或鲜汤，搅拌均匀，使缔质达到特定的食水量和嫩度，在同等嫩度缔子中，掺水应视茸料的亲水强度而定，一般来说，鱼茸与水结合性较强，尤以含水量较小的鲑鱼、白鱼、鲮鱼、鲻鱼、鳡鱼为最佳，可结合3～5倍的水；禽肉次之，一般为1～2倍；畜肉再次之，约0.5～1倍；而虾肉最少，约为0.1～0.3倍左右。掺水一般分2～3次搅拌，能使水分子均匀地和蛋白质表面亲水性极性基团接触，逐渐使茸料充分与水融合而稠黏。

3. 增凝与定味

茸料吸水稠黏后，可添加蛋粉浆液强化增黏增凝，一般是将蛋液与淀粉结合调成蛋粉浆液的形式掺入，有利于拌匀拌透，拌匀后即可加入最后定味调料与其他填料，最终达到缔子特定的色、香、味、形、质的标准。

当缔子搅拌成功，置于2～8℃冷柜中1～2小时，使盐溶蛋白进一步溶出而稳定，这一过程俗称为“咬劲”，咬劲后应立即使用，而不宜久置或速冻，防止变质变味。

五、缔子的质检与应用规律

对缔子的质量检查可分作生检与熟检两部分。一个成功合格的优质缔如果在加热方法上应用不当，就会失质。因此，要使缔子制菜成熟保持原有的优良品质，应遵循如下应用规律：

1. 硬质缔

该缔制成时颗粒应完整而饱满，缔质黏度强，能堆砌成团。一般长时间和较高温加热，如炖、焖、烧、脆、煎、脆炸等，成熟时依然颗粒饱满，紧密排列，不掉粒，不松散，例如狮子头经 4 小时长时间炖焖后，口感已经酥烂（近似嫩），但外形依然完整光润，颗粒分明而又略有弹性。那些一触即碎的狮子头或颗粒缩陷发毛不光的狮子头是不合格的狮子头。其实，狮子头成熟后的所谓嫩，主要与肥瘦的比例与加热温度和时间有关，而与掺水关系则是次要的，因为狮子头在长时间恒温加热过程中是先紧缩出水，酥烂时则吸水松润而显得嫩。如果搅拌不当，肥瘦配比不当，或经沸腾煮制，则狮子头易松碎，或因复水过少而老化。

硬质虾圆缔成熟后应依然保持虾仁的那种鲜脆而嫩的质感优点，因此通常采用“急炸”的方法。传统上有“跑马炸虾球”之说，形容那种食时即时炸制的情景，油温在 160～180℃左右，炸熟品不起泡，不冷缩，孔室小，弹性好。鱼青及其他原料的硬质缔也大致如此。

2. 软质缔

如前所述，软质缔制成后，从外观看黏稠如糊，细腻如膏脂，缔质软嫩光润，制菜成熟后要求塑性强、弹力好、细滑如玉、软嫩如蛋白，因此，软质缔制品只能通过温氽，放气蒸，软炸、软炒等加热方法制熟，短时间加热变性即熟，例如水（或浆）调鱼圆缔，挤出鱼圆的下水温度 50℃以下，油温 90℃以下，再缓慢加热至 80～90℃水温，120～140℃油温制熟。水、油温度迅速升高或过高都易使鱼圆发泡塌陷，加热时间过长则会失水老化萎缩。同理，软质缔制品若蒸制成熟，则不宜旺火猛蒸，否则易使制品过于空松而失形失质。一般来说，鱼圆挤出应浮于水面，这与盐解度、搅拌程度、掺水与脂量有关，上浮是说明各项指标已经达标，缔质中充满细密均匀的气泡结构，从而使鱼圆上浮于水。

3. 嫩质缔

(1) 羹浆嫩缔虽不像软缔那样稠黏如厚糊状，但还是具有一定黏度感的，成品缔如果有颗粒与水分离的现象，说明缔中蛋白质的水化不够，显得粗糙，需继续加盐搅拌，加蛋清、淀粉增强其稠滑黏附的质感。如果蛋清、淀粉量已足并伴有渗水的现象，则说明盐量过多而使缔中蛋白收缩出水，应再加生茸调节。如果制缔时有丝缕缠绕则需过筛等等。羹浆嫩缔一般须软炒制熟。缔子制品的厚薄成形程度，一般直接由锅中底汤（油）的多少控制，多则薄，少则厚。例如双色鸡（鱼）粥与鸡粥（鱼粥）菜心的成品厚度是不同的，前者薄于后者。炒鸡（鱼）粥时，应徐徐下锅，见沸即可，最后通过勾芡、打油达到最终光滑保浆嫩滑的最佳标准，如果加热过长，则会失水老化而萎缩。

(2) 膨松嫩缔，生缔制成应是洁白如雪，泡室细密，堆塑松软，造型饱满，如果泡室不均，泻清缩塌则不合格。膨松嫩缔制品加热要求最为严格，软炒、软炸、放气蒸，水温 70～80℃，油温 90～110℃，蒸时一定要放气蒸，不能有丝毫大意，加热时间以凝结为度。

本章小结

本章的主要内容和要点有：

1. 馅心的种类及其特征。
2. 馅心的加工程序与方法。
3. 馅心制品的模式与外观检测。
4. 缔子的特性及其加工程序。
5. 缔子的种类与质量检测。
6. 制缔原料的应用原理。

检　测

一、名词解释

馅心　缔子　混合工艺　皮冻　三鲜馅　八宝馅　五仁馅　硬质缔　软质缔　嫩质缔

二、复习思考题

1. 简述中国菜点馅心的分类。
2. 分别列举五种菜肴与五种点心的馅心加工过程。
3. 馅心的实用意义与规律是什么？
4. 用鲢鱼、青鱼制作鱼圆缔应怎样区别对待？
5. 举例说明对不同质地缔子的使用规律。
6. 请说出下面菜品的缔子特征：狮子头、广东鱼丸、芙蓉鸡片、扬州鱼圆、虾圆、灌汤牛丸、鱼饼、双色鱼粥、鸡糕、四喜豆腐、珍珠圆子、虾托明珠。
7. 怎样在制缔中控制其老嫩程度？

第四章 优化工艺

学习目标

通过本章学习，使学生基本了解优化加工的性质和意义，掌握调节食品的色、香、味、形、质等风味的基本方法，了解对菜点优质化加工的评价与设计知识。

本章导读

运用装饰、衬托、增强等美化方法对食物原料的色、香、味、形、质等风味性能方面进行深化和精细的加工，使食物制品在保持原有营养质量的基础上达到风味更佳的完美加工称为优化工艺。

在本质上，优化加工是在食料已基本符合加热制熟所需要的食品卫生与营养目标的前提下所进行的精加工。从某种意义上看，这类加工是非必须的。例如，我们可将洗净的肉块直接煮熟食用，而不必对其调味、调香或上浆、勾芡等等。然而，这样的食物虽然能吃，但并不美味。我们也可以将鸡白煮食用，而不要去变化咸甜酸辣或炸熘爆炒之类，然而这样的鸡虽然可吃，但是何其单调。优化加工正是缘于人类对食物之美、对饮食文化的多样性的不断追求而发展的。事实证明，对食物口味、香气、色泽、造型、质感的变化，使食料具有更多的适用性、更佳的食用性，从而极大地提高了菜点制品的文化附加值，使菜点制品由食物成为“美食”。“美食”给人类饮食生活提供了饮食审美对象，使饮食生活变得丰富多彩，人们在获得相应营养物质的同时，也获得了更加高级的精神与物质享受。

在优化工艺中，人文精神通过对菜点制品的刻意制作得到充分体现，人们的文化、传统、风俗、思想、情感被集中表现，从而超越了生理学所赋予食物的动物性普遍意义。“美食”是人类在饮食生活中追寻无穷快乐的结晶，而优化工艺正是通向这一快乐的桥梁。

如果说清理工艺的性质是使食料符合食品卫生标准的基础工作，分解工艺的性质是使食料达到方便于各种加热制熟与筷夹食用的基本条件，那么优化工艺其本质正是为菜点具有更多文化附加值的人性化加工过程，其艺术的应用价值显而易见。

优化工艺以风味为核心，形、色为烘托，具体有调味与调香工艺，致嫩与着衣工艺，着色与食雕工艺等内容。

第一节 调味工艺

引导案例

对于初学者来说，调味可以说是第一大难关了。即使在咸淡方面掌握了，但对不同调味配比方面又遇到一个拦路虎，甚至有些工作了几十年的老厨师也不能在调味配比方面自由驰骋，因此，做不达味常是厨师的烦恼之事。

分析：要掌握好调味工艺，除了按标准化配置投料，勤于练习外，对味觉、味性、味素的了解是至关重要的，同时对调味品的浓度、使用性能的了解也十分必要。每种菜品的调味都有其特定的调味程序，如果违背这种程序必将造成调味的严重失败。

一、调味的生化基础与特性

（一）口味——味觉

口味是指食物在人的口腔中给予味觉器官刺激感受的性状。刺激的感受叫味感或味觉，与触觉合称口感。人体的味觉感受器是味蕾，主要分布在舌面的乳突中，以舌黏膜皱褶处的乳突侧面最为稠密，特别在舌的背面、舌尖和舌的侧缘，小部分分布在咽喉、软鄂、会咽处。这是一种化学感受器，适宜的刺激是能溶于水的物质，这方面，唾液成为天然的溶剂，与食物中水促成了味觉对刺激的反应。这种刺激有时是单一的，但在大多数情况下是多项的、复合的、综合的。味蕾受到刺激后通过神经冲动传入中枢，从而产生了味觉。

影响味觉的基本呈味物质叫味素，一般有酸、甜、苦、辣、咸、鲜、涩、凉、碱和金属等10个基本类型的味素。原料固有的原味叫基本味，因此，酸、甜、苦、辣、咸、鲜、涩被认为是本味性质的七原味，这是最为常见的七大类型基本味。每种基本味类型中都具有许多不同来源的味素，每种味素之间都存在着味质的差异性，这就构成了味觉的丰富性。在丰富多彩的味觉中，始终以咸、甜为主味，其他皆是辅助味。而碱和金属味被普遍认为是不良味感。

与绘画色彩中原色原理相似，调味以七原味为基础，将两个以上基本味相加可以产生无穷多的复合味，将多种呈味物质同时入口，味觉的敏感度因味蕾分布和数量的不同而不同。对甜味是舌尖，对苦味是舌根，而酸与咸是舌缘比其他部位更敏感，对鲜味则舌根部分感觉最强。味蕾对不同味素前后、强弱的感受构成了具有层次性、程序性、具有浓淡节奏的复合式味觉快感，这种由两种以上基本味素组合构成的味觉类型，被传统称之为“复合味”。

味觉具有高度的敏感性、融和性、习惯的养成性、关联性和变异性。

（1）味觉的敏感性　味觉的敏感性表现在对味感的高度兴奋，通过神经几乎以极限速度传递信息，从刺激到感觉仅需 $1.5\times10^{-3}\sim4.0\times10^{-3}$ s，比视觉、听觉、触觉都快得多；其次，味觉的高辨别力，可以感受到各味素之间呈味味质的细微差异，例如人舌能清楚分辨果糖、蔗糖、麦芽糖等许多糖类不同的甜味味质。实验证明，这种分辨具有5 000种以上不同的味觉信息。

（2）味觉的融和性　味觉的融和性是指多种不同味质的味素在口中相互融和形成全新味觉的现象。这里人的唾液与此关系极大，味素须溶于水才能进入刺激味细胞，而口腔内腮腺、颌下腺、舌下腺和无数唾液腺分泌的唾液是味素的天然溶剂，其分泌量和成分受到食物种类的影响。例如，对酸性或干燥性食物其唾液就分泌最多，而对涩性或汤羹性食物就较少。食物在口腔中通过咀嚼、搅拌等作用，各种异质性味素被融合在一起，产生各种相乘、相抵、对比或变味变化，给人以混合的综合味觉。

（3）习惯的养成性　人对各种口味具有选择性适应的特性。一般来说，能引起味觉快感的就会适应，反之则不会适应。当你品尝一款新菜时，如刺激能使你产生味觉快感时，你就会适应这种菜品的口味，并能长久地保留这种味觉经验，进而一有饮食的机会便会主动选择，长久以后便养成习惯，成为嗜好。在一定的味环境中，味觉具有永久的适应性，形成地方性、季节性等特征，例如四川人重麻辣、山西人喜重醋、山东人嗜葱蒜、江浙人好糖蜜、福建人爱淡食。有调查显示，在吃盐方面，荷兰人每日 3 g、美国人 5 g、日本人近 10 g。至于个人嗜好方面更是复杂纷繁，正所谓“众口难调”。不仅如此，有时味觉还表现出一定的病理适应性，例如肾上腺皮质功能低下的人，由于氯化钠排出量增加，血液中钠离子减少，就会主动选择含盐量高的食物，以维持机体内环境的动态平衡。再如，大多数孕妇对酸物质抱有比往常更大的兴趣，并对一些其他往常曾经喜爱的口味感到厌恶；而高血压患者则会自觉地食用低糖低盐的食品等等。目前已有更多的研究说明，味觉的习惯养成特性是人对饮食生理与心理动态平衡的适应过程。

(4) 味觉的关联性　关联性是指味觉与其他感觉相互作用的特性。如前所述，菜点的风味是人对其味觉、嗅觉、触觉和视觉的综合感受，其中味觉与其他各种感觉的关联性极其重要，在将各种感觉串结成菜点风味的特色形象时，首先是味、嗅两觉的关联。口味与气味的相互影响构成了良好风味的核心，气味作为口味的先导，直接影响着口味感受度的强弱优劣。另外，触觉与视觉的优劣也直接从心理上影响着对味感的认识，例如：一条烧碎的鱼和一块烤焦的肉与白嫩的鱼和枣红的肉相比，其对味觉的关联性不言而喻。

(5) 味觉的变异特性　味觉的变异是指在一定因素条件影响下，对原味觉感受的变异。使味觉变异的因素很多，有生理的、环境的、温度的、季节性的等等。味觉的变异首先与年龄有关，味觉随年龄的增长而变异，以 50 岁为度，敏感性明显衰退，这种变异对酸不明显，对甜味是 1/2，苦味（奎宁）约是 1/3，咸味是 1/4。这种衰退现象与口腔内感觉器官的发达程度相关，成人舌面味蕾约 1 万个，随年龄增长而减少，唾液分泌亦然。幼儿时期对糖的味觉敏感度是成人时期的两倍。另外，味觉习惯也会随生活环境的变异而变异，例如江南人长期在西南生活，会使之清淡的味觉习惯变异为对辣食的习惯等等。在温度方面，能较佳刺激味觉的是 10～40℃，而以 30℃左右味觉最敏感，以此为基点，温度的降低或升高其味感都会减弱。在季节方面，寒冬口味会显得重些，但到炎夏则会变得清淡等等。

了解了味觉的以上特性对调味的设计与加工具有重要意义。

(二) 味性——味素

如上所述，呈味的基本物质就是味素，味质是其结构成分，而味性则是其呈味的性质，例如，柠檬酸是呈酸的一种基本味素，其味质是属于有机酸，味性是其广泛分布于水果之中的酸味素，在调味中具有刺激、开胃、爽快的酸味特点，用于对咸、甜、辣等味觉的调节，并具有缓冲、掩盖、脱臭等作用。下面将基本味性与味素作一概括性讨论。

1. 咸味味性与基本味素

咸味是表示中性盐的味，呈纯粹咸味的味素只有食盐，亦即氯化钠。在菜肴调味上咸味被认为是首席基本味，是百味之主、调味之“骨”，有了咸味才真正有了“菜肴”，才能使其真正起到辅佐主食的“妙”用，才能使百味融和得更为鲜美。因此传统上有“无咸不成菜”之说，咸味是一切菜肴调味的基础。咸味的重要地位不仅在于人体对盐分的生理需要，还在调味中发挥的电解质和渗透剂的作用，最重要的是将主、辅原料中天然的鲜味物质溶解出来，从而增强食物的本质的、内在的鲜美，使原本无味或缺味的食物变得香鲜可口起来。即使在一些以甜为主的菜肴里面，亦须添加适量的盐，在对比作用下增加甜味的厚度，并使之更为突出，使甜味更为鲜爽而没有甜腻的感觉。盐的渗透作用能将鲜美的口味一直深入渗透到原料的内部，使之达到内外口味的均衡，从而使菜肴风味从整体上得到增强。

根据食盐浓度和味觉的关系，0.05%食盐水同纯水比较，感到溶质的存在，但未感到咸味。在0.1%～0.15%范围内才能判别出咸味。一般来说菜肴中食盐含量0.8%～1.2%是令人满意的。据测试，清汤食盐量0.5%、浓汤1.0%、炒蔬菜1.2%、煮肉类1.5%～2.0%为适宜。在富含氨基酸的菜肴中，一般食盐量偏高，这是氨基酸能缓和咸味的缘故。在菜肴中，用于辅佐主食食用的食盐量应偏高，若用于单食则应偏低，这就是筵席菜肴与一般餐饭菜肴的区别之一。

由于盐具有较强的渗透性，腌制原料不仅可脱水防臭，还能产生特有的腌腊风味。但盐可使蛋白质凝固，在加热过程中多量使用或过早足量使用，会使豆类、肉、禽、鱼、虾、蟹以及涨发原料萎缩、失水、致密加强，从而延长熟烂时间，破坏应有的质量，并产生使人厌恶的味感。又由于盐的电解质作用，少量、适时的运用，可提高原汤中浸出物质量，增强鲜香细嫩的风味。例如，在炖鸡的初期，放少量盐（约0.2%～0.3%）能加速其熟烂，并保持汤质的清醇。

咸味与其他基本味关系复杂，特别与鲜、甜、酸、苦之间关系密切。

（1）咸与鲜味　咸与鲜在食品中具有共生关系。鲜遇咸则增强，反之则减弱，盐作为天然的助鲜剂，必然地与鲜味共存。据测试，在炖鸡中，由于添加了相应盐分，其鲜味被增强了十至数十倍；反之，如白水中无鲜味，则咸味显得单薄而有苦涩之感。鲜味对咸味具有缓和与减弱的作用，并使咸味具有醇厚柔绵的质感。

（2）咸与甜味　咸与甜味具有增减关系。在浓度2%的盐溶液中添加20%蔗糖溶液，味觉现象为咸甜相抵；0.15%的盐溶液中添加25%蔗糖，甜味增强；0.05%盐溶液中添加50%蔗糖则甜味最强。

（3）咸与酸味　在1%～2%、10%～20%盐溶液中各添加0.1%醋酸，咸味增加；若在同浓度的盐溶液中分别添加0.3%以上醋酸，则咸味减少。少量酸可使咸味增强，多量又会使之减弱。

（4）咸与苦味　此两味具有互增又相抵的关系，微量的苦味可增加咸味的强度，反之亦然。在味强度相对接近时，两味相和则彼此相抵。

咸味素除了氯化钠外，在一些病理需要方面，采用一些近似于咸味的物质代替食盐，有氯化钾、谷氨酸钾、葡萄糖酸钠等。但这些咸味与食盐的味质具有明显差异，不能在正常情况下使用。

2. 甜味味性及基本味素

甜味是由含生甜团及氯基羟基的糖类化合物对口腔中的味蕾刺激所致，这是一种使味蕾松弛舒缓的愉快感觉。以蔗糖的甜味为代表，甜度高低适当，甜味较纯，以此为标准成为与其他甜味剂比较的参数。

甜味是人们最喜爱的口味，其地位与咸味同等重要，在点心调味方面是比咸味更为重要的主味，能被单独使用。甜点被作为家庭点心的主流有别于以咸味为主的菜肴和以淡味为主的面饭主食而具有独立的风味价值。甜味在点心调味中能由其他的味辅助形成多种以甜为主的味觉，因此咸味为主的点心无论在产品数量还是口味品种方面都大大地少于甜点。然而在菜肴调味方面，地位仅次于咸味的甜味，起到重要的辅助咸味的作用，因此，以甜为主的菜肴品种同样也大大地少于以咸为主的菜肴。在中国，咸味是菜肴的主味，而甜味则是点心的主味。甜味具有浓厚的掩蔽异味的功能，甚至能使一些苦味原料变得甜美。在菜肴中甜味与咸、辣、酸、鲜配合，使味觉平缓丰厚而复杂，具有突出改善风味的意义，在烹饪工艺中主要使用天然甜味剂，而且用量在调味品中最多，除了糖类还有糖醇、蜂蜜等。人工合成的糖精一般不受欢迎，其他甜味素如甘草苷、甜味菊苷、甘茶素等等，也只能因病理的需要而使用，实际上在烹饪工艺中主要使用的是蔗糖和饴糖。

蔗糖的主要制品是白砂糖、绵白糖和冰糖。白砂糖是由原糖脱色后重结晶体，色白透明纯净，属单斜晶系。绵白糖是白砂糖加入少量转化糖或饴糖制成，晶粒由于在快速冷却条件下生成而十分细洁。两者在甜度上略有差异，在一般情况下，两者同等甜度界限是白砂糖 4 g/1 升水相当于绵白糖 3 g/1 升水，冰糖则是砂糖的再制品，结晶更为纯净，口味更为纯正。

砂糖有较大的溶解度，在 0℃时，其饱和溶液含 64.13％糖，在 100℃时饱和溶液含 82.97％糖，将砂糖溶液煮沸，其中一部分转化为葡萄糖，在 140～150℃时转化加快。若有酸性物质存在，则虽然在 100℃以下亦可使转化速度加快，无机酸较有机酸作用更为强烈。

饴糖主要的成分是 50％的麦芽糖、30％的糊精和少量的葡萄糖，甜度弱于砂糖近 1/2，但稠黏度、光度较好，口味柔爽干和，一般与蔗糖配合使用，或用于着色，一般情况下不单独调味。目前由于人们对甜味需求更为复杂的变化，用单一的蔗糖调味的传统方式也随之发生了变化。用多种糖混合使用已成为一种时尚，一般有如下方式：

① 白糖＋饴糖（增加光度、稠黏度、减缓甜强度）

② 白糖＋蜂蜜（增加光润度、清香和甜鲜度）

③ 片糖（冰片糖）＋蜂蜜（强化甜鲜味、增加光润度）

④ 白糖＋葡萄糖粉（保持甜度、减缓强度、增加鲜度）

⑤ 葡萄糖粉＋蜂蜜（强化甜度的柔美、增加清香感）

另外应用饴糖或葡萄糖代替蔗糖也是目前人们对菜肴中甜味平缓的一种追求。应用果糖、山梨酸和木糖醇代替糖，对糖尿病人和高血压患者的健康具有积极的意义。

甜味与咸、酸、苦、辣关系最为紧密。

（1）甜与咸味　如前所说，甜与咸的关系既相抵又相增。在咸甜相抵时能激发出近似鲜味的味感，令人愉快，咸甜混合味觉是菜肴调味的一大类型。甜味比重因不同地区与菜肴而异，一般以感观评价味感的重量比，咸中有甜的为 8∶2；咸甜适中为 7∶3，咸出头，甜收口为 6∶4，而冰糖扒蹄的咸甜味比为 4∶6。在烧菜中，极少量的甜味能增加咸味的厚度，使咸味平缓而有回味，改变菜中鲜味质量，使之产生浓鲜的味觉。然而甜味并不单纯直接对鲜味发生关系，而必须在咸味协同参与下才能达到理想的效果。

（2）甜与酸味　甜味与酸味关系致密，甜与酸在味感比重上达到平衡是一种非常爽口诱人的味觉，称之为甜酸味，是菜肴调味中的一个重要类型，将蔗糖调制成 5％、10％、25％、50％的溶液；将醋酸调成 0.01％、0.1％、0.3％、0.5％的溶液，再将两种溶液混合，甜味因添加醋酸而减少，酸味亦然。这不是量比关系，而是与 pH 值有关。在 0.3％醋酸溶液中添加多量糖，酸味也难消失。在 0.1％醋酸溶液中添加 5％～10％蔗糖，则味觉比重相平衡而甜酸适中，这是熘菜的糖醋滋汁所用的习惯味觉。

(3) 甜与苦味　甜味与苦味是相抵的关系。据测试，0.03%～0.05%咖啡因溶液中，添加25%～60%的蔗糖所产生的混合味感是最令人满意的。苦味如果没有甜味的配合，在菜肴调味中则一般是不受欢迎的。

(4) 甜与辣味　有许多菜例说明，甜味对辣味具有压抑与减弱的作用，在火热的辣椒里加点糖使辣味平缓而浑厚。故而甜辣味也是菜肴调味的一个重要类型。在各种辣味中，甜味与辣椒、生姜、白胡椒配合最佳，而与葱、蒜、芥末等则缺乏直接配合的例子。

3. 酸味味性及基本味素

酸味是无机酸、有机酸及酸性盐在水溶液中可电离的氢离子产生的特有味感。酸的种类很多，在饮食中常用的酸味素主要有醋酸、柠檬酸、苹果酸、乳酸、琥珀酸、酒石酸等。酸具有敏感刺激的味觉感受，醒味、爽口、生津涎，成语中"望梅止渴"最能表述酸味的口感特征。因此酸是菜点调味中的一种重要味觉，但一般不像咸或甜那样作为主味使用，而是与其他许多异质性味素构成复杂味感，在里面起到调节味感的 pH、增香、增味、除臭、抑味的作用。

酸味是菜肴口味的特征标志之一，掌握各种酸味素的酸味特征及其成分和含量，对保证酸感正确优美相当重要。以往的菜肴中主要使用食醋，而目前已较大地突破了菜肴中用酸的范围，除了食醋以外，许多不同酸质的酸味剂，例如麦芽醋、苹果醋、山楂醋、糟醋、葡萄醋、大红浙醋以及冰花莓酱、番茄酱、鲜柠汁、含磷酸饮料和酸味果、蔬鲜汁也已被广泛使用。并且在许多菜例中，酸味素被混合使用，从各种酸的互补、缓冲中获得轻松、清鲜而多样的酸味效果。

单纯的酸味不能成为主味，而必须要在咸味、甜味或辣味的协同下才能成为美味。在菜肴中，咸能平缓酸强，同时释放鲜味形成特殊的咸酸鲜的风味。酸辣配合形成酸辣味，这是极其著名的两种特色性调味类型，酸味与甜味一样，不能直接与鲜味产生关系，而必须在盐的配合下才能达到调味的目的。酸在菜肴调味中最重要的是与甜味配合形成酸甜味，由于酸甜呈味的复杂性质，依据感观评价，一般常用如下几种口味配比：

表 4-1　几种不同酸甜口味配比

口味特征	U(糖)(%)	W(酸)(%)	糖酸比
甜味突出	10	0.01～0.25	100～40
酸　甜	10	0.25～0.35	40～28.6
酸	10	0.35～0.45	28.6～22.2
酸味突出	10	0.45～0.60	22.2～16.7
强　酸	10	0.60～0.85	16.7～11.8

4. 鲜味味性及基本味素

鲜味是一类复杂的美味感，有学说认为鲜味是在咸、甜、酸、苦的合理配合下所产生的复杂美味，然而这个理论值得商榷，更多的情况是，呈鲜物质广泛地存在于动、植物原料之中，是一些如谷氨酸、琥珀酸、肌苷酸、鸟苷酸之类衍生物。在盐的电解作用下被电离出来，给人以美味感，在没有盐的作用下或不能被电离的衍生物则缺乏鲜味感。有测试表明，单纯的盐、醋、糖、咖啡因混合溶剂中，没有明显的鲜味感，而在肉汤中只需少量盐分，鲜味便成倍增强，即使在鲜柠檬汁或鲜菠萝汁中，少量的盐也会增加其鲜味感。可见鲜味是上述呈鲜物质被电离所产生的味感。由于广泛蕴含在动、植物之中而被认为是天然的本味,其基本味的客观作用越来越被清楚地认识,有之则美,无之则不美。鲜味是一切菜肴风味质量的客观标准之一。

5. 辣味味性及基本味素

辣味是口腔受到的一种类似于痛觉的刺激感受,因为在口腔外皮肤也可能有类似的感觉,故而辣味一般被认为不是味觉,或者不是化学性味觉。实际上两种感觉还是具有一定异质性的,辣味物质特有的化学性质本身决定了辣味的味觉特性,使味蕾紧张并有刺激感(包括痛感和非痛感)。我们的味蕾会很轻松地分辨出什么是辣椒、什么是胡椒、什么是花椒、什么又是生姜的辣味,口腔外皮肤是完全做不到这一点的。因此,辣味是一类十分重要的基本味觉。辣味素与其他基本味素一样具有水(油)溶性,同时又具有强烈的挥发性,在刺激口腔的同时又可能使鼻腔受到刺激。基本辣味素因不同来源而存在许多差异,依据感观对不同辣味及其挥发性质的评价,一般将其分为热辣、麻辣和辛辣三种类型:

① 热辣味　在口腔中引起灼热感的辣味,又叫火辣味,主要是辣椒与胡椒具有这种特征的辣味感,但两种辣味性质是不同的。辣椒既是一种著名的浆果类蔬菜又可作为调味品,其主要辣味成分是一些尖辣椒素,属于一类碳链长度为 C_8—C_{11} 不饱和单羧酸香草基酰胺物质。辣味宽泛热烈,溶于热油并挥发出特有的火辣气味,在口腔外皮也能产生灼热的感觉。而胡椒作为调味品主要起作用的是胡椒碱,是一种酰胺化合物,其不饱和烃基有顺反异构体,顺式双键越多时越辣,胡椒经光照或储藏会异构化为反式结构,其辣味会减弱。胡椒的辣感显得尖利、狭窄,不溶于油,舌外皮肤也不易感到其刺激。另外,其还具有特征性清香,益于去腥、除臭、开胃。

② 麻辣味　麻辣味特指花椒所赋予的味感,在中国传统上将其单列为一种基本味"麻",因为麻与辣确实具有异质性的味感,可以说花椒的"麻味"是令大多数人所不习惯的。一般用花椒并非取其强烈的特征性麻味,而是取其芳香。花椒的麻味感近似于皮下轻微麻醉,有无数刺激点快频率的振动针刺感。有时在花椒较重时,连嘴唇边缘也会有麻刺感,但在其他部位不会有这种感觉。花椒素也属一种酰酯化合物,与异硫氰酸烯丙脂可给味神经以极度紧张而疲劳的感觉。一颗花椒籽被嚼碎了连齿床也发麻,这种味感是嗜麻味者的美味,而对不习惯者来说,则是一种痛苦,麻味与火辣味共同构成最为强烈刺激的"麻辣"味型,是中国川菜中最具特征性风味的代表之一。而这种麻辣组合一般不包括胡椒。

③ 辛辣味　伴生芳香的辣味,主要有姜、葱、球葱、大蒜、芥末、韭菜等,有的香料如丁香、肉豆蔻等也有一定的辣味,但一般来说,香料中的辣味以阈值感知以下为好。辛辣性原料在生食时有较强的刺激性气味催人泪下,并有一定辣感,尤以葱与芥末的气味为最。但熟食时其刺鼻气味和辣味则会大大减弱,例如将蒜、球葱、芥末与菜一同加热制熟时,我们仅会感到芳香,而辣味则基本感觉不到了。在这里,只有生姜的辣味较强,并在加热成熟的菜中仍能保持一定的辣度。

在上述各种辣味中,能实现菜肴主要风味的仅为辣椒的辣和生姜的辣,其他皆作为辅料而重其气味,慎取口味。各种辣味之间的配合除了前面所提到的麻辣外,还有姜+辣椒、胡椒+辣椒、葱+花椒、芥末+姜+葱+胡椒+辣椒、蒜+辣椒、韭菜+辣椒等等。辣味一般不单独使用,在与其他味的配合下才能成为美味,以油辣子为基础,可以有无穷的变化,油脂是辣味的最佳载体,将多种香料与辣椒配合又能产生丰富的辣香风味。

6. 苦味味性及基本味素

与鲜味物质一样，苦味素广泛存在于许多动植物性原料之中，其基准物质是奎宁。苦味本身并不是什么美味，与酸味一样，许多有毒或变质的食物中都有苦味，在自然界中有苦味的有机物及无机物比甜味物质多得多。具天然特征的苦味食品有茶、咖啡和可乐中的咖啡因、巧克力中来自古林的可可碱、柚子或葡萄果品中的柚皮柑、啤酒花伴草酮类、苦瓜苷、苦杏仁苷、莲心碱、银杏萜内脂类等。另外，食品中许多无机盐类具有一定苦味，蛋白质水解肽和一些氨基酸也具有苦味等等。在菜肴中非自然的苦味是不美的，而需要将之抑制或遮盖，然而一些天生具苦味的食品、饮品则广泛地受到人们的喜爱，但并无刻意使用苦味性质调料的例子。中国传统医食认为，天然具苦味的食物具有一定的药理作用，能够清火败毒消食补气，起到对生理调节的作用。人们广泛地开始对苦味食品保健功能进行关注，并研发出许多具苦味的食饮新品。事实说明，轻微的苦味是令人愉快的，如茶、咖啡、苦瓜等，但苦味的阈值必须要控制范围，若超过范围则会令人痛苦。除了已知的一些苦味食物外，对其他苦味因素应具有足够的戒心。因为许多苦味物质存在于一些非正常食物之中，具有一定的毒性，应加以鉴别。相对而言，可食性无毒苦味物质还是有限的，大多存在于可食性植物原料之中，由于苦味的阈值较低，因此在菜肴中抑制苦味是十分重要的，通常用甜味与鲜味来抑制，用酸、辣来掩蔽。例如在卤水锅中加糖、在炒青菜中加糖、在苦瓜中加糖等，首先是抑苦，然而才是增鲜。有实验表明，在多量甜味素中调以苦味，苦味易出头，口味受苦味的支配而使调味偏颇。但在多量苦味中调以甜味，则会使苦味柔和适中，然而要使口味完美丰富，还需其他口味的参与；其次，由鲜味素天冬氨酸和谷氨酸组成的二肽能有效地抑制苦味；另外，鱼蛋白由水解中分离得到的酸性低肽组分水解物也有较强的对苦味的抑制能力。在烹饪工艺中对苦味素的运用目的，一般不为其某些药理功用而去追求苦味，而是运用种种方法将其药理功用的含苦味原料调制成美味的菜点食品，这与一些保健性功能食品加工具有本质的区别。

7. 涩味及其他

在菜点食品中除了咸、甜、酸、辣、鲜、苦等味外，涩味有时对食品也具有呈味关系。

(1) 涩味是涩味素对唾液及黏膜上皮细胞的蛋白质凝固作用反应所产生的口腔收缩感。如以柿子为代表的未成熟水果带给人的口感。一般来说，涩味会给人以十分不快的感受。在菜点食品中，涩味普遍不受欢迎，但在一些饮料中，适度的涩味则成为其特征性口味，例如茶水与葡萄酒等。涩味素主要存在于一些植物性原料中，如竹笋、菠菜、油菜、蕨菜以及一些香料和果皮，人们对涩味的厌恶感超过了对苦味的，除几种特色的嗜好性饮品外，在菜点中几乎不能忍受有涩味的存在。在化学界呈涩味的物质很多，一般有铝、锌、铬等多价金属离子，植物多酚类化合物，乙醇、丙醇类脱水性溶剂和卤化醋酸等四大类，然而与食品有密切关系的涩味素是单宁系物质(在水溶液中有鞣皮性收敛性植物成分及其一类化学性质相近似的物质总称为单宁物质)。例如茶叶单宁如表儿茶酸与没食子酸的酯类；咖啡单宁是咖啡豆和银杏中所含的绿源酸，是咖啡酸与奎尼酸生成的一种缩酚酸；未成熟柿子的涩味主要以原花色素为基本结构的糖苷；橄榄果的涩味主要是橄榄苦苷，等等。涩味物质在口腔中与黏膜或唾液上的蛋白质生成了沉淀物和聚合物，引起口腔组织粗糙褶皱的收敛感、干燥感和阻滞感，这些感觉的综合感受就是涩感。

可以说，涩味在口腔中的感觉相当复杂，常以变味的感觉而被误导。实际上在多数蔬菜与果品中都有涩味因素，只是不易被察觉而已。事实证明，微量涩味的参与会给许多菜点食品和饮品赋予丰富复杂的口味。在烹饪工艺中，对原料中明显涩味应采用焯水法、盐涤法、碱去法、糖腌法、过油法等方法脱去部分涩味以达到适口。

(2) 凉味是某些化合物与口腔组织接触时刺激特殊受体而产生的清凉感觉。凉味的典型物质是薄荷醇，还有一些化合物也能产生清凉的感觉，如D-樟脑。木糖醇和葡萄糖等多羟基甜味剂也有清凉感，是结晶溶解时的吸热感应。凉味在炎热夏天受到欢迎，最适用与甜味的协同。清淡的清凉之味很惬意，如果重了则反而不美。

上述八味中咸、甜为主味，其他皆为辅味，另外呈味的金属离子溶解于食品之中的叫金属味，阈值在20～30 mg/kg能够被感知。pH值在8以上的是碱味，0.01%浓度便会被感知，此两者皆是不良口味，必须要去除。适量的酸对此两味的去除有一定效果。

(三) 味觉的影响与差异

菜点的特征性口味通常是许多呈味素在口腔中相互作用所形成的复杂味觉。在感受过程中，各味相互间的影响错综复杂，口腔犹如一只化学搅拌反应桶，使各种味素或多或少地改变了原来的味觉性质，大致有如下四类现象：

1. 对比现象

当两个刺激同时或相继在口腔中存在时，味觉器官对其轻重、强弱、前后的感受谓之对比。同时感受谓之同时对比，继续感受谓之继时对比。例如：咸甜味，首先感受到的是甜味，接着是咸味，其对比强度如果甜重于咸者叫甜咸，反之叫咸甜。而咸与酸几乎是同时感到其彼此的强弱关系。再如，砂糖的甜味强，是因为食盐量少的缘故。如果在15%的砂糖溶液中添加0.001%奎宁，则比单纯砂糖对照溶液甜度强。如果在舌缘一边滴上低浓度盐水，在舌的另一侧滴上低浓度糖水，其甜味阈值较正常阈值低，这是通过对比得到感知的。味的对比现象并不只是人脑意识的次序决定的，而是与味细胞的受味现象有关，有实验表明，在舌面上给予两种味物质时，味觉神经纤维的活动是：由先给的味物质边增加边抑制，对比现象是人对食物最真、最普遍、最重要的味觉感受，并因此构成了其对复杂味的客观认识。

2. 变味现象

先摄取的食物味对后感触之食物味觉产生质的影响，使后者改变了原有给予人的味觉，因此变味现象又叫变调作用或阻碍作用。例如喝了浓盐水后感到淡水有甜味，吃了墨鱼干后再吃蜜柑会感到苦味，喝了苦涩味重的浓茶后喝淡水也有甜感。显然，这是存在于味感受器本身的味感变化，变味现象与对比现象都是先味影响后味的作用，但不同的是，对比现象是指第二口味的强弱关系，而变味现象则是指味质本身的变化。

3. 相乘现象

将两种呈味物质并用，使呈味效果超过单独使用时的效果，故又叫增强作用或协调作用。例如在0.1%食盐溶液中分别添加0.02%的谷氨酸钠和0.02%的肌苷酸钠，两者单独时咸强鲜弱，合并时则鲜味强烈。少量的酸能使咸味加强，苦味使辣味更强烈而长久。另外，麦芽酚对甜味具有增强效果是共知的现象。

4. 拮抗现象

又叫相抵作用，是因一味的存在而使另一味素呈味力明显减弱，这类例子比比皆是，例如酱油中含有16%～18%食盐和0.8%～1%谷氨酸，给人的味觉影响是咸味减弱而鲜味加强，因此拮抗与相乘增强作用是在对比中相对产生的。3%的盐水会给人以较咸的感觉，但在鱼汤时就显得柔和了许多，这是由于鱼汤中有谷氨酸的存在。甜和酸、鲜和辣、苦和甜等等，在菜肴调味中都充分地利用了拮抗原理，另外，酸味与苦味的强度也会因鲜味的存在而减弱。

除了上述各味觉之间的相互影响外，人的生理、环境因素与食物温度等都会对味觉产生影响而存在差异。生理对味觉的影响主要是指生理年龄、健康状况、遗传与适应性等方面对味觉具有明显影响；环境因素是指自然环境、人文传统等方面对味觉强度、性质、类别与敏感度的差异性，这两方面国内外专家已有了一些可喜的研究成果。对烹饪食品味觉产生最直接影响的外部条件就是食温，味觉因温度而异，在0～70℃范围内，食盐与苦味的阈值增大，浓度减小，而味度加强。苦味在40℃时味感最强而阈值感知浓度最小。甜味在3～40℃味感最强，咸味在35℃左右味感最强。一般来讲，当食温与人的体温相近时，感知最好。中国人习惯于将较高温食物入口在口中随降温而领悟美味强弱变化的全过程，这叫做“品温”。不同的食品理想品尝温度也不同，以人体正常体温为基础，在±(25～30)℃的范围内，热菜的最佳入口温度最好在60～65℃，油炸食品为70℃，凉菜为10℃，冰食为－4～6℃。根据这个原理，凉或冷食的调味由于在低温中使阈值增高，其浓度也应相应增加，也就是说在同等甜度下，凉或冰食用糖量要高于热食。其他基本味素使用情况也大致如此。

表4-2　部分食品的适宜入口温度

热食品		冷食品		热食品		冷食品	
名称	最适温度(℃)	名称	最适温度(℃)	名称	最适温度(℃)	名称	最适温度(℃)
咖啡	67～73	水	10～15	黏糕糊	60～64	果汁	8～14
牛奶	58～64	凉拌菜	10	豆汤		啤酒	10～20
黄酱汤	82～68	冷咖啡	6	汤面	58～70	冰淇淋	－6
汤类	60～66	牛奶	8	炸菜	64～65	冻菜	－5～0
炒菜	60～70			烩菜	80～85		
				焖菜	80～85		

经验说明，甜味与鲜浓度具有较宽泛的愉快阈，咸、酸、凉、苦、涩的愉快阈则较窄，因此，适宜的低浓度会令人愉快，浓度稍浓便会令人难受。辣味具有嗜好性，其浓度应因人的适应性不同而区别运用。所以，在调味中味觉的各种影响作用是不可忽视的。

二、调味的程序与方法

(一) 调味的基本作用

1. 分散作用

系指一些物质分散成微小分子均匀分布在另一物质中，调味一般使用水(或汤)、液体食用油脂为分散介质，将盐、糖、味精、淀粉、酱油等调味品调解分散开来，成为调味品浓度分散体系，达到调味的目的。其分散的浓度、速度、面积与分散相的量与温度成正比。

2. 渗透作用

指溶剂分子从低浓度经半透膜向高浓度溶液扩散的过程，在调味中主要是指在渗透压的作用下，调味品溶剂向食料固态物质细胞组织渗透达到入味的效果，其渗透的速度、深度受渗透压的作用力影响，溶液的渗透压也与温度与浓度成正比。

3. 吸附作用

指固体或液体表面对气体或溶质的吸着，在调味中主要指固体食料对调味溶剂的吸附，其吸附面积与量和食料体积的细密度成正比。例如食料的体积越细密，则吸附的调味汁或粉料就越多。

4. 分解作用

是由一种化合物产生两种或两种以上成分较简单的化合物或单质的化学反应类型。在调味中，盐是电解质，动物蛋白在加热条件下会发生部分水解，生成氨基酸类物质有益于菜肴鲜美口味的形成。植物淀粉在加热时发生部分水解，生成麦芽糖与低聚糖，从而会产生甜的味觉。来自于动、植物脂、肽以及氨基羰基反应生成的某些物质，通常被称为“浸出物”，能使味觉产生满足感受的作用，这种味觉满足感称之为“厚味”。动、植物的提取物含有天然原料的全部水溶性成分，其反应复杂，有分解也有复合作用，提取的液态物质叫“汤汁”，含有多种氨基酸、有机酸、核酸类鲜味成分以及低分子肽和糖类物质的复杂味感，味感的纯度与厚度远高于纯化学性调味品，味觉复杂柔和而协调，分解过程与咸味物质、水温有很大关系。一般来说，植物性原料不像动物性原料那样必须在加热条件下进行。盐则能使某些物质被得到更为充分地分解。

5. 复合与中和作用

两种以上简单物质结合成为一种或两种较为复杂物质，在调味中复合作用高于一切，一切复杂味感皆离不开复合作用。在调味中复合作用具有化学与物理的双重性，化学反应方面，由多种简单物质复合成复杂新物质，例如酒中羰基物质与鱼中胺类复合生成氮化葡萄糖基胺，从而消除了鱼中某些不良味感，达到了调味的目的。而在物理方面，则是多项物质的混合形成复杂聚合体，例如甜、咸、辣物质的相加，使各种味觉能在人口之中得到复合感觉，复合在热与机械力的作用下更为匀密和充分，最终使菜点产生特色性美味。

中和反应专指酸与碱性物质的结合反应，使两类物质相抵相消，例如老酵中乳酸与食碱中和，从而消除了面团中的酸味。在大多数情况下，一个复杂美味的形成，是上述多项综合作用的结果。这些作用的变化一般次序是：分散→吸附→渗透→分解→复合。

(二) 调味的基本程序与方法

调味一般以加热制熟为中心构成三阶段程式。调味程序如下图所示：

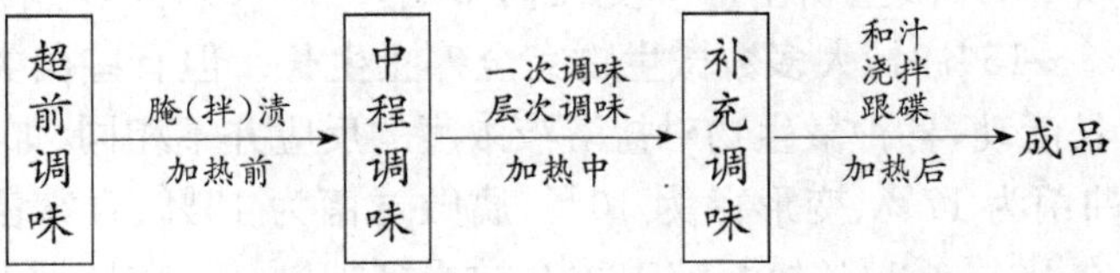

依据上图分述如下：

1. 超前调味

对食物原料加热前，运用调味品对其添加，以达到改善原料味、嗅、色泽、硬度以及持水性的品质，是超前调味，行业中称之为“基本调味”或“调内口”等等。

超前调味主要运用“拌”的手法对食料进行腌渍。通常由数十分钟到十数小时或更长时间，小于1小时的为短时腌渍，其他为长时腌渍。

长时腌渍：指腌渍时间超过1小时者，其作用是让食盐或食糖等材料渗透入原料内部，降低其水分活度，提高渗透压，借助有选择地控制微生物的活动与发酵，抑制腐败菌的生长，从而防止食物原料的腐败变质，保持食用品质，生成具有腌腊特性的特有风味。用于腌腊品的盐量一般在10%以上，保藏甚至要达到20%～30%，许多卤制品也可以长时腌渍，考虑到还需加热调味，其用盐量应小于3%，一般在1.5%～2%之间。长时腌渍不仅具有基本调味的作用，也是一种重要的食物保藏方法。

短时腌渍：腌渍时间在1小时以内者，主要是对加热前原料的风味改善与肌理改善过程，例如制缔。生制馅、上浆、挂糊等都需要超前调味，以达到除臭入味、提高原料的水化性等目的。在蒸、炸、煎、烤等加热中不能调味的菜肴，短时腌渍的超前调味尤为重要，是形成这些菜肴风味的主要因素之一。不仅如此，对一些原料的超前调味，还可以有效地改善其组织性能。例如：在鱼的表面抹适量盐或酱油，可加强鱼皮的弹性与硬度，从而使之在煎、炸、蒸、烧等加热之时，不会因为遇热收缩过快而破损，对黄鱼、虾仁、鱼丝等则既可增加其嫩度，又可减少其破碎度。

在行业中，通常将主要用盐的称为腌（包括以咸为主的其他腌剂，如酱油、酱等），腌制后经长时间风干或熏干的统称腌熏制品。著名品种有咸鱼、腊肉、风鸡、香肠、板鸭、笋干、霉干菜等等。长时间腌制后即可加热调味的称为卤制品，著名品种有五香牛肉、熏烧、肴肉、赤烧、熏腌鱼等等。

以糖为主的叫糖渍（包括蜂蜜），著名的有果脯、蜜饯、糖板油、糖桂花、蜜渍西红柿等；以醋为主的叫醋渍，如醋渍萝卜条、醋渍黄瓜等。超前调味以长时腌渍最具有独立的调味意义，用盐量依据食用方法而不同，直接食用的3%～5%，风、晒保藏则需要在12.5%以上。一般来说，用于腌腊加工的溶液浓度应高于细胞内可溶性物质的浓度，这样水分就不再向细胞内渗透，而周围介质的吸水力却大于细胞，原生质内的水分将向细胞间隙内转移，于是原生质紧缩部分脱水，这种现象叫“质壁分离”。质壁分离的结果是微生物停止生产生长活动，其溶液称之为高渗溶液。腌腊制品在温度与剂量方面需严格控制，这与腌渍速度与渗透压有密切的关系，剂量大、温度高、渗透压就大，速度就加快，在相等盐剂量条件下，每增加1℃，渗透压就会增加0.3%～0.35%。一般来说，腌渍以低于10℃为宜，如果温度高于30℃，则原料在未腌透前，常常会出现腐败现象。将腌渍品翻缸就是为了调节温度使腌渍达到均匀渗透的目的。25℃以上温度，腌渍速度较快，夏天腌肴6小时即可，而冬天可达4～5天。

盐溶液在1%以下时，微生物生产不受任何影响，1%～3%大多数微生物受暂时的抑制，当浓度达到10%～15%时，大多数微生物完全停止生长。但有些菌类能在20%盐溶液中保持生命力和生长活动，各种微生物对盐溶液浓度的反应并不相同，如醭酵母菌为10%、乳酸菌为13%、黑曲菌为17%、变形菌为10%、腐败球菌为15%、青霉菌为20%。一些乳酸菌、酵母和霉菌，在20%～30%盐溶液中才会被受到抑制。一些腌腊品中加糖能改善风味，糖的种类和浓度能决定加速或者停止微生物的生长作用。1%～10%能促进某些微生物的生长，如果单纯用含糖浓度在50%以上会阻止大多数酵母生长，65%～85%才能抑制霉菌的生长，糖在50%～70%能达到糖渍保藏作用，以70%～75%为最适宜。

对腌腊品的加工，一般要将盐、糖、辛辣料、酒、香料、助鲜剂、发色剂和致嫩剂配置成混合剂使用，依据腌渍时的干、湿程度，有干腌渍、湿腌渍与混合腌渍等三种方法，另外尚有肌肉注射腌渍，限于在工业化食品生产中使用，此不多述。

(1) 干腌渍　是将腌渍剂直接干抹或揉擦在被腌（渍）原料上，使原料苦涩或血腥之水析出,缓解异味,风干收藏形成腌腊风味的方法。干腌特别应注意将腌渍合剂干擦原料时要均匀擦透擦遍原料的每一角落,否则,腌擦不匀会致使原料变臭。干腌原料洗涤后一定要晾干水汽或无需洗涤,表面生水过多易使原料变质,明显影响腌渍质量,腌后食用时再进行浸泡洗涤。

【例 4-1-1】 腌风肉条

原料:猪肉 100 kg,细盐 10 kg,花椒 500 g,白糖 2.5 kg,白干 2 kg。

加工程序:

猪肉切条→腌擦→洒酒花→压缸 3 天→翻缸 6 天→

花椒炒烫、白糖、细盐→混合腌剂(→腌擦)

→起干风晾 6 天→阴凉 10 天→成品

(2) 湿腌渍 将原料直接浸入腌渍溶液中,能有效地防止原料因过分脱水而产生的干、老、韧等不良触感。湿腌能有效地保持原料的鲜、脆、嫩质感,是由于腌渍过程中原料在脱水的同时又吸入新的水,从而保持了原料内含水量的动态平衡。

【例 4-1-2】 酸辣渍藕片

原料:嫩藕 1 kg,甜椒 1 只,鲜菠萝肉 100 g,黄瓜皮质 25 g,精盐 10 g,白糖 500 g,白醋 250 g,凉矿泉水 1.5 kg,山辣椒汁 100 g,嫩生姜 50 g。

加工程序:

腌料切片→浸入溶液 8～10 小时→成品

制混合溶液(→浸入溶液)

长时湿腌渍的方法还有许多,在腌渍过程中与发酵的作用,关系复杂,发酵的作用使原料显得更为松、嫩、柔、脆,口味也更为复杂鲜美。常用的方法除了前面的醉、酸渍、辣渍外,还有糟、泡、霉、变等都属于长时湿腌的范畴,其成品可直接食用,亦可为热菜所用。由于其腌成即食的性质,将之归纳到其后非热加工制熟的调味制熟工艺相关章节中再予以继续讨论,此不多述。

(3) 混合腌渍 将原料先干腌再湿腌,这是一种二次腌渍的方法。混合腌渍是一种精细腌渍的方法,不仅能较好地实现干、湿腌渍分别达到的效果,并能更好地实现原料内外口味的一致性。一般来讲,用于第二次腌渍(湿腌渍)的混合腌渍剂是具有"陈卤"性的风味物质或是浆状混合酱制剂,这使原料成品的风味更为纯正和醇厚。一般精制的酱菜和高品味卤水菜肴都有二次"陈卤"腌渍过程。一些干腌和湿腌的原料也可以有选择地采用混合腌渍的方法来提高成品品质。

【例 4-1-3】 金陵盐水鸭

原料:光鸭 1 只 1 500 g,精盐 125 g,姜、葱各 25 g,花椒 5 g,大茴 2 颗。

加工程序:

光鸭肋开去脏→漂去血渍→沥干→腌擦→浸卤腌制→提出刀口处填料→加热制熟

浸卤腌制:夏日 1 小时,春秋 3 小时,冬日 5 小时

提出刀口处填料:姜、葱、大茴

2. 中程调味

中程调味即在菜肴加热过程中的调味。主要以菜肴为对象的调味过程，是菜肴调味的主要阶段，该阶段调味最具变化，更趋复杂。调味的方法因主、辅原料、调料的不同而不同，即使是同种主、调料，其食用的目的不同也决定了其调味程序的不同，反之亦然。关于这方面的研究，目前还难以深入，尚缺乏规模性研究成果。

（1）中程调味的作用　在菜肴加热过程中调味，有利于各味之间的分解、渗透、复合的反应，从而确定了菜肴口味的主要特征，因此又称为定型调味。实验证明，一块 4 cm×4 cm×4 cm 的方块肉在常温酱油中浸渍，很难使其内部具有咸味，如果将酱油加热至 80℃时，0.5 小时左右便可使咸味渗透到肉块内部。通过加热能促使更多的化合物生成，从而决定了融合口味的复杂性和协调性。不仅如此，热能增加味感振动频率，使味觉感受强烈，达到呈味的最佳效果。

（2）中程调味的方法　在加热过程调味，并不是草率、随便、盲目的，而是应具有目的性、程序性、规律性控制的。一般来说软、细、脆、嫩、清、鲜等特质的菜肴，加热快，其调味速度亦快，简捷明了，一次性完成；而对酥、烂、软、糯、黏、浓、厚等特质的菜肴，加热慢，其调味也慢，应分层次进行。此即传统所说的一次性速成调味与多次性程序化调味，兹分别讨论如下：

① 一次性速成调味与兑汁　将所用调味各料预制成混合调味剂，在加热时一次性投入达到定味成型的方法，是一次性调味。这种调味方式所预制的调味合剂在行业中叫“兑汁”。又由于其是一次性在速度上快于分层次调味，所以叫做“速成”。速成调味尤以旺火速成为主流形式，在中国烹饪工艺热加工方法中，属于旺火速成制熟法的有炒、爆、炸、熘、烹等，一次性“兑汁”调味正是其最佳的调味方式。“兑汁”是将调味各料同置一器，如同对“鸡尾酒”的勾兑，这需要在加热前预制，一些卤菜的专用卤水也具有这一兑汁性质。预制的形式并不被某些定式所局限，例如炒、爆的兑汁是芡汤；熘菜的兑汁是滋汁，榨菜的兑汁却是粉碎合剂；而卤菜的兑汁又可以是卤水，等等。在旺火速成诸法中，又以对炒、爆菜肴的一次性调味难度最大，难以把握，其关键是“准、巧、快”，也就是说，对加热时机的把握是最重要的。“准”是指配方比例正确；“巧”是指菜料受热到最佳时机，将兑汁骤然而下，调味适时；“快”是用最短时的翻拌使味汁形成最佳分布、渗透、吸附和包被。这里的时间差以秒计，温度差更是微妙难言，有人一辈子做厨师都不能把握。这也是为什么同样的料，同样的方法，不同的人操作而优劣各异的原因。如果说“准”是可以量化、标准化控制的、超前预制所能实现的，那么“巧”则是随机的，全凭人脑对菜料受热状况综合反映的判断，例如螺片、虾仁、鱼丝、肉片、鸡米等同是炒，其受热的火候区别是明显的，各种蔬菜也是如此，对投放兑汁调味关键时的把握准确与否，优劣立判。从理论上讲，“巧”是当锅温达到原料理想受温最高值而出香时将兑汁骤然而下的瞬间调味。例如，油爆肫肚，其肫肚经过油后下锅理想受温大约为 200℃/2 秒，调味在这一时间段内完成效果最佳。由于原料不同材质与人的食用目的的千差万别，正成为难点。这一难点对初学者来说付出很多艰辛才能克服。“快”是仅次于巧的又一难点，要求在最短时间中完成对原料翻拌达到入味均匀、芡汁包被的效果。这里的时间差也以秒计，并且依据菜料的多少、大小、柔嫩程度的不同，把握轻、重、缓、急频率以及搅拌的手法和翻匀的角度，最佳程度地保持原料的完整性、鲜美度与柔嫩度，但又不能出现成熟、入味与包芡不均的不良效果。

兑汁形式的调味合剂品种很多，总括有4种基本类型。即：粉浆悬液型调味合剂、黏稠滋汁型调味合剂、混合粉料型调味合剂与预制卤水型调味合剂。

A. 粉浆悬液型调味合剂：将所用各料按比例配置在容器内，加鲜汤（或清水）与淀粉混合成呈味浆状悬液，调匀即可，无需加热。一般用40℃淀粉水与呈味汤水调和，淀粉水与汤水比大致在20∶80～30∶70之间。旺火速成的炒、爆菜肴专用此型，这类生料兑汁统称"芡汤"。

【例4-1-4】 通用兑汁白芡汤

配方：上汤500 g，精盐25 g，调味酒50 g（烈性酒除外），无盐味精30 g，鸡精5 g，白糖5～10 g，白胡椒适量，芝麻油适量，姜、葱、蒜茸各3 g，风车牌干淀粉2 g。

应用特点：将上述各料混合均匀，调味时兜出泼淋于锅中菜料上，迅速翻拌包芡即可。菜肴成熟，芡汁糊化均匀包被在菜料上，达到调味的目的。

B. 黏稠滋汁型调味合剂：将所用各种调味品，加汤（水）与淀粉熬制，通过加热混合成为黏稠性糊状，传统上称为"滋汁"，是熘菜类的专用型调味合剂。例如："滑熘鸡丁"、"脆熘刀鱼"、"煎熘牛饼"等等。

【例4-1-5】 通用果酱滋汁

配方：番茄酱50 g，什锦果酱（红色）50 g，苹果醋100 g，白糖100 g，蜂蜜25 g，精盐2 g，调和油50 g，芝麻油25 g，姜汁10 g，清水100 g，湿淀粉5 g，鲜果汁50 g，鲜果粒50 g（或2种以上8种以下什锦果粒）。

应用特点：将番茄酱、果酱、糖先用调和油煸散出红油，再下清水、果醋（或白醋）见沸，接着下蜂蜜、果汁再见沸即勾芡成可流动状的流芡，淋芝麻油保光，最后拌入鲜果粒即用。用时，"穿滋下料"（另见熘法一节）翻拌均匀，旺火速成。具有果香浓郁，色彩斑斓，甜酸适口的特点。在果酱滋汁中一般以某一鲜果为特征主味，色泽以所用主要鲜果本色为基准，例如黄滋有鲜柠、橙子、梅酱、枇杷、菠萝、黄杏、西瓜与哈密瓜等；白汁滋有龙眼、鲜桃、香瓜、火龙果与白葡萄等；绿滋有青梅酱、猕猴桃、青甜瓜、无味绿菜汁、青葡萄等；红滋除了上述外尚有草莓、山楂、杨梅等。实际上鲜果粒是灵活的，起强化主体风味与调节主题风味的两种作用，前者与滋汁同色同味，起到强化。后者与滋汁异色异味起到调节增加复杂性与变化性，例如红果味滋汁上撒黄或绿色果粒等等。果味滋汁应制成即用，否则会影响色质与味质，果粒应在"穿滋"时洒拌即成。

C. 混合粉料型调味合剂：将多种干粉或细粒状调味料混合拌匀形成的调味合剂，专用于对炸、煎类菜肴的锅内热拌调味，以金沙料、五味粉为典型。

【例4-1-6】 通用五味粉拌料（10份）

配方：红椒粉、咖喱粉、孜然粉、花椒粉、沙姜粉各100 g，精盐30 g，无盐味精50 g，鸡精25 g，焦蒜茸100 g，熟芝麻100 g，红干椒节每份100 g。

应用特点：上述各料拌匀即可，使用时均匀撒入锅中菜料上，迅速翻拌均匀即可，这叫炸制菜肴的热炝锅拌味，成品的鲜香各味更为浓郁，其风味效果是炸后补充调味所不能比拟的，香味浑厚多重，口感丰富，麻辣鲜香，另与干椒节组合独具风格。

D. 预制卤水型调味合剂：将多种调味品按一定配置，经长时间熬制的调味卤水，卤水的调味是将预熟的菜料再经浸煮达到其目的的。一般来说，卤水中含有十数种甚至几十种调味品，鲜香馥郁，越陈越好，将原本无味的预熟菜料浸置其中，小火慢煮，使之吸附渗透达到入味。因此，卤水实际具有调味合剂的意义。由于菜料的预熟达到半熟，其血水等杂物不会过多地污染卤水，使卤水能较好地保持清醇沉厚的质感，以至卤制调味一次成功，无需再作过多的添加。因此，对原料加热过程中，卤水具有一次性调味的实质，这以系列广东卤水最为典型。

【例 4-1-7】 粤式豉油卤

配方：生抽王 100 g，老抽 30 g，黄酒 25 g，玫瑰露酒 7 g，白糖 40 g，花椒 3 g，大茴 4 g，桂皮 4 g，陈皮 5 g，甘草 6 g，香叶 1 g，葱结 2 只，姜三片，味精 2 g，淡二汤 400 g。

应用特点：将上述调料除玫瑰露酒与味精外，均入二汤用中火烧沸，保持微沸 1 小时即成，用时加玫瑰露酒与味精。放入预熟后的鸡或鸽等，小火加热，浸焐约 20 分钟入味即成，其卤水色泽金红，香味丰富，口味咸甜适中。

综上所述，加热中的一次性调味都是速成之法，即使是卤水调味用时稍长，但比起那些炖、焖、煨、烧来还是属于较快的了。由于要速成，在调味上采用“兑汁”，即在加热前按标准化要求将所有各味勾兑成型，这是一次性快速调味的保证。如果将兑汁用于长时加热，则所用各料大都会发生一定的变化而使口味出现不稳定影响；反之，如在旺火速成菜中分层次调味，则会由于加热超时而破坏应有的风味质量。卤水是一种特殊的“兑汁”，预制时需长时加热以使香料浸出，对菜料预热加热时序亦稍长，这是因为要完成卤水各味对原料内部的浸透过程，因此，加热时亦需要用小火或微火火力，是味逐渐渗透所必要的，这也使卤水风味能被得到最大化地保存，如用旺火则欲速不达，其风味会被破坏殆尽。

② 多次性程序化调味与调味品的使用　在菜肴加热过程中具有两次以上投放调味品的调味方式是程序化调味。一般来说，在一个具有复杂调味程序的菜肴中，因具体的加热需要，投放不同调味品的次数达 3 次或者更多，但这种投放的行为并不是盲目、无意识的，而是由客观条件所局限的，具有阶段性意义。一般认为，在一个完整热调味程序中具有三个明显不同作用与目的差异的段落过程，即：

去臭生香 ⟶ 确定主味 ⟶ 装饰增香
（基础调味）（主体调味）（尾声调味）

A. 去臭生香：在加热初期的煎、煸、炸、焯、烤等的预热加工中，用香辛料、酒及其他一些非主流性的调味，目的就是去除异味，提炼香味，为菜肴纯正完美风味奠定基础，犹如高层建筑的基础工程一样。

B. 确定主味：当前一调味阶段过后，在恰当时机分别投入主流调味品，旨在基本上确定菜肴口味的主题特色，决定其是咸或是甜抑或是咸甜等等，犹如建筑的主题形构框架。

C. 装饰增香：在加热即将完成时对菜品风味进行的完善加工，强化主体，美化前味，装饰香味，又叫尾声调味，主要运用一些易发挥，不耐光和热，但具有明显增强、辅助、美化主味作用的调味品，例如，鲜味剂、酸味剂、香味油以及一些植物性香鲜浸出物等等，其目的是使菜品更为完善，具有完美的味嗅觉质构，具有装饰性调味的意义，在性质上与装饰音、美化色同类。

这种分层次分批对调味品的投放是由各种调味品自身理化性能所决定的。因此，要正确科学地把握程序化调味技能，对一些主要的、常用的基本调味品的使用性能作一定的了解是十分必要的。

现对基准调味品的应用性能分述如下：

(1) 咸味基本调味品的一般性能

咸味为基准的调味品除了盐外，主要还有酱油、豆腐乳汁、鱼露、虾油、美极鲜汁、咸酱品、白酱油以及动植物浸出物乳化剂等等，这些调味品在不同程度上对光和热都缺乏稳定性。

① 酱油的使用性能　酱油是运用大豆蛋白、麦类、高粱和薯类、淀粉等原料经制曲、发酵等工艺酿造而成的。色泽为棕褐或棕红、红褐等，口味以咸为主，兼有一定的鲜味和甜味。有酱香和脂香气，其成分较为复杂，有无盐固形物、氨基酸氮、全氮、氨盐、食盐、糖分等。其色质基本来自焦糖色素，少量来自其他食用色素和自身酶谒变色素。酱油的成分决定了其在加热中的易挥发性，长时间加热会挥发浓缩，糖分因焦化而减少，颜色加深，酸度增加。因此，长时间加热应减少其用量，并在后序增加糖来调节酸度，可用盐作为咸剂补充。在实践中有许多例子说明酱油使用不当的情况，例如，最后菜色深褐发黑、咸苦、发酸走味等等，都是因为加热时间过久或投放偏多、温度过高所造成的。

② 酱及其制品使用性能　在现代调味品中，一般将形似厚糊状的调味品统称为“酱”，因为酱在原始状态下就是厚糊状，但两者在性质上完全不同。前者为“类酱品”，如番茄酱、冰花梅酱、果酱等等，实际上是一类乳化混合的复合剂，这些酱大都不具有咸味基准，而是甜或酸味，基本取自鲜果类和经过了一定加热的熟制加工过程，因此实际上不是酱而是酱状复合品，而真正的酱是一类经过发酵的咸味制品，其品种十分复杂，有发酵酱与复合酱两大系列品种。

A. 发酵类咸酱的使用性能：酱是以豆类和面为原料，利用米曲酶为主的种曲将豆类和面制成曲，再经发酵，加盐水制成的半固体状调味料，有豆酱、面酱、蚕豆酱、豆瓣辣酱和豆豉等。这些酱又可以作为主料与其他辅料混合形成品种繁复的花色酱，因此，黄豆酱、蚕豆酱、面酱、豆豉等又具有母酱性质。

一般来说，酱类含有 0.1%～0.6%的乙醇，0.1～15 mg/kg 的高碳醇。酱中酯类丰富，主要有乙酸乙酯、乙酸丁酯、乙酸异戊酯、己酸乙酯、乳酸乙酯等。浓厚的酱香来自于酯类与醇类的增加。其碳基化合物含量随发酵成熟期长而增高，其质量也好。酱的粗脂肪是脂类香气的基础性关键原料。酱含有多种有机酸，在熟化过程中，棕榈酸和 C_{18} 不饱和脂肪酸会生成乙酯，这对酱的香气品味具有重要作用。酱类含有一定的糖分，特别是甜面酱，其甜味与咸味复合构成了口感特征。

表 4-3　黄酱和甜面酱一般理化比较

项　目	黄酱	甜面酱	项　目	黄酱	甜面酱
w(食盐)(%)(以 NaOH 计)	12	7	w(水分)(%)	60	50
WI(氨基态氮)	0.6	0.3	w(还原糖)(%)(以葡萄糖计)	—	20

豆豉是酱制品的异形，以大豆或黑豆接种曲菌进行发酵制成，豆粒形态不变，且有多个品种，发酵方法也各异，具有不尽相同的调味特点。

表 4-4　中国一些著名品种的豆豉比较

品种		原料	酵型	特点	备注
阳江豆豉		黑豆	制曲发酵	含水量 35%,晒干,醇香回甜,乌黑油亮,松软化渣	
湖南霉豆豉		大豆	霉菌发酵	盐、白酒、五香料调味保温,发酵、晒干,咸香不回甜	
江西豆豉		黑豆	制曲发酵	盐、五香粉,晒干,有五香味	
四川霉豆豉	三汇	黑豆	霉菌发酵	发酵后用盐、白酒调味,入坛日光成熟 6 个月,滋润化渣	产量最高,极富特色
	永川	黄豆	霉菌发酵	白酒、盐、糟调味入缸发酵,柔软化渣,糟香醇美	
水豆豉		黄豆	霉菌发酵	煮熟发酵,加大茴、小茴、辣椒等,发酵后再加盐、味精、糖、红椒姜、其他香料等,口味适度	普宁豆酱
		黑豆	霉菌发酵		

发酵菌所含成分决定了其调味特点,一般来说,酱在未经炒、熬加热之前,或多或少存在一些生酱气,其口味也是如此。因此,直接用生酱拌菜或直接下在汤中烧菜并不适宜,而是需要先用油、姜、葱、酒等下锅将其炒或熬炼制熟,熟制消灭了母酱基中的酶,在多种理化反应中,酱的熟化具有极其浑厚复杂的混香气产生,色泽更鲜亮,口味也因之变得醇和鲜美,达到对菜肴加热初始阶段的生香起鲜作用。然而在长时加热的菜中,酱类受热特点与酱油一样,因此,熟制酱的使用亦似酱油,以保证其香气不被过多地挥发而失香,咸味不因过于浓缩而增强,色泽不因焦化而加深等等。

B. 复合酱的使用性能:运用黄酱、豆酱、豆瓣酱或豆豉为基础,加以其他一种或多种辅料,经混合熟制所产生的酱体,叫复合酱。复合酱品种非常丰富,应用也非常广泛。与其说它们是调味品,倒不如说更像是风味复杂可口的酱小菜了,例如虾酱、鱼酱、蟹酱、海鲜酱、芝麻酱、柱侯酱、麻辣豆酱、骨酱、牛肉辣酱、沙菜酱等等。目前大约已有近百个品种,并且还有猛烈发展的势头,这些酱均受乳化性质的控制。一些具有多种香配料的酱在脂、酱香中还混合着更多的芳香气味,一些用动、植物浸出物所配制的酱,其鲜味更为醇厚而复杂,因此大多数这类酱可直接参与对菜肴调味和汁兑卤,在长时加热菜肴中则应适当后期投入,以保证纯正的风味。例如,用沙酱焖鸡,如酱与鸡同时烧焖,倒不如在后 2/3 时间投下沙爹酱,这样,成品中的沙爹原汁香味与口味就会被最多量地得到保存。

③ 腐乳的使用性能　豆腐乳是以大豆为主要原料,经过磨碎、去渣、煮、点浆后榨成形再经发酵所形成的一种菜品。具有特殊的"腐乳"风味,将其适用到所制菜肴时,便成为"调味品"。豆腐乳发酵是利用丰富的酶系分解蛋白质、脂肪、淀粉并产生酒精、芳香酯类、乳酸和反丁烯二酸等,不同的品种配的酒料、甜味剂、红曲香辛料等也不同,经不同发酵期的发酵形成了特殊的色、香、味、形和细腻软柔的口感。腐乳的咸味来自于盐,酸味源自于乳酸、琥珀酸等,甜味则来自于淀粉酶的水解物和脂肪酶水解生成的甘油,鲜味来自于氨基酸和酸类物质的钠盐。另外,多种微生物细胞中的核酸被核酸酶水解生成核苷酸,具有很好的增鲜作用。豆腐乳的基本品种一般有 6 种,又以其为基础,像酱一样增添许多不同辅料,从而形成许许多多花色腐乳,如虾籽腐乳、火腿腐乳等等。

表 4-5 几种基本腐乳的比较

品 种	风 味 区 别	应用情况
小红方	具有特有香气，表红内黄，味咸鲜，质柔糯	炒、烩、炝、拌、烧中调味
小醉方	有酒香气，色淡黄，口味咸鲜，质柔糯	蘸料、炒、卤
青 方	面青色，臭香气，味咸鲜，质柔糯而肥	取卤腌拌、炒
小白方	色白略黄，乳香醇和，咸鲜、质柔滑	蘸 料
小糟方	糟香气，表面淡黄带光泽，附有酒酿瓣，咸鲜	拌、蘸料
小油方	有酒糖香气，淡黄而亮，咸鲜而甜，质柔糯	拌、蘸料

鉴于腐乳复杂呈味的成型特点和其所含成分的特质性。腐乳是一种被广泛使用的基本调味品，例如火锅蘸料、炒爆菜、烧烩菜、炝拌菜等，具有腐乳特征性风味是大众喜闻乐见的。其中的红腐乳使用最为广泛，红腐卤汁与腐卤块磨细构成稠黏状液体，被称为“南乳汁”，色红如丹霞，十分悦目。在加热中腐乳汁直接可参与兑汁，但不能经受长时间加热，否则口味尽失，在烧焖菜中，一般大多用红腐汁，少量也使用白腐乳汁。

④ 鱼露与氨基酸液使用性能

A. 鱼露又叫鱼酱油，胶东叫鱼汤，京族叫鲶汁，越南叫碌，是中国南方乃至东南亚地区被普遍使用的调味品。鱼露是采用低级杂鱼为原料，用盐腌制，经蛋白酶等酶类和耐盐细菌发酵半年到一年，使其蛋白质水解，然后晒炼熔化，再经反复过滤而成。一般过滤5次，得五个品级鱼露，鱼露含盐量较高，约21%～26%，最高可达35%，其味较咸，有水产特征香气，并有一定腥味。液体色泽橙黄或棕色，清澈透明，富含钙、碘、蛋白质、脂肪、矿物质以及十几种氨基酸。鱼露较咸，用量要少于酱油，适宜短时加热的菜肴。

B. 氨基酸液是将大量脱脂大豆用盐酸等水解后中和精制而成的。不加任何色素，色泽为自然淡黄色或无色透明，故又叫白酱油。其鲜味的浓郁远高于有色酱油，富含氨基酸，呈味核苷酸，但对热的承受性较差。广泛用于不喜酱色的菜肴中，尤宜凉拌、炒、爆、熘、烩等热制熟过程。在焖、煨、烧的过程，应在2/3以后时段投入。与鱼露、氨基酸液有相似性能的调味品还有很多，如虾油、蛏油、蚝油、美极鲜汁和菌油等，都不能经历长时间加热过程，否则在一定程度上使呈味与呈香性得到损害。

(2) 甜味基本调味品的一般性能

在烹饪工艺中使用的甜味基本调味品主要是食糖类、蜂蜜、甜味奶制品、甜味果酱类复合制品和一些功能性代糖甜味剂，如蛋白糖、糖醇等。

① 食糖的使用性能　一般来说，糖的甜度随浓度增加而增加，但各种糖的甜度提高程度不同，大多数糖的甜度随浓度增高程度比蔗糖大，尤以葡萄糖最明显。例如，葡萄糖浓度在8%时甜度是0.53，而35%就增高到0.88。葡萄糖在低浓度下其甜度低于蔗糖，两者浓度大于40%时甜度相近，果糖甜度随异构转化率的增高而增高，其60%和90%的果糖制品的甜度均高于蔗糖，应用葡萄糖与果糖代替蔗糖，其风味更为柔美或香美，这方面在现代菜点调味中已有许多创新的例子。

表 4-6 相等甜度的糖溶液用糖量 单位：g

果 糖	蔗 糖	葡萄糖	麦芽糖	乳 糖
—	2.0	3.2	—	6.0
4.5	5.0	7.2	14.0	13.1
8.7	10.0	12.7	21.0	20.7
12.8	15.0	17.2	27.5	27.8
16.7	20.0	21.8	34.2	33.3
—	25.0	27.5	—	—
—	30.0	31.5	—	—
—	40.0	40.0	—	—
—	50.0	50.0	—	—

在较低的温度范围内，大多数糖影响不明显，特别是对蔗糖与葡萄糖的影响很小。但果糖受温度影响十分明显，在不同浓度下，温度低于 40℃时，甜度比蔗糖大，在 0℃时，其甜度比蔗糖甜 1.4 倍，而在大于 50℃时其甜度反比蔗糖小，在 60℃时则是蔗糖的 4/5 倍。这是因为果糖环形异构的平衡体系受温度影响较大的缘故。

在溶解度方面，各种糖的溶解度不同。果糖溶解度最高，其次是蔗糖，再其次是葡萄糖，葡萄糖的溶解度在室温下约 50％，其溶解速度也慢于蔗糖，浓度过高则析出结晶，参与挂霜有一定的帮助，使挂霜的糖分更为细腻匀密，但需在挂霜翻拌后期加入。糖的稠黏性可以增加烧菜卤液的质厚感和稠黏度。而糖的易焦化特性具有不同受温阶段的风味特征，这决定了其在加热过程中先后投放的意义。例如，取其焦化香气或起色作用则需在加热初期投放，红烧肉就是一例；如取其稠黏性，则宜在中段投放，红烧鱼即是如此；如取其甜味则在加热后期投放也相适宜，像甜羹调味一样。

② 蜂蜜及其他复合甜味剂的使用性能　蜂蜜是菜点中除食糖外使用最多的天然甜味剂，其成分含葡萄糖 42％、果糖 35％、蔗糖 20％、蛋白质 0.3％、淀粉 108％、苹果酸 0.1％以及脂肪、酶、芳香物质、无机盐和多种纤维素，为白色或黄色透明、半透明液体胶状。天然蜂蜜清香怡人，香型因所采花蜜而不同。口感黏滑，舔味甘饴柔美。蜂蜜可直接食用，用作调味品是取其清香性特征和柔美平和的甜味以及爽和的口感和色泽，加之蜂蜜还含有多种维生素。蜂蜜在加热中调味品能短时受热，即可以参与兑汁一次性调味或只能在加热第三阶段尾声调味，否则上述特色将毫无意义。

复合甜味调料是一些能被用作为调料的甜果酱类制品，有甜味乳、蛋类制品。如炼乳、甜蛋黄酱、草莓酱、苹果酱等等。由于这些原料具有成型而稳定的味特征，一般用于冷调味，如需加热中调味则性能基本与蜂蜜相同。

目前一些功能性代糖甜味剂正被日益重视起来，在菜肴中使用既可达到甜味的效果，又可在多量菜点组合的筵席制品中达到减少糖量的保健效果，这些原料主要有蛋白糖、糖醇类等。

蛋白糖又叫氨基酸糖。目前商业上最常见的天冬酰苯丙氨酸甲酯（APM）是被国际公认的无毒食用甜味剂。按甜度分为 50、100、150、200 倍不同产品。此类甜味剂均为营养性非糖化合物，甜度优良，其强度与蔗糖接近，但对高温热稳定性不好，这就限制了它的使用范围——用于拌菜或尾声调味。

糖醇类甜味剂是用在健字号工业食品中的代糖品。主要有山梨糖醇、木糖醇、麦芽糖醇等，它们是将糖类的碳基还原而得的多元醇类，在现代富营养化饮食生活中，正日益被烹饪工艺界所关注。糖醇类都极易溶于水，黏稠性与保湿性较强，能使食品维持一定水分。糖醇类是糖尿病、心脏病病人理想的甜味剂，也是健康人预防食糖量过多的代甜品。由于糖醇类被人食用后吸收缓慢，具有低热或无热量，因此能有效地调节筵席食品的总含糖量，同时又能给人以与糖风味相近似的风味替代。糖醇在耐热性上优于蛋白糖，相信不久将会被广泛地运用到烹饪工艺各种制品与调味品之中，从而实现烹饪工艺中食糖依赖的突破，开辟食糖与糖醇混合使用的新路子。

(3) 酸味基本调味剂的一般性能

酸味调味剂主要是食醋类和一些天然浸出物酸味剂，如菠萝汁、柠檬汁、草莓酱、番茄酱等等。

这里以醋为例，谈谈食醋的使用性能。食醋以醋酸为主，占总酸 90%左右的多种有机酸是食醋的重要组成。有机酸的种类和含量的不同决定了不同的醋风味和特色酸味。与其他酸味剂的根本不同在于食醋中有丰富的香气，香气的成分包括酯、醇、醛、酸、酚和双乙酰等，实际上食醋是以酸为主的复合调味料。其品种因原料与发酵方法的不同而有许多，主要有粮食、米醋、高粱醋、麦芽醋、糟醋等，水果醋有苹果醋、葡萄醋等；配制醋有白醋、复合醋等，食醋成分十分复杂。

在中国谷物醋中，含挥发性酸较高，约占 70%～80%，而国外水果醋则含挥发性酸较少，有乳酸以及苹果酸、葡萄糖酸、琥珀醋、柠檬酸等，占总酸的 10%左右。含挥发性酸高的特点在受热中有冲鼻刺激性挥发影响，其色、香、味都会受到很大影响，含挥发性酸小的则受热稳定，酸味柔和。

食醋的色泽主要来源于美拉德反应生成的类黑素、红曲红色素，但熏醋色泽生成是醋加入淋醋缸中增色而成，有黑褐色，微带红，有光泽，味有点焦苦，在加热中挥发性酸味虽少，但色泽会加深。鉴于上述种种特征，在加热中调味时，对醋的使用尤其要谨慎。传统上有"临起锅洒醋"之说，然而醋酸具有一定的腐蚀作用，在加热中调入会加快肉类原料的酥烂程度，尤其对带骨类原料的"肉烂骨酥"提供一定的帮助，因此形成了加热中用醋的种种方法。现归纳出三种不同的作用：

① 底醋法：即先将醋一、二滴置于盘中，再盛菜于其上，取其去腥味提菜香的作用。此法运用于一类白炒菜肴，如白炒鱼片、蝴蝶片之类。

② 响醋法：即在加热接近尾声时，将几滴香醋快速烹在锅边，在响声中骤然汽化，翻锅将香气压入菜中，由于其声响，故叫响醋。取其香气，不取其味或少取其味。此法也是适应在一类旺火速成红炒、烧、扒之类菜肴中使用。

③ 暗醋法：将醋直接在加热早、中期投入锅中，取其味、香、色以及提高肉烂骨酥效果，例如糖醋酥鱼、扒烧猪头等等。

其他酸味调味品均因挥发性与耐热性差而只能采用加热尾声阶段拌入之法。

(4) 一般增鲜剂的基本使用性能

增鲜剂的品种很多，因提取物而不同，有味精、鸡精、高汤精、文蛤精、蘑菇精等，但最主要的是味精。目前常用的有谷氨酸钠、苷酸钠、琥珀酸钠等等，统称为味精，主要使用的是谷氨酸钠，其他则需混合使用或不适宜在烹饪工艺加热中使用。谷氨酸钠是谷氨酸的一钠盐，有D型与L型两种，天然产物为D型与L型者无味，L型谷氨酸钠给予食品的鲜味可使咸味平和，增强风味，可使酸味缓和，甜味复杂，苦味减弱。与肌苷酸钠、苷酸钠等具有鲜味的核苷酸之间在味觉上产生相乘效果。对味精使用效果的大小与其溶液中的离解度用量有着十分重要的关系。一般来说，凉拌菜直接加入粉粒状味精，其效果不够显著，这是因为谷氨酸钠在常温凉水之中不能被充分溶解，其最佳溶解温度在50～70℃之间，因此拌凉菜时需先将味精溶解成溶液后再使用。

谷氨酸钠不易溶解于食醋，20℃以下于醋pH 208时，其溶解度限量则是0.8%，超过限量则谷氨沉淀为无关的物质，pH升高，原来风味被破坏。味精在pH值条件下，溶解度降低。在一般情况下，谷氨酸钠在加热环境中还是稳定的，但在强酸和强碱性条件下或长时间加热则会出现一些被破坏性作用，如外消旋化、吡咯烷酮化、褐变等等，明显影响了谷氨酸钠的显鲜效果，甚至产生一些有毒物质而有损于人体健康。因此在调入味精时，一个中性、中温、短时性环境是相适宜的。对谷氨酸钠的使用量以其含盐量的高低为度，此外，菜点口味性质与原料质量也相当重要，例如麻辣、甜酸的浓、重口味者不用或少用味精，而咸鲜、咸甜的清淡口味者则应稍多使用。一般来看，目前味精含盐量因品种不同而不同，其纯度有0%、99%、95%、80%、70%、60%等等。含盐量高则鲜味度低，其用量也高，以500 g蔬菜中的10%含盐量味精为例，最大使用量在1%左右，否则过多的味精投入会产生近似涩味的不良口感。

(5) 辣味基本调味品的一般使用性能

辛辣类调味品一般都以味、嗅并重，主要取用明显口味特征的辣椒、花椒、胡椒为代表，其香的特性待后再述，这里主要讨论其呈辣使用性能。

① 辣椒类调味品的一般性能　辣椒类调味品含干、鲜辣椒、辣椒油、泡辣椒、糟辣椒、鲜辣椒复合材料等。成熟的辣椒有特别丰富的维生素C，为100 g/110～160 mg，居蔬菜之首，鲜椒通常不能经长时或高温加热，易使其变色变味而失美。能经受并能在高油温中保持原味和产生香味的是干红椒系制品，如干椒节、椒油等，其辣味主要成分是一类辣椒素，而鲜艳的红色则主要来源于辣椒红素和辣椒玉红素等类胡萝卜素。通常类辣椒素、辣椒红素和辣椒玉红素等类胡萝卜素为油溶性，不溶于冷水，微溶于热水，而在130℃食用脂中溶解性最好。因此熬炼辣油时，将干椒破碎浸湿并保持120～130℃油温缓慢浸溶，适量添加黄酒能助色，盐则对红色与辣味的充分浸出具有帮助。由于辣椒辣味的耐热特性，在加热中对菜品调味的时段与温度没有严格的规定。但应注意的是，如取其香气应在加热的初期煸炸，其他则应视主味调入再予加入，这是辣味对其他味觉具有强烈遮蔽性所至。

② 其他辣味调味品性能　生姜的辣味物质为生姜酮、姜希酮、二氢姜酚等，能溶于水，并在加热中因水分的浓缩而愈辣，不会因长时受热而失效，一般除重姜味菜品，如姜丝肉、姜醋鱼片等，大多数不具明显的穿透性辣味，而是取其芳香气味和淡淡的姜辣。实验证明，因其具有较强的抗氧化性能，可阻断亚硝氨在菜品加热中的合成，这对一些使用硝酸盐的菜品具有特别重要的现实意义。在加热中一般需将之早早地下锅，有利于这些性能的充分发挥。生姜的深加工系列调味品有生姜粉、酒等。

实际上花椒更侧重在芳香气味方面的性能，而口味则更具嗜好性，花椒系调味品，包括整粒鲜花椒、花椒酒、花椒面、花椒油等。花椒辛麻持久，耐热性好，与生姜一样香气来自于芳香精油成分,挥发性强,也具有一定的抗氧化性能。在应用方面,如取其味与抗氧化性能方面,一般在加热前期投下,使之发挥充分作用;如取纯芳香作用,使用其深加工化系列产品,则应在临起锅时段投入效果最佳。

胡椒中辣味成分的胡椒碱、胡椒林碱等各种酰胺类化合物基本溶于水,并且不会因加热而受太多影响,除了在盛菜时整粒使用外,大多使用其粉制品。有连果外皮的黑胡椒粉与去皮的白胡椒粉,前者芳香强于后者,而后者辣味强于前者。由于均含有一定量的香精油成分,极易挥发,因此,一般使用在临起锅时段。在菜点制品中,重胡椒之辣者少于辣椒,而大多重其芳香,轻其辣味。这在很大程度上也决定了胡椒的使用方法。

综上各基本调味品的使用性能,构成了加热中调味丰富复杂的多样化基础。我们应充分考量各种菜品主、辅原料本质上的调味性,才能更为科学地对各种调味品加以应用。同时,在一种调味品中所反映的不同方面性能,也是我们应充分加以利用的。

3. 补充调味与补充调味品

当菜品被加热成熟后,再进行调味。这种调味的性质是对主味不足的补充或谓之追加调味。例如,在炸好装盘的牛排上涂的沙司或蒸熟的鱼上浇上豉油鸡汁等等。依据不同菜品的性质特征,在炝、拌、煎、炸、蒸、烤以及白焯等制熟方法中,对菜品不能或不能完整调味者需要加热后补充调味,以实现调味的完美,一般有如下方法:

(1) 和汁淋拌法　将已成熟菜卤入碗中,补充调入所需调味品制成味汁,再重新浇淋在菜肴之上,保持原汁原味清鲜爽利的风味。一般清蒸菜肴和炝拌菜肴多适宜此法。

(2) 调酱涂抹法　将菜品经炸、煎、烤熟再涂抹上预先调成似酱状的调味品。如南乳酱等等。尤宜有块面结构的干爽的炸、煎、烤菜。

(3) 干粉撒拌法　将所需干性粉粒状调味品撒在已经加热制熟后的菜料上,或再经拌匀入味。例如花椒盐、糖粉以及一些混合调味粉粒调料,此法突出成菜干、香、酥、脆和外脆里嫩的爽朗风格。

(4) 跟碟上席法　即将所用调味品装上味碟随菜上席。跟碟应用性最为广泛,所能使用的调味品也极其多样,有一味一碟或多味一碟、多味多碟等形式,既灵活多变,也可随客自调。常用的几乎包括液体、固体、半固体调味料和单一味、复合味等全部范畴。

一般来讲,用于补充调味的大多是具有突出风味特征的预制复合调味品,品种繁多,兹介绍一些常用的复合调味品种制作如下:

【例 4-1-8】 海鲜豉油汁(淋汁)

配方:生抽王 650 g,鲮鱼骨 500 g,芫荽 100 g,鲜味王 50 g,文蛤精 50 g,白砂糖 60 g,白胡椒粉 12 g。

制作:用 1 500 g 清水将鲮鱼骨烧沸去浮沫,加入芫荽,改小火煮 20 分钟出锅过滤得约 1 200 g 汤汁,再加入生抽、味精、白糖、白胡椒粉、文蛤精和匀即成。

【例 4-1-9】 五酱奇香汁(蘸食味酱)

配方:桂候酱 125 g,叉烧酱 110 g,南乳汁 120 g,磨豉酱 75 g,酸梅酱 40 g,露九 35 g,姜葱汁 25 g,美美椒 20 g,美美蒜 10 g,酒酿汁 30 g,白糖 100 g,味精 50 g,芝麻油 25 g,植物油 150 g,鲜汤 350 g,香精 75 g。

制作:将磨豉酱与桂候酱加油炒出酱香,再将其余配料一起下锅炒匀成薄糊状即可。

【例 4-1-10】 香辣沙律汁(蘸食味酱)

配方:卡夫奇妙酱 10 g,孜然粉 2 g,吉士粉 3 g,鲜美香粉 1 g,香辣粉 2 g,辣酱油 5 g,三花奶粉 10 g,精盐 3 g,鸡精 4 g,白糖 5 g,葱姜汁 6 g,植物油 7 g。

制作:将植物油烧热,下各料烧沸调和即可。

【例 4-1-11】 鱼虾红酱汁(蘸食味酱)

配料:鸡蛋黄 3 只,芫荽子粉 5 g,番茄沙司 15 g,芝麻酱 10 g,日本绿芥末酱 18 g,白醋 25 g,白胡椒粉 2 g,文蛤精 7 g,美美椒 2 g,精盐 1.5 g,佛手、味精各 6 g,蜂蜜 8 g,豉油皇汁 35 g,酱汁酒 10 g。

制作:用白醋将芥末酱调匀;用豉油皇汁将芝麻酱调匀;用蜂蜜、姜汁酒将鸡蛋黄调匀,最后将一切配料调匀成细腻滋润的流体膏脂状即成。

【例 4-1-12】 金钩四喜酱(涂抹味酱)

配方:虾米 50 g,海鲜酱 75 g,桂候酱 60 g,花生酱 50 g,芝麻酱 40 g,阳江豆豉 65 g,干姜粉 5 g,玫瑰露酒 15 g,白糖 45 g,叉烧粒 45 g,肥肉粒 30 g,青椒粒 25 g,各笋粒 35 g,植物油 85 g,美美椒 3 g,文蛤精 10 g,蒜茸 12 g,黄酒 25 g,鲜汤 200 g。

制作:用黄酒将虾米浸软并切碎;将豆豉剁成末,起小油锅将虾米、豆豉和蒜茸煸香豆松散,再加入叉烧粒等四种粒料炒匀,下海鲜酱等四种酱料炒香,最后加其余配料炒匀成黏稠状即可。

【例 4-1-13】 XO 鲜酱(涂抹味酱)

配方:水发干贝 500 g,咸鱼其于勒鱼或咸比目鱼粉 450 g,瘦熟火腿肉粒 1 000 g,水发虾米 400 g,泡红辣椒、干红辣椒末各 75 g,大蒜茸 750 g,熟蛤蜊肉 350 g,虾子 50 g,姜末25 g,干葱 50 g,鸡精 100 g,味精 30 g,白糖 200 g,芝麻油 25 g,白胡椒粉 40 g,植物油 100 g。

制法:将干贝撕碎、虾米剁碎、蛤蜊肉切碎,入锅,500 g 油、姜末、蒜泥、虾子煸香。再加 250 g 油与干椒、泡椒末煸至红油渗出,再逐渐加油投入干贝丝、虾米与蛤蜊肉粒,逐步煸至水分蒸发见干,再投入咸鱼粒、火腿粒炒匀,最后将鸡精、味精、白糖、白胡椒、芝麻油等投入炒拌均匀,至鱼粒表面淡黄略起硬皮即可盛入容器,用油封面储藏待用。此酱适宜于炒烩菜,如 XO 酱炒鸡末,XO 酱烩仔骨等,如用做蘸料或涂抹味酱,可适量用桂候酱或甜面酱与之炒透即可。

【例 4-1-14】 烤鸡酱(涂抹味酱)

配方:蒸发开洋 50 g,陈皮末 25 g,甜面酱 500 g,冰花梅酱 25 g,冰糖粉 50 g,大红浙醋 25 g,葱油 150 g,味精 5 g,芝麻油 25 g,黄油 50 g。

制法:将开洋切成细粒与陈皮末一道下锅,加葱油加热煸香,下甜面酱炒散起香,再投入黄油、冰花梅酱与冰糖粉炒匀,最后投入味精、大红浙醋炒匀,下芝麻油拌匀即可。

【例 4-1-15】 干煎虾汁(蘸食味汁)

配方:鲜番茄汁 250 g,OK 汁 20 g,片糖 60 g,精盐 8 g,味精 10 g,牛柳汁240 g。

制作:将番茄汁、OK 汁、纯糖加热至沸,调入牛柳汁、味精、精盐搅拌即成。

【例 4-1-16】 香红糟汁(蘸食味汁)

配方:福建红米糟 250 g,浙醋 125 g,冰糖 90 g,玫瑰露酒 2 g,绍酒 45 g,香槟酒 60 g,味精 5 g,精盐 3 g,清水 200 g,橙肉粒 50 g,淀粉适量,调和酒适量。

制作:将水烧沸,下冰糖与米糟煮溶,过滤去渣,加入其他配料调溶勾米汤芡,用调和油保光即可。

【例 4-1-17】 京都骨汁(蘸食味汁)

配方:球葱 50 g,胡萝卜 60 g,鲜番茄 250 g,浙醋 300 g,白糖 350 g,OK 汁 25 g,美极酱油 50 g,精盐 10 g,急汁 50 g,西柠鲜汁 50 g,淀粉适量,调和油适量。

制作:将球葱、胡萝卜、番茄均匀切碎加清水煮烂出锅过滤去渣,加入其他调料调溶,勾米汤芡,加油保光即可。

【例 4-1-18】 葱椒梅汁(淋拌味汁)

配方:台湾梅 10 只,鲜汤 750 g,香葱白丝 20 g,嫩姜丝 8 g,香葱叶丝 5 g,白胡椒粉 5 g,鲜辣粉 2 g,精盐 3 g,鸡精、味精各 2 g。

制作:用鲜汤将梅煮出味,再调入其他各料即可。

【例 4-1-19】 酸辣香汁(淋拌味汁)

配方:番茄沙司 100 g,绿芥末酱 15 g,竹叶青酒 25 g,鲜辣粉 1.5 g,辣椒粉 1.5 g,吉士粉 2 g,生抽王 25 g,精盐 1 g,白糖 8 g,鸡精 4 g,味精 3 g,葱姜汁 10 g,鲜汤 20 g,植物油25 g。

制作:用油将葱姜汁、番茄沙司、辣椒粉次第煸出红油,再加生抽王、鲜汤等配料调匀,起锅拌入芥末酱与竹叶青酒即可。

【例 4-1-20】 虾油糟汁(淋拌味汁)

配方:虾油卤 7 g,鱼露 5 g,香糟卤 8 g,生抽 10 g,葱白粒 3 g,姜末香粉 0.5 g,上汤 125 g,绵白糖 5 g,精制油 20 g,花椒油 25 g。

制作:将姜、葱末煸香,下绍酒、上汤,再投入其他配料烧沸,稍晾,最后拌入香糟卤与花椒油即成。

【例 4-1-21】 沙爹酱汁(蘸食味酱)

配方:沙爹酱 2 400 g,花生酱 600 g,南乳 150 g,番茄酱 40 g,碎虾米 75 g,葱、蒜茸各 56 g,干葱 25 g,干红椒末 4 g,五香粉 20 g,白糖 260 g,鸡精 50 g,生油 260 g,生抽 75 g。

制作:先将葱蒜煸香,加 500 g 水,下糖溶解,将花生酱调散与沙爹酱一同入锅调匀,再加入其他配料下锅调成薄酱即可。

【例 4-1-22】 港式黑椒酱(涂抹味酱,亦可用于炒、煲菜味汁)

配方:洋葱粉 15 g,西芹末 110 g,蒜末 40 g,黑椒末 150 g,番茄汁 130 g,OK 汁 75 g,蚝油 56 g,生油 110 g,细盐适量,白砂糖 150 g,味精 20 g,鸡精 12 g,鲜汤 450 g。

制作:将蒜、西芹、黑椒、洋葱粉等先煸香,再加入鲜汤及其余配料,熟至稠黏状薄酱即可。

【例 4-1-23】 广式黑椒酱(涂抹味酱,兼可炒)

配料:洋葱末 60 g,干葱头 75 g,姜末 50 g,大蒜茸 70 g,鲜红椒 50 g,芫荽子 5 g,香叶 6 片,香茅 40 g,黑胡椒 125 g,番茄酱 75 g,精盐 50 g,白糖 45 g,味精 60 g,宴会酱油 150 g,鸡精 40 g,鲜牛骨 1 250 g,鲜鸡骨 1 000 g,面粉 250 g,植物油 400 g,清水 7 000 g。

制作:将鸡骨敲碎烤至金黄,放入清汤煮 3～4 小时。将黑胡椒炒脆碾碎;用 250 g 油炒面粉炒香成油面;将香茅、香叶、芫荽子皆碾碎,用 150 g 油将洋葱末与姜、蒜、红椒粒与干葱头煸干起香,加入番茄酱炒出红油,与上述香料粉一同投入牛骨汤煮 1 小时。将牛、鸡骨滤出,投黑胡椒、精盐、白糖、味精、油面、鸡精及宴会酱油煮 15 分钟即成得 5 000 g 汤汁。用于味碟可提部分原汁加适量淀粉勾流芡即可。

【例 4-1-24】 陈芹汁(淋拌味汁)

配方:陈皮末 300 g,洋葱末 180 g,药芹粒 350 g,白糖 75 g,细盐 35 g,鸡精 70 g,白胡椒粉 50 g,西红柿茸 350 g,鲜汤 1 000 g,调和油 150 g。

制作:下油、糖将西红柿茸煸出红油,再下三末煸香,下鲜汤和匀,调入其他配料即可。

【例 4-1-25】 香酱汁(蘸食味汁)

配料:芝麻酱、花生酱各 10 g,鸡精 4 g,鼎丰牌宴会酱油 25 g,番茄沙司 15 g,白糖 8 g,芝麻油 5 g,味美思红酒 10 g,上汤 12 g,白胡椒粉 2 g,淀粉适量。

制作:将上述各料调和加热见沸,用奶粉加水勾薄芡、芝麻油批光即可。

【例 4-1-26】 香橙汁(浇淋味汁)

配方:鲜橙 25 只取汁,西柠 2 只取汁,屈臣氏橙蜜 1 支,七喜汽水 750 g,吉士粉 5 g,白砂糖 320 g,精盐 25 g,味精 40 g,白脱油 50 g,清水 100 g。

制作:将清水加热至沸,下糖及白脱油熔化,将各料一同加入混合均匀即可。

【例 4-1-27】 茶末酱(蘸食味酱)

配料:清水 150 g,红(或绿)茶细末 15 g,白酱油 10 g,白糖 25 g,精盐 1 g,味精 2 g,鸡精 2 g,柠汁 15 g,蜂蜜 5 g,淀粉、调和油适量。

制作:将水烧沸,下各种调料和匀,勾流芡,起锅,稍凉拌入茶末与调和油即可。

【例 4-1-28】 香槟汁(浇淋味汁)

配料:卡夫奇妙酱 500 g,雪碧 160 g,柠檬原汁 20 g,香槟酒 30 g,精盐 2 g,炼乳 20 g,鸡精 15 g。

制法:用雪碧将奇妙酱调成浆状,再和入白糖等,最后拌入炼乳、柠檬原汁与香槟酒即成。

【例 4-1-29】 沙律酱(蘸食味酱)

配方:鸡蛋黄 2 只,绵白糖 45 g,色拉油 400 g,精盐粉 16 g,芥末粉 4.5 g,鲜柠汁 50 g,白醋 18 g,柠檬油 3 g,淡奶 100 g,白胡椒粉 2 g,鸡精 8 g。

制作:将蛋黄、绵白糖、芥末粉调成浆糊状,加入色拉油,边加边搅拌至膏脂状,再逐一加入淡奶、鸡精、白醋、柠汁、油、盐与胡椒粉等成薄膏状即成。

【例 4-1-30】 鲜皇汁(淋拌味汁)

配方:虾油卤 75 g,急汁 110 g,生抽 130 g,鱼露 60 g,绍酒 40 g,芝麻油 20 g,鲜汤 90 g,葱、姜、蒜细丝(或末)各 35 g,泡椒丝 20 g,精盐适量,黑胡椒粉、味精各少许,香菜末 15 g。

制作:将所用调料配置在容器中和匀即可。

【例 4-1-31】 姜萝汁(蘸食味汁)

配方:嫩姜细丝 150 g,菠萝原汁 500 g,醋精 1.5 g,白糖 150 g,精盐 5 g,红椒油 50 g,鲜红椒细丝 5 g,鸡精 5 g,味精 2 g,色用黄色素微量。

制作:将嫩姜丝泡入菠萝汁中出味,加其他配料调和即可。

【例 4-1-32】 沙咖酱(蘸食味酱)

配方:沙茶酱 185 g,海鲜酱 150 g,油咖喱 175 g,花生酱 75 g,急汁 110 g,蒜泥 110 g,洋葱末 75 g,精盐 20 g,鸡精 10 g,红椒油 100 g,白糖 25 g,植物油 110 g,鲜汤 1 200 g。

制作:将蒜泥、洋葱末用植物油煸香,下红油与沙茶酱、油咖喱与海鲜酱煸散起香。花生酱用 200 g 鲜汤调开下锅见沸,将其余各料投下调匀熬稠成薄酱即可。

以上是当前流行在市面酒店中的一部分复杂型补充调味品种，这类精心预制的复合味汁（酱）一般属广谱性，既可用于补充调味，亦可用于加热中兑汁调味，适用于炒、爆、熘、烩等法。值得注意的是，当这类调料作为"兑汁"在烧、焖等加热方法中使用时，其食料则必须经过一定程序的预热处理，以达到缩短菜肴成品加热时间，防止调味品有过多的耗变。

除了以上品种用于补充调味，还有许多基本调味品，如盐、糖、酱油、醋、酱类、鲜味剂、腐乳、辛辣品、香料油等等，都可以直接用于补充调味，一些经过简单加工的复合调味品也是具有鲜明的补充调味特征。兹介绍如下：

① 花椒盐：将花椒与精盐按 1∶5 比例配量，炒起香，碾成末再拌入适量味精即可。用于蘸或拌食。

② 葱椒盐：以花椒盐为基础，将相等量的葱（或更多）切成茸与之拌匀。用于拌食。

③ 五香盐：将大茴 125 g，小茴 125 g，丁香 75 g，桂皮 100 g，花椒 75 g，分别炒香碾碎、拌和，再加适量盐与味精拌和。用法同上。

④ 咖辣盐：将红干椒过油至脆粉碎成末，与咖喱粉按 5∶1 配量拌匀，再加盐与味精拌匀。用法同上。

⑤ 辣麻盐：又叫四合粉。将干辣粉、孜然粉、花椒粉与甘草粉按 2∶0.5∶1∶0.5 配量加精盐，炒香，冷却后加入适量味精。用法同上。

⑥ 玫瑰糖：500 g 绵白糖，用适量食用红色素拌至玫瑰红色，加食用香精 0.1 g，食盐2 g 拌匀。用于蘸食或洒拌、滚沾等。其他彩色糖粉皆如此法。

⑦ 姜汁醋：500 g 香醋＋25 g 生姜汁＋50 g 白糖和匀。用于味碟。

⑧ 蘸料酱油：豆抽 500 g＋虾籽 25 g＋姜片 15 g＋葱 20 g 与大茴 10 g 煮开，调入白糖 25 g、味精 5 g。用于蘸食。

⑨ 肉末辣酱：100 g 肉末（鸡、猪、牛皆可）煸至干香，下 500 g 细黄酱、200 g 芝麻油炒起黏出香，加适量水、糖与 100 g 干红椒末继续至稠黏，加入适量味精即可用于涂抹或蘸食。

⑩ 椒麻汁：葱椒盐 20 g，酱油 10 g，芝麻油 10 g，肉汤 10 g 混合。用于味碟蘸食。

⑪ 金葱酱：甜面酱 500 g＋白糖 100 g，用 200 g 菜油炒香，加芝麻油、味精与金葱末 150 g 拌匀。用于蘸食。

⑫ 各种调味油卤：例如沙姜油卤、100 g 调和油加 25 g 沙姜粉、3 g 盐、3 g 味精与 25 g 鲜汤调匀。用于蘸食。其他如花生油卤、芝麻油类、蒜茸油卤、桂花油卤、姜黄油卤等皆如此法。

⑬ 各种混合酱：即由 2～3 味酱或类酱体组合的补充调味料，即双酱与三合酱。

A. 双酱：由两种具有对比或和谐性质的酱品结合，品种十分丰富。

(A_1)麻辣鲜酱＋番茄酱	(A_2)海鲜酱＋桂候酱
(A_3)甜面酱＋山楂酱	(A_4)番茄酱＋苹果酱
(A_5)豆瓣酱＋蛤蜊酱	(A_6)卡夫奇妙酱＋番茄酱
(A_7)沙茶酱＋花生酱	(A_8)辣酱＋虾酱

以上仅是双酱配合的一部分，双酱一般为 1∶1 的比例，需用油炒起香，并需适量添加糖、醋、味精和姜、葱、蒜茸小料（卡夫酱例外）。

B. 三酱：由三种酱结合，应注意的是三酱并不是盲目相加，而应是具有明确互补特性的，因此，所用酱料也较谨慎。在现代各地流行菜式中现成的案例也较双酱为少。

(B_1)麻辣鲜酱＋海鲜酱＋番茄酱

(B_2)海鲜酱+桂候酱+花生酱

(B_3)排骨酱+豆瓣酱+芝麻辣酱

(B_4)磨豉酱+南乳+虾酱

(B_5)甜面酱+果酱+芝麻酱

另外,用于补充调味的还有许多味汁、天然果汁和浸出物等,因限于篇幅而不再多叙。

第二节 调香工艺

引导案例

调香是初学者的又一个难点,当一只名菜呈现在我们面前时,前者不知道怎样调香,后者不知道怎样评香都是悲哀的。在许多情况下,由于香气不足或者不对,从而损害了食品质量。在一些大酒店里,餐厅里的供应品普遍存在一种"宾馆气",千篇一律,引不起人们的食欲,主要的原因不在口味而是在气味方面没有得到特征性凝练。在一些饭店里,厨师缺乏对菜点应有香气的认识,因此常出现以下几个问题:①本质气味的缺失;②调香无章法;③不识调香品;④用香错乱等等。

分析:确实,调香是一个复杂问题,除了少数的烹调大师、调酒大师和制茶大师外,大多数人还处于朦胧状态,这是以往的烹调教育所疏忽的,但却又是极其重要的客观存在现象。香气是菜点本质风味最诱人之处,它在味觉之前并一直伴随进食的全过程。醇正的香气是优质菜点具有最佳附加值的表现之一,然而,要做到这一点并不容易,甚至比调味更难,首先要了解气味作用于嗅觉的一般特性。

一、嗅觉的生物与化学特性

构成嗅感器的嗅细胞存在于鼻腔上端的嗅黏膜中。嗅黏膜是人的鼻腔前庭部分的一块嗅感上区。许多嗅细胞和其周围的支持细胞,分泌粒在上面密集排列形成嗅黏膜。由嗅纤毛、嗅小胞、细胞树突和嗅细胞体等组成的嗅细胞是嗅觉器官。人类鼻腔每侧约有2 000万个嗅细胞。当挥发性气流进入鼻腔时,其嗅感物质先溶于嗅黏液中,与嗅纤毛相遇而被吸附在嗅细胞上,使表面部分电荷得到改变,产生电流,使神经末端接受刺激而兴奋,转换成电信号传达到大脑嗅区,从而产生了嗅感。

据化学学说观点看,嗅感物质分子结构中的一些功能团决定了其嗅感特征,这样的功能团叫嗅感基因,其组成相当复杂,有A脂肪烃含氮衍生物、B芳香族化合物、C含氮化合物、D含硫化合物等等。

二、烹饪的食品气味分类

呈嗅的气味物质极其多样,有研究资料的初步估计约有40万种,并且嗅觉千差万别,很不明确。

在烹饪工艺中,对食品香气类型的分类则受Rimmel分类模式影响较大,采用其依据天然香料特征归纳为18种自然类型的方法,将食品气味分为植物性、动物性、焙烤性和发酵性等4大香臭气味类型。

(1) 烹饪的植物性香气　此类香气主要指蔬菜类、水果类和菌类香气，以及植物性食用香料的香气等。

蔬菜类香气成分主要是一些硫化合物。目前利用提取的风味酶可以用来再生，强化以至改变食物的香气。例如用洋葱中的风味酶处理干制的甘蓝，得到的是洋葱的香气味。

水果中的香气成分主要有有机酸、脂和萜类化合物，近来由于分析手段的进步，对水果的香气成分得到了许多新的分析资料。例如在草莓的香气中分离出150种以上的成分；葡萄香气中分离出78种成分等等。

蕈香的成分已经鉴定的不下20种，最著名的是香菇精和鲜口蘑中的辛烯-[1]-醇。

植物性香气还来源于一些药材，如豆蔻、小茴香、花椒、肉桂、丁香、草果、砂仁、藏红花、玉桂、八角、甘草、陈皮、白芷、薄荷、高良姜、山柰、紫苏、檀香、罗汉果、芫荽子、月桂叶、红豆蔻、草蔻、肉蔻、黄枝子、姜黄、荜拍、广木香、白扣、辛夷、孜然、苦杏仁、香荚兰、莳萝、胡卢巴等等。辛辣料如葱、球葱、姜、蒜、胡椒、芥子、辣椒，也是调香的重要原料，与药料合称为香辛料，其香味物质十分复杂，改善食物气味的功能明显。另外因作为香料的还有一些芳香新鲜的花、叶、草之类。如香茅草、留兰草、香芹、桉叶、鼠尾草、千里香、干牛至、白菊花、玫瑰、梅花、珠兰、茉莉、茶叶、荷叶、竹叶、莲花、松针等等。

在烹饪工艺中，无论是一般蔬菜、水果、坚果、菌类，还是香辛专用料和花、草、叶等，只要具有鲜明独特醇浓香气风味者，都可以作用为“香料”，对所制菜点原有气味进行改良。这一原理，同样也适用于调香工艺的其他方面，例如对动物性香气、焙烤性香气和发酵性香气物质的“香料”性使用。

(2) 烹饪的动物性香气　动物性香气主要是指畜、禽肉类与鱼类，以及虾类、贝类浸出物的挥发成分，以含硫化合物为最重要。此外，乳香气也正在中餐中被日益地重视起来。

牛肉浸出物的香气成分有氮、硫化氢、丙酮、乙醛、丁二酮、甲酸、丙酸和丁酸等，而构成特征香气的成分是呋喃酮。猪肉与牛肉的香气成分相似，但二者脂肪部位的香气却不同。两种脂肪加热后生成的不同羰基化合物构成了牛肉、猪肉各自香气的主体，将瘦猪肉与牛肉分别煮沸时，二者低沸点挥发成分的性质与量都不同。羊肉的水提取部分与牛、猪基本香气相同，但脂肪部分加热后则产生羊肉特有香气，其热生成物质以羰基化合物为主，另外还有单羰基化合物中C_2—C_{10}饱和醛类、C_2—C_{10}的2-链烷酮及2-甲基环戊酮等。实际上，畜肉在生时并没有多少香味，甚至还存在腥、膻等臭气成分，只有经加热后才能产生香气，并因加热方法而不同，在这方面风味化学领域已有了许多研究。

生的水产品往往会有一种令人不快的臭气，被称之为腥气，其主要成分是三甲基胺。存放久的水产品三甲基胺会大量产生，这是氧化三甲胺还原生成的，特别是海产品臭的主要成分。鱼贝类经加热后，浸出物中挥发性物质与含氮成分密切相关，鱼类为1%～5%，软体动物7%～10%，甲壳类10%～12%。含氮浸出物成分中主要为氨基酸类。其呈香性弱于畜肉，也弱于自身的呈味性。

禽肉浸出物就十分复杂，以鸡为代表，其挥发性呈香成分因不同部位，即肉、骨、皮、脂之间有较大差异。一般来讲，鸡汤的特征主要是由挥发性香味成分所形成，由含氮化合物、含硫化合物、羰基化合物所构成。含硫化合物是形成肉香味的成分，羰基化合物是形成鸡的特有香味成分。因此，鸡香气与畜肉香气相似。用气相色谱法分析鸡肉的香味成分，检验出 227 种成分，用同样方法检测出牛肉香气成分大约有 300 种以上。

利用畜肉与鸡肉浸出物呈香特点，对缺失香鲜味的原料，如干制品、豆制品、面筋制品、人工蛋白质制品等和一些蔬菜如白菜、青菜、萝卜等，进行风味性调理，以弥补或增强其动物性原料的香气风味，这是中国烹饪工艺的调香调味的优良传统，运用这种方法会令一般的饭菜也能在营养与整体香鲜风味方面产生柔和而协调的宜人风味。

乳香气成分主要是挥发性有机酸、羰基化合物、酯类和碳化物。乳中含柠檬酸 0.07%～0.4%，对奶油的芳香味形成很有意义。乳品中的酮类化合物主要有 C_3—C_{15} 的 3-庚酮、丁 2 酮、3-羟基丁酮等。其中 C_3—C_9 的甲基酮和丁二酮是加热奶的香气的关键。仅 1×10^{-6}时就会显现奶油芳香。另外，乳中的二甲碳醚、内酯化合物以及直链饱和醇、糖醇、糠醛、苯酚、甲醛、麦芽酚和香兰素等化合物对乳制品整体芳香气味具有重要作用。乳品由于芳香的独特性，正日益成为中式菜点中一种重要的“调香品”。

(3) 食物的焙烤香气　即食物原料在非水性加热，如煸、炸、煎、烤及其他干性加热方法中所产生的香气，而以烤和油炸油煎所产生的香味为典型。据分析数据表明，烘烤面包的过程中会产生 70 种以上的羰化物，其中异丁醛、丁二铜等面包香气的影响很大。在炒花生、瓜子、桃仁、芝麻、栗子等干果中，香气与吡嗪化合物和含碳化合物有很大关系。食物在焙烤时发生的一些非酶反应是形成其特征香味风味的原因。在油炸食品中，各种羰化合物是其气味的重要组分。香气成分还包括高温生成的吡嗪类与酯类化合物。在炸和烤中所形成的食品风味有研究认为，食物在高温条件下，其脂类的不同降解与糖类的不同焦化反应具有重大意义。在烹饪工艺中，为了增强菜品的呈香性，常用煸、炸、煎、烤等预热处理方法，就是很好地利用焙烤型香味的例证。遗憾的是，目前，对中国民族引以为自豪的传统美食美点尚缺乏翔实而深入的系统性研究，而这恰恰又是中国烹饪工艺现代化与工业化生产所迫切需要解决的问题。

(4) 食物的发酵香气　发酵食品很多，来源于发酵的香气成分复杂。主要有酒香、糟香、酱香、腐乳香、霉菜香、泡菜香、酵面香、臭鱼香、臭豆腐香等等以及酸奶香，其中除了酒类的专用调香品外，其他都具有味嗅的双重重要作用，这些都是微生物作用于蛋白质、糖类、脂肪及其他物质所产生的，主要成分有醇、醛、酮、酸、酯类物质。由于微生物代谢产生繁多，成分比例各异，遂使调香风味各具特色。中国传统菜点利用酵香调味具有无与伦比的历史与多样性传统。但目前的研究仅局限在少部分工业生产调料以及动物饲料方面，而对传统的优质菜点方面却极其缺乏，这同样是中国烹饪工艺现代化与产业化生产迫切需要解决的课题之一。

三、烹饪工艺关于香味的评价学说

对香味的评价目前在香精工业与酒类生产中都有较为科学而系统的评价方法。而在食品中特别在烹饪工艺菜点中尚没有形成类似的规范性评价标准，在烹饪工艺质量评价体系中，这恰恰也是应予解决的一个重要问题。因此，我们先了解目前适用于香料与酒类的气味评价体系是极其重要的。

1. 阈值

与味觉原理一样，是嗅觉器官感觉到气味物质的最低浓度。和呈味物质一样，不同的嗅感物质与不同浓度的嗅感物质，其气味与温度也不同。影响嗅觉的因素包括芳香成分的分子结构、物理性质、化学性质等和浓度集中、分散等因素。另外，自然环境与人的生理、心理状态也都是重要的参数。所以，一种香味会产生两个或更多个阈值，阈值可采用空气或水稀释法测定，单位分别用浓度 g/kg、mol/m^3 和 mg/kg、ug/kg 等表示。

2. 浓度

嗅感物质在被评价食品的所含量比例。一般来讲，嗅感物质在食品中远比味感物质多，浓度在阈值参照物的比较中获得相对的概念。

3. 香气值

是所含特定香气在食品中与其他芳香物质相比所占比值，又称芳香值。香气值(FU)等于嗅感物质浓度阈值，也就是说在食品所含的香气体系中，香气值大的嗅感物质其值必然小，浓度必然高，香气值越大，越可以成为整个食品香气体系中呈特征性主导部分。在中国烹饪工艺中，对其传统的优良菜点品种香气值的研究，目前仍是空白。

4. 评价术语

(1) 香型　描述某一种香精或加香制品的整体香气类型。在香精中有苹果香型、玫瑰香型、茉莉香型等等。在烹饪食品中目前也已出现了类似的术语，如酱香型、蒜香型、奶香型、五香型、葱椒香型等等，但尚缺乏系统的分析资料与研究，仅处在一种习惯性非自觉性阶段。

(2) 香韵　描述一种呈香物质所具有的韵调，而不是指香气的本质特征。如同评画的格调，在香精学上有柔、刚、清、浊 4 种香韵来形容，任何香气都会有四种香韵，但由其间比例的不同而有醇、润、鲜、清、凉、幽、辛、干、咸、温、圆等 12 种具体香调。食品香韵的感受十分复杂且又因人而异，但其中机理大致相同，平时也会不自觉地运用香韵的评价对菜点香味进行品评，有清、浓、烈、厚、雅、淡、真、甜、润、凉、干、鲜等菜点香调的评价术语。但尚需对其认真分辨进行更深入地系统性研究，建立完善的评价体系。

(3) 香势　指香气强弱的程度，一般在基准物的参照下作出定性表述。在香精学中，对香气强度定性描述一般有五个级别：

表 4-7　香精浓度的定性描述

级别	强弱	浓度界限	级别	强弱	浓度界限
A	特强	万分之一有味	D	弱	十分之一有味
B	强	千分之一有味	E	微	饱和有味
C	平	百分之一有味			

在烹饪工艺中，调香的性质与香精不同，因此其描述的方法亦有别。

表 4-8　菜点中调香程度的定性描述

级别	强度	界限	级别	强度	界限
A	特强	对他香充分掩蔽	D	弱	混杂略嗅其香
B	强	主香中微觉他香	E	微	咀嚼稍有香觉
C	正常	主香与辅香区别明显			

在烹饪工艺中开展对菜点香势的研究具有十分重要的调香现实指导意义，但目前关于这方面的研究仍然缺乏系统的案例分析，因而，借鉴上述评价学说，对建立中国烹饪工艺菜点香气评价体系无疑具有十分重要的指导性意义。

四、调香的意义与方法

(一) 调香的意义

调香与调味一样重要,可以想象,一个没有特定香味的食品所给人的味觉感觉是如何的失常。几乎大多数常用的调香品可能也是主要或重要的调味品。这种双重性或多重性(有的还有着色与致嫩性)正赋予食品给人以多维风味的感受。据研究,食物正常的美好香气对人的饮食心理的影响和生理影响有极大的帮助,反之,其危害性也是不容忽视的。香味是食品风味体系的必要组成部分之一,也是判别食品美丑优劣最为前导的依据。依据食用菜点的程序,首先是视,视是可以伪装的,但食品本然与真实的气味是难以伪装的,它刺激人的心理冲动是率真的、直接的。当我们饥饿时所闻到的红烧肉香是那样的诱人;清香的竹笋给予李渔先生以天人和谐的愉悦;东坡则在赤壁泛舟的杯盘狼藉中得到人生的最高精神品味。相反,不快的气味尽管口味再佳也会使人不食先饱、情绪索然。香味正与口味构成了人食美味的主体,缺一不可。

有研究表明,菜点呈香机理远不比任何香精与香料简单,一个一般菜品的呈香效果几乎是数百种嗅觉物质的共同作用,更不要说具有复杂风味的精细菜品了。就工艺性质而言,烹饪的调香工艺的本质意义就是对菜点的味嗅风味进行增强、修饰、烘托、辅助使之完美。例如,酒的使用,通过其酯化作用,可使腥味去除,使菜品风味更为清醇、纯正。再如在糟卤中添加几粒花椒,装饰糟香更为优美。再例如,广东卤水使用多种香料,可使主料具有香醇味绵的怡人风味。

(二) 调香的方法

从广义上讲,凡具有良好嗅感物质的食物原料,都可以作为调香品使用。例如干烧鳜鱼中的牛肉末经煸制后具有良好的肉类焙烤香味。许多调味品中的特殊呈香味也是众所周知的,例如酱类的酱香风味等等。然而对许多原料的使用,其主要目的是十分明确的,这个第一目的性就是调香,而口味的利用都是次要的。依据烹饪调香工艺中的使用特点,这些以调香为第一目的的原料主要有香辛料、酒类、鲜活动物原料的萃取与浸出物、调香油、香精等等调香方法有如下几种:

(1) 着香法　使菜点具有另一种香味,而本来香味则有所改变。

(2) 附香法　在不掩盖原香的基础上,又增加新的香味。

(3) 增香法　对本香进行增加强度,一些高汤精粉、骨香粉就具有增强性。

(4) 矫香法　通过某种变化,矫正本味,使之更为清纯、端正,如酒的酯化作用。

(5) 溶香法　将内含香味的原料通过熬炼,使香气溶入液体的方法。例如卤水的香汤即是如此。

(6) 脱臭法　使不良气味分解挥发。通常是用醋、胡椒等等的重要作用之一。

(7) 覆香法　对本香完全覆盖。例如吉士粉对面粉香气完全遮蔽。

(8) 合香法　将多种香味聚合在一起,卤水就是一个典型的例子。

(9) 饰香法　在主香后点缀一、二,使余香优美,被称为装饰香,例如响醋法的使用。

(10) 抑香法　使强烈冲突变为柔和,如有限地减弱香气强度,又称抑臭法。

正确掌握调香方法,对于调香品实用性质的了解也是十分必要的。

调香品的应用与加工：

1. 香料的使用性能

香料和辛辣料合称为香辛料，这是因为大多香料具有辛辣味物质成分，而大多数辛辣料具有强烈的刺激性物质。这是一大类调香品，是调味品大家庭中的重要组成部分，它们风味各异、品种繁多、成分复杂，其成分主要包括挥发油、辣味物质、有机酸、纤维、淀粉粒、树脂、黏液物质、胶质等成分，其中的香味大部分来自水蒸气蒸馏后得到的精油之中。

许多香辛料有抗菌防腐作用，同时还有特殊的生理药理作用，因此被称为“药料”。在调香工艺中，广泛使用香辛料的目的主要是利用其嗅感物质。香辛料中部分是纯香物质，主要是无辛辣味植物的花、叶、果以及从中提炼的香精。通常香辛料指的是那些干燥原料或提炼物，而将新鲜的原料归为蔬菜，然而，当运用这些新鲜原料作微量提取其香味时，在本质上这些蔬菜也是香辛料调味品，例如韭菜、药芹、香菜等等。

各种香辛料在调香中的工艺性质不尽相同，有着香、附香、矫臭、抑臭以及赋予一定辛辣味觉的各种机能。在烹饪工艺中所运用的香辛料是很多的，其化学机理也非常复杂，目前尚未得到规律性的普遍认识。在日常加工中，已得到许多有益的经验，例如姜、葱具有脱臭性，在 120～150℃油温中，有较多的芳香油挥发。还有许多香料，如草果、豆蔻、桂皮、陈皮、茴香、丁香、月桂等虽具有不适味感，但其强烈的芳香又大多具有反臭与抑臭性。一般来说，自然果实、根、茎性香辛料在加热中具有分解浸出过程，因此，挥发失味较慢，可超前加热熬炼充分溶香，例如茴香、花椒、沉香、草果等可用煸、炸、煮、炝等方法使之出香，而一些花、叶和加工成粉状、液状的香辛料则挥发较快。因此，前者可与生原料一同或超前加热，而后者则大都需在临起锅或起锅后再添加，防止其挥发过快而失香。

据有关研究认为，对香辛料的使用一般有五种类型，即以芳香抑臭为主要作用的香辛料主要有玉果、茴香、芥子、豆蔻、丁香、肉桂、陈皮、草果、良姜、芫荽子、孜然、白扣、山柰、砂仁等；以清香附香为主要作用的有梅花、珠兰、茉莉、香叶、蒲草、香茅、千里香、荷叶、香菜籽、松蕈油以及各种果味香料等；以香辛料激味为主要作用的有姜、辣椒、胡椒、芥末、薄荷、花椒等；具有重要脱臭矫香功能的主要有葱、蒜、月桂、紫苏叶、白菊、玫瑰、麝香草等；兼有着色着香性能的有咖喱、姜黄、藏红花、郁金、红辣子等等。

对各种香辛料的使用一般有如下规则：

(1) 具有同类性质的香料一般可调换或混合使用。例如肉豆蔻、草果、肉桂、丁香都具有类似于丁香的香味。

(2) 具有清雅主香的香料一般不可替代，也不可混用。例如茉莉、珠兰、薄荷、桂花、玫瑰以及果味香精。混用则恶，替代则无。

(3) 具有强烈冲突和互遮性的香辛料不宜混合，而应使用具有互补、和谐香味的香辛料。例如茉莉与花椒、辣椒与白胡椒就既有冲突又有互遮性能，而花椒与葱、辣椒与茴香则协调互补而又递增。

(4) 对具有不同耐热性能的香辛料不宜同时使用，而应分别投放。例如草果与陈皮、咖喱与胡椒，其受热的挥发性具有明显的差异。

一般来看，对香辛料使用浓度因地区与个人因素的不同而不同。经测试，在中部地区的大致使用情况是：在菜肴中使用香辛料，以味为主的浓度比重大至在 60%左右；味、嗅因素比重占 30%；以纯香为主的约占 10%，即以 6∶3∶1 为适宜。一些具有苦或药味的香辛料应控制使用量,否则会因菜品中具有苦或药味的不快感而引起进餐的不适。

2. 调香酒的使用性能

在中国烹饪调香工艺中,运用酒来脱臭增香是最为普遍的,所用酒主要有黄酒、米酒、曲酒、啤酒和果酒等,以其前三者为传统之法,使用也最多,以后两者为辅,作特色性使用。在中国菜肴的调香中尤以黄酒具有特殊地位。

酒的提香效果是通过乙基乙醇对呈香物质的作用而产生的。在黄酒中含有低量乙醇和糖分,含呈香的酯类和氨基酸的量十分丰富,挥发性强,能在食物中充分分解脂化生香而不易残留酒精的不良臭味,并与其他的味感产生相乘或相抵的作用。例如蔗糖溶液中加入乙醇会使甜味变淡;酸味中加入乙醇会使阈值升高;乙醇能提高肉类的鲜感。2%～4%乙醇有防腐效果,乙醇亦能使坚硬的蛋白质在加热中软化加快。酒在加热中最大作用就是酒精将动物性原料中的三甲胺、氨基戎醛、四氧化吡略等物质溶解挥发,酯化生成芳香气味。酒中氨基酸还可以与糖类结合成具有诱人香味的醛,从而去除或抑制住腥膻臭气。有些酒中所含的特有曲香或香精油气味,能赋予某些特色菜点的特征性酒香韵味。然而对酒的使用并不相同,其用法用量也同时存在区别。

黄酒:被誉为中国国酒之一,有多种品牌各存差异,但总的来说,风格是相似的。其酒色棕黄色透明。酒中香气成分有100多种,由酒香、曲香、焦香和储存香构成,具有柔和、愉快、圆厚、优雅的嗅觉,在菜肴加热中投入,能充分反应生成柔和幽郁的香气。其使用不受量的控制,有时在特殊菜中能代替水的作用,例如"酒坛肉"、"扒烧整猪头"等,与醋的结合更能产生浑厚、复杂而柔和的香味感。一般情况下,使用量因不同菜肴类型而不同,清汤—白汤为1%～5%,红汤为10%～100%。

黄酒因为有一定的苦味感,在凉拌菜中不宜使用;又因其具有一定色感,故在特别清白菜中也不宜用,而用白色米酒代替,例如"清汤鱼圆"、"芙蓉鸡片"等。白米酒用量与时序亦与加热时间的长短成正比。

曲酒:曲酒无色透明,香气浓烈醇厚,因不同曲型、香型具有众多种类,其中不乏名品,尤以茅台酒为国酒之精品,西酒以白兰地为代表。中国独特的白酒酿造工艺,使白酒具有浓香、清香、酱香、米香及混合香型等五大香型。混合香型中又包括了凤香、特香、药香、豉香、芝麻香与兼香型等六型。白酒的配香品种多达数十种,香料复杂且中西有别,不同的香型所影响菜肴的呈香性也不同。

曲酒由蒸馏所得,其酒精度通常较高,一般不低于30°,有直至60°的不同品级。由于其酒精含量较高,过量使用则不易分解挥发而产生不快的嗅感,因此,其用量受到一定的限制。以52°曲酒为例,其用量以1%～3%为宜。短时加热如炒为1%;长时加热如炖、焖为2%～3%;凉食或极短加热的菜以及甜菜、甜酸菜点中不宜用,如"鱼圆"、"拌虾片"、"糖醋鱼"等。微量的曲酒对菜肴的调香作用大致与黄酒同,但呈香风格显得清爽、宁静、淡雅。然而,一些具有特殊香型的曲酒却又具有附香的功能,如茅台、汾酒和白兰地,在炝菜与卤菜以及煎、烤菜中会使之香味更为复杂,并赋予其特色性酒香。香气格调高雅而又显得悠然和隽永。名菜有"茅台虾"、"汾酒鸽"、"白兰地煎牛排"等。

米酒:用米蒸煮后拌入酒曲发酵制成的渣汁混合物,称"醪",又称"浊酒",现称"酒酿",其稀释澄清后得米酒,色浊白或透明,有酒酿甜香气。其酒精度数可以很低,高者一般不超过20°,低者在10°以内。其含糖量一般大于黄酒,但可以控制。由于酒酿的香料配系远低于曲酒与黄酒，其呈香单纯而轻柔。以广东米酒为例，在使用方面，适用于炒、爆等快速加热的、清鲜的菜肴，而对味浓又长时加热的菜肴则效果不如黄酒那样浑圆醇厚，但尤其适宜在具有甜味的菜点中使用，使其香味显得甜润优美。其用量与黄酒相似。

啤酒与果酒：啤酒在西餐中普遍使用，其用法有如中国黄酒，现代中餐用啤酒也渐渐增多，其色泽纯净，香味清雅，多用于清蒸、清炖和白汁菜中，用量亦如黄酒，但使菜品呈香风格清于黄酒，柔于白酒，香势强于米酒。

果酒品种众多，因不同果料而异，其香型也各异，有无色和彩色、干型和甜型之别，尤以葡萄酒与香槟酒为代表，用法与用量因菜点不同、呈香性质因需要而定，又因其酒精含量极低，而特征香气特强。一般甜菜点用甜味酒，淡色菜点用淡色酒，并宜在加热的中后期投入，以保证果味特征香气的存在，而乙醇的作用则是次要的。名菜点有“草莓皮蛋”、“葡汁鸡”、“玫瑰排骨”、“香雪枇杷”与“蟹酿橙”等。

糟：是中国特有的调香品，有酒糟、香糟和醪糟。①酒糟又叫甜糟、老糟等，为白酒的遗糟。②香糟是黄酒的遗糟，又分白、红。白糟为米酒糟；红糟是加35%红曲色素。山东产香糟采用米黄酒糟，加2%～3%的五香粉和15%～20%炒热的麦麸制成。③醪糟，即是酒酿，是未提米酒的原型物。

糟类除酒酿可直接参与对菜点的调香与调味外，酒糟与香糟一般并不能被直接使用，而需调出糟卤使用。其调法是：①浸调法：将盐、葱、姜与鲜汤和匀烧沸晾凉，调入干酒糟浸泡30分钟，再滤出糟渣，调如黄酒与味精即得糟卤。②蒸调法：将干糟调入黄酒，上屉蒸出味后过滤澄清，加入糖、盐、味精、鲜汤、桂花或花椒，静置数小时，取上层卤液，再过滤得香糟卤。糟卤可与任何味型协调，特征香味表现浓厚优雅而醇绵，适用于任何方面。

由于糟类含有十分丰富的酯、醛等酒香物质，干糟可用纱布包袋，在烧、焖、扒等加热菜肴中使用，这与黄酒的使用性相同。用糟烧制的菜肴具有浓郁的糟香，但是运用预制调成的香糟卤时，则应在加热的后期投入，以保证其特征性香味的第一性。另外，酒酿因含糖较高，在长时和高温下易产生焦化而改变原有的香、色、味，产生不良效果。

3. 油脂调香的使用性能

在烹饪工艺中，食用油脂起着介质、溶剂、调味的三重作用。油导热能使食物成熟并具有独特香味；在水煮食物中，适量的油可改善成品口感、气味与色度；油可使食物中油溶性物质溶出，提高菜肴的风味醇厚度。油还可增加汤卤的乳化性而使之稠厚黏浓。在食物成熟过程中，油除了介质作用外，调理味、嗅两觉的作用也十分重要，而具有某种特色性呈味、呈香以及色素的调味(香)油的作用尤为显著。

一般来讲，油脂的味感属物理性的触觉感受，触感受油脂粒子的大小，在口中形成的油膜厚度、溶解扩散性和乳化性的支配。在正常情况下，油脂无明显味感，只有呈香物质所引起的某种嗅觉。油脂在人口腔产生的触感，在许多研究中被认为与油脂的熔点、亲水物质的溶存程度和胶黏度有关。油脂熔点在体温以下有极好的口溶性，超过熔点则挥发性随温度的增强而增强，黏度减弱。油脂的味感与脂肪酸的组成有关，而油脂的嗅感则因榨取自不同原料而不同，如芝麻、大豆、椰子、菜子、橄榄、鸡、猪、牛等。

油具有独特的自身香味以及突出的调香作用，例如芝麻油具有木酸、酚、糖醇、2-乙酰批略、2-甲基吡略、2-乙酰、3-甲基吡喃、乙酰吡淀等特殊香味物质，其香阈值极小，即使将微量纯芝麻油混入到多量菜汤中其气味仍可感觉出来。油除了来自自身原料的香气外，对其他有些原料的风味物质具有溶解性，从而提高了油本身的香、色、味及黏度等，这被称为是风味的转移，常用的品种有花椒油、五香油、肉桂油、丁香油、葱油、姜黄油、红椒油、茴香油等等。目前一些香花类香油如玫瑰油、红花油、桂花油等也日益受到重视，在这些油里，油起到了保香剂、溶色剂的作用。

一般来说，呈味觉、嗅觉物质在油中溶解是以乳化液的形式，即含有一定的水分。味觉是水溶液形成传导至味觉器官末端的，嗅觉则是在油分子汽化挥发中获得。因此，侧重呈味觉调味油含水量较大，约 20%～40%，侧重呈香觉调味油则含水量相对要少，或者基本不含水，但都因其耐温性差，在氧化条件下极易败臭，在高温条件下(100℃以上)又易蒸发，从而应在短时与 100℃以下加热菜中使用，或直接用于凉拌，如需取用其强烈挥发的浓烈芳香，则也只能采用烹淋加入的方法，在瞬息间完成，否则这些油的色、香、味被破坏而与普通油脂无异。

除了具嗅感的特殊调香油外，一般油参与调香可通过煸、煎、烤和在加热中“顶花浇油”(“顶花浇油”即在汤液沸腾起花时淋下香味油，使香气迅速而猛烈挥发)中达到，以改变或增加食品的味嗅两觉。有专家认为，当舌面布满油时，水溶性呈味物质会受到向嗅觉器官转移的影响，从而改变味嗅值的原来标值。

4. 萃取与浸出物的调香应用

萃取是指在某种具有调香意义的整体原料上取出最具特征性的部分；而浸出物则是指通过水或油的加热和溶剂作用，将原料中具有调香意义的某些成分浸渍并溶解出来。这两类物质在烹饪调味与调香工艺中使用十分普遍，也具有很重要的价值和意义。

(1) 萃取物及其应用　萃取物主要是些具有调香(味)意义物质的某些部分，例如桔子的肉或者皮；猪肉的肥膘或者瘦肉；京葱的葱白或者经过榨取的汁液；芝麻的果仁或者直接炸出的油脂等等。在这方面具有广泛的调香意义。一般来说，一般本无明显香味的原料也可以经过某种加工使之产生调香的作用，例如通过炸、煸、烤、腌等等。在麻婆豆腐中使用牛肉茸就是通过煸香后达到调香目的的，这类案例不胜枚举。萃取物一般是将取下的原料制成茸、末、丝、片或榨成汁液，例如香芹末、雪菜末、菠萝末、肉末、苹果汁、鲜橙汁，在茄子煲中加咸鱼粒，在红烧鱼中加五花肉丁等等。这些原料原本并不是专用于调香(味)的，使用这些原料在菜品中并没有主导性的食用意义，然而由于对它们的使用，却使菜品的香和味起到了明显的改善和调节作用。那些来自动物性原料的萃取物的调香具有持久而深层的作用；而那些来自于新鲜植物原料的萃取物的调香作用则是清新的、幽雅而灵秀的。萃取物的调香(味)使菜点之风味给人以厚、隐、深、远的味嗅感觉。

(2) 浸出物及其应用　经过水或油剂介质的溶熬，来自动植物原料的浸出物主要是鲜汤与香味油，其溶剂的乳化性质如前所述。溶剂浸出物具有调香与调味的双重作用，在烹饪工艺中具有广泛的使用性。香味油的应用特点如前所述，这里讨论的是汤剂浸出物，这在中国烹调中具有悠久的优良历史传统，用鲜汤调味(香)，使中国菜点美不胜收。据有关研究认为，天然浸出物的风味特点可以概括为味感鲜美浓郁、丰满醇厚、浓香持久的香、味合剂。谷氨酸钠及核酸等化学调味品只有特定的、单调的鲜味，而动植物浸出物则含有天然原料的全部水溶性、油溶性成分，所提供的多种氨基酸、有机酸、核酸类鲜味成分的鲜味以及低分子肽和糖类物质的复杂味感远高于化学调味品，其丰满、复杂、浓郁、鲜美、芳香的全面感受也是化学调味品所无法实现的。

烹调用动植物浸出原料主要是猪、牛、羊、鸡、疙、鱼、虾、贝、蟹、海藻、食用菌以及果蔬香料和一些发酵品所熔炼而成的“汤”和“油”。

① 香汤的种类与应用

A. 汤的呈香机理

汤，泛指运用水为介质溶剂对动植物煮、熬所形成的混合剂。据分析，畜、禽类浸出物中呈鲜物质的性质大致相似，所具有鲜明特征区别物质的是其所含有的特征性挥发物质。含硫化合物是形成肉香味物质的成分，牛肉汤的特征香气成分是喃酮，牛脂加热会生成 C_2-C_5 的饱和醛类、丁烯醛、丙酮、丁酮、乙二醛、丙醛等，还有 C_{10}、C_{12}、C_{18} 的 β 内脂及 C_{10} 的 C_{12} 内脂等。猪肉与牛肉的香气不同主要是脂肪的呈香不同，其加热后生成的羰基化合物具有差别，由脂肉部分产生的大量低沸点化合物有醇类 8 种、丁醛等羰基化合 10 种、丙硫醇等含硫化合物 2 种、酯类 3 种，还有戊酸等酸类 6 种。同理，羊肉也因脂肪的加热香气而有别于前者，是其生成的物质，单羰基化合物包括 C_2-C_{10} 饱和醛类，C_5-C_{10} 的 2-链烷酮及 2-甲基环成酮等。

与畜肉相比，鸡肉游离氨基酸成分中含鹅肌肽较多，含中磺酸较少，含有谷氨酸，谷氨酰胺也比较多，因此，其鲜味感更加强烈。鸡汤特征由挥发性香味成分决定，包括含氮化合物、含硫化合物、羰基化合物。其中鸡的特征香味成分，据认为来自羰基化合物中的 2，4-癸二烯、亚油酸，其他低级羰基化合物可能是氨基酸的斯托雷卡分解成糖的美拉德反应生成的。脂质的作用重要是溶解和保留香味成分。使用鸡的不同部位，如肉、骨、皮、脂肪等，其浸出物都有很明显的香味区别。运用鸡浸出物与其他材质原料配合会产生更为柔和、持久、浑厚、协调的香味而成为上汤，这是中国传统使用动物浸出物最为纯净自然的风味。而欧洲则多将鸡骨的功能先经烘烤后制作浓汤，具有一定的焦香的焙烤风味。

水产类原料浸出物其调味意义一般大于调香。例如鲣鱼汁、虾油、蚝油以及海藻浸出物，其强烈的海鲜味众所周知，而所含的腥气则会令许多人不适。因此，一般需经过发酵提取，而不适于直接制作成鲜汤。所提供的香气一般是发酵时脂肪与蛋白质酶解所产生的或者通过烘烤所产生的，因此该类浸出物一般是由工厂（作坊）进行专门加工和生产。

至于植物性原料，则大多数新鲜蔬菜只能通过萃取获得调香的意义，适于水煮、油溶的只是一些具有独特香味的药料和香菌类。

B. 汤的种类和实用

汤有很多，一般依据原料的使用性质有如下种类：

- 汤
  - 荤汤
    - 清汤
      - 混合高汤——多料火炖
      - 一般清汤——单料清炖
    - 白汤
      - 一般白汤——单料煨制
      - 浓白汤——多料浓煨
      - 淡二白汤——二次煨制
    - （清汤、白汤）上清汤 / 加料吊制
      - 双扫双吊汤
      - 三吊汤
    - 红汤
      - 一般红汤——一般红烧制汤
      - 炸烤红汤——炸烤后红烧制汤
  - 素汤
    - 蔬汤
      - 蕈汤
      - 混合素汤
    - 药料汤
      - 单纯药料汤
      - 混合药料汤

【例 4-2-1】 鲍翅高汤(混合料)

配方:大骨 1.5 kg,鸡爪 1 kg,牛腩 1 kg,老母鸡 750 g,鲜猪皮 800 g,火腿 250 g,干贝 150 g,鲜鲍汁 250 g,姜 150 g,葱 100 g,绍酒 250 g,清水20 kg。

制作:将各料洗净,入锅加清水烧沸撇沫,再加入姜、葱、酒与鲜鲍汁,大火烧沸转小火褒(炖)4～6 小时,使各料尽溶,过滤得上清汤 12 kg 即成。

【例 4-2-2】 三吊上汤

配方:白汤 2 kg,光母鸡一只 1 kg,酱油 3 滴,鸡蛋 3 只,盐、姜、葱、黄酒适量,纱布 3 块

制作:将鸡分出脯肉、腿肉与骨架三部分分别剁茸,分装 3 碗,再分别加入姜片、葱结、盐与 100 g 清水和匀。鸡骨茸中加鸡蛋一只,酱油 3 滴和匀成为鸡骨浆,叫做“恶绍”;鸡腿茸中亦加鸡蛋一只和匀,叫做“红绍”;鸡胸脯肉茸中加一只鸡蛋的清和匀,叫做“白绍”。

将白汤入锅上火见沸,先倒“恶绍”入汤,转小火待骨渣缓慢浮起,捞出装入纱布袋滤干压扁;再将“红绍”倒入,操作如上。将两纱布袋再入汤用小火炖浸约 15 分钟捞出。最后倒入“白绍”,待肉渣凝团浮起捞出亦扎袋压平,再浸约 5 分钟提出。这时已是汤清见底,厚滑胶黏,色呈淡黄,过滤即成。

吊汤之料除了上述全鸡外,也可使用猪、牛鲜瘦肉茸,其他含新鲜血水丰富的原料,纯鸡蛋清等。

【例 4-2-3】 参、肚浓汤(混料顶汤)

配方:光老母鸡 2 只 2 kg,精筒子骨 5 kg,牛腩 2.5 kg,火腿瓜 1 kg,虾鱼骨 1 kg,清水 26 kg,姜、葱、黄酒适量,猪熟板油适量。

制作:将各料焯水洗净,与清水、姜、葱、绍酒一道入锅加热至沸,保持火力至锅中沸腾状态,煨 3～4 小时,至汤汁浓白、稠厚。如果要强化其浓白度加快形成,可在汤中“菊花心”处缓慢滴入适量猪油,这就叫“顶花浇油”。待汤汁稠白如奶时捞起,得“奶汤”13～15 kg,可见其浓缩的程度。

这种汤由于需“顶花浇油”,其质量又是白汤中顶好的,因此叫做“顶汤”。由于其稠白犹如“牛奶”,故又叫“奶汤”,是白烩高档菜者的上佳助手。

【例 4-2-4】 粤式红鸭汤(一般烧烤红汤)

配方:烤鸭架 3 kg,猪骨汤 4 kg,红酱油 400 g,浅色酱油 400 g,蚝油 500 g,精盐 30 g,鸡精 50 g,味精 20 g,红葡萄酒 200 g。

制作:将烤鸭架下汤锅烧沸,下酱油、蚝油、盐等煮沸,用小火保持顶花沸腾状 2 小时至汤稠浓缩达 1/3 时,下鸡精、味精与葡萄酒再煮 20 分钟即可。

红汤多用于红色烩烤菜,比临时使用清水加调料、味精更为醇和、浓厚而自然。旧时,对红烧大群翅、红烧制参、牛筋、鹿尾、鱼肚、鱼皮之类以及制品等都要用鸡、蹄、火、贝烧熬预制的红上汤,或红烧鸡、肉汤,而现在一些餐馆则更多地依赖于化学调味品,这实际上并不可取。

【例 4-2-5】 素上汤(混合型)

配方:黄豆 2 kg,黄豆芽 1 kg,海带 500 g,胡萝卜 500 g,蘑菇 500 g,虾籽 150 g,绍酒 150 g,姜 50 g,葱 50 g,清水 10 kg。

制作:将黄豆洗净泡软,入小锅用中、小火煨煮 3～4 小时,至黄豆烂溶提出过滤,与黄豆芽、海带、胡萝卜、蘑菇、姜、葱与黄酒下锅烧沸;虾籽先预烤出香味,再下入汤中,与各料同煨 1 小时,至各物烂溶时过滤得原清汤约 6 kg。

本汤多用于对高档素菜的烧烩，在庙宇佛教素菜中虾籽、姜、葱与绍酒应慎用或不用。另外用香菇与黄豆等可以熬煮成简易素鲜汤。

【例 4-2-6】 鱼骨白汤(混合型奶汤)

配方：鲜鳝鱼骨或其他鲜鱼骨 5 kg，开洋 250 g，咸猪肉 1 kg，羊骨 1 kg，姜块 100 g，金葱油(猪油或羊油)150 g，清水 13 kg。

制作：将鱼骨用猪油或花生油炸黄起香；将开洋用黄酒发开；咸猪肉泡去咸味，焯水洗净；羊骨烧香洗净。

将各料入锅加水煮沸撇沫，中火煨 1 小时，至汤见白，开盖将金葱油滴滴淋在沸腾的汤中，转旺火煨 40 分钟至汤质浓缩、白稠如奶时即可。过滤得白骨汤约 8 kg，此汤是佐助高级菜点的高级用汤，在某些情况下可不用咸猪肉，金葱油用羊油熬出。

【例 4-2-7】 通用香汤(混合药料型)

配方：草果 185 g，桂皮 185 g，大茴 185 g，沙姜粒 155 g，白胡椒粒 125 g，陈皮 135 g，丁香 60 g，干葱 50 g，当归 65 g，香叶 30 g，花椒粒 100 g，罗汉果 2 只，清水 12 kg，曲酒 25 g。

制作：将各料浸洗干净，下锅加水、酒旺火煮沸，密盖，仍用中火煨制，使汤面保持翻泡状态，2 小时后揭开过滤(香料仍可再用)得香汤 8 kg。

通用香汤一般为广泛使用，除了特殊品牌的卤水，火锅之类也都可应用，用时舀适量香汤兑入即可，非常方便适用，使菜品富有轻重协调而不失复杂的芳香气味。

② 调香油的制作与应用

一些本身含有芳香物质的植物油性种子所榨取的香味油并不认为是浸出物，而是萃取物，例如芝麻油、葵花子油等等。专用于烹饪调香的香味油浸出物指的是一些本身无明显香味的油脂、香辛原料(干果、香辛料等)的加热熬炼使其香物质溶解，通过风味的转移作用所形成的香味油脂。这些油品种繁多，香型各异，是烹饪菜点调香的重要材料，常用的有辣椒油、糊葱油、咖喱油、茴香油、红花油和许多复合香料油等。由于这些油不是直接榨取自油料种子，而是将香辛料中可溶于油的呈香物质(香精油)充分地溶解出来，油成为良好的溶香剂与保香剂。然而这些香料物质中呈香成分一般耐温性差，也有相当部分不溶于油而溶于水。因此，制作香味油时需借助水的作用，形成水油合剂。一方面可以控制油温不至于过高，另一方面有助于香料中香味物质的充分溶出，在油中形成乳化。有研究认为，添加黄酒和盐有助于这些香辛料中各种呈香、呈味、呈色物质的充分溶出。香味油具有除臭、附香的重要功能。

【例 4-2-8】 金葱茴香油

配方：金葱 2 kg，大茴 100 g，熟菜油 2.5 kg，盐 5 g，黄酒 50 g。

制作：将黄葱切碎，大茴洗净上机打碎，加盐、黄酒拌匀，与熟菜油同时下锅，缓慢加热至金葱炸成焦黄，将油过细筛即可。

此油广泛应用在冷热熟菜肴之中，香气馥郁、深厚。

【例 4-2-9】 椒麻香油

配方：干红天椒 1 kg，红花椒 250 g，生姜 500 g，月桂叶 100 g，黄酒 250 g，盐 10 g，花生油 5 kg。

制作：将干椒在水中浸软，切碎，月桂与花椒亦浸软，用黄酒、盐拌匀。将生姜切小片与各料同下油中加热至 110～120℃并保持这一油温，待油色起红生香，提高油温至 130～140℃，待红椒起脆捞出各料，将油过滤，渣料他用。注意：如果需熬炼更充分些，可在干椒中拌入适量水熬炼。此油色泽鲜红,香气协调,广为使用。

【例 4-2-10】 丁桂五香油

配方:丁香 150 g,肉桂 100 g,小茴 200 g,草果 100 g,白蔻 100 g,色拉油 2 kg,葱 50 g,姜片 50 g,曲酒 25 g。

制作:将各料浸软,入油缓慢加热至 160℃,待其出香离火,晾凉,各料在油中浸至油完全冷却捞出即可。

此油芳香柔和,用于凉菜,密封冷藏。

香味油还有很多,但加工工艺大至如上,关键是对其特征性香气的组配,组配要有目的性,风格要鲜明,如果给人以似是而非的感觉,则失去了调香油的实际作用。就目前市场供应情况看,调香油具有广阔的研发空间与市场需求,对更多调香油的设计和生产需进一步改进和创新。

第三节 味嗅风味的综合设计与模式

引导案例

我们通常在外吃饭,有时在一套冷菜或一套热菜之间感觉到百菜一味,不是咸鲜就是咸辣,或者就是咸甜,没有鲜明的味感对比和冲突,也没有不同表现的特征性香味扑鼻,真是令人无趣,勉强食之。客人或投诉或下次不来,这种情况着实叫商家着急,也令厨师忧虑。

分析:这种情况是制作者缺乏设计的研究性,缺乏对味嗅觉之间关系的了解。因此,把握不住味嗅觉之间的配合规律以及多种不同味觉与多种不同嗅觉之间配合的尺度,使所制品种不能够形成应有的多样性和复杂性,从而导致了个性化特征风味的缺失。因此,让我们觉得在一桌菜点之中,味嗅的组合点是那样相似、单调而平淡。具有鲜明的个性化味嗅风味组合特征的正是那些名菜、名点、名饮的生命线。一桌由各具个性特色的味嗅组合模式菜点构成,可以达到奇妙的效果。因此,着力于对菜点味嗅组合设计的研究无疑显得非常重要。

实际上,味嗅的关联性与共意识性,使我们在对菜点味与嗅的设计时难以分割,食品原料的味嗅双重性,决定了我们如果对菜点味型设计的时候同时也相对设计了某些香型,反之亦然。这不像食品的触感设计和形象设计那样可以彼此地相对独立,因为具有同样味嗅感,菜点的触觉和形象可以是相异的,反之具有不同味嗅感的菜点,其触觉与形象也可以是相同的,因此,对菜点的味嗅设计几乎好似同时并举的两个方面。然而,菜点中的味觉仍是占主导的、主要的,而嗅觉则是辅助的、烘托的、装饰的。例如在"糟炒鱼片"中,糟香可强可弱,而味觉却有相对稳定的标准。因此,味嗅两觉的设计一般被自觉地习惯性地统筹在味型设计之中。也就是说,以味型为基本质构模式,以香型为特征性标识,例如"芹柠里脊",其基本味型咸鲜微酸,具基本香型鸡肉与香芹和柠香修饰的结合,从而完美地实现了该菜的味嗅风味主体。在设计中,味与嗅觉之间是协调的、和谐的、相辅相成的,而不是相冲突的、矛盾的、非规律性的、相悖的。例如,将甜香型菜点设计成辣型味,将清香型菜点设计成浓烈型味等等都是不和谐的。

这里，我们先对菜点中味型及其结构与香型及其结构加以讨论。

一、味型及其结构

味型是菜点口味的类型。如前所述，基本味有咸、甜、酸、辣、苦、鲜、涩等，以一个基本味为单元感受的是单纯味，两个以上基本味为单元感受的是复合味。实际上我们所能品尝到的任何食品都是由两种以上的基本味所构成的复合味感，即使是食糖和食盐，其味觉也是多种呈味素的综合。然而对这种复合味的感受总是以某些基本味素为主导性倾向特征的，食糖中就是以甜味素为主导性味感，因此食糖是甜型味觉。酱油以咸味素为主导性味感，酱油就是咸型味觉，其他亦然。因此，在烹饪工艺中，以某一基本味味觉为主导倾向性格调特征是调味类型的基础。

依据目前对味觉的研究认为，味型由多种不同呈味性能的基本味素按主次比例组成，一般有如下类型：

- 咸型
  - 咸鲜型
  - 咸酸型
  - 咸辣型
  - 咸甜型
- 甜型
  - 甜酸型
  - 甜苦型
  - 甜辣型
  - 甜鲜型

一般来说，味型可分为以咸为主与以甜为主的两大类型，再由咸、甜与其他基本味之间构成二重复合形成八个基本类型，并依此八个基本味型再相互组配成三重、四重乃至于多重复合的复杂味型。判别味型应认识其中各味轻重主次的关系，这种关系构成了味型的基本结构中的各相。

1. 主味

在味型中起主要作用，感受比重压倒任何其他味觉的味，整个味型因其而产生明确的倾向性，例如咸菜的咸、甜点的甜、酸汤的酸、咖啡的苦等。

2. 辅味

在味型中起次要作用，感受度轻于主味，但有明显的味感，不可缺少，但可增减。例如咸甜味型中的甜味。

3. 装饰味

在味型中比重极少，感觉微妙，有其更美，无其也可，不太影响主体味型的表现。例如红烧菜中的少量香醋，有则烧菜更为鲜厚，无则也不易觉察。

4. 后味

在味型中比重极微，只能在最后的咀嚼中轻微感觉。例如炒苦瓜就是入口觉苦、主味咸鲜、收口微甜，这个甜到最后的感觉就是后味，与酒中苦尾性质一致。后味给人的遐想以悠悠意趣。

5. 前味

即入口的味觉，在味型中虽比重不大，但感觉鲜明，瞬息而弱。在主体味先，但易消失，犹如香型中的头香性质。例如,在醋熘仔鸡中的辣味,入口觉辣,咀嚼又无,后面甜、酸、咸皆比前重,而持味长久。

6. 基味

又叫隐味,是本质味的基础,隐藏其内,被提则明显,不提则难寻。例如鸡中的鲜味,略加其盐,鲜味强烈,少加其盐,鲜味淡然。

7. 厚味

味感连绵不绝,后劲强烈,越咀嚼越觉刺激,古语有“余味不断,齿鲜三日”,如高汤、上汤所给人的鲜厚感觉,又如辣椒中加白胡椒所给人的越吃越辣的感觉。再如,多种同类但不同品的味素所给人的层出不穷,味意浓浓的感觉,像在同一菜中所调入的蔗糖、冰糖、蜂蜜就是如此,此所谓古语所云“淡而不薄”。

8. 底味

卧底之味,在确立主体味型之前,菜点中所含味皆为底味。例如缔子中的咸鲜,榨菜生坯中的腌渍味等等。在味型中无明显感觉,但加强了味的深厚程度,使味觉内外平衡。

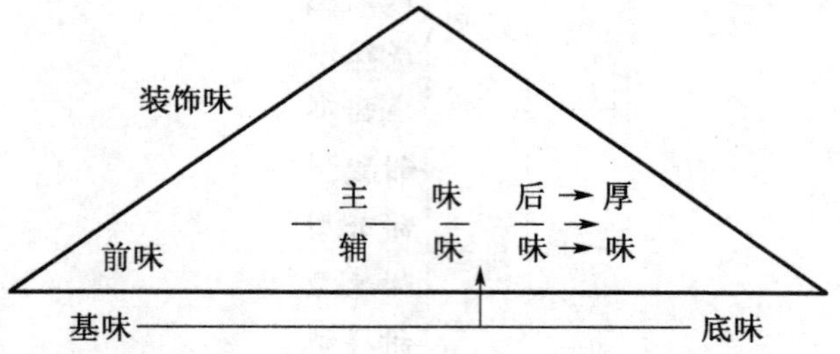

以上八味就是中国烹饪工艺对味型品评的八相结构,由这八方面相辅相成而为味型,即使是最简单的炒猪肝一菜,其中八相也十分明显,分析如下:

主味:咸;辅味:甜;装饰味:醋酸;前味:少量辣;厚味:高汤少量鸡精鲜味;后味:浆猪肝的一点咸味。味型越为复杂,其八项越为明显,其内容的调味程序越多,其八相越为明朗。在现代复杂调味新潮中,对味型结构中的八相品评和认识尤为重要,否则会因胡乱下料调味而失去对菜品风味的特色性品评方向。

二、香型及其结构

与味型不同,香型因基本呈香物质的错综复杂,品种繁多且各不相同。因此,只能大致认识菜点呈香的整体格调来区别基本类型。众所周知,香味的复杂性远不是呈味所能比拟的。在一个普通的菜点里,其香型来自于多达数百种呈香物质对受体的联合作用。以一种香型为基调,我们可以区别出菜点香型与之像与不像格调的类别,这种比照法所建立的香型区别标准,在香精与酒类学说中被普遍应用。然而,在烹饪调香工艺方面,则虽有区别,其本质也是相同的。

目前在食品加工中对食品香型香味的评价理论也基本适用于烹饪工艺之中,但由于烹饪工艺所用原料和加工工艺及其成品种类极大地丰富于前者,因此适用于工业化食品加工的香型评价就显得粗糙和不完善,而烹饪工艺的香型评价则更为精细而系统。综合上述理论与烹饪工艺,实际得出下面对烹饪工艺制品菜点香型的分类:有两个基本大类、十二个中介香型类别和依此演绎的数十种基本类型。

下面是烹饪食品基本香型一览表：

- 菜点香型分类
  - 鲜香型（来自主辅食料天然香味，调香是提携本质香味，起到增强烘衬、修补美化的作用）
    - 鲜肉香型
      - 畜肉香型
      - 禽肉香型
      - 鱼肉香型
      - 甲壳类香型
    - 花果香型
      - 鲜蔬香型
      - 花卉香型
      - 草叶香型
      - 鲜果香型
      - 干果香型
      - 熟姜、葱、蒜香型
    - 甜蜜香型
      - 食糖类香型
      - 蜂蜜香型
      - 焦糖香型
    - 奶油香型
      - 鲜奶香型
      - 奶油香型
    - 发酵香型
      - 酒香香型
      - 酱香香型
      - 乳菌香型
      - 腐乳香型
      - 霉香香型
      - 糟香香型
    - 炸烤香型
      - 煎、炸香型
      - 烧、烤香型
  - 浓香型（来自于非主辅食料的自然香，浓烈的香味对本质的香味遮蔽或改变，具有强化着香、覆盖异味的作用）
    - 辛辣香型
      - 姜、葱、蒜香型（生）
      - 芥末、芫荽香型
      - 花椒、丁香香型
    - 香精香型
      - 薄荷香型
      - 果味香型
      - 吉士香型
    - 混合药香型
      - 五香香型
      - 十香香型
      - 十三香香型
    - 调和药香型
      - 二重芳香型
      - 三重芳香型
    - 熏烟香型
      - 樟木香型
      - 檀香香型
      - 其他烟香型
    - 巧克力香型

对香型作整体评价时，我们不妨借鉴对香精香型结构评价的相关学说：

1. 头香(Topnote)

又叫顶香，是指菜点香味在最初的时刻所被嗅辨的香味。这种香味由挥发最强的物质构成，在香精中叫头香剂，在烹饪中叫增香剂或强香剂。例如在炒菜起锅之前洒下少许芝麻油，这个芝麻油香味就是最先被分辨出来的香味，随着主体香味的到来，头香便减弱了。

2. 体香(Bodynote)

又叫中段香，是菜点的主体香气，代表其香型的主要特征是在头香后的感受，并在相当长的时间里保持稳定和主唱，在香精中称为主香，在菜点中则称之为正香。例如五香红烧鸡，当芝麻油香过后所感受到的是小五香与酱香、糖焦化香气的复合香味。构成复合香味的各料是香型主剂。

3. 尾香

在香精中称为基香(Basicnote)或底香，是头香与体香逐渐减弱，在咀嚼中最后所觉的香气。一般由挥发较慢、扩散力较小的物质构成，在复杂的混合香型中分辨最为明显。在熘菜汁中加入少量的果汁，我们会在糖醋香味的香韵中隐隐感觉到一丝果香。

4. 本香

又叫本味香，是所制菜点所用的主辅原料的自身香。因为一切调香都是为了本香服务的，菜点香型主体以主辅料为基础和实体，因此，本香又叫香基(Base)，是构成体香的基础必要条件。例如前述五香红烧鸡，如果没有鸡的本质香，那么该菜香型的体香就没生成的实在条件。

5. 调和香(Blend)

又叫过度香，是将多种香味串联组合成协调香型的中介香，使香气变得优美或者柔和，例如丁香具有辛烈的香气，单独使用则冲突性强而显得不协调，然而辅以月桂、小茴、草果等则会使之变得柔和，与其他辛辣料配合时就会显得柔和而协调，这在香精里称之为协调香剂。

6. 修饰香(Modify)

用于修饰主香味的香料，使主香更为优美，作用如同调味中的装饰味，所不同的是这种香味融入于主味之中，而不易被辨别感受。使用在陈皮香型的菜中，添加适量鲜桔皮汁，会增强人对陈皮香的感受度；再如在酒酿香型的甜点中，滴几点香槟或香雪酒，会极大地增加酒酿的柔和甜润之香等等。

综上所述，对菜点香型的整体设计由此构成其结构质量框架，并为菜点风味评审和鉴定提供了有益的参数依据。

菜点香型的三角式结构为：

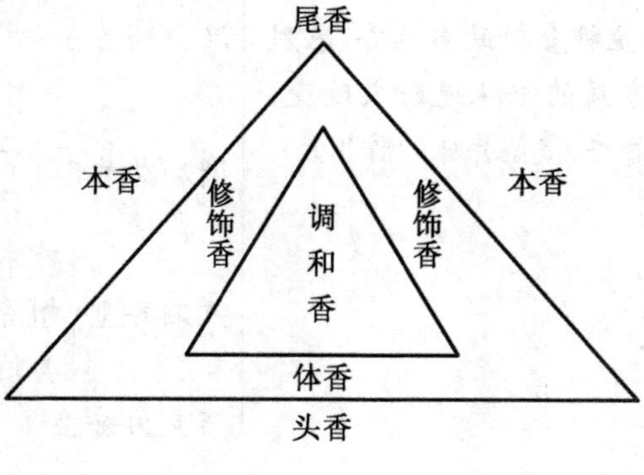

三、味嗅觉风味设计的模式类型

依据右图所示，在设计时，首先确定所用主辅料及其本香本味性质，再决定味香型所用主剂，因为实际上，在同种味（香）型情况下，所用主剂与装（修）饰剂会因主、辅食料而不同，其可能出现的前后效果也不尽一致，因此当主剂确定后，其装（修）饰剂也就随之而确定，其所能产生的前后效果就会得到正确地把握。这里，主辅原料与主调理剂之间的相互影响关系是十分关键的。

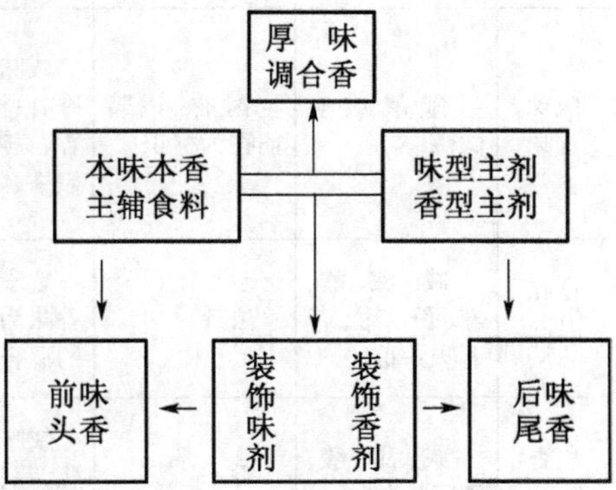

依据对大多数菜点风味浓、淡性区别，有清淡型与浓厚型以及中性型三类基本模式。

1. 清淡型模式

又叫本味型模式，亦即调味大都采用清淡味型，调香亦多采用鲜香型香韵，风格清淡平和，以主食料本味为中心，调味（香）起到提味、脱臭、附香、增鲜、修补、平衡的作用，保持清鲜清淡的风格，调味品用量较少，虽用辛辣品也只点到为止，提携完美风格，注重简单复合，以咸、鲜、甜为主调，不对食料本味遮蔽和过多改变，此所谓古人传统的“淡、真”风味，整体风格是崇尚自然清新，淡泊高雅。

2. 浓厚型模式

又叫刺激型模式，调味采用浓烈味型，调香亦多采用浓香型香韵，特别是香辛型与混合药香型香韵，风格厚重激烈，不在于主食料本质的味嗅，而在于调味品之间巧妙的多重复合对本味遮蔽，达到奇香、异鲜、刺激、冲突、怪味的效果。调味品用量多而且复杂，使人到达受味（香）的极致，激发嗜好。以咸、酸、麻、苦为主调加上浓香，格调整体风格雄浑。

3. 中性型模式

介于以上两者之间，既有清淡的神韵，又具浓厚的色彩，通常是味型清淡，香型浓厚，例如广东的卤水、淮扬的熘菜，前者咸鲜微甜，而香气浓厚复杂，后者甜酸刺激有时又内含微辣但香韵清鲜。另外一些如熏香、薄荷香精以及二、三重香型的烧烤、甜食以及红烧风味，也可以认为是中性型模式。中性型模式的特点是清重相宜，彼长此消，互为提携，重中有清，但不尚浓烈，也不尚纯然淡味，注重主体食料本味原香与调料之间的互利协调，风格显得含蓄、圆转、深秀、华贵与平和，这被认为是调理的最高境界。

依据上述，将常用调理模式作如下归纳：

表 4-9 清淡型模式

名称	味型	香型	主体调料	风格
咸鲜清味汁	咸鲜或有微甜微苦	鲜香，以特征香为标识	咸味剂＋鲜味剂（包括上汤），可辅以甜剂少量，特征香味有：姜、葱、蒜油、香味油、轻香辛料、芫香、奶香、清卤香、酒香、清酱香、各类鲜果、花、叶以及鲜蔬香味，虾、蟹鲜味和腊香味等等	清新自然，本色本味，调料微量，淡雅爽口

表 4-10　浓厚型模式

名称	味 型	香 型	主体调料	风 格
咸辣香味	咸酸或有微辣	酵香，以特征香为标识	咸味剂＋辛辣味剂可辅以少量甜、酸、鲜味，特征香有：椒麻香、浓五香、十三香、二十香、红油香、咖喱香、豆瓣辣酱香、芥蒜香、葱椒香、沙茱香、椒盐香、豉椒香、浓混合酱香、陈麻椒香、重香味油香等等	浓墨厚彩，极度刺激，有时混蒙难辨，但使人痛快淋漓，调料复杂多样，激发嗜好，多有豪气
怪味味汁	咸、辣、酸、麻、鲜、甜、苦七味并重	浓辣	咸＋辣＋酸＋麻＋鲜＋甜味剂，依次轻重。特征香味为花椒，辣椒，香醋，芝麻酱，葱、姜、蒜茸所构成的混合香辛味	复杂深沉，火热，浑厚刺激，平衡于怪异，各种感觉并之，在极度刺激中赋予新奇
鱼香味汁	咸、甜、酸、辣四味并重	香辛	咸味＋辣味＋酸味＋甜味剂，特征香味亦由姜、葱、蒜、芝麻同与所用味剂本香混合构成，于刺激中见其清淡，故谓之：小咸、小酸、小辣、小甜	
酸辣味汁	酸辣或含微甜	香辛，以特征香为标识	咸味＋酸味＋辣味剂，可辅以微甜，特征香味有：姜葱椒味、浓泡椒味、醋椒香味等等	极富刺激，虽有咸味，但酸辣味更重，极度醒味，尖烈但令人畅快

表 4-11　中性型模式

名称	味 型	香 型	主体调料	风 格
咸甜混味汁	咸甜可含微辣微酸	鲜香或浓香，亦以特征香为标识	咸味剂＋甜味剂可辅以清辣清酸等，特征香味有：麻酱、浓五香、浓卤水香、香糟、醋香、臭鱼味、南乳味、混合酱香、京葱味、咖啡可口味、重奶油味、香菌油味、焦香味及薰油香等等	汁味醇浓肥厚，但不失本质本味，调料较多，厚重利味
甜酸汁	甜酸可含清咸清辣	鲜香，以特征香为标识	甜味剂＋酸味剂可辅以清咸、清辣味，特征香味有：糖醋香、姜醋香、茄汁味、柠檬味、楂奶味、急汁以及清辣香味等	轻快、圆转、醒味，对本味遮盖味浓，但注重调味的平衡，给人快乐
甜味汁	甜香，可含小酸或小苦	鲜香，以特征香为标识	甜味剂＋香剂，可辅以微酸、微苦，特征香味有：重奶香、干果香、蜜香、蜜饯香、薄荷香、可口香、水果香与玫瑰香、桂花香等等	甜蜜愉快，对本味遮盖，味浓但柔润，舒缓令人沉迷
盐酸味汁	咸酸或有微辣	酵香，以特征香为标识	咸味剂＋酸味剂＋鲜味剂，可少量辅以辛辣味，特征香主要有：泡菜乳酸香，红，白醋酸香，姜醋香，椒醋香，芥醋香，清泡椒香等等	十分醒味，虽有辛辣之香，但不强烈，以酸本香为主，虽刺激又显柔和，酸鲜开味

实际上对菜点味、嗅的设计与加工模式是十分复杂而丰富的，并不是可以用固定标准所能确定的，这里只能凭据长期实践经验与品尝感受来进行描述并将其大致分类，但有一点应予以肯定的是突出菜点主辅料本味的就是清淡模式，对其本味完全遮蔽和改变的则是浓厚模式。走中间道路的兼而有之者则为中性模式，也就是说在用量上是轻重关系，量的变化清会变重，反之亦然，在味型与香型方面则难以确定，只能以“适口者珍”为原则。

四、部分实用模式菜例类举

【例 4-3-1】 姜萝鸭片

主料:鸭片。辅料:菠萝片或汁、鲜红辣椒片或红油。主体调料:盐、糖(少量)、白醋、生姜(多量)、蒜、葱(少量)、芝麻油、糖醋、绍酒。风格:酸辣中透出咸甜,香味浓郁。适于抄、拌类菜肴。(浓厚)

【例 4-3-2】 泡椒鱼

主料:鱼。辅料:泡青菜、泡红椒。主体调料:酱油、醋、盐、葱、姜、蒜末等。风格:酸辣突出,咸鲜为基,葱、蒜香浓。宜用于烧、炒菜肴。(浓厚)

【例 4-3-3】 浓五香烧鸡

主料:小公鸡。辅料:春笋。主体调料:盐、红或白酱油、干红椒、糖(少量)、香醋、芝麻油、姜葱末以及五香料(山柰、大茴、砂仁、豆豉、甘草、草果)。风格:味浓而厚重,香味复杂浓郁。适合烧、焖菜肴。(中性)

【例 4-3-4】 麻辣干锅鱼

主料:鱼块。辅料:大蒜子。主体调料:精盐、红酱油、花椒面、海椒节、香醋、白糖(少量)、红油。风格:味重麻辣,回味咸甜。(浓厚)

【例 4-3-5】 家常豆腐

主料:豆腐。辅料:木耳、笋片、肉片等。主体调料:红酱油、郫县豆瓣、蒜苗、芝麻油。风格:咸辣酱香,色泽红亮。(浓厚)

【例 4-3-6】 咖喱牛肉

主料:牛肉。辅料:球葱、红鲜椒。主体调料:咖喱、辣椒面、蒜泥、胡椒粉、香叶等。风格:火辣香浓,咸鲜收尾。烧、炒、煎、熘最宜。(浓厚)

【例 4-3-7】 豉椒鹅掌

主料:鹅掌。辅料:蒜子。主体调料:豆豉、辣椒、胡椒、盐、蒜泥、糖、白醋、深色酱油。风格:酱香浓郁,味咸辣,后味甜酸,宜做炒、烧、扒、焖菜肴。(浓厚)

【例 4-3-8】 红油鸡线

主料:鸡丝。辅料:绿笋。主体调料:红酱油、红椒油、蒜泥、醋、白糖、熟芝麻。风格:咸鲜香辣,后味略甜、略酸。(浓厚)

【例 4-3-9】 薄荷绿豆汤

主料:绿豆。辅料:糯米饭粒。主体调料:白糖、薄荷香精、丝绿蜜饯。风格:泌甜,清凉,薄荷香幽郁。适甜点小吃。(中性)

【例 4-3-10】 蜜汁糖藕

主料:藕节。辅料:糯米。主体调料:白糖、蜂蜜、饴糖、玫瑰果酱。风格:甜味浓厚,清香圆润,为甜菜特定风味之一。(清淡)

【例 4-3-11】 葡汁熘鱼

主料:鱼肉。辅料:葡萄。主体调料:盐、糖、葡萄糖、葡萄汁。风格:甜酸浓蜜,爽口,果香怡人,回味微咸。(中性)

【例 4-3-12】 花果黄鱼

主料:黄鱼。辅料:三色水果。主体调料:盐、茄酱、苹果酱、草莓酱、大红浙醋、红油(少

量)、白糖。风格:甜酸浓厚、果香复合。(中性)

【例 4-3-13】 蚝油虾仁

主料:虾仁。主体调料:蚝油、白酱油、胡椒面、白糖。风格:海鲜浓厚,清鲜爽口。(清淡)

【例 4-3-14】 蜜椒软煎鸽柳

主料:鸽脯肉。主体调料:蜂蜜、美极酱油、急汁、黑胡椒、精盐、白糖、芫荽子粉、陈皮、鸡精。风格:甜蜜,微咸,鲜辣,香味婉转,柔美。宜炸、煎味碟或浇汁。(中性)

【例 4-3-15】 果乳炒肾球

主料:鹅肫。辅料:水果块。主体调料:果酱、南乳、淡奶、生抽、牛油、葡萄酒、鸡精、泡椒粒(少量)。风格:果香、南乳、奶香与酒香混合复杂,咸中有甜,回味隽永。(中性)

【例 4-3-16】 辣酒羊肉条

主料:羊肉。主体调料:曲酒、花雕、玫瑰露酒、泡红椒粒、油咖喱、黑胡椒、紫苏油、陈皮、大头菜、沙茶酱、精盐、豆瓣辣酱、味精。风格:酒香扑鼻,鲜辣强烈,口味复杂而层次丰富。宜烧、焖菜肴。(中性)

【例 4-3-17】 奇妙酸辣猪肚

主料:熟猪肚。主体调料:卡夫奇妙酱、芥末酱、草莓酱、精盐、鲜辣粉、芫荽子粉、鸡精、芝麻油。风格:香酸咸辣鲜,柔和明朗,开味。宜于冷食蘸料。(中性)

【例 4-3-18】 香酱辣鱼头

主料:鲢鱼头。辅料:粉皮。主体调料:蒜茸辣酱、花生糊、绿芥末(少量)、香糟卤、特鲜酱油、白糖、青大蒜、葱、姜、黄酒。风格:浓醇香辣,味感多重,尤宜砂锅菜。(浓厚)

【例 4-3-19】 十三香龙虾

主料:龙虾。主体调料:盐、酱油、辣椒节、白糖、十三香(八角、桂皮、山柰、生姜、小茴香、肉蔻、丁香、草果、砂仁、陈皮、辛夷、花椒、白芷)。风格:口味咸辣,十三种香料复杂多重,香味浓郁。(浓厚)

【例 4-3-20】 茉莉花鸡片

主料:鸡片。辅料:笋尖。主体调料:盐、高汤、鸡精、茉莉花。风格:花香清悠,咸鲜味厚,本色本味。宜炒、拌菜肴。(清淡)

第四节 着色工艺

引导案例

菜点的色彩是通过加工形成的,它基于自然又不同于自然,是视觉风味的重要内容。随着人们饮食素养的不断提高,食品的色彩质量被提到重要的地位,要求食品色彩表现得纯正、自然、鲜亮,比新鲜更为新鲜,符合人们最佳品尝经验的要求。然而在一些餐厅里要么不重视着色,要么对着色理解偏颇而采用不规范方法刻意单纯地追求色彩艳丽,效果适得其反,致使一些原本是优良之色遭到破坏,或者增加了非正常色彩因素,从而降低了成品质量，例如在食品中滥用人工色素过渡渲染等等。

分析：这是市场餐饮普遍存在的一个问题，使许多食品该有之色没有，不该有之色反倒有。这里除了道德问题之外，就是对食物食彩相关知识的缺乏而盲目性着色的结果。根据现代色相原理，人对色彩视觉的强弱取决于光的波长与强度，可视光谱在400～700 nm之间，颜色波长差是10 nm。菜点的颜色是食料对不同波长的光的选择性吸收，作用于人眼产生的视觉效果。例如，橘粉晶的黄色是因为吸收了白光中的蓝色所致。据比雷氏实验认为，食物中的红色激发食欲最强，橙色次之，黄色稍低，绿色回升，蓝色稍高，紫色较差，黄绿色最低。然而我们应当注意的是，他仅站在单纯色彩学的习惯立场上，而忽视了食品色彩的天然属性。食品色彩应是来自于原料本质性、天然性、食用性的。一些非来自食品材料本质天然性质的色彩，会使进餐者情绪跌落到最低，一些不具有菜点应达标准色彩者，同样会损害进餐的热情。

实际上，色彩对人的食欲心理影响是建立在各自饮食经验之上的，红色不一定会激发人的食欲，紫色也不一定会抑制人的热情，问题是色彩能否充分反映出该菜点完美质量的一个方面；同时该菜点色彩是否与进餐者经验参数相吻合。例如：鲜红的椒油会给不嗜辣者以恐惧，反之会激动；酱红的烧肉会使喜食者冲动，食清淡者厌恶。再如清炒鱼片炒黄了，烤鸡烤黑了会令人厌恶；反之黄焖鱼块，黑木耳之色又令人愉快。因此说，人的进餐情绪实质是不受单纯的色彩所影响的，而是与菜点质量的“心理色彩”相关联。

客观上，食料的本色与食品之色并不等同，就如文学来源于生活而又高于生活一样，食品之色来源于食料之色又优于食料之色，当食料之色不能满足心理色彩需求标准时对其进行某些净化，增强抑或是某些改变的加工，这就是着色工艺。本色体现的是材质之美，成品之色体现的是工艺之美，但工艺之美必须建立在自然美的基础之上，使白者更纯、红者更艳、绿者更鲜、黄者更亮、暗淡者有光、灰靡者悦目，尽显新鲜自然的本质。一切有悖于此者，都不具有中国烹饪着色工艺的性质和意义。美好的色彩是优良菜点新鲜品质的象征。例如：洁白表示蛋白的细嫩；姜黄表示油鸡的肥润；酱红表示烧菜的醇浓。这里，首先让我们了解一些关于食品色彩的色素来源。

一、食品色彩之色素的来源

煤焦油酚为原料合成的焦油色素，研究证明都具有一定的毒性作用，而在烹饪工艺中被自觉地杜绝使用。目前只有五种人工合成色素：胭脂红、苋菜红、赤藓红、靛蓝和柠檬黄等在工业食品中被有控制地使用，而在烹饪工艺中则利用食物原料中天然色素作出更为丰富的变化。就来源而言，可分为动物、植物、微生物色素三大类，以植物色素最为缤纷多彩，是构成食物色素的主体。这些不同来源的色素若以溶解性能区别，可分为脂溶性与水溶性色素。从化学结构类型来区分，则为吡咯色素、多烯色素、酚类色素、吡啶色素、醌酮色素以及其他类别色素。可以说，色素存在于绝大多数食物体之中。用以提炼作菜点着色使用的一般有如下品种：

1. 铜叶绿酸钠

从叶绿素丰富的植物中提取，习惯上称为“叶绿素铜钠盐”，具有色泽鲜亮、对光和热均较稳定的特点。在烹饪工艺中，通常直接将绿叶菜加盐捣烂提取绿菜汁，对菜点着色，在工业上则用碱性酒精提取、皂化，再以硫酸铜处理成为色剂。该色素不溶于油脂，经长期试验未发现毒性，并对胃溃疡、贫血等有疗效，其最大用量为0.5 g/kg。

2. 类胡萝卜素

是广泛分布于生物界的一大类色素，主要来源于植物界，已知达300种以上，颜色从黄、橙、红到紫色都有，不溶于水而溶于油。类胡萝卜素作为一类天然色素早就被广泛应用于食品着色，但以油质食品为限。近年来，发展了一些使类胡萝卜素分散于水溶液中的新技术，目前类胡萝卜素的人工合成剂有β-胡萝卜素、杏菌红素、从-8′-β胡萝卜醛和从-8′-β-胡萝卜酸乙酯。直接用于酥点，一般用量不超过0.2 g/kg。在糕团及船点中，一般直接从蔬菜或水果中榨取有色鲜汁使用。在菜肴中，利用类胡萝卜素溶于油的特性，对油脂着色，如将油加热至120～140℃，对胡萝卜、西红柿、红辣椒等熬炼，制成色素油脂，具有色、香、味俱佳的特点。

3. 红曲色素

是红曲菌产生的色素，色泽鲜艳，紫外线照射不褪色，耐热性能良好，溶于乙醇、乙醚等有机溶剂，不溶于水，但可溶于乙醇的水溶液。经试验，红曲色素几乎无毒，广泛用于肉、豆、面、糖及果酱与调味品之中，在卤、烧、烤等菜肴之中有较多使用，在未添加酒的菜肴中，红曲色素的着色效果不够理想。

4. 花青色素

花青色素是一大类主要为水溶性的植物色素，水果、蔬菜、花卉的五彩缤纷的颜色大都与之有关。现在已知的花青色素有20余种，主要有天竺葵色素、矢东菊色素、飞燕草色素和三种甲氧基取代的衍生物，即芍药色素、牵牛色素及锦葵色素。

花青色素在有氧化剂存在的情况下极不稳定，具有碱的性质，在工业上通常用盐酸提取花青色素，因此得到的是氧化物，具有不同色彩的红色。含花青色素的蔬菜和水果对铁器敏感，而对铝和不锈钢则不显著敏感。利用花青素为食品着色，目前已经和接近实用的有紫葡萄色素、朱槿色素、蔓越桔色素、紫苏色素、紫玉米色素等。但限于这类色素对光、热、氧化剂的不稳定性，仍将其应用于非热制菜点、饮料之中。

5. 姜黄色素与红花黄色素

姜黄色素是襄荷科植物姜黄根茎中提取的黄色色素，是一种二酮类化合物，易溶于水、醇、酸或醚中，遇碱立即变红，中和后复原。有特有的味与香气。耐还原性、染着性均强。但耐光性、耐热性及耐铁等金属离子性较差，常用于凉菜中对鸡、鸭、牛肉等着色，可使其给人以油嫩的印象。用量一般在0.1 g/kg左右。

红花黄色素是从中药红花中提取的黄色素，有微毒，最大使用量为0.2 g/kg。

综上所述，从天然食料中提取的色素物质，一般都对光、热、酸、碱等条件敏感，在加工中常因光、热及其他添加材料的原因而促使变色或褪色，使用性受到了一定的局限，在使用中依据所用色素性质，在限光、限温并谨慎与其他材料结合的条件下，具有较好的效果，一般来讲，在烹饪工艺中是直接利用新鲜有色原料的粹取物对另一食料渲染达到着色的目的。同时也能对其他的味、香、质等质量风味起到良好效果。例如鸡蛋黄、胡萝卜泥、南瓜泥、青菜汁、呵粉、南乳汁、鲜橙茸、火腿茸等等。由于天然色素物质无毒性，目前对其开发研究成了调味品开发科学的一个重要课题，随着天然色素的弱点被克服，将会在菜点及其他食品加工中得到更为广泛的应用。

二、着色的方法

对食品着色的方法有很多，依据不同的功能性质大致分为四类。

表 4-12　着色方法概表

作　用	净色作用	发色作用	增色作用	附色作用
方法	水漂法	食硝法	盐增法	染拌法
		焦糖法		裹附法
	蛋抹法	其他化学方法	同色增法	滚沾法
				渗合法

(一) 净色法

去其杂色，实现本色，使食料之色更为鲜亮明丽的方法有：①水漂法：运用清水对鸡、鱼、虾、猪等肌肉漂浸，可以去除肉中所含的血渍与其他一些杂质色素物质，使原料本色更为纯净，表现更为彻底充分，显得更为洁白细嫩。②蛋抹法：在一些蒸、汆、煎、烤的菜点生坯上抹一层蛋清或蛋黄浆膜，会使深浅色度平衡，使洁白者鲜亮、金黄色明朗，显得色度均衡，色相纯净。

(二) 发色法

通过某种化学的方法，使原料中原本缺弱的色彩因素得到实现或增加，目前主要使用的是食硝与焦糖，其他化学方法在现代食品工业中有一些使用，但在烹饪工艺中暂无这方面的案例。

1. 食硝法

食硝是硝酸盐及亚硝酸盐的简称。食硝的发色是在肉中在还原菌的作用下，还原成亚硝酸盐与肉中糖元降解产生的乳酸发生复分解形成亚硝酸。亚硝酸的水溶液很不稳定，在常温下可分解产生氧化氮，再与红蛋白和肌红蛋白结合产生鲜红色亚硝基血红蛋白和亚硝基肌红蛋白，从而使肌肉的色调得到改善，保持像新鲜时的鲜红色泽，达到发色的目的。

虽然硝酸盐具有发色作用，但又易在一定条件下生成亚硝胺，具有强致癌性。此外，硝酸盐本身的慢性毒性亦不能被忽视。目前，对腌制品加工中添加食硝的量与其他相关问题，仍是一个有待解决的问题。相关医药研究认为，人对硝酸盐的日摄取量不宜超过 5 mg/kg 体重；亚硝酸盐为 0.4 mg/kg 体重。在实际使用方面，需严格控制用量，一般用30 g 硝酸盐溶解于 5 kg 清水中制成腌渍所用的浓度为 0.006％的“硝水”。每 5 kg 硝水可用于腌渍 60 kg 以上肉料，亦可按比例制成“混合盐”，干硝量为 105 ppm 或 11.2 g/L。

在温度方面，食硝的发色速度随温度的增高而加快，一般来看，0℃左右的发色作用在 5～6 天，25～30℃时则为 6～12 小时即可，在恒定 10～15℃温度中 2～3 天为最理想时段。

目前有实验认为，添加维生素 C 具有极强的还原性，可以使亚硝酸还原成氧化氮，降低亚硝酸的含量，帮助玫瑰红色的产生，实际用量一般为 200 mg/kg。另外，生姜中所含香辛物质具有较强的抗氧化能力，可阻断亚硝胺的合成。在工业上从血红素中提出亚硝肌红蛋白或亚硝血红蛋白(合称为亚硝基血色素)作为添加剂，在受热后发生变性，使肉类制品仍能保持鲜红的色泽，从而也具有发色作用。

日本武田药品厂工业有限公司在上世纪九十年代试制成一种肉制品助色剂，可帮助硝水产生玫瑰红色，并能大幅降低亚硝酸的残留，防止颜色退化，比单独使用维生素 C 效果更佳，添加量为肉量的0.1%～0.5%。另一种取代亚硝酸的新型发色剂是在五碳糖和碳酸钠组成的混合物中添加一定量的烟酸酰胺，其肉的色、香及口感都可以与硝酸盐腌制的肉类媲美，具体用法为每10 kg蹄肉加碳酸钠20 g、木糖80 g、烟酸酰胺30 g，这些新发色剂可望在烹饪工艺中使用，逐渐避免因用硝酸盐而隐含的毒副作用。

2. 焦糖法

利用糖在加热中所产生的焦化色素作用，使原料表面色泽产生变化的方法。食糖在加热至160～180℃时会焦化产生焦糖棕红色素，被称之为"糖色"。运用未焦化糖浆作发色剂，是通过煸、炸、烧、烤等加热方式达到目的。因糖焦化的不同程度而产生金黄、棕红和枣红色彩。过焦化则为厌恶的焦黑色。

用于发色的糖类以饴糖为最重要，饴糖中所含糊精较多，而具有良好的黏度，能牢固地黏附在原料体表而不至于在加热中脱落，在加热中，饴糖能产生焦糖色素，并能在一定程度上增加烤菜表层脆感。又由于饴糖甜度较小，因此在发色的同时也不会过多地影响到主体味感，并能增强其焦香风味的形成。

与饴糖一样具有发色作用的尚有蔗糖、淀粉糖浆和蜂蜜，但效果皆不如饴糖，蔗糖黏度不够，焦化过快、过脆而易于脱落。淀粉糖浆又称糖稀，由葡萄糖、糊精、多糖与少部分麦芽糖组成，过于稠黏，发色慢，且在烤菜时不易保持脆度。蜂蜜则过甜，其风味与营养在加热中易被破坏，这三种一般为饴糖的代用品，如果使用则需与其他原料结合，改良其性质。

在烹饪着色工艺中，常添加食醋与黄酒作为助色剂，使糖色红亮而持久，并对甜味有节制作用。另外用酒糟腌渍鱼肉亦可使之产生淡红色泽。对原料直接抹上酒酿或黄酒，烤后亦具有一定的焦糖色反应。

上糖色有炒上色与浇拌上色两种方法，炒上色法是将食糖与主原料一同下锅煸炒直至出色。浇拌上色法则需先制糖浆，再对食料浇淋、抹涮或搅拌上色。一般糖浆有如下品种：

(1) 脆糖浆　60 g沸水溶化30 g麦芽糖(饴糖)，冷却后加浙醋(熏醋)15 g、绍酒10 g、干淀粉15 g搅成稠浆状。供一只脆皮鸡使用，炸发色。

(2) 叉烧糖浆　麦芽糖5 kg，加沸水0.5 kg，置盆中加热，至充分溶解，冷却即可，炸发色。

(3) 乳猪糖浆2种

① 麦芽糖75 g、白醋500 g、熏醋50 g、糯米酒10 g调匀，加热至充分溶解即可，烤发色。

② 麦芽糖250 g、白醋2 kg、玫瑰露酒31 g、双蒸酒500 g、镇江香醋500 g，同置一桶搅和即可。

(4) 烤鸭糖浆4种

① 麦芽糖200 g加清水300 g搅匀，用于传统明炉叉烤鸭。

② 饴糖1 kg、花雕酒250 g，加清水2 kg搅匀(用于片皮烤鸭)。

③ 麦芽糖90 g加清水500 g调匀，用于传统挂炉烤鸭。

④ 麦芽糖3 kg加白醋5 kg、镇江香醋1 kg搅匀，用于南式挂炉鸭。

(5) 糖色水　50 g白糖加50 g清水，在锅中加热熬至水平呈深红色，冒青烟时，加入清水100 g热沸溶解均匀即成，用于烧、焖等菜肴的拌上色。

第五节 致嫩工艺

引导案例

小王买了2斤瘦牛肉,回家做了一只炒牛肉丝给太太品尝,结果,牛肉丝老韧得很,难以咀嚼,因之被太太责备了几句。第二天他照菜谱所云,用食粉(一种洁瓷粉,实际上是工业烧碱)拌入牛肉重新做了一盘炒牛肉丝,结果自己一尝,差一点吐了出来,原来是碱味改变了牛肉的本质味,并有苦涩味和碱气味。他又到市场上买了一些白嫩的虾仁、牛肚、笋片等想弥补过失,以获得太太的好评,结果,这些食材刚刚下锅,便大量脱水收缩,并伴有难闻的气味,变得老韧缩小或者呈现糜烂状态,他傻了眼,欲求鲜嫩之食是何其之难。

分析:诚然,色洁、体满是致嫩的最佳表象,牛肉因为质老而不利于炒食,致嫩因致嫩剂不得法和方法不得法而难以奏效,市场上某些摊点的供应又是一些不科学的致嫩品,既危害了食品安全性又使食料原质鲜味和香气丧失,因此说上述的致嫩是不可取的。它背离了致嫩的根本原则,失败也是意料中的事情。实际上对食料的致嫩并不具有广谱性,而是一种局限性加工,主要是针对动物体的某些肌肉原料,例如通脊、腿肉、鸡胸以及肫、肚等平滑肌组织结构特点的少量原料。这些原料具有一定的老、韧、粗、干的特性,这是因为结缔组织致密强度高,含水或脂肪量少或弹力纤维较多所造成的。这些原料在加热时极易收缩脱水而加强其致密性,令人难以咀嚼下咽,要使之达到松嫩程度,则需经过长时加热,破坏其组织纤维结构,但长时加热又易使之失去新鲜嫩脆的风味,而这种风味特性正是肌肉型食料所隐含的最佳品味。要将这些原料在短时加热中既使之制熟又能保持其鲜嫩特点,适当地采取致嫩工艺是十分必要的。

一、致嫩的目的和意义

致嫩的目的是破坏结缔组织,使之疏松持水,既方便成熟又保持鲜嫩,这一点与涨发工艺既相似又有区别,相似的是都具有致嫩的意义,不同的是涨发工艺针对干货原料,目的仅是使之疏松复水,而没有保持原有鲜嫩的意义。另外,致嫩工艺对缩短加热时间、便于咀嚼食用和消化都有一定的现实意义。

二、致嫩的方法

致嫩的方法有碱、盐、酸、酶、糖等生化方法和机械致嫩方法,其中又以化学剂致嫩为最重要方法。

1. 碱致嫩法

在肌肉中与持水性相关最深的主要是肌球蛋白,每克肌球蛋白质能结合0.2~0.3 g水,溶液pH值对蛋白质的水化作用有显著的影响。碱致嫩主要是破坏肌纤膜、基质蛋白及其他组织结构,使分子和分子间的交链键引起断裂,从而使原料组织结构疏松,有利于蛋白质的吸水膨润,提高了蛋白质的水化能力,常用的又有碳酸钠与碳酸氢钠两种。

(1) 碳酸钠致嫩　取0.2%的碳酸钠溶液将肚尖或鹅肫浸置1小时,可使体积膨胀,用于横纹肌原料则需减少1/2浓度,其致嫩原理为腐蚀作用。

(2) 碳酸氢钠致嫩　在致嫩中代碱使用,但碱性温和,稍有碱味,用量多时也需漂去碱味,小苏打遇水即产生二氧化碳膨胀,促进原料吸水,故用其对牛、猪及虾仁之类上浆时致嫩,但由于力度不足,对肚、肫之类材料作用力甚小而不用之。一般每百克牛肉可用1～1.5 g小苏打,致嫩2小时左右,用小苏打致嫩上浆的原料中,一般应添加适量食糖,缓解其碱味,糖又能促进肉的膨润吸水,其折光性使原料成熟后又具有一定的透明度。

2. 泡打粉致嫩法

泡打粉为复合疏松剂,由碱剂、酸剂和填充剂组成,在致嫩中使用可起到碱性致嫩的作用,又由于在加热与酸剂的中和反应,在放出二氧化碳气体之时,又不残留碱味物质,从而为原料鲜香风味的保持提供了保障。因此,在很多方面泡打粉都在取代着小苏打,或结合使用。但用量过多其味会苦,一般亦需加适量糖以抑制苦味。一般使用量为:牛肉500 g,用泡打粉10～12 g。

3. 木瓜酶致嫩法

木瓜酶又叫松肉粉、嫩肉粉,是近十多年发展的新型致嫩剂,为白色粉末状物质。松肉粉不含防腐剂和任何人工化学成分,为纯天然制品。其主要组成部分是从番木瓜(又名番瓜、万寿果、木瓜)中提取的木瓜蛋白酶,配以盐、糖、淀粉等填充剂,具有扩张动物性原料纤维组织,使之柔软的作用。其原理是,蛋白酶可将肌球蛋白"尾部"与头部分开,切断其联系键和链,犹如将肌肉斩碎一般,从而提高了蛋白质的溶解力。木瓜酶的渗透性较大,在对体积较大的肉块致嫩时,速度也较快,效果均匀,远胜于碱类致嫩,其耐温性也较高,在55～75℃时催化能最为强大。因此,使用木瓜酶应在前1小时左右并需适当地进行温控,温高则时短,反之则长。否则,在长时和温高的情况下,易使被致嫩原料过于糜碎而损形。也由于致嫩力强,使用木瓜酶时应把握用量,过多同样会使原料破碎糜烂。用量亦应因原料的大小而增减。例如:5 000 g牛排可用8 g松肉粉,而同样量的牛柳则应用6 g左右。致嫩时先需将松肉粉用水调开,而不应将粉直接拌入肉料,以防止溶解致嫩不均匀的情况发生。除了木瓜酶外,其他如菠萝、无花果、生姜、猕猴桃等植物蛋白酶都具有相同作用。

4. 盐、酸致嫩法

已知肌肉中肌动蛋白与肌球蛋白都是盐溶性蛋白,两者结合而成肌动球蛋白则盐溶性提高,其留在体内则使肉质僵硬,溶于体外则显稠黏,提高肌肉的吸水性。盐致嫩就是在原料中添加适量食盐,使肌肉中肌动球蛋白溶出体表成为粘胶状态,使肌肉能保持大量水分,并能吸附足量水。这在上浆与制缔工艺中具有显著作用。

在常温下,蛋白质在一定的pH值范围内将保持天然状态,超过这一范围,将促使蛋白质发生变性。酸引起蛋白质变性的机理与碱相似,可能是因为蛋白质溶液pH值的改变导致多肽链中某些基因的解离程序发生变化,因而破坏了维持蛋白质分子空间构象的某些带相反电荷基因之间的静电作用形成的键。在一些较为老韧性动物原料的制菜过程中,适量地添加一些酸物质,可加速热变性速度,并对原料肉质具有一定的膨润作用。另外,将一些肌肉原料,如腰片、肉片等浸置于醋酸溶液中也有明显的致嫩效果。

5. 聚磷酸盐致嫩

聚磷酸盐主要应用在腌制品加工中提高肉的持水性。以焦磷酸钠和三聚磷钠最佳。关于聚磷酸盐的致嫩机制还有待更多的研究。据有关材料认为,由于添加了聚磷酸盐,溶液pH值上升呈碱性,使肉由酸性向碱性转移,持水性得到提高。聚磷酸盐有与多价金属离子结合的性质，能使结构蛋白质的羧基被解放出来。由于羧基之间的静电作用，使蛋白质结构松弛，有利于多量水被吸收。

三聚磷酸盐只有在加水分解形成焦磷酸盐时才能有效。但焦磷酸盐可因肌肉中的焦磷酸分解而失去致嫩作用，故宜在腌制中后期添加使用，防止焦磷酸的分解。一般用量为肉量的0.1%～0.4%，使用过多会有碍肉的风味。目前，聚磷酸盐局限在食品工业上应用，但在烹饪工艺的腌渍与制缔、制馅工艺中，也具有一定的应用价值。

除了上述致嫩方法外，运用机械力作用使原料结构疏松，如敲、拍、排刀等方法，也具有一定的致嫩效果，这在分解工艺一章中已有讨论。另外，如漂色一样将原料浸漂在清水里，或在原料中添加油脂增强其乳化性也具有不同性质的致嫩意义。

第六节 着衣工艺

引导案例

初学者在制作着衣菜点时，容易出现脱浆、泄糊、掉渣和失芡的不良效果。脱浆是由于浆体与食料之间缺乏黏附力；泄糊就是对糊的稠厚和起酥性把握不住，而使之挂不上食料或者成熟时易破碎；掉渣就是拍粉不匀和黏附力不足，加热时易使之脱落满锅污染油体；失芡就是勾芡不均或者过干或者过稀。这些都极大地影响了食品的成熟质量。

分析：上述问题反映了初学者对着衣工艺机理的把握性和实操训练方面的不足，着衣工艺的普遍意义是：

(1) 保嫩与保鲜：一般来说，着衣工艺为油导热的旺火速成的需要而设置，因为裸料在较高油温中骤然受热，极易使水分和呈味呈香物质大量并快速流失或被破坏，从而产生老韧、干燥、失鲜等不良结果。若为其着衣，则会缓冲高温对原料表体的直接作用，并由于胶状致密外衣的保护，使原料内部水分外溢明显减少，香、味等风味物质也因之得到多量保持，从而保障了肌肉原料与一些更为细嫩的复合原料细嫩鲜美的优良特质。同时由于淀粉糊化而又增添了炒爆菜肴爽滑的优美触感；有时又因外层酥脆、外壳的迅速形成，丰富了炸、煎菜肴触觉的对比层次，例如"外脆里嫩"等等。

(2) 保形与保色：当鸡、鱼、虾、贝等细嫩原料加工成细薄较小料形后，在加热中特别易碎、蓄缩、变形、变色等等，经着衣后，由于黏结性的加强和保水性能的提高，就不仅能保持原料完整、饱满、光滑的形态，使原料的本色也不易被改变，依然具有其鲜丽色泽，同时还有利于菜料某些艺术造像的固形，如菊花鱼、松鼠鱼等等。在成熟后使菜品产生洁白、金黄、光亮的良好视觉效果。

(3) 增强风味的融合，质构更具合理：在高油温下，原料中某些营养成分易被破坏，尤其是维生素的损失与蛋白质的碳化等等，着衣则具有显著的保护作用。又由于着衣基本由淀粉或米粉、麦粉、澄粉与鸡蛋组成，从而使菜品本身营养成分得到提高，质构更具合理，另外还有利于原料对卤汁的裹附，从而促进了整体菜肴风味的融合性。

尽管意义相似，但是上浆、挂糊、拍粉和着芡具有各不相同的工艺标准和方法。解决各种需要解决的问题，首先从上浆说起。

一、上浆工艺原理

将食料裹拌用蛋、淀粉调制的黏性薄浆就是上浆。上浆部分被食料内部吸收增强其嫩度。部分均匀分散裹附在食料外层，加热时经过糊化形成软滑明亮的胶体保护膜。上浆的实施方法、程序以及对食料的选择都具有明确的要求。

1. 适宜上浆的食材

上浆的原料一般为动物的肌肉组织，主要是横纹组织。陆生性动物横纹肌，如猪、牛、鸡等，经加工成丝、条、丁、片时可以看到一条条纤维组成的肌束，各个肌纤维由结缔网络连接，在肌纤维内充满着由原生质转化的很细的肌原纤维，这种结构使肌肉加工后不易破碎，但易于失水萎缩而老化。水生性动物以鱼虾、鲜贝为主。鱼肉是套叠肌状肌节结构，比较松散，易破碎。虾肉肌纤维膜较厚，由伸、屈肌构成肌肉块，含水量大，易流失而使肉质老木或破碎。这些原料中所含蛋白质与水是上浆工艺的关键。与制缔一样，对上浆有直接作用的是肌原纤维蛋白质。对上浆起重要作用的另一物质是水。我们知道，水在原料中以结合水、不易流动水和自由水三种形式存在，而与上浆关系密切的则是不易流动水，它存在于纤丝、肌原纤维及膜之间。水在上述原料中含量略有差异：虾肉含量最大，鱼次之，畜、禽肌肉最少。

对肌肉上浆，亦适宜选择僵持后期为最佳时机，这时肉体开始软化，肌原纤维逐渐破碎，肌肉逐渐伸长，持水性逐渐提高，原料中 ATP 经各种酶的作用，生成重要的风味物质 IMP，其次，在组织蛋白酶的作用下，蛋白质部分水解成肽和氨基酸游离出来，大大改善了原料的风味。但时间越长，则蛋白质水解产物越多，原料光泽度和持水性都将下降，从而对上浆不利。

淀粉是上浆的主要原料。淀粉品种很多，在结构上有支链与直链之分，从来源上有豆淀粉、玉米淀粉、马铃薯淀粉和麦淀粉等等，淀粉的吸水性能对上浆是十分重要的。在对同等原料上浆时，对吸水性强的淀粉添加应小于吸水性弱的淀粉量。通常来说，以含支链淀粉量多的淀粉为好，如马铃薯粉与玉米粉。

由于淀粉颗粒内部紧密有秩序的排列，使得淀粉具有较强的抗水性而不溶解于凉水，其水溶液易发生沉淀，故上浆后的原料放置较长时间易脱浆。另外，蛋液的黏性使干淀粉不易均匀分散在蛋液中，因此上浆宜采用沉淀的水淀粉，这样上浆后原料表面的光滑度会得到加强。

上浆后经加热淀粉糊化成黏性很大的胶体，紧紧包裹在原料表面，避免了原料表面与高温油的直接接触，使原料内水分与呈味物质不易流失而显得饱满鲜嫩，并使原料在加热中不易破碎，从而又起到了保嫩、保鲜、保持形态、提高风味与营养的综合优化作用。

蛋液在上浆中既具有调解剂又具有黏结剂的作用，常用于对包、卷、贴、褰等类菜肴成形的黏结剂。蛋液中黏蛋白能增强浆液对原料表体的黏附性，蛋液对淀粉调解组成浆液对原料上浆，加热后蛋白凝结，尤其是卵蛋白的凝结，使菜肴滑嫩光亮，由于这种蛋白质大分子形成的固态传热性能差，因而起到了一定的保护作用。

2. 上浆的程序与方法

上浆一般程序如下：

腌拌→调浆→搅拌→静置→润滑

(1) 腌拌　将食盐添加于浆料之中，搅拌均匀至肌肉表体有黏稠感，目的是通过盐的电解作用,使肌动球蛋白的溶液度增大,原料表面蛋白质的静电荷增加,提高水化作用,引起分子体积增大,黏液增多,达到吸水嫩化。在用盐腌拌致嫩前,有的原料还需漂色或致嫩等,机理如前所述。腌拌还可达到基本调味的目的。

(2) 调浆 用湿淀粉与蛋液(或水)调匀成蛋浆,常用蛋浆有如下种类:

① 蛋粉浆:即蛋液与淀粉结合的浆液,又有全蛋浆与蛋清浆两种。全蛋浆即调浆时用蛋的全部形成的浆体,色泽淡黄,适用于对有色炒、熘菜肴上浆。蛋清浆即调浆时只用蛋白部分形成的浆体,色泽洁白,适用于对特别细嫩的、白色菜肴的上浆,如清炒虾仁、糟熘鱼片等。在嫩度上蛋清浆高于全蛋浆,适用性最广。

② 水粉浆:仅用湿淀粉与少量清水结合的浆液,为一般性浆。色泽洁白,可通用,上浆质量次于以上两种,但对心肌、平滑肌类型原料,若需上浆则仅适用于这种浆液。如心、肝、肾、胃等。这种浆既没有蛋浆的密封性高,又具有一定的保护性。

③ 苏打浆:即在蛋清浆中添加适量苏打水和白糖,具有致嫩膨松的作用,多用于对牛肉丝、片的上浆,如蚝油牛肉丝,肉 500 g 可用蛋清 30 g、湿淀粉 30 g、小苏打 6 g、水 100～200 g、白糖适量。

一般来说,调浆用料没有固定标准(或尚没形成),因具体的菜肴要求和原料性质的不同而随机掌握。但在应用上应注意如下问题:

第一,需将蛋液搅打均匀,但不能成泡沫,否则会引起蛋白质的物理变性,从而使黏度下降而影响上浆质量。

第二,蛋浆应用要适量,太多会泻浆或黏度过大而不利于滑油分散,应根据具体情况增减用量。如表面光滑透亮、水化度高的原料,蛋清量较少;如由于蛋白质水解作用使原料表面光泽暗淡,则蛋液用量应相应增加。

第三,对一些结构粗而含水量少的原料,如牛肉、鸡脯,上浆应适量添加冷鸡汤,增强其嫩度和风味。

第四,淀粉用量应根据原料的不同性质和具体料形区别掌握。若用量多,则黏度大,易起团,不光滑;用量少,则黏性小,易脱落。

第五,盐量是影响上浆的重要因素。过少,原料表面肌球蛋白分子互相聚集形成杆状体,水化能力降低,表面黏液减少,嫩化程度降低,不利上浆;用量过多,不但菜肴口味咸,而且由于原料中蛋白质分子量很大,其摩尔浓度很小,渗透压低,处于高渗状态,从而使原料中水分(包括其他小分子化合物)从原料内部反渗出来,大量脱水,蛋白质变性,水化能力降低,原料表面水化了的蛋白质发生沉淀而变得结实老木,并极易脱浆。

一般来说,块形大的原料其用浆量应小于料形较小者,而粉量应增加。丝、粒等料形用浆量应大于块、条、片,而用粉量则相应减少。关于对各类原料上的上浆量问题,目前亟须运用实验的方法建立一个同类规范标准,以指导实践。

(3) 搅拌 将腌拌的原料置于调成的浆液中,通过顺方向搅拌,使浆液充分均匀地黏附于原料之上,在拌浆过程中,应对不同原料区别,采用不同的力和时间。一般来说,虾仁搅拌时间较长,用力要迅速,目的是破坏肌外膜结构,使肉质疏松吸浆。鱼肉易断裂,搅拌力不宜过猛,防止碎屑的产生。畜、禽肌肉含水少,且肌束纤维中蛋白质易盐溶,需在拌浆前加适量水(汤)让其吸收。上浆原料在搅拌过程中排列越来越紧密,导致了原料表面蛋白质结构的微妙变化而黏稠上劲。其机理与制缔作用相同。值得注意的是,如果搅拌不充分,浆液不能均匀牢固地黏附在原料体表,则加热时蛋液易脱入油中,造成上浆的失败。

(4) 静置　亦即"咬劲",亦同面团的"醒面"。虽然搅拌使浆液能均匀地裹附在原料表体,但经剧烈搅拌后,原料表面的蛋白质分子处于不稳定状态,蛋白质的水化能力还没有达到最高值。将上浆好的原料静置于5℃温度中1～10小时,使蛋白质分子稳定,进一步水化,且表面发生凝结,阻止了水分子的扩散运动。但静置亦不宜时间过久,以免原料中水反渗而脱浆。

(5) 润滑　适量添加一些油脂在浆料中拌匀,有利于原料在滑油时迅速分散,受热均匀,并对食料成熟时的光泽度和润滑性有一定帮助。若以香味油拌匀,则会提高呈香性。加油应在加热前进行,过早则会对上浆后的咬劲不利。

3. 上浆实训案例

【例4-6-1】　浆虾仁(清炒)

鲜虾仁500 g洗净,吸干表水,加5.5 g精盐腌拌至黏。用鸡蛋清40 g,苏打粉(或泡打粉)1.5 g,湿淀粉团20 g搅拌成浆状,加水虾仁快速拌匀,加5 g绵白糖、3 g鸡精再拌匀,置冷柜冷藏2小时,用时加25 g清油拌匀即可。

【例4-6-2】　浆牛肉(滑炒)

A. 广式

将牛肉片500 g漂水至色淡,挤干水。用浅色酱油或耗油10 g,小苏打6 g,清水75 g,风车牌淀粉25 g调成粉浆加入牛肉搅拌起稠黏,再加入花生油7 g,置冷柜中静置6～10小时。

B. 淮扬式

牛肉丝500 g,漂洗血水,吸干表水,加盐5 g与松肉粉1 g拌至起黏,加入用蛋清50 g、清水150 g、淀粉20 g、糖8 g、酱油15 g、鸡精3 g、白胡椒粉3 g调成的混合蛋粉浆,搅拌至吸足起稠,加入花生油15 g,置冷柜冷藏2～6小时。

【例4-6-3】　浆鸡片、筋片(猪瘦肉片)

净料500 g漂去血水,吸干表水,加精盐3 g,姜葱酒水10 g,搅拌至起黏,加下用鸡蛋液50 g、上汤60 g、水淀粉团50 g、鸡精3 g搅成的蛋粉混合浆,搅拌至黏稠,加20 g芝麻油拌匀,冷藏1小时。

【例4-6-4】　浆牛心(油爆)

牛心片500 g洗净,吸干表水,加姜葱酒20 g,生抽王10 g,小苏打2.5 g,白胡椒粉3 g,湿淀粉50 g一起拌匀即可。置冷柜冷藏即可,临用时加清油10 g拌匀。

【例4-6-5】　浆鱼米(滑炒)

鱼米500 g,漂白,吸干水分,加盐6 g,姜葱汁水10 g,拌至起黏。用鸡蛋清100 g、水淀粉25 g、鸡精3 g调成蛋清浆,加入鱼米拌至起黏,加调和清油25 g,冷藏2小时,同时将油拌入鱼米。

【例4-6-6】　浆羊肉片(煸炒)

羊肉片500 g,加精盐3 g、绍酒10 g、松肉粉2 g、姜葱汁10 g拌至起黏,加甜面酱10 g、老抽5 g、鸡精3 g、白糖5 g、红醋5 g、水淀粉5 g、鸡蛋液35 g、白胡椒2 g,搅拌至上劲,加红椒油25 g、芝麻油10 g拌匀,入冷柜冷藏30分钟。

二、挂糊工艺原理

用水、蛋、粉料调制成黏稠的厚糊，裹附在原料表体，即谓之挂糊。其糊质比浆质稠厚得多，作用于包被在原料外层形成较厚的膜或壳，通过加热一定程度的松、软、酥、脆的质感和色泽，并使外层与内部原料形成一定的层次性触觉差别，从而增强和丰富了菜肴的风味度。与上浆一样，挂糊对内部原料的诸种品质具有良好的保护和优化作用而被广泛地应用于炸、煎、烤、熘、㸆、烹类菜肴之中。

挂糊比上浆所用原料要广泛得多，除了肌肉，一些带骨、带脂或者一些蔬菜皆可通过挂糊形成菜式。

挂糊所用粉料有麦面粉、米粉、淀粉等，调节剂主要用清水，为了增加糊质的黏度和酥脆或者膨松性，可添加鸡蛋、油脂和膨松剂，蛋黄液是最重要的增色剂和起酥材料。将上述原料通过不同的比例调制，可形成不同的糊质，糊质是挂糊菜肴风味的主要依据之一。

1. 糊的种类及调制

目前各地所用糊的种类很多，依据挂糊成菜所形成的质感和用料，大致可作如下分类。

(1) 软质糊　即成熟时原料外部糊层较薄，触觉较软为软质壳。在各种糊中，仅蛋白糊一种为软质糊，这是由于蛋白中胶体不易致脆所形成，用料是蛋白加淀粉或精白面粉，按1∶1比例调制，多用于软榨菜肴，如“软炸口蘑”。此糊质感与内部原料无多大差别，色泽淡白。

(2) 脆质糊　即菜肴成熟时原料外部糊层较软质糊厚，有较强硬度，破碎有响声，与内部软嫩原料形成对比，形成外脆里嫩的风味。色泽一般为金黄色，有较浓香气，常用于脆炸、脆熘及烹、煎等类菜肴。

此类糊又有全蛋、蛋黄与水粉糊三种：

① 全蛋及蛋黄糊　常用的有如下投料形式：全蛋、面粉、水及少量油；全蛋、淀粉、水及少量油；全蛋、米粉、水及少量油；全蛋、面粉、淀粉、水及少量油；全蛋、面粉、米粉、水及少量油。这几种皆统称为蛋粉糊，一般将具有三种粉按1∶1∶1配置的叫“镶粉”。全蛋与蛋黄皆可调，蛋与粉的比例一般为1∶3左右。掺水量视用粉而定，一般以面粉用水量最大，米粉次之，淀粉最小。糊的厚度应视具体主原料的干湿性而定，较干者应薄，反之应厚。在各种糊中添加少量油脂是为了增加其酥性。

面粉为主的糊由于面筋质的原因，黏劲较强大具有筋力，若加盐则更强，但成熟后易吸湿而回软，脆度不强。淀粉有较强的硬脆度，但极易沉淀，难以挂上原料表体，黏度不够而显得单薄，易泻糊。米粉因筋力没有，难以稠厚，黏度不足，糊层较单，但脆度良好。限于三者优缺点，为了取长补短，故将两种粉按6∶4比例结合使用为最佳，即在面粉中加以米粉或淀粉。但米粉与淀粉不宜结合，其缺点得不到消除。蛋粉糊厚度以能包被原料为度。此外，纯蛋黄也不宜与淀粉或米粉调制，需掺水，且蛋黄比例应小于1/3，这是蛋黄中粉质较多、缺乏黏凝性的缘故。挂蛋粉糊的成菜应是金黄香脆的。

② 水粉糊　即用水与纯淀粉调制的糊，一般投料标准为干淀粉800 g掺水650 g调匀，此糊口感最脆，色泽淡紫而带金黄，多用于脆熘，如熘桂鱼、熘变蛋、熘铜头等。因淀粉吸水量少，不融和于水，因此需反复多次地搅调淀粉，使之产生黏性，与水融和，才能用之挂糊，

有实例表明此糊加少量蛋清可改良其黏度，脆感不减。

(3) 松质糊　菜肴成熟后外部所裹糊层较厚，并且有气室结构，成熟口感略脆而疏松者，称为松质糊。用于松榨菜肴，如松炸银鱼、高丽鱼等。主要有蛋泡糊和发粉糊两种。

① 蛋泡糊　又叫芙蓉糊、高丽糊等，即蛋清打发加粉调制的糊，糊质膨松饱满，色泽乳白，成熟后表层略脆，内部松嫩。一般投料除蛋清外，可分别添加干淀粉、米粉、精白面粉等。比例一般有 2∶1 或 3∶1。即 100 g 蛋泡可加 33～50 g 干淀粉(或面粉、米粉)调制。若用淀粉与面粉的混合粉，则比例为 2∶1。调制蛋泡糊应调成即用，放置则会失气回稀。糊厚以气泡变得细密为度。

② 发粉糊　面粉加水加发酵粉调制的糊，其成品松脆度强于高丽糊，色泽淡黄。用料比例如：面粉 350 g、水 450 g、发酵粉 15 g，调搅均匀，用于炸银鱼，也可调以镶粉。

(4) 酥质糊　原料成熟后外部糊层最厚，有一定硬脆度，但一咀嚼即碎。有的因用发酵膨松材料而具有气室构象，有的则使用粉质材料与油量较多具有疏松性。酥质糊的用料与质感界于脆糊与松糊之间，既有脆性又有松性，多用于酥榨菜肴，色泽深黄，有焦香风味。常用的有如下品种：

① 酵面糊　在糊中添加适量面肥，使之发酵 4 小时。投料比例是：面粉 375 g、面肥 75 g、淀粉 65 g、马蹄粉 60 g、精盐 10 g、水 550 g 和匀发酵 4 小时后再加花生油 160 g、碱水(适量，中和酸味)调匀，静量 20 分钟即可使用。此糊饱满，成熟后一触即碎。

② 酵皮糊　面粉 500 g、淀粉 150 g、发酵粉 20 g、精盐 6 g、花生油 150 g、水 600 g 和匀而成。

③ 腐酥糊　豆腐泥 100 g、面粉 400 g、水 250 g 调搅均匀，热天置 2 小时，冷天置4 小时可使用。

④ 金酥糊　蛋黄、米粉以 1∶1 的比例再加少量水调制而成。

2. 挂糊方法及其控制

根据不同原料，挂糊方法有如下几种：

(1) 拌糊法　将原料投入糊中拌匀，适用于对体形较小，且不易破碎的原料挂糊，如肉丁、土豆块等。

(2) 拖糊法　将原料缓缓从糊中拖过，适用于对较大扁平状原料的挂糊，如鱼和猪排等。

(3) 拍粉拖糊法　先拍干淀粉，再拖上黏糊，适用于含水量较大的大型原料。排粉的目的主要是吸收一些水分，提高糊的黏着力。

不管调制什么糊，采用什么方法挂糊，都应注意如下控制：

① 对糊的调制搅拌应由慢到快、先轻后重，充分调制均匀。不能使糊中含有粗粉团，否则既影响口感和美观，在加热时也易引起油爆而烫伤皮肤。

② 糊的厚度应灵活把握。一般来说，较嫩或者冷冻后的原料，由于水性强，用糊则应厚些；较老或者新鲜原料较干，则用糊应薄些。调糊后即用的要稠厚一些，否则应薄一些。

③ 挂糊应厚薄均匀，周围不漏，否则易造成受热不均、萎缩或焦枯等影响成品质量的现象。

三、拍粉工艺

将原料表层滚沾上干性粉粒，谓之拍粉。干性粉粒包括面粉、干淀粉、面包粉、椰丝粉、芝麻粉等原料，其主要作用是使原料吸水固型、增强风味，并具有一定的保护作用。拍粉被广泛应用于炸、煎、熘类菜肴之中，原料经拍粉后，受热的变形率较小，并且有外层金黄香脆、内部鲜嫩的特点。一般拍粉的菜肴比挂糊更为香脆，但嫩度稍欠。拍粉有如下方法：

1. 干拍粉

即直接将干粉拍沾在原料上，无上浆过程，主要作用是对原料吸收水分，强化固型。以鱼拍粉为主要形式，方法是先将原料腌渍，带湿拍粉，形成外壳。适用于熘菜，如菊花青鱼、松鼠桂鱼等。特点是条纹清晰，物面平整，成形方便美观，但保嫩度不够。

2. 上浆拍粉

即先上浆后拍粉。上浆的作用是加强对原料的嫩度保护和粉粒的附着性，适用于板块面原料，但不适应复杂花形。特点是外脆里嫩，形体饱满，但条纹难以清晰。

拍粉与挂糊、上浆一样，均需预先腌拌入味或致嫩。不同的是在临灶加热前拍粉，不宜久置，否则由于粉粒吸水作用而膨胀，形成葡萄面状，从而有损于菜肴成品的美观和质感。拍粉还需按紧并抖净余粉，防止加热时脱粉和对油质生成过多的污染。

四、着芡工艺

又叫"勾芡"，指在菜肴成熟或即将成熟时，投入淀粉粉汁，使卤汁稠浓，黏附或部分黏附于菜肴之上的过程。其主要利用淀粉的受热吸水糊化而达到目的，在菜肴中形成稠黏状的胶态卤汁谓之芡汁。

1. 着芡的作用和意义

在中国菜肴中，芡汁是评定菜肴质量的重要依据之一。由于各种原料及制熟加工的不同要求，着芡有如下一些作用：

(1) 增加菜肴汁液的黏稠度　在菜肴中，加热使原料体液外流，与添加的汤水及液体调味品汇合而形成了卤汁。一般来说，卤液较为稀薄，不易附着在原料表体，因此，给人以不够满意的刺激而产生"不入味"的感觉。着芡后，粉汁的糊化作用增加了菜肴卤液的稠黏性和浓度，使之能较多地附着在菜肴之上，提高了人对菜肴滋味的感受及对汤汁绵厚的感觉，同时又使得整个菜肴增强了滑润、柔嫩、鲜美的风味。这可以从四方面来加以认识：

① 对炒、爆菜着芡，可使卤汁紧包在原料外表形成芡汁胶体外衣，从而使菜肴有味。

② 对熘菜着芡，可增加卤汁的黏稠，有效地防止汤汁内渗，从而保持了菜肴外脆里嫩的特色风味。

③ 对烧、烩菜着芡，由于烧、烩菜肴的呈味物质基本溶于汤中，着芡可使汤汁稠厚形成汤、菜交融的风格。

④ 在汤羹中着芡，可增加汤的比重，使原料上浮汤面，突出主料，并使汤汁显得润滑可口。

(2) 保质、保光，延迟冷却时间　芡汁紧包原料，可防止原料内部水分外溢，从而保持了菜肴嫩的口感,又使形体饱满而不易散碎。由于淀粉的糊化,具有透明的胶体光泽,能将菜肴与调味色彩更加鲜明地反映出来,具有良好的光影效果,显得光滑明亮,并能减慢原料内部热量的散发,延长冷却时间,有利于人行乘热食用。

2. 着芡的粉汁与着芡方法

将用于着芡的淀粉与水及其他材料一起调匀的液态剂,称为粉汁。目前尚没有衡量粉汁浓度的有关标准,据有关专家认为,参照酒精在酒中的含量"度"来表示粉汁的浓度是一个好方法,如可用 500 g 干淀粉加 600 g 水调成 1 100 g 粉汁,这种粉汁厚度为 45°。但这种方法在实际制作上仍有一定的掌握难度,不同淀粉的溶解度所反映的液体浓度以及糊化程度所反映的需要浓度是不相同的,这有待于更多地研究。

常用粉汁有两种调制形式:

(1) 单纯粉汁　即清水加淀粉,习惯上称为"湿淀粉"或"水淀粉"。是使用前调制的粉汁,关键是调制充分,无粉粒沉淀,浓度适中,淀粉粒需在水中均匀分散。

(2) 混合粉汁　即在单纯粉汁中添加其他材料调匀,因调于碗中,并有调味、着芡两重作用,故习惯上又叫"碗汁"或"兑汁",用于旺火速成的菜肴之中。

在两种粉汁中,以单纯粉汁为基础,菜肴对粉汁的需要量即以此为计算单位。例如,在 500 g 炒肉丝中有 100 g 卤液,着芡约需 10 g 45%浓度的玉米淀粉单纯粉汁。在着芡过程中,对各类菜肴所需粉汁量作相对的规定是有必要的。如在一定量的菜肴中具有多少卤液,需用多少什么淀粉调制的浓度粉汁,形成什么芡汁等等,这类问题目前是着芡所需深入研究的课题。

粉汁调制后需投入加热的菜肴中,使之糊化成为芡汁。着芡的方法因不同菜式而有泼入式翻拌着芡与淋入式推摇着芡两种方法。

(1) 泼入式翻拌着芡　将粉汁迅速泼入锅中,在粉汁糊化的同时快速翻拌菜肴,使之裹上芡汁。这种方法具有覆盖面广、受热成芡汁迅速、裹料均匀的特点,素有"泼黄满天雨"之谓。一般使用"兑汁芡"对旺火速成菜肴着芡,成芡大都为包芡。

(2) 淋入式推摇着芡　将粉汁徐徐淋入锅中,一边摇晃锅中菜肴或推动菜肴,一边淋下粉汁,使之缓缓糊化成芡汁。这种方法具有平稳、糊化均匀缓慢的特点,又有"淋黄一条线"之说。一般用于中、小火力制熟的具有一定卤液的菜肴着芡,大多数采用单纯粉汁,成芡一般为薄质芡汁。尤其是一些易碎或形体较大的原料,若用泼入式翻拌着芡则难以达到糊化均匀的效果。

由于烹调方法及其菜肴的多样性、复杂性,因此,对着芡的时机与芡汁的把握十分重要。把握着芡的时机又与淀粉的糊化程度关系致密,淀粉粒在适当温度下,在水中溶胀、分裂,形成均匀糊状溶液的作用称为糊化作用。各种来源的淀粉,其糊化温度不同,一般在 60～80℃。

着芡时机以菜肴即将出锅时为准,过早则因水分蒸发过多而易焦化,过迟则会因糊化不足而有损芡汁浓度,或加热时间过长而使菜肴原料质感老化。着芡时,菜肴卤液量应适中,多则着芡后芡汁黏稠浓度不够,不易包芡;少则着芡后过于稠厚而易焦粘锅底。限于前者,应旺火先收稠卤液再适量着芡;后者则应适量添加汤(水)再进行着芡。

一般情况下,用单纯粉汁着芡必须在菜肴口味与颜色调准后进行。如果着芡后再添加调味品则不易入味;着芡后亦不宜对菜肴色泽进行改动。在油量方面,过多使用油会使芡汁不易分散，水分蒸发过快，过早稠黏厚化，原料表体因油量多而显得油滑，不易被芡汁包被，从而易造成滑芡的不良效果，影响成菜质量。

在正常情况下，着芡的淀粉浆量与原料数量、含水量、含脂量成正比，与温度及淀粉的黏度与吸水性成反比。下表所反映的是几种相同原料重量、温度及淀粉质量条件下，但在不同原料含水含脂情况下，用于同种包芡中淀粉的不同含量。

表 4-13

菜 名	主料(g)	辅料(g)	含 水	含 脂	淀粉浆用量(g)
炒里脊丝	猪瘦肉 300	熟冬笋丝 100	小	微	5～6
炒肉丝	肉 300(肥 70%)	熟冬笋 100	小	大	8
炒肉丝	肉 300(瘦 50%)	韭黄 100	大	大	11
炒猪肝	猪肝 300	熟冬笋 100	大	小	10
炒虾仁	鲜虾仁 400	无	中	微	8

3. 芡汁的种类及其应用

根据不同菜肴的性质，其芡汁的厚、薄、多、少是有区别的，根据其厚度不同有厚芡与薄芡两类芡汁。芡汁的厚薄主要区别于含淀粉量的多少。据有关研究认为，厚芡的淀粉与水比例为 1∶1.2，薄芡则为 1∶2～1∶5。在菜肴中，厚芡汁一般较少，薄芡汁一般较多，两者各具有不同的用途和性质。厚芡作用对原料的裹附，多用于炒、爆、熘等菜肴之中，具有增强菜肴主体风味的性质；薄芡作用于增加卤液稠黏质感，多用于烧、扒、蒸、烩等类菜肴之中，具有促进汤与菜滋味融合的性质。细分两者又具有如下品种：

- 厚芡
  - 包芡——见油不见汁，亮油包芡，较厚，用于炒爆菜肴
  - 糊芡——稀于包芡，呈糊状，较稠黏，油芡交融，用于熘菜
- 薄芡
  - 流芡——稀于糊芡，呈流泻状，光洁明亮，用于烧、扒、蒸、烩菜肴
  - 羹芡——最稀，略稠黏，质滑，多用于烩类羹菜

上述两类四种芡汁的量依据厚薄而递增，其淀粉含量则递减，兹将四种菜肴作一比较如下：

表 4-14

菜肴名	芡汁名	芡汁量	汤液(g)	淀粉量(g)	制熟方法
菜苔鲨鱼片	包芡	小	约 100	玉米粉 10	滑炒
菊花青鱼	糊芡	中	约 300	30	脆熘
拆烩鲢鱼头	流芡	较大	约 450	25	烩
什锦豆腐羹	羹芡	大	约 750	25	烩

尽管着芡是对菜肴质量优化的一项重要的工艺手段，但绝不是盲目地应用于任何菜肴之中的，若将不宜的芡汁作用于菜肴之中，则效果相反。一般情况下，清蒸菜肴不宜着芡；清爽脆嫩的蔬菜不宜多着芡；一些富含脂肪蛋白的原料，在烧、扒、焖中不宜着芡；清汤或奶汤的菜肴亦不宜着芡，否则有损于本质风味的表达。因此，在烧、扒菜中，不用勾芡，而是将

卤汁在加热中自然收稠，这种芡汁叫“自来芡汁”。

第七节　食品雕刻工艺

引导案例

中秋节快要到了，厨房部接到一份3 000元×20桌喜筵的订单，客人提出了在每桌席上增加一道以食雕为主体的主看盘，厨师长十分焦急，因为缺乏食雕能力，对这样大规模的食雕任务难以胜任，一时也难以增调外援，眼睁睁地看着这款大订单从自己的手中飞向了另一家酒店，酒店实力和声誉受到了极大的打击，厨师长在羞辱中只有望洋兴叹。

分析：在现代市场条件下，这位厨师长犯了个低级错误，忽视了食品雕刻等演艺特技在高端筵席宴会中的重要意义。技艺人才储备不足造成了这次不必要的经营损失。实际上，这里所指的技艺人才并不是狭义的雕刻专门人才，而是指现代厨师的整体化专业技能，厨师长在录用技艺人才方面仍坚持旧时人为将技艺范围分割为红、白案，冷盘，食雕等的狭隘的标准，为这次失败埋下了伏笔。事实证明，食雕工艺在现代社会里已成为一名中、高级厨师的重要基本技能之一。因此，掌握食雕的基本技法对于现代化的每一个厨师来讲是十分重要的。

下面，我们就将食品雕刻的选料、工具、形式、刀法、程序、原则及食雕的工艺特征及其艺术风格等作一个概括的论述。

一、雕刻原料的选择

用于食品雕刻的原料主要有根、茎、果类原料和经过加工成为良好结块的蛋糕、肉糕、鱼糕等等。常用的有如下品种：

(1) 萝卜　有白、红、紫萝卜三种，选用体大、圆、滑、实心、新鲜者，适用于各种花卉、鸟虫等造型，可用于大型立雕造型。

(2) 胡萝卜　有黄、桔红两种，选用肥大、圆直、光滑、呈锥状者，适用于雕刻小型花卉、昆虫及花刀片、块、丁等料形。

(3) 土豆　肉色青白或淡黄，选用个大体圆、无虫眼、新鲜者，用途与萝卜同。

(4) 黄瓜　皮绿肉白，选用新鲜、光滑、圆直、肉厚者，适用于雕刻简单花卉、昆虫等。

(5) 莴苣　翠绿呈半透明，选用色深、肥圆、长大而鲜嫩者，适用于雕刻小型花卉及花形配菜等。

(6) 茭白　色白细嫩，略有韧性，选用鲜嫩、肥圆、长直、无黑心者，用途与莴苣相似，尤其适于雕刻玉兰、牙板等花形。

(7) 生姜　肉质嫩黄，用于配型、点色、起香、去腥，选用肥大、完整、新鲜者，适合雕刻昆虫及花形片料等。

(8) 圆葱、白菜梗、尖红椒　圆葱适合刻制荷花，可选用肥大、厚实而完整者；尖红椒一般用来刻制石榴花，可选用尖圆、鲜红、完整者。

(9) 冬瓜、西瓜、白瓜、南瓜　冬瓜适合浅刻浮雕；西瓜适合刻制花形配菜；南瓜则选用体长实心的“牛腿瓜”，雕刻各种花卉、鸟虫及大型立体造型。

(10) 蛋糕 将蛋液调以淀粉、食盐蒸熟即成为蛋糕，有蛋黄糕、蛋白糕及彩色蛋糕等，块面大小可根据需要而定。常用于雕刻鸟兽、花卉及建筑物造型。

除上述原料外，可用于食品雕刻的原料还有许多，如白果、黄金瓜、紫菜头、甘薯和胶冻物与豆腐等等。对雕刻原料的选用，原料要新鲜、脆嫩、无筋质、肉质厚实、形体端正、色泽光洁、平滑，还应充分运用原料的自然色彩，随彩设形，所选形体还应符合所刻造型的大小，而不应以小求大或以大取小从而造成一定的经费损失。

二、雕刻工具

雕刻工具主要为刀具和模具两大类，各人以自己的意愿制成，无固定规格。

1. 常见刀具类型和规格

雕刻刀具一般有平口刀、斜口刀、圆口刀和槽口刀 4 个类型。

(1) 平口刀 一面有刃，刀锋呈水平，又有侧平口刀和直平口刀两种类型，各自根据尺寸的大小，分 1～4 等型号。前者用于削切，后者用于戳刻。

(2) 斜口刀 刀刃在顶端，呈锐角坡度，又有单刃与双刃之分。用于戳、挑、刻、撬等。可依据使用尺寸的大小分别分为 1～4 等型号。尺寸越大则刀锋越短，刀身越宽。

(3) 圆口刀 刀刃呈圆形，又分圆珠形挖刀与圆柱形刻刀两种，前者用于挖刻球状物体，后者用于刻出圆孔或圆片，各自亦可依据使用尺寸的大小分成若干型号。

(4) 槽口刀 顶端刀刃部呈一定角度或弧度凹凸，用于刻戳。又有弧口槽刀、三角槽刀、方口槽刀等三种类型，其中弧口槽刀又有双弧口、多弧口（又称波浪花刀）和单弧口三种；三角槽刀又有平吻与尖吻之分，各种亦可分若干规格型号。

一般来说，各种雕刻刀具可按各人意愿打制，而不受上述类型限制，规格以适手为度。

2. 常见模具类型和式样

将原料一次刻成某种模型的刀具，称为模具。一般用铜、铁、不锈钢皮制成，一端有刃，中空，为物象轮廓。与雕刻刀一样，具有个人制作的随意性。有组合模具、套数模具与单一模具三个类型。

(1) 组合模具 由 2 个以上模具构成一个完整的模型者称组合模具，具有复杂形体的物象需用组合模具刻制，如龙、凤、双喜模型等等。

(2) 套数模具 用同一形式、不同规格的若干单一模具，从小到大配成一个套数，叫套数模具，常见有鸡心、梅花、菱形等模具，具有使用方便的特点。

(3) 单一模具 一般单独刻制成型，无组合，也无大小成套的模具，即为单一模具。单一模具具有非常丰富多样的形式，如鹿、鹰、鸽、蝙蝠、白兔、寿桃、松鼠、金鱼、蝴蝶、秋叶、花卉等等，单一模具皆可打制成大小不等的型号而组成套数模具。

运用模具雕刻可以减少用刀雕刻的时间，批量制作，并使所刻形体具有同样的形式和规格，稳定性好，但不便雕刻复杂形体。除了刀、模具外，剪刀亦是常用的工具。

三、雕刻形式

食品雕刻的形式分立体雕、浮雕与镂空雕。

1. 立体雕

将一块原料雕刻成的四面象形的物体，谓之立体雕。在成形的形式上又有整雕与组合雕之分别。

(1) 整雕　一个象形物体只由一种原料整体雕成，具有完整的结构造型特色的，又叫圆雕。

(2) 组合雕　即一个象形物体由多种原料雕刻拼接组装形成，具有可塑卸的造型特色。

2. 浮雕

浮雕是在原料表面刻出具有凹凸块面的图案，具体又分为阳文浮雕与阴文浮雕两种。

(1) 阳文浮雕　表现图形的条纹突出，飞白处凹下，又叫"凸雕"。

(2) 阴文浮雕　表现图形的条纹凹下，飞白处突出，又叫"凹雕"。

3. 镂空雕

将原料壁穿透，刻成具有空透结构的图形，叫镂空雕。

以上三类雕刻形式中，立体雕刻制品立体感强，常组装成大型雕刻造型，气魄与规模都令人瞩目，富丽而复杂；浮雕则装饰性强，适用于对瓜盅的美化；镂空雕则显得空灵透剔，观赏性强，适用于瓜灯、萝卜灯的主要雕刻形式。

四、雕刻的基本刀法

1. 基本执刀法

由于雕刻刀具的不同样式，其使用时执刀方法是不同的。

(1) 平口刀执刀法　基本与持厨师方刀一样，运用握刀，执刀柄于掌中，用力较实。

(2) 斜口、槽刀、圆口刀执法　皆宜用三指捏紧刀身，掌心要虚，指力要灵活，近似毛笔捏法。

2. 雕刻基本刀法

雕刻常用的基本刀法有切、削、刻、戳、铲、挖等。

(1) 切　在前已述，这里主要指运用平口刀对坯料进行加工或将刻料切片成形，有纵切、横切、斜切等。

(2) 削　在前面亦已讨论，这里主要是指运用平口刀对坯料轮廓进行整理，有直削、卷削、旋削。直削为左手握料，右手执刀，刀口向外，直接从原料上去除多余部分；卷削为刀口紧贴柱形原料，左手持料随刀刃的进度而滚动原料，取下薄片；旋削为左手持料，右手执刀，其拇指按住原料规约刀刃进度，旋刀取下薄片。

(3) 刻　用平口或斜口刀在表面割出一定深度的刀纹，有透空刻与浅刻两种。刻的刀纹一般较直，宽度仅是一条刀缝，主要运用在浮雕与镂空雕的图案轮廓廓线上。若较深且有弧度者，则为旋刻，用于刻花。刻刀法以浅刻与镂空刻为最典型，常以浅刻与镂空结合形式表现，具代表性的是西瓜灯雕刻(或透空瓜盅)。

西瓜灯，简称瓜灯，是主要由西瓜雕刻成灯笼造型的一类雕刻品，形式多样，刻面由许多对称均衡的"环"、"格"、"窗"及花草人物鸟虫图像组成，其中环、窗均需采用透空刻法使之突出某些部分，而某些部分则由"皮环"与突出部分连接，例如山水鸟虫花草等均采用浅刻、浮雕，从而构成玲珑剔透精巧细腻的"灯笼"造型，十分雅致。常用于季节性高级筵席的观赏，使气氛活泼而高雅。

(4) 戳　用槽口刀在原料上推进刻出槽痕,突出鳞、毛或花瓣状。在方向上有平戳、斜戳、纵戳之分。

(5) 铲　运用平口刀将原料平面上浮雕刻线外的部分去除。

(6) 挖　用珠形圆口刀在原料上取出圆球状料形或在平面上剜一个坑塘、小眼。

在实际加工中,往往需要通过几种刀法的配合才能雕刻出一个完整的造型,雕品越复杂,所结合的刀法就越多。

五、雕刻程序

每雕刻一件物品,都必须有计划地按照所设计的程序分步骤进行。雕刻的实施一般有如下程序:

命题→设计→选料→制坯→雕刻→组装→成形

1. 命题

根据筵席与具体菜肴的主题,制定雕刻品的表现形式与性质,确定雕品的名称。

2. 设计

从整个筵席布局上进行安排,并设计具体的雕刻步骤,使加工先后有序,主次分明。在设计过程中要充分尊重民俗性、节令性,在节约的基础上,力求丰富多彩、生动高雅,不宜有粗俗低级的内容。

3. 选料

根据设计贴切地选用各种原料,充分发挥天然造型和色彩,要大料大用,小料小用,随形设彩,切忌在菜品中选用非食用性材料,如钉、竹扦、铁丝、玻璃丝之类,更不可用有毒性材料代用雕刻原料,例如塑料泡沫等。

4. 制坯

原料选定后即可运用切、削的刀法将其制成粗坯,粗坯表面要求光滑平整。粗坯形式因不同雕刻需要而定,大致有整形、半圆、梯形、立柱形等等。

5. 雕刻

粗坯制成后可正式成形雕刻。根据不同雕刻品种对各种刀法结合运用,如在月季花的雕刻中,取半圆粗坯,通过三瓣五层 15 次旋刻旋削的结合,每旋刻一花瓣即旋削去下层实肉,使之突空,瓣瓣相叠,层层上翻,第 4 层第 5 层渐收花蕊,即成半开花朵。若用模刀具,则采用模压的方法,使之成为平刻块形。

6. 组装

雕刻完成,整雕即已基本成形,但组合雕刻制品尚需进行组装。如花篮、山水、盆景、花瓶等等,组装前,需对所雕刻制品进行高锰酸钾溶液浸泡消毒或加热杀菌,防止因长时间手的接触使成品污染,然后先繁后简进行组装,组装一般采用插、扎、堆、架等方法,所用辅助性材料坚决不可使用非食用或有毒物品。

7. 成品的保管与使用

雕刻成品若不即时使用,则需对其妥善保管。由于雕品大多为新鲜蔬菜、瓜果制成,在空气中易氧化、褐变、腐烂、失水、变形,使用时间减短,从而造成工时与材料上的浪费,因此,对雕刻品应妥善保管,尽量延长其使用时间。常用对雕刻品的保管方法有以下两种:

(1) 矾水浸润法　将雕品放于 1% 明矾溶液中,可使之能较长时间地保持质地新鲜饱满，色彩光洁，如用清水浸泡则雕刻品易变质，光滑度减退和色泽退化。在矾水中如果有浑浊现象时，则可换同等浓度明矾溶液继续浸泡。

(2) 低温保藏法　将雕品置于盆中，注入多量凉清水，放入冰柜中，用1℃低温保藏。

上述两种方法保管，一般成品能作4～5次反复使用，最高能保持一周时间的色彩和质地。如作大型花篮或花坛，可用上述方法保管，使用当天再进行组装。

对雕刻制品的使用一般有两种，其一是参与型装饰，其二是独立型装饰。

(1) 参与型装饰，即直接参与在菜肴之中，起美化菜肴、渲染气氛、烘托主题的作用。这里又有两种不同的侧重性，即一种使用类型侧重于点缀式美化，另一种使用类型侧重于食用式美化，这两种不同使用形式所运用的是两类基本不相同的雕刻制品，前者主要使用一些立雕、浮雕制品，后者基本使用一些平雕、微型整雕制品，统叫"花配菜"，在菜肴中主要充当辅料(有部分可做主料)的角色。其雕刻品常用的有佛手、兰花、腊梅、绣球、城墙垛、相思板、芝麻秸等以及平刻(模具)块片。一般来说，点缀式美化主要在冷盘和大菜；食用式美化主要在热碟和汤、羹菜。

(2) 独立型装饰不参与在菜点之中，主要对整个筵席乃至宴会起到渲染气氛、烘托主题的作用，是一个观赏式的、独立的程序。常用的雕刻如一些大型立雕、镂空雕与组合造型制品，通常称之为雕刻欣赏，形式有花坛、花篮、花瓶、群雕花卉、盆景等等，对增强筵席气氛起到了很好的作用。实践证明，这类雕刻虽不直接被人食用，但大大提高了筵席意境，增强人们的饮食情趣，远远超过了对其简单食用的价值，从而被盛大宴会以及一些中高级筵席广泛使用。

六、食品雕刻的原则

如上文所述，食品雕刻具有丰富的品种和特殊的优化装饰作用，但并不是任何材料、任何环境、任何菜肴都可以或者需要雕刻的，雕刻及其使用的目的性、局限性是显而易见的，因此，食品雕刻及其使用需遵循如下原则：

(1) 适时雕刻，非必需时不雕刻，若需雕刻，则应按质雕刻，不应因雕伤质，刻意求功往往会造成材料的过量浪费。

(2) 应节约时间，并严格控制原料的污染，确保卫生，在雕刻时要做到轻、快、准、实。轻，是轻拿轻放，动作轻稳；快，是动作要快，防止污染和变质；准，就是准确施刀，把握位置；实，就是刀刀有用，成型结实。要做到这四点，必须勤于观察和加强技巧训练。

(3) 运用雕品参与型装饰，不能喧宾夺主，本末倒置，应起到突出主菜、烘托主题的作用。

(4) 服从可食性为第一原则，尽可能减少不可食因素，若能运用可食性强的食品拼摆，则不宜过多使用雕品。

七、食雕的工艺特征及其艺术风格

食雕虽说与其他雕刻艺术在表现形式上同属一类，但其因材质的不同、应用性质的不同和观赏角度的不同，都决定了其具有独立意义和自身价值。

1. 快意成形

由于食雕取材都是新鲜食物原料，具有极易变质、过于软脆、极易破损的特点，因此在加工时应用最短时间达到最佳效果，防止因长时加工造成材料变质和污染，这就要求雕刻者具有良好的形象思维能力和娴熟的操作技巧，不能过于精细，刻意求工，而应刀随意至，一刀到位，刀到意到。

2. 色取自然

食雕材质来自果蔬，而果蔬的本色已是缤纷灿烂，例如莴苣如翠玉、南瓜似象牙、萝卜的紫红青白、雪梨赛水晶等等，其纹理色彩自然天成无比美丽。食雕具有通过艺术造型手法将之充分展现、表现天然之美的特征，因此无需过于用色素渲染，变美为丑，弄巧成拙。

3. 应景造势

食雕因为是服务于进餐的，无论其怎样设型造势都会被人视为一种食品样式，大至宴会雕饰，小至盘菜点缀，各有场景不同。食雕具有应景造势，以形达意，为进餐主题服务的特征。雕刻件能向进餐者传达主人设筵的某些信息，还能表明与各种菜点之间的某种关系，同时又具备相对独立欣赏的意义，营造高雅热烈的气氛，为宴会造势。

4. 题材向善

虽然雕刻艺术题材很多，不受局限，但食雕因进餐环境的局限，题材多取自吉祥、祝福以及自然物的内容，在形式上以具体事物为主，抽象造型为辅；动植物较多，而人物形象较少；写实的较多而变形夸张的较少等等。近来随着一些木雕、石雕、玉雕人才的介入，其题材面已有了许多突破。

5. 以巧称奇

在材质方面，与玉、石、木、铁不同的是，食雕走的是极软的路子，常为不可为之事。例如豆腐雕、脂冻雕，其材质软到难以用手拿捏，却能雕刻出极其精美的造型。笔者曾见过友人制作“狮卧八宝腐盒”一菜，即将豆腐在水盆中雕成卧狮，中藏八珍，用上汤蒸熟，此可谓色、食皆达极致，其艺术的感染力令人难以忘怀，这是以巧称奇的典型范例。虽然食雕的应用时限是很短的，有的甚至只是一次性，最长时限的雕件使用也只有3～5天，但食雕在宴会以及菜点中所传达的美好意韵却是久远的。食雕制品虽然没有玉雕的剔透、木雕的细腻、石雕的硬朗、铁雕的浑厚、牙雕的精美，但其柔美的风格、奇巧的特征在适时的应用中同样可以产生震撼人心的艺术审美效果，同样具有光照四野的艺术魅力。

本章小结

本章的主要内容和关键要点是：

1. 味觉与调味的程序与方法。
2. 嗅觉与调香的程序与方法。
3. 味嗅两觉风味的综合设计。
4. 着色、致嫩、着衣的基本方法。
5. 食品雕刻的实用性质与操作原理。

检　测

一、名词解释

味性　味素　味觉　复合味　味型　基本味　调味三阶段　兑汁　中程调味　原味　前味　后味

基味 主味 底味 装饰味 浓厚味型 香味 调香 头香 体香 尾香 本香 调和香 修饰香 着衣工艺 致嫩 着色 发色法 上浆 挂糊 勾芡 琉璃芡 包芡 金酥糊 脆糊 高丽糊 拖浆 浮雕 圆雕 浅刻 镂空雕

二、复习思考题

1. 用盐、醋、糖制成不同浓度的溶液给30～40人品尝,体验调味对不同阈值浓度的感觉。
2. 举例说明调味的程序性。
3. 指出下列菜品的调味方法:油爆肚尖、干煸牛肉丝、酥炸鱼排、干锅鱼、白煨香龟、红扒京葱鸭、烤鳜鱼、铁板牛柳、海鲜火锅、炒鸡粥、清蒸鲈鱼、糟鸡。
4. 烹饪工艺对饮食品的气味是怎样分类的?
5. 简述浸出物与萃取物的调香意义。
6. 在烹调加工中有哪些调香方法?
7. 简述酒类品的调香功能。
8. 熟记所有味型,要求反复默写背诵。
9. 熟记所有香型,要求反复默写背诵。
10. 熟记味型与香型结构,并设计五种具有鲜明个性味嗅觉特征的菜点。
11. 举例叙述味嗅综合设计的实用意义。
12. 当食料本色不能达到预期理想效果时,你如何采用相应的着色方法?(本题请举3个实例)
13. 在烤菜、烧菜、炸菜中一般采用什么着色方法?
14. 熟记各种色素使用量和糖浆配比度。
15. 熟记各种致嫩剂使用的性质,要求能达到默写程度。
16. 简要陈述致嫩工艺的性质与意义。
17. 什么是着色工艺?着色的意义和实用价值有哪些?
18. 挂糊有哪些方法?常用的糊又有哪些种类?
19. 勾芡要注意哪些关键点?什么类型菜肴需要何种芡汁?
20. 简述食品雕刻的实用性及其意义。
21. 食品雕刻应遵循哪些原则?
22. 用实例阐述食雕加工的程序与基本刀法。

第五章 组配工艺

学习目标

通过本章学习，使学生能够充分理解中国食品的实用类型和特征，掌握菜点生坯组配方法，学会对单品菜点与成套菜点及其餐饭、筵席品种的设计与组合配置，同时也基本具备对菜点、餐饭和筵席设计与组合的整体评价和质量检测能力。

本章导读

将经过清理、分解、混合与优化加工的原料组合配置成具有特定质量标准的菜点生坯，并组织和配置成套食品的加工是组配工艺，传统上的“配料”或“配菜”实质上就是指该段工作内容。

组配工艺必须经过一个复杂过程，这个过程就是设计。设计为菜点生产绘就工程蓝图，并根据蓝图进行组织配置形成生坯，为进一步制熟加工提供制品的对象，为食用与销售提供依据，为产品的稳定性提供标准。因此，组配加工就是对一切菜点及其餐饭与筵席成套食品的生坯加工，为制熟加工提供由原料向成品过渡的中介生坯产品。任何烹饪工艺制品都必须遵循组配设计加工的导向性，餐馆菜点的更新与调整也都是以组配加工这一环节为中心点的。

组配工艺的重要内容主要在如下方面：

(1) 确定制品性质：性质是指在食品系统中的类别和属性。

(2) 确定制品的形式：形式是指造型和使用的形式。例如“芙蓉猪排”造型是盘装拼摆造型，使用形式是带蘸碟蘸食。

(3) 确定营养质构：营养质构是指主要营养物质的原料构成。例如“冰糖扒蹄”主要营养是动物蛋白质、动物脂肪与维生素和糖，来源于猪蹄髈、绿色配菜和调味品冰糖等。

(4) 确定风味质量体系标准：风味质量体系是指制品在风味的色、香、味、形、触、意等方面的质量要求。

(5) 确定制品成本经济含量：成本经济含量是指制品直接使用的原料成本和人工成本的总和，为销售提供折率依据。

(6) 确定成品加工的方向：组配为成品制熟加工直接提供生坯，生坯是成品尚未熟化的形式，是一切前期预加工的总和，并以此规定熟化加工的进行。

由于组配加工具有上述内容，因此，在组配加工过程中，对相关知识的综合运用是十分重要的，这些知识包括原料学知识，应把握所用原料的生产季节、产地、新鲜度、营养及风味特征，做到按质组菜、因材施用。组配加工还应了解营销市场供应情况和本企业的存货情况，根据消费的需要制定品种，指导供应，需充分利用市场供应充沛的原料，避免盲目浪费。

组配加工应精通所配菜点的全部工艺，准确表达出所应表达的风味特色，还应充分了解各类菜点不同类型性质和等级规格。把握成本，控制利润，正确使用。

在卫生和营养学方面，所配菜点生坯应是无污染、无毒、安全并利于消化吸收的合格制品，还应使菜点具有高度的色、香、味等的审美感受。组配加工还应具备继承和革新的能力，既能充分尊重传统，又能充分利用现代科学的方法和成果，灵活创新，扩大和丰富菜点品种，推陈出新，适应时代多层次的饮食需要。

第一节　中国烹饪食品的形式与内容

引导案例

在一次宴请重要朋友的筵席中，大家都有一种不快的感觉。这种感觉不是因为风味不好，而是在筵席菜品组配方面，其菜肴品种的配份有的过多，有的过少；无主次程序感，也缺乏节奏性；形式单调，品种雷同等等。这些问题极大地影响了制品质量和整体效果。

分析：这是大众化筵席食品组配中普遍存在的问题，组配者因缺乏对中国烹饪食品实用类型特征和食品组配规律的理解，从而造成了这种不良效果的产生。实际上无论中、西餐的食品都有其特定的组配模式，在餐饭与筵席中都具有各自特定的位置和组合规则，忽视了这些，组配的失败就毫不奇怪，因此，深入理解中国烹饪食品的实用性种类是最为首要的问题。

一、中国烹饪食品的种类

组配加工对菜点规格质量的规定，依赖于对菜点应用性质的了解，而菜点的应用性质又是区分菜点种类的依据之一。因此，依据菜点的应用性质，对菜点及食品种类的把握，具有十分重要的指导性意义。

从本质上讲，任何食品的本质都是向人体提供养分，满足人体能量消耗和新陈代谢的需要。但在实际应用中，食品却具有各不相同的应用性质，从而构成多种具有文化学意义的食品种类。不同的种类具有各自特定的构成内容和表现形式。

在原料本身方面，不同的原料构成不同的食品种类，如米制食品、面制食品、肉制食品、鱼制食品等等，这是食品自然的属性，但这与应用的文化属性没有必然的联系，例如，米可制作饭与粥，亦可制作点心，同样也可作为某种菜肴的辅料。应用同种原料可制作不同的食品，从而具有不同的应用性质，这就是所特指的食品种类在实际应用中所规定的文化属性，即食品的营养属性、审美属性、社会属性、工艺属性的总和，这种属性是对不同菜点进行组配加工的依据。据此，中国烹饪工艺的传统食品大致可以区分为如下种类：

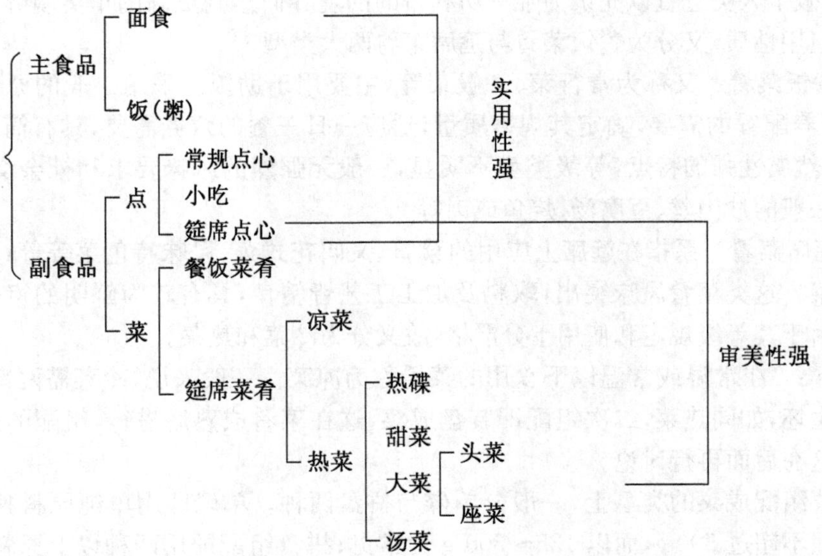

二、中国烹饪食品的形式特征

(一) 主食品

由粮食类原料制成的食品，是人们摄取热量的主要对象，一般不具备过高的审美学意义与复杂工艺属性，以充饥为主要目的，也不具有馈赠品尝的社会意义，其典型品种有饭(包括饭团制品)和面(包括简单面团制品)。

1. 饭

由颗粒状粮食制成，结团者为干饭，如米饭、高粱米饭、小米饭等；稀稠者为稀饭，又叫粥。

2. 面

由粉末状粮食制成，亦有干、稀两个类型，干者即成品具有固体性状，如面条、窝头、馒头、大饼等等；稀者则一般称之为面糊。

饭和面大都为单纯原料的简单工艺制品，一般为自然的淡味，少数加以简单的辅助性调味，因此，风味性不占有特殊的地位，组配加工较为简单，是人们一日三餐的主粮食品。

(二) 副食品

非作为三餐主要摄取对象的食品，泛称之为副食品，是重要的补充营养的来源，主要目的在于弥补主食的不足，在进餐中还起到调剂口味、增进食欲的作用。这类食品具有较高的风味倾向性和复杂工艺特征，常作为馈赠筵请的对象，并具有浓烈的社会流通的文化特性以及地方民俗气息。这类食品主要有菜肴与点心两大类型。

1. 菜肴的类型及其形式特征

菜肴一词与产生于先秦的“餚”、“馐”、“膳”、“馔”等词义有关，现代泛指除粮食原料外，应用动、植物及其他原料制作的食品。菜肴主要用于补充、供给人体必需的营养素，而这些营养素是主食中不充足或不具备的，如脂肪、蛋白质、维生素以及微量元素等等。菜肴还具有主食饭或面所不具备的风味特征，具有刺激人的食欲、提高进餐情趣、完善进餐过程的性能，菜肴突破了人类进餐以充饥为唯一功利目的的境界而达到更高的审美境界。依据菜肴中的不同应用性质，又分为餐饭菜肴与筵席菜肴两大类型。

(1) 餐饭菜肴　又称为常行菜、一般菜等，主要用于助饭。采用一般的原料和加工工艺，依据营养配餐的需要，确定其规格质量，适应一日三餐的营养需要，具有简单、快速、经济实用、自然属性强的特点，等级类型不明显，一般无强烈的风味要求和社会交流作用，这类菜肴如一般的炒肉丝、豆腐汤、烧鱼或肉等。

(2) 筵席菜肴　系指在筵席上应用的菜肴，又叫花式菜、风味特色菜等等，主要是指地方风味名菜。这类菜肴风味突出，取料及加工工艺皆精良，具有较为鲜明的审美属性和社会属性。由于其等级规定和使用十分严格，故又分为冷菜和热菜。

① 冷菜　在常温或常温以下食用的菜肴称为凉菜。一般来说，冷菜需两次组配，首次组配形成生坯，如同热菜，二次组配即装盘成菜，这在菜肴成熟后进行，组配的过程即造型的过程。这在后面再行讨论。

在冷菜组配成菜的类型上，一般分单碟与拼盘两种。单碟即用单纯原料独立成菜，组配规格一般不超过 500 g，而以 125～300 g 为常见；拼盘组配即用两种以上原料组合成菜，在形式上又有双拼、三拼、四拼、六拼、八拼、什锦拼等等，其形态又分图案形和象形两种，组配规格一般在 400～500 g 以上，六拼以上以 800～900 g 为常见。

两种冷盘菜肴的组配形式可单独使用亦可配套使用，若配套使用则拼盘为主碟，单碟为副碟，围于主碟一周，故又叫“围碟”，其组配规格应相对少于单碟。单用的拼盘又叫“总拼”冷菜，在筵席中具有“开路先锋”的作用，作为首道菜式，在组配时，应充分注意到菜肴原料的装饰性效果。

② 热菜　热菜指在常温以上食用的菜肴的统称，通常将其组配成热碟、甜菜、大菜、汤菜等类型。

A. 热碟组配。一般组配旺火速成的菜肴，其规格大都在 500 g 以下，通称为“炒菜”，作用于品评新鲜，调节口味与冷菜形成对比，但常选用炸、熘、爆、炒、烩的菜肴，可单菜使用，亦可热拼，但不作主副组配使用。风格灵巧、精致、清新、多变。

B. 甜菜组配。即以甜味为主要特征的菜肴，主要为热菜形式，少数亦可冻制冷食，如挂霜、果冻、冻制甜式羹汤等等。主要作用与咸味菜肴形成对比，调节口味，并可在一定程度上减缓酒的刺激，具有“填腹”的意义，在筵席菜肴中较为特殊。有干、湿两类，一般来说，干性甜菜在组配规格上与热碟相近，而湿性甜菜尤其是甜味羹汤则与大菜或汤菜相近。

C. 大菜组配。即分量较多、价格贵重、在筵席中占主导地位的菜肴，组配规格一般在 750～1 250 g 之间不等，如整禽、鱼、方肉及杂烩等。又有头菜与座菜之分，头菜即首席大菜，是筵席等级的标志和主题的象征，在分量与质量上皆具全席的首位，地位十分重要。座菜即紧接头菜给人以重要风味品尝和营养来源的菜肴，在风味上常与头菜形成对比，规格仅次于头菜，以 500～1 000 g 为常见。由于该类菜肴规格较大，与冷菜、热碟的佐酒职能有所区别，更具有填腹充饥的意义，故名。在应用上又分大荤（肉菜）、二荤（禽菜）、小荤（鱼菜）、蔬菜等，常选用烧、烤、炖、焖、熘、炸、烩、蒸类菜肴，构成筵席主体风格，厚实、庄重、华贵，以整形、大块、片、条料形见长。

D. 汤羹菜肴组配。即以汤为主的菜，一般比例为汤 6 菜 4 或汤 7 菜 3，常用煨、炖、烩类菜肴，着芡为羹，以烩为主。汤羹类又分浓味与淡味，在筵席中起调节口感干湿、缓解油腻、冲淡味觉的作用，具有特定的意义。

筵席菜的品种形式与内容，依据筵席的主题与节奏情趣来确定，具有等级有序的规律性和强烈的风味感受性特征，只有对其运用性质的充分理解，才能对其形式和内容作出准确的判定，才有可能进行各项有目的的组配加工。

2. 点心的类型及形式特征

点心一词含有两层意思，广义上泛指运用各种粮食配以馅心制作的食品种类；狭义上则特指运用面粉料调制面团配馅的各式食品，简称“面点”。这是一类由粮食制品升华的、具有较高欣赏价值的“花样”食品种类，一般具有风味性强、工艺精湛复杂、品种丰富、造型精巧的特点。仔细分来，又有正点、席点与小吃三个类型。

(1) 正点　系指普适性强，四季及地方区别性不十分明显，具有一般的风味倾向性和工艺性。充当正餐以充饥为主要目的一类点心，又称为“常行点心”，常见的有包、饺、饼、烧卖之类，一般规格较大，有 100 g/1 只、50 g/2 只不等，皮大于馅，馅料为一般原料制成。

(2) 席点　即特指与筵席菜肴配套应用的一类点心，又叫“细点”，具有精致的手工塑型、丰富多样的馅心、灵巧多变的形式，表现力极强。常用的有酥点、花色蒸饺、四季包子、船点及各色裱花蛋糕等。在筵席中既充当主食，又调节风味，增强筵席情绪气氛，这类点心规格一般较小，每 50 g 可有 3～4 只不等，造型严谨。

(3) 小吃　具有极强的地方性、民俗性、季节性。一般不在正餐使用，大多为品尝消遣所用，如萝卜丝饼、麻团、米线、粽子、豆腐脑、春卷、馄饨、茶馓之类，风味奇特，随意而轻松，与民间乡土风情风俗联系最为紧密，规格形式最为复杂多样，有碗、只、两、袋、把等量词表示。在特殊情况下，亦可在餐饭或筵席中充当点心或主食。

第二节　菜点的质量体系与组配

引导案例

有一家新开业的酒店，规模庞大，装修豪华，在开业一周后并没有多少回头的客人，究其原因是因为其产品质量不好。老板在情急之下大力整顿，开列了更多的优惠条件，以期提高质量，但是情况并没有更多的起色。

分析：实际上，这个酒店老板并没有真正地知道菜点质量体系整体含义，只开列优惠条件，仍是枉然的。食品质量包括产品组分、结构，还包括色、嗅、味、形、触感质量范畴，而这一切都从组配开始，因此组配是菜点生坯的设计与生产的整体灵魂和核心。当生坯从组配程序中产生的时候，实质上已确定了其成熟时的质量性质。因此，若要提高菜点产品质量，就要加强质检，而强化质检则需从组配层级开始，依循组配所设计和确定的质量体系督导整个加工过程，这里让我们概括分析一下菜点的质量构成。

一、中国菜点的组成结构

一般来讲，一个完整的菜点品种是由主料、辅料、调料与其他添加料所构成。

(1) 主料　即制品中占主导地位的原料，所占比重较大(包括数量与经济含量)，制品因其而存在。例如，干煸肉丝中的肉丝，其数量比例超过全菜的60%。再如“绣球鱼翅”，其鱼翅的经济含量可达全菜其他原料的总和以上甚至更多，尽管重量可能是最少的。主料所提供的是菜点主体风味等级或者是营养指数，而其他原料可以调换抑或是增减。

(2) 辅料　又叫“配料”，在菜点中从属主料，起辅助、补充、装饰等作用。辅料的上述作用可以使菜点质构更趋合理，风味更为完善，但在质量或经济价值方面不能超过主料，否则就会因失调而致使原制品风貌改变。一般来看，辅料约占总质量的20%～40%。例如，“冬笋韭黄炒鸡片”，其中冬笋与韭黄是辅料，总和不超过总量的35%。

(3) 调料　泛指调理味、嗅两觉的添加物质。在菜点制品中占总量的5%以下，比重虽小，但极为重要，决定着菜点的香、色、味。

(4) 其他添加料　泛指用于着色、致嫩、膨松、中和等作用的物质。这些原料在菜点整体中不占明显比例，甚至不具有实质性食用意义，用量极少。例如色素剂、碱剂、膨松剂等等。

在菜肴方面，主料必须重于辅料，但在点心方面，辅料有时可比主料的比重多。例如一些席点中的有馅类，馅料就多于皮料（主料），被称为“薄皮大馅”，这是中国点心受菜肴化影响而形成的特征。但面皮与菜肴的主料一样不可更换。馅心可以变化，而没有面皮就无所谓包子、饺子品种的区别了。例如：烧鸡中鸡不可变，而辅料可以用春笋、土豆、栗子抑或是毛豆子；包子中包馅的面皮不能换，而馅心则可以是豆沙、生肉、蔬菜等等。

值得说明的是，日常家居餐饭食品对上述结构比例关系可以不受严格限制，而作为筵席所用的精品名品则应遵守这一结构比例的定式，以突出表现其风味性。另外，菜点的主料也不局限于单一，可以是多样的组合。例如：福建名菜“佛跳墙”的主料就由10种以上珍贵原料构成。

二、菜点的营养质构

指所设计菜点营养素含量及其来源。例如山东孔府名菜“酸辣乌鱼蛋”，其营养素含量如下表：

蛋白质	98.40 g	脂　肪	17.40 g	碳水化合物	11.60 g
维生素(mg)	A原　A　B_1　B_2　B_6　B_{12}　C　D　E　K　DD 26.31　840　2.67　5.32　2.53　4.12　10.64　0.92　1.15　1.80　16.71				
无机盐类(mg)	Cu　Zn　Se　Fe　P　K　Ca　Na　Ge　Pb　As 1.66　6.67　12.55　6.07　69.45　517.86　154.40　18.24　2.36　0　0				
氨基酸(mg)	苏　缬　蛋　亮　亮　苯丙　赖　色　组　门冬　丝　谷　脯 1 821　2 043　984　753　656　891　745　146　781　1 126　337　1 029　745 甘　丙　酪　精　半胱 1 063　845　0　182　0				

其营养素来源的原料配置是：

主料：乌鱼蛋500 g；辅料：西红柿200 g，芫荽100 g；调料：绍酒60 g，香醋100 g，奶汤100 g，胡椒粉4 g，蒜泥2 g。

营养质构的设计目的是通过合理组配，充分发挥各原料的营养功能作用，有利于被人体消化吸收。事实证明，两种以上原料间的结合，有的可以相互促进消化吸收，实现营养的效果，有的则不能达到这种效果或相互抑制，降低其营养功能。前者如肉加青菜；后者如菠菜配豆腐。

组配设计应使所配菜点达到营养充分、合理和平衡，不仅是针对单个品种，更重要的是品种间的群体配合达到平衡。还需针对制熟加工方法运用相适应的原料，减少菜点在制熟过程中营养物质的损耗率。因此，组配应遵循如下营养学原则：

(1) 用料多样，营养全面　有研究认为单一食品一般难以达到最佳营养效果，因为这是由每种原料所含营养素成分的偏颇和差异性所决定的。运用不同原料组配成组合菜点和套餐具有互补短长、营养全面的特点。

(2) 荤素搭配，膳食平衡　在菜点组合中应充分注意荤素搭配的原则。营养学认为，蔬菜中所含的钾、钙、钠、镁等碱性元素可以和肉、禽、蛋、鱼在体内代谢所产生的酸性，对调节人体内酸碱平衡起到重要作用。蔬菜供给人体植物纤维素和果胶，能促进肠胃蠕动，调节消化功能，利于食物消化和排便，并可以加速有害物质的代谢过程。

目前，在中国烹饪的组配工艺中，关于菜点、餐饭、筵席中最佳荤素组配比率问题，正成为一个重要的研究课题，有待于更多的探索。

(3) 科学组配，减少耗损　针对制熟加工的性能，科学地组配主、配、调料，具有重要的营养学意义。例如，叶绿素丰富的蔬菜原料不宜在酸味菜中使用；酸甜菜中不宜配味精；黄瓜不宜与桔子、西红柿等含维C丰富原料同配等等。目前对菜点营养质构设计方面尚建立在静态分析的基础上。动态设计分析，即建立在工艺过程理念上的组配，亦已开始了对实验性资料的积累，例如，白菜中抗坏血酸含量的不同变化情况的测定等等。我们所期待的是生坯组配与成品的终端营养状况的各种关系的研究结果，这无疑对组配工艺具有十分重要的现实指导意义。

(4) 整体配置　在一餐或一席成套食品中，营养平衡合理应建立在整体配置上，亦即依据进餐者对成套多样性食品的选择食用中达到目的，而不是单纯地在每一个单一品种中达到多料组配平衡，从而能最佳有利于各种食品的风味表达，也能最佳实现进餐的总体营养合理与平衡。

三、菜点风味体系的质量构成与组配

前面关于菜点风味体系的内容已在相关章节中进行了讨论，这里再从组配角度予以集中讨论。风味体系质量构成如下图所示：

风味体系
- 色——色相、色调、色性、色泽、色浓度
- 形——形态、形象、形构、形式
- 香——香型、香势、香韵、香构
- 味——味型、味性、味厚、味浓度
- 质——质温、质强、质厚、质流、质构

(一) 视觉风味的组配

1. 菜点配色关系

色彩是反映菜点质量的重要标志之一，菜点整体质量的各个方面都会通过色彩得到一定的反映。色彩还能最先对人的饮食心理造成影响，来自天然的、正常和谐的新鲜色彩是

优质菜点的象征。菜点的色彩组配具有两重内容，即本色与配比之色。所谓本色，是一原料本质之色、固有之色。如青菜是翠绿色，火腿是玫瑰色等等。所谓配比之色即人为赋予菜点之色，是将不同色彩原料相互配合形成的一种菜点新的色彩构成色相。如猪肋条肉的皮色是淡黄色，配酱油红烧，使之达到红烧肉所应有的特定的棕红色彩，再辅之以绿色青菜，从而进一步达到红、绿对比映射的悦目效果。

由上观之，本色是各类食物原料固有之色，对各种不同色彩的原料进行有目的的组配形成配比色是实现菜点最佳效果的主要手段。

配色需首先了解有关色的质量体系中专用术语的含义。

色相：是指色彩本身所呈现的质的面貌。如赤、橙、黄、绿、青、蓝、紫等等。在菜点中来自非食物性色彩的色相是不可取的。

色调：是色彩给人的温感，有冷、暖二调。色彩学将色彩分为七个标准色，在光谱中近于红端区的红、橙、黄为暖色调；接近紫端区的青、蓝、紫为冷色调；绿色为中性色。两种色彩对比常是冷暖色觉的主要因素。

色性：色性是色彩所赋予人的情感性质。从色彩自身来说，有的使人兴奋，有的使人沉静。兴奋属于积极色，沉静属于消极色。在菜点中，色彩具有表情性复杂的问题。在烹饪工艺学中，对色彩的情感性认识虽与色彩学不尽相同，但在对菜点之色在表达优质菜点方面也有相类似的感觉。

色泽与色强：色泽是指食品所显现的色彩光泽，又叫色亮度。新鲜则亮，反之则暗；色强是指色彩浓度的深浅重轻之感。例如黄焖的酱红色较淡、红烧则较浓较深等等，也反映的是色纯性特征，纯者透明，反之浑浊。

菜点的配色，应先确定其主色调，再确定其附色调。主调又叫基调。菜点中通常以白、红、黄、绿、茶色为主调，黑、紫、蓝为附色调，起点缀烘托的作用。主附色调的组配是依据色彩间色觉关系变化来确定的，一般有三种类型组配模式。

(1) 同类色关系的组配　色相环中邻近两色都是同类色，其中基本色相相同，光度不同的叫同性色，它们异常相像和亲近，产生协调而有节奏的效果。依据同类色和谐的关系，在菜点中便有“顺色配”的方法，即将具有相近色彩的原料组配成一个菜点。典型的名菜如“糟溜三白”，是由鸡片、鱼片、茭白片组成的，其成熟后三种原料都具有固有的天然白色，色泽相近，鲜亮明洁。

(2) 对比色关系及其组配　任意两种色只要色相不同，皆可以对比。在没有两者比较的情况下，可以将色相环上相距 60 范围之内的各色称之为调和色，此外的称之为对比色。对比色可分为同时对比和连续对比等多种关系。运用对比色，可使菜肴色彩丰富多样、绚丽生动。依据这个原理，菜点有“花色配”或谓之“异色配”的方法，如“芙蓉鸡片”以白色为基调配以香菇、菠菜头、笋片及火腿茸，色彩十分鲜明和谐，将鸡片的白衬得淋漓尽致。

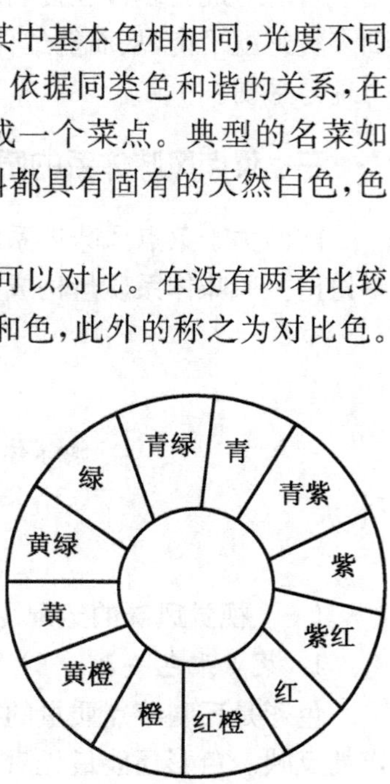

(3) 互补色关系及其组配　互补色是对比色中的一个特殊部分，在色相环直径相对应的 180 两端，互为补色，又叫对色或余色，如黄与紫、红与绿、青与橙。在色光上，只要这两种色光混合会得到白光的即为互补色，从颜料上讲，凡两种色混

合得黑色的亦为互补色。应用互补色有"双色配"的方法，如"双色虾仁"红白对比，"扒鸡"衬豆苗，红绿互补。双色配可使菜点色的对比强烈，具有跳跃感。由于加强了两种对立色彩的光度，更加突出了它们自身鲜明亮丽的色彩效果。

在优质菜点中，白色会给人以素洁、软嫩、清淡之感；红色会给人以浓厚、热烈、肥香之感；黄色有温暖、高贵的情感，向人启示香脆和丰腴；绿色则表现得明媚、清新、鲜动、自然，给人以清鲜、淡爽的启示；茶色有浓郁芬芳、庄重醇厚的感觉；黑色有枯、苦之感，但运用恰当会有画龙点睛的作用，给人以淡雅、清爽的感觉；蓝色在食料上基本不能具备此色，但在餐具中会产生清凉、娴静、大方的感觉。

在配色时我们还应该注意环境色与光源色的影响。随其冷暖明暗的变化而调节。充分提高原料本质色彩的表现力，注重变化，避免单调，决不能因色设色而与菜点及其筵席整体质量要求相割裂，更不能取自非食源性色素渲染与总体风味不相和谐而有损于菜点质量。例如在咸味菜中配以有色甜味辅料，或在洁白的菜质上渲染红、黄色素都是不良的加工。

2. 菜点的配形

形，泛指菜点所表现的形态、形象、形构与形式的总称。造型工艺具有许多工业图案设计学的相关知识，我们将在成品造型装饰工艺一章给予讨论。这里的配形则是指为成品造型装饰工艺提供准备，为菜点制熟后的总体组装提供基本成形的材料保障。在这个意义上，菜点配形就是将不同食物原料按一定的设计形状要求进行生坯组配，为菜点的制熟成形奠定坚实的基础。

首先我们需将造型装饰的有关术语加以阐述。

形态：指造型物体外部形状与组合形态。包括外部形态，内部形态与物质形态。

形象：指造型物的象形特征。包括自然象形，意象象形和几何形等等。

形构：指造型物的材料构成。包括材料质构形式与材料性质。

形式：指式样与运用的类型方式等等。例如，造型的样式是实用式还是装饰性的；是平面的、立体的还是半立体的。在工具上有平盘式、汤盘式、砂锅式、铁板式、笼式、火锅式、明炉式和碗盅式以及特制器皿式等等。

菜点中所用各料基本形态是异质性和多样性的，只有通过将其有机地组配才能为菜点成品的优美造型提供条件，这不仅直接关系到观赏价值的高低，还与营养的、经济的和风味共同体中其他风味存在着错综复杂的关系。例如"秋叶鸽蛋"所用各料的基本形态是异质性的，其造型恰给予我们鸽蛋的洁白细嫩、虾茸的鲜嫩和面包片的香松酥脆的整体综合感受。再如"笋炒肉丝"所用主辅料形相同，给我们在同菜中以脆、嫩对比的口感。因此，造型组配不能违离了菜点风味整体而游离在外，恰当的造型表达恰当的主体风味是最好的造型，不能因形而败味，也不能因形而伤质，而应以形来突现菜点的味、嗅、色、质之美。一些菜点因形而设形，却损坏了味、嗅、质、色的主体，因此连本质的意韵也受到了伤害，这是配形所不能取的。

在菜点组配时一般认为应注意如下规则：

(1) 统一律配形　按照同一料形规格组配不同原料，亦即传统的同形配规则。"丁配丁、丝配丝、条配条、片配片、块配块、茸配茸"，这种规则所配之形，整齐划一，和谐匀称。

(2) 协从律配形　即指辅料料形顺应服从主料之形，起到协从、衬托的作用而使主料突出。应把握原料的成熟伸缩规律处理主辅关系。例如"笋丁熘鸡丁",笋丁不易热收缩而鸡丁易收缩,那么组配时鸡丁应适量放大以至成熟后达到核定标准。一般情况下,辅料形体不能大于主料。

(3) 联缀律配形 一般情况下异形或体形相差较大的原料一般不作平行配置,否则有散乱无序的感觉。但运用特殊的成形组配方法将其包、卷、扎、托、嵌、夹形成一个生坯整体,会产生新、奇、特的极佳效果。在点缀方面运用异形材料也具有较好的装饰性作用,这就是联缀配形规则,联缀配形是许多花式名菜产生的主要方法。

除了上述规则外,配形还应以方便制熟和食用、利于滋味的附着和渗透为原则。反之,配形则是不实用的、无意义的。

(二) 味、嗅觉风味的组配

味、嗅觉风味是风味体系的核心,在前面章节中已有较系统的讨论。一般来说,味、嗅觉是依据设计,在操作上由炉、灶制熟加工进行控制的,而无需再经过组配工序。然而组配所形成的菜点生坯在未达到加热制熟时,已具有明显的味、嗅质量组配信息。传统上对各种菜品配制的生坯上都注有特色性的调味调香类型的标志,也就是说在形式上、料形上、小调料配制上、辅料安排上等等方面都具有识别特征。这种识别系统是因各地方各酒店加工的内部协调上的不同而有别的,一般没有广谱性识别意义。例如,同是炒鸡片,其红炒与白炒在配料上是有区别的。同样是小排,其糖醋的与黑椒的配法也不一样,特别是在大规模厨房生产中,这种信息化组配方式是使加热制熟生产过程调理味、嗅风味不会出现错误的保障,也是标准化加工的重要方法之一。

(三) 质感触觉风味的组配

1. 质感的特性

菜点的质即指质地,这是关于口腔触觉的感受。菜点质地是一个十分复杂的问题,迄今尚无较为全面而科学的研究评价体系。菜点质地是关系到制品内最为本质的感觉,是食品实体本身所给予人的触感,十分复杂,微妙竟在毫厘之间。实际上食品所给予我们的触感是由生料本质触感向制熟后形成的菜点的质地触感转化的内容,也就是说牛筋在生时是老、硬、韧的,而在成熟时又是松软或烂糯的,这说明牛筋具有加热制熟后形成烂糯等多种质地的潜质。因此,组配加工一般不着眼于原料生时质地的触觉感受,而是立足于成熟后所能形成的质地触觉性质。另外同一种原料在制熟后可以是这种质地也可以是另一种质地。例如,鸡肉经制熟后可以是鲜嫩的也可以是酥烂的,这是因为设计的具体品种不同而不同。因此,配质是立足于具体品种所规定的成熟质地触觉标准的。

2. 质感的品相

由于触觉十分复杂,其质量品相也较多,我们从以下五个方面加以讨论。

(1) 质强度 质强是指固态食物在口腔中咀嚼时所感觉的强度强弱的系数。硬则强度高,软则强度弱。依据由强到弱的排序其质感是:硬、老、韧、木、弹、脆、松、嫩、软、烂。用10级评分法,下面分别加以说明。

硬:是食物干紧坚挺的质地,很难被咬下,也难以下咽。在强度系数上暂定为1(层)。例如坚果壳、猪腿骨是硬感的典型。

老:干紧粗密的食物质地,能被咬下,咀嚼口感粗糙而费力。例如老鸡腿、牛前夹肉在短时加热后的感觉。强度系数暂定为2(层)。

韧:紧密而弹性强的食物,质地纤维比老为细,但耐于咀嚼。例如熟冷牛板筋,加热过头的海蚌是韧性的代表。硬度系数暂定为3(层)。

木:粗干又老的食物质地。纤维粗老而缺水缺油,但比韧性原料组织较松,咀嚼干涩塞牙缝,感觉纤维束难以嚼断,犹如木柴。例如老鸡脯、笋根茎处是木感的典型。强度系数暂定为4(层)。

以上一般为不良的食物质地触感,在组配加工中应予以回避,但经特别调味后追求上述触感咀嚼会耐人寻味,例如牛肉干、鱼干、笋干等等。

弹:指弹性,在食物中有一定韧性但有如弹簧一样还原性强,咬断也不费力,具有较美的食物质地触感。典型的有水发鱿鱼、黄鳝、冷的熟猪皮等,强度系数暂定为5(层)。

脆:有一定硬度,但咀嚼时折断快速,清晰有声,是令人十分喜爱的质地触感。如脆骨、炸土豆片、鱼皮花生、黄瓜等是脆感的典型。强度系数为6(层)。

松:原料组织结构有孔缝分离现象,膨松。一经咀嚼即发生塌碎分散,如油酥,是人们热衷于追求的一种优良食物质地触感。强度系数暂定为7(层)。

嫩:含水量较高,结构细腻,咀嚼时破碎快速,但无声感,也是人们最为喜爱的食物质地触感。鱼片、虾仁与鸡蛋刚煮熟的蛋白炒熟后呈现典型特征。强度系数暂定为8(层)。

软:含水量高,支撑力低于嫩,有一定黏结性,刚咀嚼时即下塌,有时无需咀嚼,近于固形的临界点,变形迅速,如水加多的面团,这也是一种较美的食物质地触感。像口香糖在口中咀嚼的感觉,就是典型的软;一些糕团与绵质食品则是松的代表。强度系数暂定为9(层)。

烂:长时加热使食料垮塌的极软质地。如猪头经4～5小时扒熟后可用汤匙食用,其质如豆腐,这是烂的极致。一经触动便难以支撑而萎塌破裂。这是对老韧性食物原料经长时加热制熟所特别喜爱追求的触感美。因此,传统上有“酥烂脱骨不失其形”的极高质量评价标准。这是固态菜肴在质地上的最低强度。强度系数暂定为10(层)。

实际上,每一种菜点原料质强都存在其内部的等级差异,这在脆度上、嫩度上、烂度与老韧弹性上都有明显的多样表现。这需要通过物理性实验的方法建立相对标准体系,指导加工实践。

(2) 质流性　与质强不同,质流性是指液态和固态食物通过口腔的触觉性质,也就是流动性质。有黏、稠、醇、滑、爽等五个等级。

黏:是流动不快,上下沾黏的感觉,一般是半固体酱糊类制品,含有过多的米麦粉质、糊精成分特具的胶黏感。属食品本质性黏着,是美的,反之则为变质品而不能食用。例如肉的表面黏了则是变质肉,若有面糊或糖、蜜则为正常。(流度为5级)

稠:即具有较大厚度的羹型制品口感。稠度是由过多的淀粉成分构成的。稠羹具有一定的流动性,较多的厚度和浓度,如溜菜的滋汁就是稠的典型。稠和黏近似结合成稠黏的质感。(流度为4级)

醇:是鲜汤中溶有丰富物质的质浓厚感。微有黏稠感,但不是粉质糊化的原因,而是动物性水溶物质较多的结果。如奶白高汤、上清汤都具有较好的醇厚感,这是人们所追求的汤的最佳品质。(流度为3级)

滑:即润滑感。薄羹很快流滑过口腔有美妙的触觉。这是少量的油脂、淀粉或其他胶体物质在汤中均匀乳化的结果。在固体食料表体者有胶油乳化物质时也具有一定的滑感。

(流度为2级)

爽:爽觉是清汤清鲜淡薄的触感,爽还具有洁净明快清洗味蕾的感觉,犹如清泉涤荡、清风徐来、薄丝轻盈飘浮的爽快怡心,尤其在浓味肥质之后尤其如此。(流度为1级)

(3) 质感厚度　与味、嗅觉一样,在大多数菜点中我们所感受到的质感并不是单一的,而是多种能量结合的质感。正是在食料的多种触感中我们体验到了美妙的享受。即便是同一种原料,有时也是多种质地并存。在菜肴中,以对主料的触觉感受性为主体,其表现得越充分,触觉的感受面激发得越多,则质感厚度越高,反之则低。例如对"东坡肉"的质地触感形成具有无比厚度的美妙质感。由此可见,质感厚度是指食料具有多种触觉并存的质感。一般有厚度的质感有如下的一些评价术语:

① 软嫩、松嫩、滑嫩、爽嫩、脆嫩

② 软烂、松烂(酥烂)、黏烂(糯)

③ 松(酥)脆、硬脆、爽脆

④ 滑糯、松糯、黏糯、软糯

还有许多更多层次的触感,限于篇幅在此不多叙述。在一些菜肴中挂糊或填料或膨嫩或预先煎、炸、煸、烤等等都是具有设置质感厚度的重要作用的特色方法。

(4) 质感构成　指菜点制品总体质感物质构成。几乎大多数菜点都是具有多种不同的质触感,不同原料构成了菜点总体质感的丰富内容。有的嫩、有的软、而有的又是脆的,构成在口中咀嚼感受的协调对比和冲突。事实上,是具有丰富性质感构成的食品是十分诱人的。例如"八宝鸭"、"佛跳墙"等。西餐汉堡、三明治也具有这个原理。然而组配之间各料质感强度等级差不宜过大。例如硬脆质地原料不能与软、嫩性原料相配,否则会因冲突过大而造成口感不适。中国烹饪工艺对菜点质感组配一般是近似质感组配与对比质感组配的两种形式。

① 近似质感组配:即"同质组配",是嫩配嫩,软配软,脆配脆,酥烂配软嫩等模式。尽管来自不同原料的嫩或脆度不尽相同,但都给人以丰富而又和谐的感觉,例如"鱼肚烧海参"、"油爆双脆"、"马蹄熘排骨"等就是典型菜例。

② 对比质感组配:即传统所谓"异质组配"。将具有一定脆性、弹性原料与软、烂、嫩原料配合,给人以对比和冲突性的质厚度感觉。例如"笋炒肉丝"、"松子鸡粥"、"火腿菜心"以及在肉、虾、鱼缔子填入核桃仁、笋丁、马蹄之类。通过主、辅、填料间的冲突对比,使主料的质感被更加鲜明地突现出来,同时也减低了人口中的腻质感。

(5) 质温感　指人口所触觉的菜点温度感。温度感是触觉风味中的重要而特别的内容。温度感几乎与质量体系中的一切内容都具有密切关系,益损与共。菜点食温有五个档次,即冻、凉、热、烫、沸。菜点温度的高低因具体品种而具有不同标准。

① 冻感:常温以下的温感,一般在−5～5℃之间,是冰食和冻制菜点的温感。有冰凉爽口的快感。

② 凉感:接近室温的温感,一般在10～15℃之间,不低于冰点,不高于常温。如在0℃以下室温条件下,有稍加热的传统,具有冷而不冻的特点。这是冷菜的一般温度标准。给人以进食便利,不伤脾胃又清爽自然的感觉。

③ 热感:介于凉、烫之间,一般为常温以上,在45～65℃之间,这是以鲜嫩风味为特色的炒、爆菜的入口温准。在这种温度下鲜脆嫩的原料不会因为失水过多而老化,也不会因

为某种凝胶影响而变质，鲜香风味又不会受到过多损失，因此其优质风味会被得到最佳的表现和感受。

④ 烫感：几乎不能入口的是烫感，在70～90℃左右，一些烧、焖、炖、煨、煮、溜的菜肴需要持这种温感，才能充分将老肥韧硬性原料制熟形成的浓香厚味和软糯酥烂以及香脆的风味充分展现，这也是中国传统佳肴最为推崇的进食温感。进食时需要吹气稍作降温，入口后再不停滚动降温方可咀嚼，在这过程中尽享滋味的无限妙处。

⑤ 沸感：即指沸腾之感。如铁板烧、明炉烧、火锅、砂锅等。上席时需要保持沸腾，在进食时降温，其烫热烈，身心暖融。

如上所述，温感是菜点质感触觉中最为特别的质量要素。在高温时，由于挥发加快，会觉得菜点香气浓郁，又由于溶胶或水分的运动关系，会感到菜点质感膨润、松软、嫩滑；而温度较低时，则会感到香气减弱，体积缩小，并由于凝胶现象增强了菜点质地的老、韧、干、木等强度。因此，在菜点风味体系设计与组配中，对其温度的设定与适温组配是十分重要的。

对菜点的质量体系内容的深刻理解，是组配设计与加工的基础，同时也是质量评价的基础与依据。

第三节 菜点组配的形式与方法

引导案例

在一些大赛的参赛品种中常有主辅用料和点缀装饰用料之间比例失衡的问题。在一些筵席中，品种之间配合缺乏内在连接性，例如干燥食品、色重食品、浓烈口味食品之间缺乏调节，重复组配。再例如，一些原本是包、卷、酿、托、夹的品种，成菜时却出现松散脱落失形的现象等。这些问题严重地损害了产品与筵席的质量效果，给品尝者带来不快。在一些组合餐的食品之间常有营养、荤素之间的偏颇，影响了人们择食的营养平衡等等，表现出一种无规律性。在许多酒店餐饮中，实际上已是一种出现较多的负面现象，严重地干扰了中国烹饪加工的现代化特色。

分析：上述问题较为复杂，主要是由于对组配的形式与方法缺乏规范化、标准化和准确性的认识与掌握。无论东西方，各国烹饪的组配加工都有特定的形式和方法，只有在一定的规范和标准下才能达到准确和完美，反之，则只能是一种盲目的、随便的组配行为，因此，在对中国菜点食品的组合配置时了解中国烹饪食品的一般形式与方法的规范和标准是必要的。

一、中国菜点单一品种的组配形式与方法

(一) 生坯配料形式

1. 单一料形式

即无主辅的单一原料形式。这种组配的形式对原料材质的选择最为严格和精细，要求选用特别精良的上等原料以及原料中最好的部位和部分。在热加工方法中有清炒或净炒的称谓，在风味上要求特别的滑嫩爽脆鲜，突出高贵用料的洁雅纯美的风格。

2. 主辅组配形式

系指菜点的实体用两种以上原料按主辅比例构成。一般来说，动物性主料采用植物性原料为辅料，植物性主料采用动物性原料为辅料。主辅的比例有 8∶2、7∶3、6∶4 等形式，以主辅的互补、增进、烘托为目的，例如在一些肉类菜肴中配进一些蔬菜，可以使之肥而不腻；在一些蔬菜菜肴中配一些肉类，可增进肥美；在一些蹄筋、皮腱原料中配以适量的富含氨基酸的辅料，则既增进其消化又增强其风味，等等。点心常以主辅 4∶6 组配，其菜肴主、辅相配，必须突出主料，不可喧宾夺主，名实不符。

3. 匀分组配形式

将两种或多种原料按平均比例组配构成菜点实体，一般皆是主料而无主辅之分，在菜点中具有同等重要的地位。常用双味、三鲜、四样、五丁、八宝、什锦表示，例如"扒三白"的三白，分别是鲍鱼 150 g、鸡脯 150 g、芦荟 150 g。

(二) 菜肴生坯组配塑形方法

将菜点性质、规格质量及其组配构成形式确定下来，还需经过特定的加工工艺，使之成为直接用于制熟加工的生坯。菜点生坯的组配犹如塑造成形，其方法如下：

1. 松散型生坯成形法

一般菜肴生坯成形法主要是指对具有松散结构菜肴生坯成形的组配法，这类菜肴的组配特点是将菜肴所用的各项原料，彼此分离地拼合在一起，谓之拼合法。大多数菜肴运用这种成形组配方法，如炒虾仁、烩海参等。这类菜肴需要经过制熟加工后，才能堆砌在一起成为完整造型，而在生坯时并不具有明显的菜肴造型，保持着各类原料的自然分离形状。

拼合法常采用"抓"的手法，将所用各种原料按主、辅、调、添顺序，有规则地、彼此分离地配制在一个或多个配盘中，要求界限清晰，不相混杂。

2. 紧密型菜肴生坯成形法

主要指对具有紧密整体结构菜肴生坯成形的组配方法，这类菜肴的生坯成形组配特点是，将菜肴所用主辅原料按照某种造型结合在一起，形成具有某种特定性状的生坯造型，这与雕塑中的塑造法性质相似。要求将主辅料结合成为一体，对原料固有形有效地改变，增添菜肴的诸多情趣。所以，通过塑造性组配方法成形的菜肴生坯，概谓之花式菜或工艺菜肴生坯。这类生坯已明显具有菜肴的造型模式雏形。

塑造性组配法是多种多样的，常用的有如下几种方法：

(1) 叠　又叫贴，即将所用主辅料呈三层黏结叠合成扁平块状生坯。格式一般是底层肥膘片，中间主料，上层菜(咸)叶。料形上可以是三层同等大小的方或圆片；中间亦可用丝、粒、茸料。为了增加黏结度，两料之间需抹上作为黏结剂的浆、糊或缔子。典型菜例有"锅贴山鸡"、"锅贴鱼"等。叠制生坯一般用于煎贴制熟。

(2) 包　即用软韧性薄型原料做外皮，将主料包起来成为菜肴生坯。包料常用网油、蛋皮、荷叶、豆皮、耐高温无毒玻璃纸、面皮等等。典型菜例如"纸包虾仁"、"龙凤腿"、"百叶包"、"荷叶粉蒸鸡"等等，包制生坯一般用于炸、煎、烤、蒸、焖等法制熟。

(3) 卷　运用软韧薄型原料做外皮，将馅料包被其内卷成筒形。有大卷与小卷之分，大卷较大，一般用网油、豆腐皮、蛋皮、百页制作，菜肴有"干炸枚卷"、"卷筒虾蟹"等。小卷较小，形如"笔杆条"，一般用肉片、鱼片、鸡片制作，菜肴有"玉骨里脊"、"三丝鱼卷"等等。卷在形式上常用筒式卷、象鼻卷、如意卷和中柱卷四种，凡卷皆需在内部用蛋粉浆黏结，防止滑脱。卷菜常用于蒸、炸、焖、熘制熟。

(4) 扎 将菜肴所用原料成束或成串地结扎形成生坯，结扎充当绳索的原料一般用绿笋丝、罗皮丝、药芹叶茎等，在形式上又有柴把与玉带两种。柴把即将所用各料扎成一束，菜肴有“柴把鸭”、“柴把药芹”等。玉带即将所用各料从中孔透过扎成一串，菜肴有“玉带鸭”、“玉带三鲜”等。扎制生坯常用于拌、扒、蒸、烩等制熟法制菜。

(5) 托 用一食料为底座充当容器，上盛其与主辅料形成菜肴生坯，形似莲花托。托菜一般不需浆、糊黏接，可通过蒸、滑炒、烤、煎等制熟，典型菜肴如“雪花蟹斗”、“花盏鲜贝”、“桔篮鱼米”、“软煎蟹合”、“翡翠虾斗”等等。

(6) 酿 将一黏稠状原料填黏于另一原料容腔中形成生坯。一般来说，外面是主料，填进的是辅料，充当馅心，但由于填料具有黏凝性，能黏结并凝固在主料容腔之中，因此，填口可以是开放的，并没有严格的密封意义。典型菜肴如“酿青椒”、“酿蒸梨”等等。填料主要是肉、鸡、鱼、虾缔和豆茸、枣泥之类，一般用蒸或溜等法制熟。为增强黏结性，酿缔子时先需在主料容腔中灌一些蛋浆，防止加热制熟时脱壳。

(7) 藏 将一些贵重的、不具有黏结性的原料填入另一原料的容腔之中，加以密封形成生坯。此法常选用整出骨的禽、鱼和去瓤的整瓜，如冬瓜、西瓜等，作为外器。使用八宝、鱼翅、干贝、海参等为馅料，故有“金屋藏娇”之趣。外以内而名贵，内因外而得味，故主料在馅而不在外。由于内料无黏结凝性，故需密封，如缝口、扎口、盖口等，严格防止内料外泄。藏的生坯，常运用蒸、炖、焖、烤、炸等制熟，典型菜肴有“鸽包干贝”、“鸡包鱼翅”、“鸭百海参”、“八宝冬瓜”、“梨蒸哈什蚂”等等。

(8) 镶与嵌 将缔子涂抹黏结在一平面料体上形成生坯，叫镶；嵌则是再将其他碎粒、小块形原料黏进生坯的缔子上，构成新的生坯。镶用单纯缔子料，要求平滑均匀，典型菜肴有“虾茸猪排”、“面包虾”、“红酥鸡”等。嵌运用其他固体原料，要求嵌平、压实，防止脱落，典型菜肴如“桃仁鸭方”、“象眼鸽蛋”等。镶嵌的菜肴生坯宜适用炸、煎、蒸等制熟。

(9) 扣 即将所用原料有规则地排入碗中，使之成为具有某种图案式的馒头形饱满生坯造型，又叫“碗扣”，所用的碗则为“扣碗”，用蒸、扒之法制熟。典型菜肴有“扣三丝”、“八宝饭”、“金银蹄”等。有的经过包、卷、扎、穿、类的菜肴，有时亦需用扣法，使之形体更为整齐、同一、饱满。

(10) 翻 将两片同等大小的不同原料相叠，中划1～3条刀缝，将原料一头由中缝中翻过呈“麻花”形生坯。传统称为“凤入罗幛”之法，坯形十分别致，一般由溜、炸制熟。典型菜例如“麻花腰”、“麻花野鸭”等，所用原料具有局限性，仅能选用柔韧性原料，如野鸭脯、腰子、猪里脊、通脊等。防止脱落，一般需先上浆，后翻卷。

(11) 夹 将一原料夹入另一原料的夹刀片中形成生坯。如是固体原料，需加黏结剂，如果是缔质类稠黏原料，则无需增黏，夹菜一般采用蒸、炸、煎、溜等法制熟。典型菜肴有“夹沙火腿”、“彩色鱼夹”、“藕夹”、“蛤蜊鱼”等，大多需上浆或挂糊。

(12) 穿 将一固形柱状原料插入另一原料因出骨而产生的空隙之中形成生坯。插入料充当骨，插入后仍保持主料之完整形态，传统谓之“偷梁换柱”之法，饶有趣味。穿的菜肴宜用炸、炖、烧、焖、蒸等法制熟，典型菜肴有“玉骨鳝鱼”、“穿心鸡翅”、“金银肝”等。

(13) 挤 运用手掌的握压力，使掌中缔子被迫从弯曲的食指与拇指之间的虎口孔冒出，呈球状或橘瓣状；或将缔子装入蛋糕挤袋中，挤出呈条线状生坯。挤适用于缔子菜肴的生坯成形，如肉丸、溜汤鱼圆、鱼线等，适宜炸、蒸熟。

(14) 滚沾　即通过滚动或拍粉的方法使较为细小的原料与主料黏结，成为球状或扁块状菜肴生坯。此法与点心生坯成形方法相同，所不同的是，所滚沾的原料可以是细丝状，如绣球干贝；可以是碎小颗粒，如芝麻。所形成的生坯可以是球体，如脆皮虾圆；也可以是扁平块状，如面包猪排等等。

综上所述，紧密型菜肴生坯成形的组配方法是多种多样的。它是在一般组配方法基础上的艺术化的手法，基本上可以是菜点通用的。因此有人说是点心化了的手法，是具有一定道理的。它的变化性、丰富性在适当的情况下具有强烈的形象性、感染性、新颖性的审美效果，起到增进饮食情绪、活跃筵席气氛、陶冶情操的良好作用。但由于工艺复杂，有时易造成费时、费料的现象，故更需要高度的技巧性和把握性。这类菜肴绝大多数是筵席菜肴，一般非不得已而为之，或是品尝者提出要求，或是某种筵席氛围的特殊需要，故在一般一日三餐中是难得进行这些加工的。加工时还应注意精确、迅速和对原料的综合运用，防止不必要的时间与食料的浪费。

中国菜肴生坯组配成形法在许多方面与点心生坯组配是通用的，但是点心的生坯尚有许多有别于菜肴生坯组配成形的方法，因此，将之划分在《面点工艺学》中详述，而在本书不予讨论。

二、套餐食品的组配形式与方法

对进餐所需的多种菜、点、面、饭等制品的组合配置又叫"群配"，具有成套配系的特征。在实际生活中，人的每日每顿进餐，基本上是通过对多种食品的配合食用来实现其目的性意义的。也就是说，每次进餐的菜、点、面、饭是多种多样的，有饭有菜、有干有稀、有甜有咸、有荤有素等等。在一种菜点之中，营养只是简单的，风味也具有明显的局限性，显得单调而乏味，难以圆满实现进餐的目的，达到较好的效果。因此，对人的进餐所需菜、点、饭、面及其他食品组配，构成一餐合理的、完善的膳食组系，圆满实现人们各自不同的进餐目的，是十分必要的。

在人们日常生活中，有两种不同性质的进餐形式和饮食行为方式，侧重于实用型的营养进餐形式，谓之为餐饭；侧重于社会性与审美性的进餐形式，则谓之筵席进餐形式。这两种进餐形式具有不同的饮食行为准则，因此，其组配亦具有较大的区别性，是两种不同的内容。

1. 餐饭食品的组配

(1) 餐饭组配的目的和任务　餐饭，是指人们一日三餐的菜、点、饭、面饮食。一次进餐为一餐饭，又叫一顿饭，以饭或面为主体。一天有早、中、晚三餐为正餐，若有五餐，则晌午、下午为副餐。餐饭饮食通常指正餐饮食，是人们生存与健康的基本需要，餐饭食品的组配，以营养的合理性为基本目的，形式上较为随意，不存在等级的概念，不强求审美上的特殊效果，简捷方便，以人们一天营养之需为标准，达到平衡膳食的效果。每一个家庭、厂矿、机关、学校、宾馆、部队、医院等具有集体饮食制度的单位，乃至每一个人，对一日三餐之餐饭食品的组配都是十分重要的。

对餐饭食品的组配，简称为配餐，是对营养配餐制度的执行和实施。我们知道，食物是各种营养素的载体，人体所需要的能量和各种营养素必须通过对三餐食品的摄取才能得到不断的供应和补充。人类在长期的饮食过程中，生理营养的需要与膳食之间建立了平衡关系。人体不仅需要蛋白质、脂肪、糖、水、维生素等正常营养物质，还需要磷、钙、钠等矿物多量元素和铁、铜、锌、铬等微量元素，如果这些营养素供应不足或比例失调而与人体生理不相平衡时，则会生各种营养性疾病。因此，只有对多种食物进行合理组配，才能成为合格的餐饭饮食，这种饮食是使菜、点、饭、面、果、饮等食品配合达到量足、质好、比例适度、适口和卫生的安全标准。

(2) 餐饭组配的依据与准则　既然餐饭组配的任务是通过对餐饭中各种菜、点、饭、面、果、饮的组配，使进餐的食物能量与各种营养素能够满足人的生理和劳动的需要，那么具体的依据是什么呢？这就必须了解食物构成特点与人的生理营养状况。

中国普遍以谷食为主，约占总食物量的60%～80%，所供热量约占总热量的80%，甚至更多。蛋白质每日平均摄取70 g左右，其中约有70%～80%为谷类蛋白质，植物蛋白质总量可达90%。动物及豆类蛋白质仅占10%左右。食用油脂因动物性食品少，量亦偏低，维生素A来源极少，主要靠有色蔬菜中的胡萝卜素，因此，至少每天吃500 g这样的蔬菜才基本满足要求。依据中国营养学会推荐近期合理膳食构成，每人每月的指标是：粮食类14 kg，薯类3 kg、豆类1 kg、肉类1.5 kg、蔬菜12 kg、鱼类500 g、植物油250 g、蛋500 g、奶2 kg、水果1 kg。

不同的人，因职业、性别、年龄、体形、种族以及健康状况的关系，其生理营养状况也不尽一致，例如，飞行员因劳动强度较大，其热量需要每天约3 600千卡，蛋白质量约75 g左右。因此，餐饭组配需依据食用对象的不同而作适当变化。不同年龄、职业、性别者的各种营养需要量，可参考有关营养书籍，这里不再赘述。

餐饭组配还需掌握各类食物的营养价值和特点，如在胃中的停留时间和消化吸收率、食物中所含营养素的量和类别等等，并依据上述三方面情况，调整其在餐饭中的地位和比例。执行各餐次热量分配制度，遵循荤素搭配及早餐好、中餐饱、晚餐少的准则，合理组配，科学加工，提高餐饭的营养效果。

(3) 餐饭组配的程序和方法　餐饭组配的实施，首先需制定餐饭组配计划。对餐饭计划的制订是保障合理组配加工顺利进行的中心环节，它依据人体生理卫生学的基本要求，结合季节、年龄、劳动强度和饮食习惯等特点，选择适宜的食品组配套餐，为平衡膳食的目的的实现提供前提。对计划的制订有如下程序与方法：

① 确定比例：即根据季节、年龄、劳动强度，结合人的机体健康状况，先确定总热量及热源质的配比率。

② 计算用量：按热源质的合理分配要求，计算出糖、脂肪和蛋白质的大约需要量。计算方法如下：设糖占总热量的55%，脂肪占30%，蛋白质占15%，总热量为3 000千卡，按公式计算如下：

$$\text{糖的需要量} = 3\,000 \times 0.55/4 = 413\ \text{g}$$
$$\text{脂肪需要量} = 3\,000 \times 0.30/9 = 100\ \text{g}$$
$$\text{蛋白质需要量} = 3\,000 \times 0.15/4 = 112.5\ \text{g}$$

③ 定额分配：根据食物成分表，结合营养素需要量选择组配用餐食品，确定品种的质量和数量。

A. 糖：主要来源于粮食，按每天450 g计算，糖量为350 g，不足的部分可由食糖、蔬菜、水果等其他食品补充。

B. 蛋白质：除上述粮食中 30～40 g 外，可由肉类、牛奶、鸡蛋、水产类和豆制品中获取。

C. 脂肪：50 g 可由每天烹饪用植物油中获得，其余 50 g 可由其他动物性食物中获得。

D. 配给蔬菜：蔬菜水果及其他副食品可满足维生素和无机盐的需要，运动员需多选择动物内脏、乳蛋类，供应丰富的维生素 A、核黄素等。

一般来说，每日餐饭需包括粮食、蔬菜、肉类、油脂、水果或瓜茄、食盐及其他调味品。各类食物以及热量的三餐分配，均需结合进餐者的具体情况，遵照营养学的有关规定和标准进行定额。

④ 制定食谱：按照营养定额，即可制定出每天 3～4 餐的菜、点、饭、面、果、饮组配食谱。食谱制定形式如下：

食谱格式		制法及用料
早餐	稀饭	大米 50 g 煮粥
	面食	面粉 60 g 蒸制成花卷
	鸡蛋	鸡蛋 2 个卤煮
	半荤菜	肉丝 10 g 配土豆丝 80 g 炒制
	小菜	什锦酱菜
间餐	饮料	牛奶 200 g，糖 10 g，杏仁粉 20 g 调成
	点心	面粉 40 g，蛋 15 g，糖 5 g 制成
午餐	米饭	大米 150 g 煮成
	全荤菜	鱼 100 g 红烧
	小荤菜	鸡丁 15 g 配柿椒 20 g 炒制
	半荤菜	肉片 10 g 配扁豆 80 g 焖制
	素菜	黄瓜 100 g 配粉皮 20 g 拌制
	汤	西红柿 50 g，豆腐 30 g 煮制
	水果	桃 100 g
晚餐	稀饭	大米 30 g，绿豆 20 g 煮粥
	面食	面粉 100 g 加肉 80 g，西葫芦 200 g 蒸成包子
	全荤菜	酱肝 25 g，酱肚 25 g 拼盘
	素菜	豆腐 50 g，木耳 2 g，蘑菇 2 g，笋 3 g 烩成
	水果	
	全日烹调用油 45 g，调料未计	

综上所述，人体需要营养素应依一定比例供给，才能发挥它的最高价值，对餐饭饮食组配的设计与加工其最基本作用就在于此。

2. 筵席食品的组配

餐饭食品的组配以平衡膳食，即通过比例供给，提高营养效用为目的，在这种组配中，对风味与形式也有一定的要求，以便于人们乐意接受，有助于进餐目的的实现，然而，这种要求还不可能居于主导地位。

然而在筵席饮食形式中则有很大区别。中国筵席是以审美和社会目的为主的饮食形式，当然，我们并不是说，在筵席中就不需要考虑科学卫生与营养问题了，相反，筵席应是在正常科学卫生与营养基础上，使食品更为精良，使所组配的菜、点、面、饭在卫生、营养、风味、形式等各个方面都更为完美，尤其在风味与表现形式方面，要大大超越餐饭食品组配的那种以生理需要为主要目的的追求，进一步升华到更高的精神境界。要组配好筵席食品，必须对中国筵席的性质与内容、结构与形式有一个基本的了解。

(1) 筵席的性质与内容　筵席是人们为了一定社会目的所举行的集体进餐形式。它具有一定的进餐程式与合目的性的菜、点、面、饭、饮、果组构。筵席源于先古人类的祭祀活动，后来发展成为人情交往、社会活动的宴饮形式，是人类文化生活的一个重要内容。

筵席不同于餐饭饮食，是人们较为慎重的饮食活动。对一般人来说，筵席是一种愉快的享受，是具有社会意义的交际活动。因此，筵席又具有如下的性质和特征：

① 社会性：由于筵席是一种社会活动，因此，它的饮食行为规则不同于餐饭饮食的领域而具有鲜明的社会目的性，政治的、商业的、民俗的无所不有，且主题明确，寓意深刻，因此，它尤其注重礼仪性，宾主有分，先后有序，民族、宗教、地方性制约较强。

② 审美性：筵席除遵守基本的卫生与营养规则外，更注重饮食活动的审美效果，并使之为社会主题服务。这主要表现在：

A. 特色性：特色性指筵席必须以其组配食品的独特魅力给进餐者以强烈美感。如地方风味性特色，指筵席食品组配能反映出所在地区的其本饮食风貌，能充分表现出所在地区的风味特点；原料性特色即是所用原料高档、景致、稀奇等，给人以难得的品尝感受；工艺性特色指所配食品的精湛、神妙的工艺运用，给人以炉火纯青、独树一帜的印象。在对筵席食品的加工中，还需将制作者的情感思想融注进去，使进餐者产生共鸣，从而突出表现筵席的艺术性、科学性而形成独特的风格。

B. 多样统一性：筵席食品的组配是将多样不同性质食品集中使用于一席之中，将大量优秀工艺统一于一个主题之中，并将精良的服务程式、餐厅布置、音乐、文学艺术统一到一个环境之中，既丰富又统一，因而构成层次分明、节奏强烈的艺术范围。在大多数情况下，中国筵席是多人围于一桌进餐，杯盏交错，在纷繁中显得完整，从形式上到内容上都充分反映出中国烹饪艺术的整体风格，是多样性的统一和完美。

C. 程式有序性：筵席菜点的安排具有一定的程式性，每种食品的位置都在主题的程式性进展中被合理地安排。不同民族风俗、不同主题要求都具有不同的程式和演进的序列，食品间的先后次序都在精心的设计下安排，达到干湿、脆软、厚薄、清淡与浓烈的调节目的，以及对某种精神的最佳体现，并通过这种组配直接指导制熟加工和餐厅服务过程。有次序、有规律的程序性，能充分体现食品群体之间的审美关系与制作者的匠心独运，这是筵席审美规律的最高体现。

③ 等级性：筵席严格地受着经济规律的制约，经济是筵席组配的基础之一，在客观上，筵席等级越高而经济标准就越高。此外，筵席还严格地受着文化层次的制约，筵席活动的层次越高，则经济的、文化素质的要求就越高。一般来讲，不同的礼典、迎宾、节庆主题，都使筵席饮食形式具有不同的等级内容。

筵席的内容十分丰富，从形式上大体为传统的宴会筵席与家常筵席两类。

宴会筵席通常称为正规筵席，具有庄重的氛围、严格的程序、完整的结构、高雅的意蕴、完美的形式、鲜明的社会性主题，菜、点、酒、果、茶齐全，质量上乘，程序复杂。内容有国宾宴席、婚礼宴席、祝寿宴席、节庆宴席等等，其中以国宾宴席为最高形式。

家常筵席是宴会筵席的简化，气氛轻松随便，居家常有，程式简单，有主题，但无固定程式。常以合家欢聚或数人即兴小酌为形式，菜、点、面以小套数组配，如“八菜一汤”、“六菜一汤”等等，茶馆中的“和菜”形式，则介于正规筵席和餐饭之间。

另外，西方的酒会席在近、现代也被引进，成为许多场合下举行的筵席形式，其特点是：菜点各食集中于餐厅中菜台之上，以冷菜为主，进餐者无固定座席而分散各处，随意走动，进食自取，谓之自助，气氛活跃而隆重，在性质上属正规社交性宴会席。

筵席在文化属性、地方民俗上的倾向性较强，反映的是地方饮食风俗与风味的特征，有鲁菜席、川菜席、淮扬菜席、粤菜席等等以及更为细微的区分。

筵席以名贵菜肴作为等级标志，如燕菜席、鱼翅席、海参席、鱼皮席、蹄筋席等等。在结构形式上以菜肴组配数量与类别为标志，如四六席式、七星式、八八席式、十大碗席式、三蒸九扣席式、六大六小席式等等，名目繁多。每种筵席都十分强调其时令性，以新上市动、植物原料为上乘，有春节宴、中秋宴、端午宴、重阳宴等等。

在对原料的取用方面，筵席又有全席和散席之分。所谓全席，系指用同一种原料或同一类原料为制品主料构成的席面食品组配形式，如鳝鱼全席、羊全席、刀鱼全席以及山珍全席、海味全席和野味全席等等；所谓散席，系指用各不相同类别和性质的原料为制品主料构成的席面食品组配形式，即在一桌筵席席面上，既有鱼菜，又有肉菜，也有鸡菜等等。

对筵席食品的群体组配，必须对筵席的性质、特征和各种内容有一个基本了解，才能做到合于法度，顺乎时序，按需组席。

(2) 中国筵席的基本结构和组配特点　如上所述，筵席是人们为了一定的社会目的而举行的聚餐形式，那么对筵席所需各类烹饪食品组配的基本任务就是通过特定的组配加工表达这一主题，而不是单纯从饱腹充饥这一功利性目的出发，获得个体生理的满足。不同的主题需要相应的筵席形式与组配内容，尽管中国筵席的形式很多，但基本结构与组配特点是相近似的，或是一致的。筵席席面基本呈圆桌形结构的形式与中国传统文化中伦理道德文化有关，以圈次，所组配各类食品围绕着圆形桌面形成套路格局。进餐者围绕着圆桌，以席面为中心，席面食品以席核为中心，构成圈层，每套圈层为一类食品套数，组成具有节奏感的席面整体。一般来讲，一个完整结构的席面由菜、点、果、饮类食品组成，以菜肴为主体，点、果为补充，饮料为点缀。在其食品组配中，又由冷盘、热碟、大菜、点果构成四个圈层，前三层为品尝进餐的主要对象，点心(亦可饭或面)以及果品则提供补充，进行调节。酒类则作为助长气氛的兴奋剂，与菜、点相辅相成。

在实际组配中，席面圈层具有无穷变化，可依据主题的需要、宴会的规定与其他审美因素灵活安排圈层的格局。如冷盘可 4 只也可 6 只、8 只直至 10 只不等，可以是这个品种也可以是另一个品种，也可以是冷拼或分食冷拼。在特殊情况下，冷盘圈层位置亦可与其他圈层调节，也可不建立圈层，将各圈层品种交错安排，如热碟也可安排在大菜圈层，汤菜也可以安排在冷菜圈层等等，作无形式规律组配，但都应是合理的，符合筵席审美法则的。

从理论上来讲，不管席面食品作何等组配，一般都应是四个圈层系列，在安排上都具有一定的规律和法则。在中国筵席中，席面各类食品是一个有机的整体，为一个中心服务。然而各圈层又是一个相对独立系统而相对集中，形成层次和高潮，少至一只，多至数只互相调节，在制品间形成小的层次，在圈层间形成大的层次，跌宕起伏，松紧有致。在常规情况下，上菜时序是：冷盘同时上席构成筵席食品首道圈层的静态平面格局，至热菜首道菜式以后各圈层菜肴陆续次第赏析，甜菜、间汤、跟点穿插其间，构成动态流水式纵向格局，充分表现中国传统风味菜点的热食性效果。因此，对筵席食品应按照上席的时序组配和加工，一般具有如下特点：

① 筵席中心：即核心，起始圈内。一般安排冷菜主盘，可由特色菜充当，在大多数情况下，是花式拼盘形式，规格大于其他冷盘，在较大规模宴会上，主席面或高等级的哑谜系席核，可安排花坛或食品雕刻欣赏。

② 冷盘圈层：首道圈层，为一个城乡队独立系统，由数只品种构成，围于圈层线上，一般为偶数，有 4、6、8、10、12 之数，味不雷同，色形各异，常与席中品种构成套数，称为围盘，可食性强。在独用时，在形式上可用单盘组合，亦可对拼组合，如四只盘子可组配四对拼盘等等。也可采用一只总拼形式，即将多样菜肴拼于一大盘中(而不用其他冷盘配合)，置于席核之上构成圈层。

③ 热碟圈层：紧接冷盘后面的圈层。主要组配炒、溜、炸、焗、爆、烩、蒸等旺火速成菜肴，相继呈席，规格如前所述。一般来说，要求选用具有不同风味、形态、原料的品种。

④ 大菜圈层：筵席之精华，精致名贵，丰满浑厚，为最高潮。以头菜为最高质量统辖全席，紧接着大荤菜、二荤与小荤菜、蔬菜、大汤。干湿、肥瘦、软脆、浓淡相互调节，采用炖、焖、煨、煮、蒸、炸、溜、煎、烧、烤、扒等不同类别菜肴组配，品品见其火候功力。

⑤ 点(食)果品圈层：于大汤后组配正点或饭、面，接着水果为一圈层。饭或面为食，充饥之用，在高级筵席中往往以点代食，有二至四道不符，采用不同面团、口味、造型制品，通常为酥、酵、调粉点组配，人各一只。一般筵席可排以主食饭或面，伴以主食可安排酱小菜二至四只，如酱瓜、生姜、萝卜头、宝塔菜等等，醒酒助饭。饭毕用水果一到四种不等，如瓜类、梨子、苹果、桃子、柑橘、荔枝、枇杷、葡萄、杏子、李子、樱桃等等。

在热菜各圈层中有甜菜、间汤、跟点的穿插。甜菜可安排在冷菜与热菜圈点或热碟与大菜圈层之间，依据具体需要而定，高级筵席也可安排一干一湿两道甜菜，在此两层次穿插，视前后各菜之干湿、冷热性进行调配；间汤为大汤之副，调节口感干湿、口味浓淡之清汤，可安排于头菜之前或之后，故谓之间汤，一般用于较高等级筵席，一般筵席可不用；跟点即跟于某一大菜，为该菜组成部分的点心，面食并非是菜后之正点，作用是增强菜肴风味，如烤鸭的薄饼、扒蹄的蝴蝶卷、鸭蛋馒头等，席间以 1～2 道为常见，因跟菜而上，故为跟点，菜点结合。

综上所述，中国筵席各圈层菜点组配之特点是围绕主题制定的程序性进展，符合经济规律所体现的等级法则，并突出地方风味与时令季节性特点，在统一的基本结构中求多样的艺术表现，具有强烈的节奏感与广泛的和谐感。

(3) 筵席菜点的组配比例与基本规则　一般来说，对筵席菜点的组配是在一定的比例下进行的，即既要做到突出重点，又要防止比例失调。目前高、中、低三个等级筵席的各类菜点所占成本的比例分别为 20%、30%、40%、10%，中档筵席分别为 15%、30%、50%、5%，低档的一般筵席则分别为 10%、40%、45%、5%。

在筵席用料量方面，总的应以每人平均食用 750 g 左右净料为基数(包括动物与植物原料)，再根据筵席的等级高低在主、辅料配比关系与原料的贵贱及其加工方面进行调节。如果登记较低，则辅料量增大，主料量减少；名贵料减少，常用料增多，工艺相应简化，菜点数相应减少。在同等级筵席中，菜点个数多则单个分量轻，菜点个数少则单个分量重。以 10

人吃4冷4热3大菜1汤2点之14式筵席为例，冷菜重量为1.4 kg，每只350 g；热碟2 kg、每只500 g；大菜及汤菜3 kg、每只750 g；点心1 kg、每只25 g(50 g2只)，共7.4 kg，每人可食用740 g净料。如果在总量不变基础上，品种个数增加，则单个平均值应低于前者。

对筵席菜点按比例组配以及对其总量的规定并不是随意的，而是具有明确的营养性、审美性的目的，是在一定的规律下按规则组配。

① 营养学规则：指筵席组配所用各料总量应基本满足正常人每餐所需热量数供给。

对筵席中食品的组配基本形成酸碱平衡格局，荤、蔬结合，如冷菜中以8盘为例，一般4荤4蔬或5荤3蔬，热菜多以蔬菜为辅等等。

② 审美学规则：主要集中在节奏性方面，有如下几点：

A. 色彩节奏规律：两只或多只菜点组配，色调应富于变化，彼此之间形成深浅对比，在群体中构成参差交错的格局，相同或相近色调不宜紧密安排，如在酱色菜肴前后安排棕红色或其他暖色调菜肴是不妥当的。菜点色彩的冷暖间杂，色彩纷呈，能构成色的节奏感。

B. 形的节奏规律：把握各菜之间的形体关系，在基本料形上应多样化穿插安排，运用相似或相同料形构成的菜肴不宜紧密安排，否则显得单调呆板，如在炒虾仁的前后不宜安排丁、粒菜。在一席菜肴中，应运用丁、条、片、丝、块或整形等多样形构菜，富于变化，形成整碎差别、大小不同、高低和谐的节奏感。

C. 味的节奏规律：指在一席菜点中采用不同的味型，构成各具特色味觉、嗅觉的菜点组配格局，如八味冷菜、四味热碟都是这个意思。用同类味型菜肴紧密安排，不能形成味的跌宕，而应浓、淡相随，既可缓解味觉的疲劳，又可产生相乘效果。一般来说，口味的安排是清淡→鲜浓→香咸→麻辣→清淡的循环起伏规律。

D. 质感节奏规律：同类质感菜点不宜紧密安排，应注意口感的干湿、厚薄、肥瘦、软硬的对比关系，如热碟一般采用软嫩→肥厚→酥脆→滋润触觉形式，形成节奏感，常选自炒、溜、炸、烩等不同菜肴。

E. 原料及工艺节奏规律：名贵料需与普通料组配，方能突出名贵，若集中使用则不和谐。一席菜中，不宜每只菜肴都具有复杂工艺，否则过于高亢、繁复，难以突出重点而缺乏跌宕，因此，在筵席中具有复杂工艺的花式菜肴与普通菜肴配合使用，突出重点，形成节奏，如冷盘组合中，主拼是凤凰造型，围盘亦是群鸟造型，在主象上显得繁复，又缺乏食用性基础，不符合节奏规律，起不到画龙点睛的作用。

在审美学规律中，筵席各圈层间的连接关系是形成强烈节奏的关键，宜使用具爽味性质的菜点。只有在圈层结构的跌宕多样性变化中才具有鲜明节奏的效果，筵席的节奏，通过组配被具体地表达出来，从而为制熟加工奠定基础。

③ 经济学规则：指筵席组配在一定经济条件下进行，所配品种不应超过或降低所规定的等级标准。一般来说，价格的高低与所用原料及工艺的繁简性具有密切联系，原料与加工皆精细者，所体现的价格就高，亦即筵席的等级就高，反之则低，这要求对筵席的组配，必须加强对原料成本和工时的计算。在加工中，一般性筵席菜点不应耗费过多的工时，而在较高等级筵席之中，则不应过于加工简单化，使成品粗糙简陋。另外，还应注意对原料的综合利用。

(4) 筵席菜单的制定　筵席组配中对筵席菜单的设计是十分必要的，其作用与餐饭食谱同，但内容和形式具有区别。一般来说，筵席菜单的设计以上菜先后为序，有如下内容：

① 确定主题与等级；

② 确定形式与结构；
③ 确定菜点总量与配比量；
④ 确定主体风味特色；
⑤ 组织圈层套数与排列序数；
⑥ 确定成本与售价。

筵席设计菜单一般是如下格式：

主题：__________ 级别：__________
风味：__________ 人数与对象：__________
季节：__________ 格式：__________

(5) 典型筵席菜单(例)

【例 5-3-1】 水乡村居宴(8 人份)

什锦五花盘(荤素拼)
豆茸鲈鱼羹
双色炒大玉
水鳗烧凤鹅
脱壳大鳜鱼
金鼎全家福
椒盐虎皮蹄
淡奶凤尾笋
糟油溜菜白
馄饨老鸭锅

【例 5-3-2】 扬州友人宴(10 人份)

骑鹤下扬州(八围组合盘)
文思豆腐羹
蛋美一品翅
桔盅酿虾蟹
蜜汁金华方
正宗叉烧鸭
蟹粉狮子头
松子麒麟鱼
岁寒三友(素菜)
佳期有约(蔬菜)
美点双辉(双麻酥盒,两色汤圆)
飞鸽传家书(双鸽炖千层豆腐)

【例 5-3-3】 孔府诗礼宴(12 人份)

十二生果盘(四干果四蜜饯四水果)
凤凰戏牡丹(十围组合盘)
诗礼银杏羹

冠顶燕菜翅
火波嫩羊脯
乌云覆雪(清口汤)
孔府龙眼肉
文龙布袋鸡
礼鱼参北斗
金蟾戏金钱
扇面扒菜心
柴把三色笋
文寿四宝(炖盅)
细点四款
水果四色

【例 5-3-4】 江南船宴(10 人份)

江南风情(彩碟各意)
贡品千岁(炖盅)
翠玉银环
金龙戏珠
大穿红袍
赛蟹鱼羹
满载而归
雏凤还巢
西施浣纱
渔乡烤鸭
上汤烩鸡
八宝时蔬
太湖船点
苹果乾包
扬州烧卖
香醇芋仁
时鲜水果

【例 5-3-5】 山水乾隆宴(16 人份)

龙筵长寿盅(炖盅)
九宫美味碟(各碟)
瓜盅炖鱼翅
翡翠炒鱼丝
扒烧整猪头
叉烧八宝桂鱼
双凤虾珠托

芙蓉酿蟹斗
红花焖黄鸽
虾籽扒乌参
梅岭炖菜核
鸡茸炖豆腐
一品冠顶饺
侯爵鱼汤面
状元海棠酥
五丁荣华包
金鼎鸡火鳖
象形果篮拼

【例 5-3-6】 港式鲍翅乳猪宴(8～10 人份)

鸿运乳猪全体
发财瑶柱脯
鹊巢海中宝
原盅鸡炖鲍翅
清蒸大海斑
当红脆皮鸡
金华腿鸳鸯蔬
香烧双乳鸽
鲜虾荷叶饭
上汤伊府面
百年鸿运
鸳鸯美点
水果拼盘

目前,随着计算机信息技术的迅猛发展,许多大型餐饮企业正在着手建立具有各自特点的餐饭、筵席组配信息库和模式系统,这必将给中国烹饪工艺的加工带来一次质的飞跃。科学化的技术管理系统将主导中国烹饪工艺的手工加工过程,并将改变其随意性和被动性原有面貌,使餐饮的厨房生产由模仿型真正进入自主设计时代,形成食品艺术工程的独特学科品位。

三、组配的成本和销售核算

组配设计的品种用料一经确定便不能随意增减。为保持定型性的稳定质量、核算成本,确定售价是必需的过程。菜点与餐饭以及筵席的成套品种都是以净料率与净料成本为依据进行核算的。公式如下:

(一) 成本核算

1. 净料率

$$\frac{\text{净料重量}}{\text{毛料重量}} \times 100\%$$

2. 净料成本

(1) 一料一档净料成本

$$净料成本 = \frac{毛料总值}{净料重量}$$

(2) 一料多档净料成本

$$净料成本 = \frac{毛料总值 - 其他各档价款总和(下脚料价款)}{净料重量}$$

(3) 半制品成本

$$半制品成本 = \frac{毛料总值 - 下脚料总值 + 调味品成本}{半制品重量}$$

3. 总成本

$$主料成本 + 辅料成本 + 调料成本 + 其他添加调料成本 = 生坯总成本$$

(二) 菜点销售价格的确定

将菜点所用各种原料成本相加得菜点总成本,菜点成本一经确定便可按企业所规定的毛利幅度计算确定销售价格。菜点销售价格的构成通常用下面的公式表示:

$$产品成本 + 利润 + 税金 + 流通费用$$

公式中的利润叫纯利,纯利加税金和流通费用即为毛利,所以亦可用成本加毛利的方法计算销售价格。

对菜点销售价格的计算一般用两种方法:一是以产品成本为基数的成本毛利率法(即外加法),一是以销售价格为基础的销售毛利率法(即内扣法)。毛利率指毛利与成本、销售价格之间的比率。毛利与成本的比率是成本毛利率,毛利与销售价格之间的比率是销售毛利率,分别由如下公式表示:

$$成本毛利率 = \left(\frac{产品毛利}{产品成本}\right) \times 100\%$$

$$销售毛利率 = \left(\frac{产品毛利}{销售价格}\right) \times 100\%$$

运用两种毛利率方法求得菜点销售价格的公式分别是:

1. 成本毛利率法

$$产品成本 \times (1 + 成本毛利率) = 售价$$

2. 销售毛利率法

$$产品成本 \div (1 - 销售毛利率) = 售价$$

应予注意的是,不同规模、等级和地区的餐饮企业的规定毛利率是不同的,因此组配时应因地制宜,按照当地法定毛利率进行核算。显然,按小饭店利率计算用在五星级饭店或反之是很不恰当的。

四、中国菜点的创作传统与评价

(一) 中国烹饪传统评价特征

中华民族几千年的食物结构传统,促成了菜点食品文化的发展,从商、周祭祀礼乐文化开始,烹饪便与精神文化紧密地结合,成为民族精神文化的一种载体,物化为丰富多彩的菜点样式。菜点与其说是食品,倒不如认为是艺术化了的烹饪作品。中国菜点早就超越了实用范畴而进入了精神的自由世界,其与中国书画、武术、戏剧、中医药等民族传统文化精神水乳交融,被称之为中国五大国粹之一,"食在中国"之誉并由此而来。中国人文传统文化的精神正是中国菜点文化的精神内核,不懂得这些,那就不懂得中国烹饪,也就更谈不上什么继承与创新了。

中国烹饪在实用性得到基本保障的前提下,更侧重文化艺术的内涵创造,将中国民族的思想与情感注入每一款菜点之中加以表现,创造出独特于世界其他地区的加工形式、进餐方法和食品样式与种类,充分体现了中国饮食文化中直面现实、达观处世的美性精神创造,从而也影响到了其对食品质量体系的评价是以审美学评价为核心的人性化特征。

(二) 中国菜点的传统理念与造境

中国医食同源理念由来已久,认为药即是食,食即是药。饥饿是病,体虚也是病。食物具有疗养疾病的功能,然而对于人生疾病是痛苦地面对,还是愉快地生活呢?古人选择了后者而寓食于乐,在食物中寻求身心的超越与愉乐,在享受中获得身心的健康,这就是传统饮食养生学说的本质含义。烹调作为一种有益于身心的游戏活动被历代名人文士所实践,通过菜点形式表达主人的思想情感,馈食以为礼或者邀友同享,共鸣心音,而致力于寓乐于食。美食的味、嗅、色、形、质、意诸方面无不在一种精神理念中得到设计和加工,无不映射出主题创作思想的熠熠光芒,形成概意性食品中的两极分化——普通性与艺术性食品,菜点便是被艺术化了的食品。在唐、宋著名的许多花色菜点中,我们可以发现至迟在唐宋之时,中国烹饪食品的这种两极分化程度已是相当的成熟了。从《吕氏春秋》到《随园食单》;从《楚辞》、《汉赋》再到《明清小说》无不透视着这种分化发展的文化本质和艺术内蕴。

菜点作为一种特殊的艺术形式,其题材、意境与主题是多样性的,并通过菜点的具体命名传达意境和主题。一般有如下形式:

1. 通俗的主题(直观)

(1) 突出加热之美:如"清蒸桂鱼"、"滑炒里脊丝"、"扒烧鱼翅"、"煎饼"等等。

(2) 强调调味特色:如"虾籽海参"、"奶油菜心"、"糖醋排骨"、"麻辣豆腐"等等。

(3) 渲染材质之妙:如"脆鳝"、"酥海蜇"、"响堂虾球"、"烂糊白菜"等等。

(4) 展示主辅结构:如"春笋鮰鱼"、"韭黄牛柳"、"鸡皮虾丸"、"白菜火腿"等等。

(5) 表现齐、全的配置:如"什锦豆腐"、"全家福"、"罗汉全斋"、"八宝全鸡"等等。

2. 雅趣的意境(联想一)

(1) 美妙的色相　如"三色大虾"、"五彩鱼丝"、"红白鸡腰"、"彩色鱼夹"等等。

(2) 趣意的象形　如"松鼠桂鱼"、"棋盘肉"、"花篮虾"、"蛤蟆鸡"等等。

(3) 意象的造物　如"一品瓜方"、"柴把桂鱼"、"玉带鸡"、"元宝酥"等等。

(4) 奇异的技法　如"三套鸭子"、"脱骨桂鱼"、"拔丝楂糕"、"银丝拉面"等等。

(5) 新奇的结构　如"三丝鱼卷"、"九宫排骨"、"八卦豆腐"、"芙蓉套蟹"等等。

3. 深远的意蕴(联想二)

(1) 怀旧的追忆　如“叫花子鸡”、“宫爆鸡丁”、“麻婆豆腐”、“狗不理包子”等等。

(2) 乡土的情思　如“文楼汤包”、“京江肴蹄”、“东江盐焗鸡”、“黄陂三合”等等。

(3) 寻古的雅兴　如“东坡肉”、“云林鹅”、“文思豆腐”、“霸王别姬”等等。

(4) 人生的祈福　如“五子登甲”、“蟠桃献寿”、“四喜鱼糕”、“龙凤呈祥”等等。

(5) 藏宝的幽趣　如“八宝鱼盒”、“羊方藏鱼”、“鸡包鱼翅”、“雪里藏火”等等。

(6) 画意的诗情　如“银鼠戏果”、“岁寒三友”、“满载而归”、“月映珊瑚”等等。

名称就是主题,就是设计的灵魂和创作的指南。在上述表达各种主题意境的菜点名称里,我们看到了中国传统文化艺术创作的全部思想特征,充分体现了中华民族审美意识的种种方面。中国烹饪工艺的菜点制作并不仅是单纯的“工业”技术问题,而是具有更为深厚丰富的历史文化的积淀,有着无比多彩的联想,具有生动的情感思想的塑造。如果我们不清楚这一点,我们便没有中国烹饪优良传统的继承和革新能力,也就无法完成对其重组和再造的任务。

(三) 质评的形式与方法

对中国菜点质量的检测评价,目前较全面的有五个方面,即:卫生学的理化检测、营养学的静态评价、中医药学的食疗养评价、风味学的感观评价和经济性质的财务评价。其中有四个方面已科学地形成了专业性评价体系,而风味质量体系是属于烹饪工艺性质的,目前只能依据感观测定作感觉性描述评价,这就是质量的审美评价体系。它不像其他四个方面方便用数字化表述,而是见仁见智的审美经验居于主导地位。从而与中国书画与造型艺术评审形式相近似,对菜点评审有五级质量法。亦即将菜点分为格、谐、奇、韵、美五品。分述如下:

(1) 格　规格和法度。指菜点的加工过程和质量达到其基本标准,不生、无毒污染、营养配置正常、不焦、不失味、形表整洁是符合规格与法度的基本成熟食品。

(2) 谐　指和谐与协调。在色、形、味、香、质之间的组合和谐而协调,表现出基本操作功力的精熟。各项标准准确,但无明显的特色而显得平庸。

(3) 奇　有独特的表现。如奇异的构形或奇妙的设图或奇特的味、香与质感等等,有与众不同的某个方面显得具有特长性。但需在总体和谐条件下显出特长。

(4) 韵　指菜点整体评价所感受的风格与意蕴。在以往评价中通常有如下相对概念,经典与通俗,高雅与朴拙,含蓄与直白,浓厚与清淡,精细与粗犷,灵巧与庄重,复杂与简练,新奇与平实等等。

(5) 美　指完美,无懈可击。即达到格、谐、奇、韵四美具备的佳品,是菜点范本之作。食物三要素得到了高度统一,充分表现出匠心独运、神工之造的意蕴,而这种完美之品又是难以得见的。

本章小结

本章主要内容与关键点是:

1. 组配工艺的性质与意义。

2. 中国菜点食品的实用种类与形式特征。

3. 菜点组配的质量体系和组配关系。

4. 菜点生坯及其组合配置的形式与方法。
5. 中国菜点的创作传统与评价体系。

检　　测

一、名词解释

菜肴　点心　餐饭　副食品　辅料　大菜　筵席　前菜　全席　营养质构　色调　色相　对比色　互补色　形构　形态　协从律　联缀律　质感　质强度　同质组配　匀分组配　酿法　托法　扣法　挤法　自助餐　筵席圈层　净料成本　美食

二、复习思考题

1. 以整套筵席为例，指出其中所用食品种类及其形式特征。
2. 热炒、冷碟、头菜、席点、大菜、时蔬、甜菜、汤羹等食品类型有哪些组配特征？
3. 从中国饮食习惯风俗的视角怎样解释主食与副食？
4. 以菜肴实例分析其结构与风味质量的构成形式。
5. 分别以两款著名菜点为例指出其质量体系的组配特征。
6. 依据质量体系构成设计组配五种具有不同组成结构的菜肴或点心。
7. 以菜点为例，指出十种以上不同触觉风味的不同和差异性。
8. 简述组配加工的性质与任务。
9. 中国菜肴的单一品种具有哪些组配形式？
10. 用菜例说明菜肴生坯组配成形的方法和关键点。
11. 餐饭与筵席的性质与组配具有哪些异同点？
12. 为自己设计一日三餐的食品组合，详细阐述其组合方法和原理。
13. 设计一套春夏秋冬大众筵席组合，售价按600元人民币计算。
14. 按菜肴组配规则设计两种菜品。
15. 用一套筵席食品组合说明其中的组合原理。

第六章 制熟工艺

学习目标

本章的教学目标就是使学生理解加热与非加热制熟加工原理,基本掌握传热介质、工具在操作中的不同控制方法。通过菜例比较,使学生具有对相似或相近制熟方法的鉴别能力,熟练掌握典型菜例的加工操作技术。因此,本章所涉及的内容较为广泛,据统计,中国烹饪有近100种制熟方法,它们都在不同传热介质、工具操作方面具有特征性的控制区别。本章不仅要着重讨论各种类型的熟制方法,还要概括阐述导热介质与工具使用以及一般食材在加热中生物化学变化的一般基础知识。

本章导读

在食料从生到熟的一系列加工中,将最后一道主体工序称之为制熟工艺,因为通过这道工序才能最终使特定食品成熟而被人们直接食用。烹饪工艺学认为,食物是一种统称,包括食料与食品。食料是未经加工的原始食材,未经清理加工的叫"毛料",经过清理、分解等加工的叫"净料",组配成形的生坯叫"半成品",经过制熟加工的才能称其为"食品"。熟食品是食物三要素——卫生、营养、美感高度统一的产品,《中国食品卫生法》第四条中规定:"食品应当无毒、无害,符合应当有的营养要求,具有相应的色、香、味等感官性状。"以此肯定了食物三要素的食品性质,菜点等美食就是终端加工控制使食物三要素得到最高统一来满足人类三种基本需要的结果。

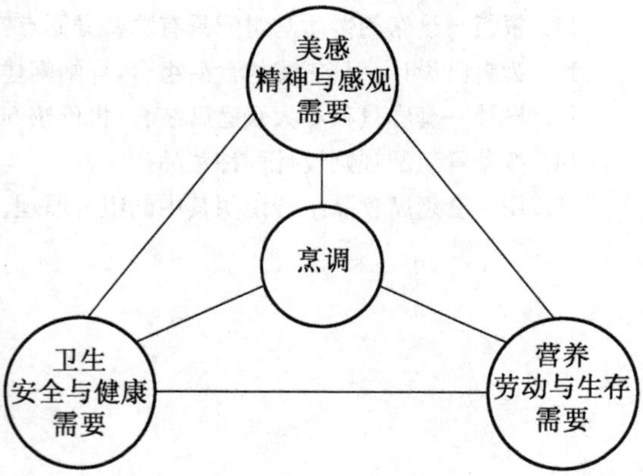

第一节 制熟加工的相关基础

引导案例

初学者对于制熟加工来说可谓是第一难题,一般学习三年后才能独立进行制熟加工。在许多情况下,对油温的把握、对预热加工程序以及对近似制熟方法的区别难以鉴别,对火候的运用不够准确，致使该清的汤不清，该白的汤不白，该嫩的菜不嫩，该烂的肉不烂。许多厨师对制熟加工的性质与任务甚至知之甚少。事实证明，对相关基础知识的欠缺有碍对制熟加工方法的有效掌握，也因于此，致使一些厨师终身沦为一名被动型厨师，缺乏研究与开发创新的能动性。

分析：要准确快速地掌握不同的制熟加工方法，除了大量的实践实训外，对基础理论知识的充分认知也是十分必要的，否则犹如盲人射马，事倍功半。我们在使用不同传热介质时要知道火候的不同控制，知道汤为什么会白、肉为什么会酥烂，油炸食物时在什么情况下可使食料酥而不焦，嫩而不生，知道在什么情况下使用什么加热工具最为妥当，知道各种相近似的加热制熟方法的区别点在什么地方，为什么如此区别等等，首先我们应知道制熟加工方法的体系。

一、中国制熟加工方法的体系

中国制熟的方法五花八门，名目繁多，加之众多的地方方言名称，更是令人眼花缭乱，莫衷一是。这在学界长期存在争论，并由于对细节流程分析的缺乏而门类难清。1985 年《中国烹调方法分类学研究》(《中国烹饪研究》,1985.2)一文率先提出分类方法，并第一次将制熟方法的分类问题上升到学术研究的地位。因为对制熟方法的分类，有助于求同辨异，有助于系统教学，更有助于理论体系的建立和研究的深入，将分散于全国的古老的、现代的、地方的种种方法归纳到一个大系统之中，对继承与革新具有极其重要的现实意义。在这方面，我们做了大量摹拟与比较的实验工作，并将其归纳分类，于 1992 年在《中国烹饪工艺学》中初步予以确定了其分类体系和内容。

通过热源、介质、温度、结构动作与形式的区分，制熟成菜的烹调方法分类如下图所示：

制熟方法总表

- 制熟方法
  - 热制熟
    - 固态介质导热制熟
      - 砂导热制熟——砂炒
      - 盐导热制熟——盐焗
      - 泥导热制熟——泥烤
      - 金属器导热制熟——烙、锅烤
    - 液态介质导热制熟
      - 水导热制熟
        - 大水量——汆、涮、白焯、汆熘；汤爆、炖、卤、煨、煮
        - 小水量——烩、烧、熬、焖、㸆、熬
      - 油导热制熟
        - 大油量——炸、熘、炸烹、拔丝
        - 小油量——炒、爆、煎、贴、煸
    - 气态介质导热制熟
      - 蒸汽热制熟——蒸、蒸熘
      - 烟热制熟——熏
      - 干热气制熟——烤烘
  - 非热制熟
    - 发酵制熟——泡、醉、糟、霉
    - 化学剂制熟——腌、变
    - 凝冻制熟——冻、挂霜
    - 调味制熟——炝、拌

二、热制熟加工的制备与条件

据统计，制熟方法中 90% 以上是具有加热作用的，因此，热能与介质、食料是制熟加工

的基本制备条件，称之为制熟加工三要素。通常将具备三条件者称为完整结构的制熟方法，讨论其介质的、温度的、时间的食料变化关系是本节的主要内容。

（一）热能与热源

热能指物质燃烧或物体内部分子不规则运动时释放的能量。烹饪制熟工艺的热能来源于燃烧热、电热、远红外、电磁、微波和太阳能等，以燃烧热的使用目前最为普遍，如煤炭、燃油、天然气和沼气等。所谓燃烧热一般指 1 g 分子物质在纯氧中完全燃烧生成二氧化碳和水时所产生的热量，燃烧过程亦即化学反应过程，在燃烧时，有的化学反应放热，有的吸热，这种热量变化是反应物和生成物中化学键相联系的热能之间的变化。

燃烧时，充足的空气供应是其充分燃烧的条件。各种常用燃料的燃烧值也不尽相同。

表 6-1　三种燃料的燃烧值比较

无烟煤	液化石油气（气态）	柴油（轻）
31 300 kJ/kg	83 680 kJ/kg	38 900 kJ/kg

（1）电热　指将电能转化为热能，如同电热元件的发热，加热金属极与导热介质。

（2）电磁热　利用通电后产生的高频交变磁场形成的电磁感来加热金属锅，不断变化的磁场可使金属锅的磁向在瞬间产生改变，高频达 25 kHz，使电子发生摩擦而生热。这里锅与灶的垂直接触面积越大，磁通量就越多，导热也就越快。

（3）远红外热　指非电离辐射电磁波中波长为 2～2.5 nm 的红外线。物理学将波长为 0.78～1 000 nm 的电磁波称为红外线，其中 0.78～1.4 nm 的是近红外，1.4～3 nm 是中红外，3～1 000 nm 则是远红外。远红外的加热是辐射电磁波与分子或原子团产生共振所致，远红外能将热量传播到食料表面约 1～2 cm 深度，使制品成熟。

（4）微波热　频率在 0.1～300 MHz 之间的电磁波，具有波长短、频率高、穿透力强的特点。食物成分中的水、蛋白质、脂肪、碳水化合物等电解质在磁场中产生极化现象，分子运动加快，产生摩擦生热，其频率与热量成正比。

然而，无论热能来源于何物，也无论其热值的多少，对食料的影响都是与介质的传热作用具有密切关系。不同的介质、介质温度、介质用量以及介质导热时间都对食料的受热成熟度产生直接的决定性影响。

（二）热传递与传热介质

1. 热传递及其途径

热能对食料的加热，使之由生到热具有三种热传递方式，即热辐射、热传导与热对流。这三种热传递具有不同的热传递途径：①热辐射的传热途径是从热源沿直线向空间四周散射出去，物体以电磁辐射的形式发出能量，温度越高、辐射越强，波长亦随温度而变；②热传导则以某固体物质为中介，将热能从一端传至另一端，热量从温高处往温低处传导；③热对流则是物体间或内部的不同温度差所造成的势能相对流动形成的热传递。当流体与不同温度的固体接触时也产生交变现象，称为热交换。

热源加热将热量传递到食料之上，使之变性成熟是介质的多种热传递综合作用的结果。在传热过程中，有食料外部与内部传热两个层面，其外部通过介质有多达三层界面者，例如油炸猪排的传热过程是：

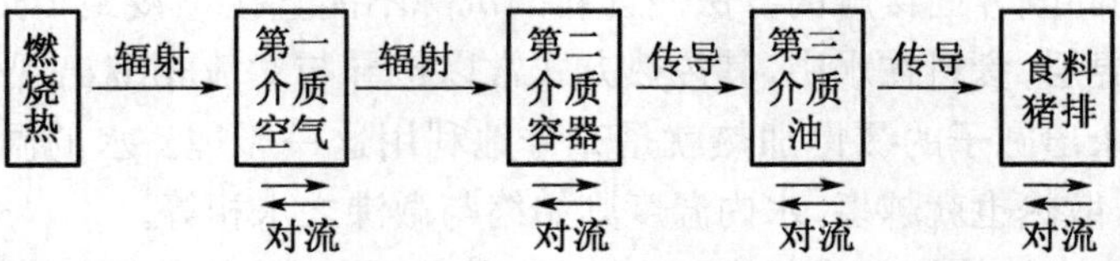

两层间的传受热关系一般为受热与传导，而热对流则是吸热物体之间的换热反应，并通过这种流动运动，温度得以在受热体间平衡上升或下降。

2. 传热介质

介质是指物体系统在其间或物理过程在其间进行的物质。传热介质就是指热源与食料之间的热传递中间物质，介质的运用因介质方法的不同而对食料产生不同的作用。在多层介质中以直接接触食料的介质层最为重要，谓之直接介质，其他为间接介质，例如用水直接接触并导热给食料，那么其制热方法就是具有水介质导热属性，依此类推，导热介质共有如下三类八种：

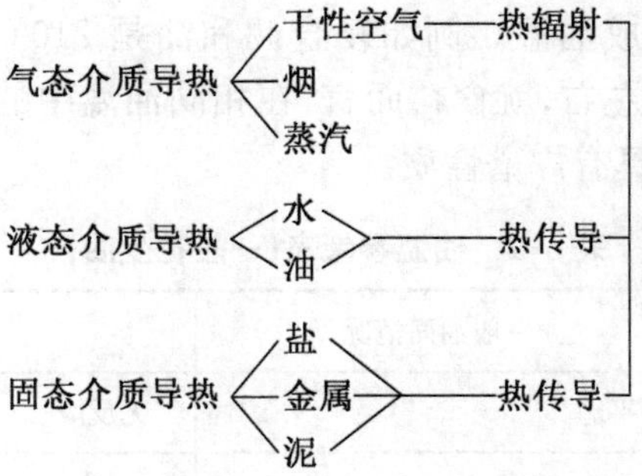

(1) 气态传热介质

① 干性空气：利用辐射热对原料加热时，当辐射散射在炉腔与食料时，会形成炉腔中空气的辐射换热环境，温度均衡上升，在环境中，水分易于蒸发而显得干燥，食料在辐射与对流导热的结合中而均匀成熟。这种介质作用尤其在不见明火的烘炉中显得突出。

② 蒸汽：蒸汽是液态物质汽化或固态物质升华而成为气态物质。作为传热介质是水的热膨胀所形成的水蒸汽，水分子在高温密闭的环境中会产生较大压力，受热部分会膨胀汽化而上升形成蒸汽，膨胀率达 1∶150，温度也会超过 100℃，达到 102℃，蒸汽在降温之时会下降而还原为水，蒸汽在气体与液体的循环运动中对食料加热。

③ 烟：也是一种蒸汽，由含水固体物质中水分与其他挥发性物质在不充分燃烧的情况下蒸发形成，其导热的部分是水蒸汽，而一些呈香的挥发性物质具有熏香的作用。

(2) 液态传热介质　液态传热介质主要是水与食用油脂，由于液体介质具有流动性，而必须用固体容器盛载。其传热途径是由固体容器将热量传导给液体介质。再由此传导给食料，再通过相互之间的能量互换，在热对流的作用下均匀受热成熟，因此液态物质是第三界面的导热介质。然而，水与油的加热性质却有质的区别。

① 水：水导热作为第三层介质，水直接与食料接触又与传热容器壁接触形成传导与对流结合的传热特点，邻近锅壁处，由于吸附作用，加热会出现高温界层。当食料过多沉着时易出现黏底焦煳现象，这是热量不能被迅速均匀地传导出去所致。因此需要人为地增加其

对流速度，或采用间隔界面接触的方法使食料的沉降不能直接黏接到传热器壁。降温冷却时则会出现低温界层，食料在水中，其传热方式常以传导与对流相继出现为形式，例如将鱼缔在冷水中下锅余出圆子的缓慢加热就是充分地利用这一原理。水的温度沸点是 100℃，其溶沸的越厉害，散热也就越多，水内温度则始终与微沸之水相等。

② 油：食用油脂的传热方式与水相似，其在静止时，则传热与散热速度都小于水，但在加热后油分子的激烈运动使油脂在温度与温速上都大大地超过了水。食用油脂品种较多，不同的油脂其发烟点、闪点和燃点也不相同，这主要取决于游离脂肪酸的含量。常用食用油脂的发烟点在 170～260℃范围，闪点在 210～330℃范围，而燃点一般在 350～390℃范围。由于油的憎水性质，高温油在遇水的情况下，由于温差较大，会引起激烈的爆溅，从而易对人体造成伤害。超过烟点的高温油，也会生成一些有毒物质，如乙二烯环状化合物等污染食品，油温达到闪点接近燃点则易造成火灾。因此，加热时对油介质的温度控制是十分重要的。原料在高温油中水分被快速而大量地蒸发，蛋白质结构被破坏，大量脱水而固化，脆化甚至焦化，这就要求对油介质温度的利用不能超过烟点的上限。一般将油的温度分为十成，每 23℃范围为一成油温。例如复合调和油是 210℃，猪油为 221℃，菜子油为 220℃，豆油、花生油在 230℃左右，就食料而言，在相同油温中的受热变化的熟化程度是相近似的，因此，十成油温测定具有广谱性质。

表 6-2　油温参考表(一般花生油)

类别	成数	温度(℃)	一般油面情况	下料反应
冷油锅	1～2	23～40	平静	无反应
温油锅	3～4	69～92	平静，略有响声，少数油泡	缓慢使蛋白质原料变色、凝固
热油锅	5～6	115～138	多量油泡，有响声，锅边起微烟	有明显水汽蒸发，凝固速度加快，表面不变色
沸油锅	7～8	161～184	油泡较少，有青烟，油面有翻滚状	大量水泡蒸发，使原料结皮壳，但无爆声，表色有轻度变黄
烈油锅	9～10	217～230	油面平静，青烟渐浓，锅边略有白烟	见水汽即爆，蒸发迅速，使原料脆化，有焦化现象，金黄色形成

(3) 固态传热介质　主要是金属、砂陶、盐、石等。热力学认为，常温下热导率大于 0.2(卡)数值的干质材料不能是保温材料，而上述物质的热导率皆大于这个数值，是良好的导热材料。尤以金属为优，因此锅具基本是铁、不锈钢、铜、铝等金属制品，被称为介质中的介质。固体导热基本以传导为主，对流则缓慢。金属导热主要是依靠自由电子的运动，其速度与含杂质多少有关，一般固体介质的热阻、厚度与受热面积决定了受温的高低与导热速度的快慢。砂陶物质由于热阻大，受热与导热慢，易破裂；而金属物质则导热迅速，易冷易热，温高到直达自熔程度而超过油脂的燃点。盐则表现得吸热与分散皆慢，但蓄温性良好，例如盐焗鸡的盐温就达 200℃以上，正因为如此，盐粒与砂粒一样作为第三层界面的介质，具有恒温中缓慢导热的作用。

(三) 火候与食料成熟度

我们知道，热源、热能、传热的方式、途径以及传热介质的使用具有许多丰富而复杂的内容，但无论来自于什么方面，都必须集中到食料的受热温度、时间和成熟度方面来，运用不同的能源，在相同的温度条件下，食物受热变化的成熟度是相等的，不同的温度会使食料形成不同的成熟度。因此，加热时对温度高低与时序长短变化关系的控制是至关重要的。过去依据对煤炭在炉中的燃烧状况进行判断，称之为火候。但现代这种方法随着油、气和电化加热炉的普及已不合时宜，但火候因其本质上的实际意义，作为传统的专业性名词却依然具有重要的现实意义。与现代的操作特征结合，其火候的现代含义就是对食物加热时热能的强弱、温度的高低、时序的长短变化的控制。由于食料的品种繁多，人对食物的成熟度又具有多级性需要，对火候控制的复杂性和专业化成为热制熟工艺的关键，不同的控制形成各具特征的熟化烹调方法。实际上大多数具有终端热制熟性质的基本方法都是依据对火候的控制状况加以区别并描述的。例如将肉片炒老了，被称为火候过了；炖鸡肉未烂则称为火候不够等等。

表 6-3 几种热制熟的火候控制描述

控制 方法	导热形式	热值量	温幅（锅内）	时间	成熟度	性状	触感	料性
滑炒	油	强（旺火）	150～180℃	极短（以秒计）	初熟	血色转白，未缩小	滑嫩	鲜嫩性小形料
红烧	水	中（中—小—旺）	100℃	稍长（10～60 分钟）	深熟	沸腾状	松软浓汁	中等硬度块形料
清炖	水	弱	95～100℃	长（2～4 小时）	极熟	恒温保持气泡	酥烂	老韧性整块料
煮	水	次强（旺）	100℃	稍短（以分计）	深熟	极度沸腾	软嫩	预熟或嫩性块片料
煨	水	中（中）	100℃	长（以时计）	极熟	中等沸腾	酥烂	与炖料同
脆炸	油	强（旺）	180～230℃	短（以分计）	初熟	待壳脆化	外脆里嫩	鲜嫩性原料
清蒸	蒸汽	中（中）	90～102℃	短（以分计）	初熟	饱满、光润、鲜亮	细软嫩	鲜嫩性原料
挂烤	辐射	中（小中）	100～250℃	稍长（30～60 分钟）	中熟	干香、色深、油润	皮略脆而肉嫩	整块禽与肉料
煎	油	中（小）	150～180℃	稍短（以分计）	初熟	薄壳有淡焦化色	细软嫩	平块鲜嫩料
烙	金属板	次弱（小）	100～140℃	稍短（以分计）	初熟	薄形有淡焦化色	软嫩	平块鲜嫩料

国外肉食测温计对肉制品成熟度的计温是：内部温度达到 85℃时，鸡、猪肉全熟；82℃时羊肉羔羊肉全熟；77℃时牛肉全熟，羊肉中熟；71℃时羊肉半熟；60℃时牛肉中熟；52℃时牛肉半熟。中国食品制备委员会规定的肉制品成熟度标准认为，既需保持肉质的鲜嫩风味又要保证肉类虫菌的基本杀死，其温区界域在 60～82℃之间。从感官上测别，以血色的变化程度为基本依据。如下表所示：

	0℃	
	127℃	高温杀死所有肉毒杆菌
	116℃	20分钟沸煮将杀灭毒素
烹调温度区	沸点 100℃ 82℃	烹调温度区间(60℃以上),能杀灭大部分细菌,温度升高,杀死细菌所需时间减少
	74℃	在74℃左右细菌部分被杀,但部分能存活
	60℃	超过60℃细菌存活但不生长
细菌生长区 (危险区)	49℃	超过49℃细菌生长减慢,但不停止
	37℃	这一区间使细菌迅速生长,并产生毒素,37℃是细菌快速生长区
	16℃	此间细菌生长,但速度较慢
	4.4℃	冷温使能引起食物腐败的细菌生长缓慢
保鲜区	冰点 0℃	冰点温度阻止细菌生长,但可使细菌存活下来
冷冻温度区	-18℃	

食品制备委员会所定肉食品成熟度(参考)

肉	颜色	说明	内部温度(℃)
牛肉	半熟	中心为玫瑰红色,向外带桃红色,渐变为暗灰。外皮棕褐色,肉汁鲜红	60
	中熟	浅粉红色,外皮及边缘为棕褐色,肉汁浅桃红色	70
	全熟	中心为浅灰褐色,外皮色暗	80
羔羊肉	中熟	浅粉红色,肉汁浅粉红色	70
	全熟	中心为浅灰褐色,质地硬实不松散,汁清	80～82
小牛肉	全熟	质地硬实,不松散,汁清,浅粉红色	74
猪肉:肋条与腰肉	全熟	中心为浅灰白色	77
猪肉:肩胛肉及鲜火腿	全熟	中心为浅灰白色	85

以上是理化成熟的标准,是对熟化加热质量的基本要求和规定,也是每个加工者所应充分认识的。但就菜点整体而言,其成熟标准远不止此。因此,即使一些经过加热在化学与物理方面被认为已是全熟的原料,当其没有完全构成一个特定菜点时,则依然被认为是未熟品,是菜点所用材料中的半成品,也即是半熟制品。例如脆熘鱼,其鱼体部分虽已经过预先炸熟了,但在尚未熘制成菜时,这个鱼也只是半成品。

(四)食料吸热变化的一般机理

1. 食料的一般物理特性

食物原料在一般情况下都是热的不良导体,在加热过程中,热从原料表面逐渐渗透到内部,速度十分缓慢,又由于食料的形状、大小、黏稠和结构上比重与致密度的不同,其传热速度亦随之不同。一般来说,稀薄的液态原料主要以对流方式传热,导热速度稍快,如水、油等。稠厚性质的半流态原料,由于对流性不强,速度较慢,如粥、羹之类。而固体性质的食料尤其缓慢,特别是成块的动物原料,主要以传导方式在内部传热。在短时间内,尽管外部温度很高，其内部温度依然很低，达不到成熟的要求。如一块 1.5 kg 的牛肉，在沸水中煮 90 分钟，其内部温度才能提高到 62℃，一只 3 kg 的火腿，置于冷水中逐渐加热至 100℃，其内部温度仅有 25℃左右；一条大黄鱼放在油中炸，当油温 180℃时，鱼表虽达 100℃，而其内部只有 60～70℃，所以，对这类原料加热时要防止外部因温高而水化或焦化过快，内部还因温低而未成熟。因此，对各类原料的导热系数有一个基本的了解是十分必要的。目前，还有待于关于烹饪原料导热参数的研究进一步深入，并期待相关实验工作的真正展开。

2. 肉类原料的受热变化

生肉的香味是很弱的，但是加热后，则不同种类动物的肉会产生很强的特有风味。一般认为，这是由于加热导致肉中的水溶性成分和脂肪的变化造成的。肉的风味在一定程度上因加热的方式、温度和时间的不同而异，与氨、硫化氢、氨类碳基化合物、低级脂肪酸等有关。例如，没有经过成熟的牛肉，风味淡薄，在空气中加热，游离脂肪酸的量显著增加，根据测定，牛肉在未加热前每克含月桂酸、豆蔻酸、油酸、亚油酸、亚麻酸等游离脂肪酸的总量为 15.47 mg，加热后总量增至 37 037 mg；猪肉未加热前各类游离脂肪酸的含量仅为 29.42 mg/g，加热后则增至 55.47 mg/g。当肉加热至 80℃以上时，便有硫化氢产生，其量并随着加热温度的提高而增多。由此可见，加热温度对风味的影响较大。关于加热时间，据有关报道，在 3 小时以内随时间的增加风味也增加，更长的时间则减少，这是指成块的肉，而肉丝、肉片则不能如此认为。

鲜畜或禽肉受热在颜色上的变化是很明显的，虽受加热方法、时间、温度的共同影响，但以温度的影响为最大，肉内部温度在 60℃以下时，几乎没有什么变化，65℃～70℃时呈粉红色，再提高温度为淡粉红色，75℃以上则变为灰褐色，颜色的变化是由于肉中的色素蛋白质的变化所引起的，肌红蛋白在受热作用时，逐渐发生蛋白质变性，构成肌红蛋白辅基的血红素中的铁也由二阶转变为三阶，最后生成灰褐色高铁血色原，它是高铁血红素与变性球蛋白的结合物，在高温长时间加热时所发生的完全褐变。除此之外，还有诸如焦糖化作用和碳氨反应等的发生。

肉经加热有多量液汁分离，体积缩小，这是构成肌纤维的蛋白质凝固而引起的。肌球蛋白的热凝固温度是 45～50℃，在有盐类存在时，肌球蛋白 30℃即开始变性，凝固更加迅速。肌溶蛋白的热凝固温度是 55～65℃，肌球蛋白变性凝固再继续受热则发生收缩，肉的持水性降低，其幅度随温度而不同，例如牛肉在 20～30℃时持水性没有变化，30～40℃时开始降低，40℃以上急速下降，到 50～55℃时基本停止，但在 55℃以上还会出现继续下降的情况，至 60～70℃大体结束。

在动物性原料中，有的水溶性蛋白质因加热时间越长，凝固得越硬，如禽蛋蛋白和血就是如此，所以煮蛋或动物血时时间不宜过长，在生肌肉中，结缔组织多的肉反比结缔组织少的肉更柔软，这是由于结缔组织受热软化的过程在决定肉的柔软度方面起着更为突出作用的缘故。结缔组织的蛋白质主要是胶原蛋白和弹性蛋白，其性质在前面已述，在一般加热条件下，弹性蛋白几乎不发生什么变化，主要起作用的物质是胶原蛋白质，其在水中受热变性分解可分为三个阶段：①在某特定温度时，胶原纤维的长度突然收缩到 1/4～1/3，分子结构发生变化；②温度继续升高时，胶原纤维吸水膨润而柔软；③继续保持恒温则分解成可溶于水的明胶。加热温度在 100～180℃时，肉蛋白质遭更深程度的破坏，这可以表现在两个方面：第一，120℃时蛋白质水解，最明显的特点是氨基态的积聚；第二，某些易脱落的基团如硫基、甲硫基，赖氨酸的一氨基酸或蛋白质的结构中分离出来，进一步反应生成硫化氢、硫醇、氨、二氧化碳和其他挥发性物质。

在热加工中，蛋白质变性脱水的结果，从肉中分离出汁液，汁液中含有浸出物，赋予熟肉以特征口味性质。如煮制中约1/3的肌酸转化为肌酐，肌酐与肌酸在适当的量比时形成良好的风味，但形成肉鲜味的主要物质还是谷氨酸和肌苷酸。有研究认为，肉味是由于氨基酸(或低分子肽)与糖反应的生成物所形成，浸出物中的氨酸、亮氨酸等的游离状态比较多量地存在于物体中，运用炖、焖、煨、烧时，其溶解度增大。

在脂肪方面，包被着脂肪的结缔组织由于受热收缩而给脂肪细胞施加压力，从而使细胞膜破裂，熔化的脂肪流出组织，并同时释放出某些挥发性化合物，增添肉和汤的补充香味。脂肪部分水解，生成脂肪酸，同时伴有氧化作用发生，生成过氧化物。

水煮时，如肉量过多或剧烈沸腾，易形成脂肪的乳浊化，增加汤液的稠黏度。另外，油在高温作用下易水解和氧化生成丙烯醛，有苦味并具有刺激性，若长时间反复使用，不仅营养降低，风味转劣，还会生成不饱和脂肪酸的不同类型聚合物等某些有害物质，因此，油炸中新油的定时更换和补充是十分必要的。

维生素在加热过程中的变化，系氧化受热所引起。肉类中各主要维生素A、C、D均有氧化作用，在加热的碱性环境中被破坏，但在酸性环境下比较稳定，肉类在水中加热时，随加热时间的增长、水量的增多与空气接触面的增大，矿物质的损失也增多，由于矿物质的化学结构很稳定，损失的矿物质一般以析出形式溶于汤汁中，因此宜连汤汁一起食用。用油炸时，矿物质损失较少，仅为3%左右。

3. 鱼、贝类在加热过程中的变化

在加热过程中，鱼贝类的肉受热变化与畜、禽肉略有差异，当肉温达到35～40℃时，透明的肉质变为白浊，50～60℃以上时，组织收缩、重量减少、含水量下降、硬度增加，这是由于蛋白质的热变性之故；鱼贝类组织的加热收缩因鲜度的不同而不同，一般在45℃左右是重量减少的第一阶段，在65℃附近是急剧减轻的第二阶段。一般硬骨鱼肉在100℃蒸煮10分钟，重量减少15%～20%，墨鱼和鲍鱼等减少量可达35%～40%。鱼体大、鲜度好的减重少，反之则大。

一般鱼从50℃开始，硬度逐渐增加，其变化随鱼种而不同，鲣、鲐、乌鳢较硬；青、鳜及大多数淡水鱼不太硬，墨鱼和章鱼加热前柔软，加热后可以达到难以想象的硬度。对大多数鱼的加热，只需蛋白质刚变性即好，这样显得鲜嫩，反之则老硬。硬度的增加是由于肌纤维的内外充满着热凝固蛋白质，受热后相互接着力增强，强化了肉的整体。对鱼贝类长时间加热会使之产生老硬或者散碎的现象，这是不符合制熟加工规律的。

4. 植物性原料，特别是新鲜蔬菜原料在加热过程中变化迅速，热对其结构成分的分散能力极强

生的蔬菜、水果细胞中充满水分，细胞与细胞间有一种连接各个细胞的植物的胶素，加热时，胶素软化而与水混合成胶液，同时细胞破裂，里面一部分包含物，如矿物质、维生素等溶于水中，整个组织变软，所以出现汤液。在这些汤液中，含有丰富的蛋白质和矿物质。

加热还会使植物淀粉糊化。米粉和面粉一般含有12%～14%的水分，最大吸水量可达35%左右，在热水或沸水中能继续吸水膨胀，膨胀的结果是使构成淀粉粒的各层分离而成糊状。淀粉糊化的温度随品种而异，甘薯、芋茹所需温度较低、易熟；米的糊化温度较高，所

需加时间较长。

植物性原料中所含维生素与空气接触时易氧化而被破坏，对热承受力极差，其受热中与碱性溶液及铜、盐等接触，其氧化速度更为迅速，加热时间越长，温度越高，其破坏力越大，维生素损失就越多。对一些特嫩的叶、茎类蔬菜要求旺火速成，俗称“三铲半菜”，是很有道理的。据测试，一些常用蔬菜在加热后，其营养成分有如下损失情况：菠菜切成段，油炒 9～10 分钟，损失抗坏血酸 16%、胡萝卜素 13%；油菜切成段，油炒 5～10 分钟，损失抗坏血酸 36%、胡萝卜素 24%。再如加热工具，铜器会使维生素损失大半，铝锅则比铁锅高出六倍。由此可见，对蔬菜原料的加热，增温减时并谨慎选用工具是十分重要的。

综上所述，加热对烹饪原料的影响是十分重要的，运用不同的加热方法、温度、时间以及工具都会使所制菜形成不同的特点。良好的菜、点、面、饭经加热制熟后，应具有卫生无毒，营养素保护充分，触觉良好，色泽鲜艳，口味优美，香韵馥郁，形态造意，成熟度一致的特点。

（五）制熟工具与操作系统

制熟工艺的操作工具分为加热器与热载器两大部分。

1. 加热器的种类与用途

加热器就是将热能传送至受热体的器具，通过燃料在里面燃烧或电能的一些转换功能而发出热量将受热体加热。依据热源性质有燃具与电能热具，在结构用途方面有单体加热具与复合加热具之分。这些加热器的型号繁多，我们只能依据用途大致地分类介绍，而关于其中机械工作原理并不是本书的阐述任务。

(1) 燃器具　燃器具主要是明火器具，专业名称为炉灶。因燃料形态的不同，有用固体燃料的煤炭炉和柴灶；用液体燃料的柴、煤油炉；用气体燃料的燃气炉以及油气合用的油气炉等。

① 燃煤炉灶：燃煤炉灶是 30 多年前的主要加热器，现在由于其卫生与操作方面的滞后性已被都市生活所淘汰，本书在此不作更多叙述。

② 油、汽炉灶：用柴油、燃气燃烧的机械型燃具，都需有一定的压力将之汽化从喷口喷出燃烧。热值燃气类大于油和煤。燃烧方法有螺旋形、蜂窝形和莲蓬形。为增加燃烧力也采用鼓风的方法。油气炉灶操作简便，皆有控制开关阀门，可任意调节火力的大小。在用途上，油炉较汽炉为窄，油炉只能用于烧、炒的大炉，作用与铁板炒灶、炮台炒灶以及大锅灶相同。而气炉用途则较为广泛，几乎可以代替煤炉灶的全部使用性能，如煲灶、卤水炉、挂烤炉、文火煎炉等。油气灶的优点就是操作方便，无粉尘之害。但在缺点方面，如噪音特高，有时油气之味也难闻，在安全性方面则属消防高危项目之一。加热时显得底火力度不足，火力虽猛但宽域稍窄，均匀度也逊于煤炉，这也是一些商家为保持特色仍用碳基炉煲汤的原因。

(2) 电热具　电热具又叫无明火加热具，是利用电能的各种转换生热传达至受体的一系列器具，这已是一个庞大家族，型号品种名目繁多，用途更为细化，已在许多方面替代了明火燃具。但缺陷是大多为家庭加工设计而不适应规模性工场生产，且耗电量较大不具有多量加工的经济效能。在加热性能方面，电热具具有无与伦比的安全、卫生、便利性和恒定性。但由于这类加热具源自西餐的设计思想，对中餐菜式加热却缺乏那种深层风味的表达功能。目前广泛使用的有电烤箱、电蒸箱、电煎炉、电扒炉、电烘箱、电炸炉(锅炉一体)、电饭煲与电夹锅(锅炉一体)、微波炉、光波炉等等,值得推崇的是用于专门烧炒的较大电热器具——电磁炉,最近已有了重大科技进步,以西门康系列电磁炉为代表的新型加热器已完美地结合了中西餐茶点加热传统。其热值、安全、环保、节能、方便和用途功能都超过了酒店明火灶具,无疑,它将成为中国餐饮业加热器具的发展方向。

2. 热载器的种类与操作

热载器就是加热时装载食料与第三层面介质的容器,专业名称叫"锅"。锅具有导热介质与容器的双重作用。主要有生熟铁、铜、铝、不锈钢与陶土质的。在形态上主要有弧底半球形锅与平底锅;在结构上有单锅、火锅与蒸锅;在用途方面又分烧炒锅、炖焖锅、煎烙锅等等。

(1) 中国特色的弧形锅　锅作为加热最主要的介质与容器,东西餐存在很大的操作区别,关键就是锅的形态与结构的区别性。西餐主题使用的是平底锅,而中国烹饪则是弧形锅。从形态上看,弧形锅就像从球形裁剪的一个部分。有相当于1/3、1/2与2/3等截面,所形成的锅形各有用途。相当于1/3深度的多用于烧、炒专用;相当于1/2深度的多用于煮、蒸;2/3以上深度的多用于焖、罐或卤锅。一些陶砂锅的底部虽不向下凹,但有向上凸起的弧形,其意义相同。当弧形锅底顿在炉口时,有一定深度的延伸,从而相对扩大了锅体与炉火的接触面积,热能被充分地得到了利用。据测试,在相同的火力条件下,用弧形与平底铁锅各盛10 kg水同时加热,弧形锅中水先沸腾近1/4时。另外,弧形锅在炉口易于移动,其重心的稳定性远高于平底锅,灵活度高,即使锅口直径在60 cm以上也可以轻松地滑移旋动。而平底锅是难以做到的。因此,弧形更利于加热时的调节加强锅内热对流运动,使食料均匀吸热。在旋动时,弧形锅的整个锅壁都在直接受热,将热能充分地利用并完全传导而有利于旺火速成,同样直径的弧、圆两形锅,前者锅底受热的部分包括整个锅壁,而后者锅底受热的部分则不包括锅壁的部分,其热值利用率小于前者。因此,中国传统的加热几乎都在弧形锅中完成,相关加热的技艺操作几乎都是指对这种锅的运用方法。

在形制结构方面,弧形锅有单柄式、双耳式、无耳式。①单柄式又叫炒勺,形如大勺,形制较小,直径在25～40 cm,浅壁。专用于炒、烧。②双耳式又叫耳锅,形制稍大,大约30～50 cm,有浅锅也有深锅,用途广泛。③无耳式又叫边锅,一般形制较大,口广壁深,直径由50 cm直至1 000 cm以上者,多为灶用锅,其意义是耳锅的扩大。

弧形锅的材质有熟铁、生铁和陶质。炒勺与耳锅由熟铁锻造,导热迅速,吸温高,不易变形和破裂,经久耐用,边锅一般由生铁铸成,导热慢于前者,但导热均匀平衡,干烧受温超过一定界限便会破裂。中国用于传统炖、焖、煨的煲锅为特制陶质锅,古朴拙厚,导热速度慢于前者,但在恒温性与融味性方面具有独特的魅力,在干性加热时易爆裂。

(2) 平底锅与特殊锅　平底锅是近代西餐舶来品,多用铝质不锈钢与铁质搪瓷制成。一般壁高者为汤锅,浅者为炸烩锅。煎烙锅近似平板,不适用于炒烧等中菜加工方式。平底锅容积大于同口径弧形锅,规格从小到大不等。

特殊锅还有铁板与火锅等,后面结合具体的制熟方法再予细解。

(3) 辅助锅具与用途

① 锅盖:锅的密闭附具,与锅配套,在铁锅上用定制的木质锅盖。锅盖的作用是通过盖锅,在锅内形成内压提高温压环境,增强热向食料内传递渗透的速度,从而实现食料的内外成熟度一致,并缩短受热时间。

② 手勺：为一端呈半圆(小半球)状勺头，一端为长柄的长勺，由铁、铜或不锈钢制成，是对锅中食物舀盛搅拌的专门工具。勺头直径为 6～12 cm，有一定的容量规格，一般为 200 g 左右。握勺姿势多为勺柄抵住右手掌心，食指伸直按住木柄下端，其余四指握紧勺柄，搅拌时勺口向下，舀菜时翻腕向上。

③ 手铲：一端如扇形或梯形薄片，一端为手柄，是加热时对锅中食物搅拌翻身的工具，尤其适用对宽大而呈扁平块面的原料翻身，一般用铁、铜、铝或不锈钢打制。

④ 漏勺：浅底、连柄、圆形、广口，中有许多小孔，具有沥漏功能，用于在油中或水中捞物，直径 10～30 cm 不等，用铁、铝或不锈钢制成，也可用金属丝编织装柄制成。

⑤ 汤箩：为细铜丝编织于圆形竹框中的滤汤工具，又叫汤筛，粗细以目计算，每平方厘米 60 目以上。

⑥ 铁叉：又叫提钩，铁或不锈钢制成，一端为双股分叉尖头，弯曲约 10°，一端连着长柄，用于从汤、油中提起大块肉和整禽。

⑦ 蒸笼：用于管束蒸汽对食料加热的工具，装在锅上，一般用竹片编织或木材制成，有圆形和方形之分，以圆形最为普遍，直径 6～80 cm 不等，分特大、大、中、小、微五种型号。由笼头、笼屉、笼垫、笼圈或锅圈组成。笼头即笼盖，有锥盖与平顶两种，前者用于竹制圆笼，有利于蒸汽回旋，后者用于木制方笼；笼屉即笼的主体，中有笼箅，用于透气和承负被蒸食料，一般每套笼屉具有 4～5 只；笼垫为蒲草编织成的笼屉衬垫物，也可用纱布制作，可防止蒸汽猛烈冲击食料及碎料漏入下层，并可保持被蒸物的完整和光洁，一般蒸点心前需刷油，以防粘连，蒸饭则需湿水，蒸制特色菜点可根据需要用他物代替，如松针、竹叶、荷叶等；笼圈为最下面一层笼屉的支撑圈，用于支撑笼身，免于水淹没笼身和被锅底烙焦，若不用笼圈则可用锅圈代替，锅圈是安置于锅口的平面铁或木板，中有略小于笼屉直径的圆孔，笼置其上，接受蒸汽，圆孔可根据需要设 2～3 个，其上各置一套笼。

(4) 锅具的操作方法　对锅具的操作方法主要有旋、翻、拌、摊等，为临灶操作的基本功之一，目的是使锅中被加热的食物原料均匀受热，成熟一致，防止焦枯现象的发生。

① 旋：即端锅晃动，使锅中食料顺时针旋转或晃动，或运用手勺、手铲或铁叉拨动原料使之旋转，目的是调换受热位置，使之成熟一致。一般来讲，锅大料多者旋料，锅小料少者旋锅。

② 翻：将原料在锅中翻身，一般多用于炒锅操作，运用腕力或臂力将锅前端上扬，将后端下压，利用原料在锅中的抛物惯力，落入原位，达到翻身的目的，又有小翻锅和大翻锅之分。小翻锅即将原料部分翻身，运用腕力的抖动达到目的，用于一般碎小料形菜肴；大翻锅即将原料彻底整个翻身，常运用小臂之力，锅上扬的弧度较长，用于整形或整齐的扒菜。从锅中原料的翻动方向看，翻锅又分前翻、后翻、左翻、右翻，前翻为最常见的翻法，锅中原料由锅前部向后翻动；后翻方向与此相反；左翻的原料由左向右翻动；右翻则相反。后三者皆为小翻。

③ 拌：用手勺或手铲在锅中将原料作上下拌动，使之混合、受热均匀。拌时手勺应走弧形路线。

④ 推：用手勺或手铲贴着锅底壁，向前轻轻推动原料，一般细嫩易碎原料适用此法，可直线向前推进，亦可曲线。推法对黏稠菜肴可有效地防止结底焦枯。

对锅具的操作，具有较高的难度，每一种翻、旋、拌、推皆不是盲目地进行，而应视具体原料及菜肴的性质区别进行，每一个动作都有不同的作用和意义，要达到熟练和准确的程度，必须经过严格而艰苦的实践训练。

(5) 炉案器具的安排布局　炉案器具是指在灶前使用的其他工具，主要有灶前案台、调味车及其盛装调味器皿。合理安置其位置与制熟加工生产具有很大的关系，安排合理，则操作省力，使用方便，既提高生产效率又有益于健康，减少职业病的发生。

① 炉案位置：炉案是炉前案板，用于放置盛菜器皿，有长条形和方形，一般安置在炉的左侧或者右侧和后侧。而以左侧为最合理，盛菜较方便，若安排在身后，则需转身盛菜，不太合理。

② 调味车(台)及调味盅位置：调味车(台)是安置调味的场所，一般安排在火眼两侧和身体两侧，而以火眼右侧为最合理，因为操作时右手执勺，兜取调料方便，若安排在身侧则会因幅度加长而增加时间，不太合理。

调味车(台)上的各种调料应有规则有秩序地安排，各有其固定位置。一般是常用的安排在内侧，经常用的安排在外侧；有色的安排在内侧，无色的安排在外侧，同色的间隔安置；液体的安排在内侧，固体的安排在外侧。安置定后最好不要经常调换，这样可养成习惯，取用方便，既能提高工作效率，又可防止出错及有色调味品取用时的滴漏而污染无色调料。

除了上述工具外，尚有刷帚、锅架、锅盖等，都需放置在近旁，方便取用。每日临灶前后，都需清理炉台、案面，刷净锅壁，补足调味品，检查火力的情况。

三、预热加工

(一) 预热加工的性质与任务

在正式制熟加工之前，采用加热的方法将食料加工成基本成熟的半成品状态的过程叫预热加工。

预热加工的任务是：制熟前去除某些原料的腥臭、苦涩异味；加深某些食料的色泽；使某些原料增香、固形；实现多种原料同时制熟的一致性；缩短正式制熟加工的成菜时间。在性质上，预热加工并不具有独立的意义，而是从一种完整方法中割裂出来的截段，属于所被分割方法的一个部分。例如，对“扒蹄”的“走红”，就是为了最后加工的方便，利于批量供应，而“走红”本身正是扒法的一个部分；再如烧鱼，为了加强其色泽和香味，需预煎一下。

(二) 预热加工方法

预热加工方法有水锅预热、汤锅预热、油锅预热、红锅预热、笼锅预热等，前面三种方法运用最多而具有典型性。

1. 水锅预热法

水锅预热法传统上又称为“焯水”或“飞水”，即在水中烫一下的意思，主要作用是去除腥臭、苦涩之味，并有起色、定形的作用，水锅预热有冷水锅与热水锅之分。

(1) 冷水锅预热法　将原料与凉水一同下锅加热的方法，主要适用的原料有：①蔬菜中根、茎类，如竹笋、土豆、萝卜、山药、慈姑、藕等，这些原料所含苦涩味物质有一较慢的转化过程，在冷水锅中随着水温的增加逐渐消除，若在沸水中，则易产生外烂而里未透的效果。② 带骨的牛、羊、狗、兔肉块和蹄髈及肠胃之类原料，这些原料一般血渍重，异味强，如果用沸水则会使体表骤然受热收缩凝固，从而不利于肉内血污腥气味充分排出。

(2) 沸水锅预热法　将水加热至沸，再投入原料焯水的方法，主要适用的原料有：①蔬菜中叶、花、嫩茎、果类,如菜叶、青椒、豆芽、莴苣等,沸水焯烫的时间短暂,能保持或提高其鲜艳的颜色及脆嫩的口感,如冷水下锅,则水沸叶黄,茎烂而易破坏。焯烫后需立即降温处理。②腥味少或质嫩的禽类,小的猪肉块、某些鱼、贝类等,如用冷水下锅,则易使之老化、失鲜或破碎。

一般来说,焯水为不得已而为之,在运用时应注意如下原则:

(1) 根据原料的不同性质掌握时间。如绿色菜水复沸即可;块根略长,断生即可;肉类原料则以变色为度。

(2) 色、味较重的原料,应分别焯水,防止彼此污染,如肚、胃不宜与菜、肉同时进行;藕、山药应在其他淡色原料后焯水。

(3) 把握焯水对原料营养成分的影响。据一些分析认为,焯水对原料的利弊有如下情况:焯水能使一些原料内异味成分转化成无味,能使一些原料肉血腥气味排出体外。例如,对萝卜焯水能使萝卜内芥子油挥发,并增加甜味;对牛、羊肉焯水能使臊膻之味随着焯水过程而得到减轻等等。但也由于焯水,使原料内一些不稳定可溶性营养溢出,造成一定的损失,特别是焯水对新鲜蔬菜中的水溶性维生素不利。因此,焯水应针对原料性质科学对待,对腥味较小的新鲜肉、禽,如需焯水则应正式制熟加工结合起来,将焯水原汁继续使用;新鲜蔬菜除根、茎类外,应尽可能不焯水。

2. *汤锅预热法*

汤锅预热法是指将富含脂肪、蛋白质的禽、肉类新鲜原料置于多量水中,经长时间加热,既使原科预先成熟,又使原料内浸出物充分或部分溶解于水中成为鲜汤的加工方法。用于这种加工的锅称为“汤锅”。

汤锅预热包括“带汤”与“吊汤”。将需要预先煮“熟”的动物性原料置于一锅煮煨,当一定预热度达到之时提出,同时也得到了一般鲜汤,这种鲜汤叫“毛汤”,这个过程就叫“带汤”,一举两得。例如用熟肉熟鸡配菜时,肉和鸡都需经过“带汤”过程。

“吊汤”是以取用汤浸出物为主要目的专门制汤方法。“吊”即是提出之意,是指制汤时使鲜味与黏结性物质在加强原汤内浸出物量的同时,又使一些悬浮杂质黏结使之上浮汤面,将之提出汤体。又有一般吊与吊上汤之分。一般吊即指久炖或煨提取高汤、浓汤。吊上汤是指对特种清汤的吊制,有双吊双扫汤、三吊三扫汤等等。汤在菜点中除了具有重要的调香调鲜的作用,还是重要的主、辅原料,因此将以取汤为主要目的的加工称之为“制汤”,尤以吊汤为最复杂。吊汤种类在前面已有多品典型例子,这里仅讨论吊汤的一般机理。

以前面的三吊三扫汤为例讨论如下:

上清汤的形成主要是“吊”和“扫”的作用。在一般清汤或毛汤中,一些变性沉淀的蛋白质组织脱落下的小微粒和脂肪等,不溶于水而是浮于汤液中,阻止光线的透过,降低汤液的透明度,使汤汁变得浑浊;又由于一些含氮浸出物渗透量不够,而使鲜度具有一定的质量局限。扫汤就是利用一些含胶体具黏结性质的蛋白质原料,如血水、鸡肉茸等下锅烧沸凝结杂质去掉一般汤中悬浮的微粒,使汤汁体变得清澈见底的方法;吊汤就是汤料反复或延时熬炼,进一步增加汤中的含氮浸出物的浓度,提高汤风味鲜醇的方法。

据分析,制扫料通过排剁,主要是使原料肌浆中血红蛋白、肌红蛋白、肌蛋白等在外力作用下捶压呈溶液流出,用清水调解可以使肌浆充分扩散到水中,而成为鸡蛋清式含肌浆蛋白质十分丰富的茸汁。

在扫汤过程中,汤清主要有两种作用机制,即蛋白质变性作用和高分子链状物质在溶液中的吸附聚集作用。蛋白质变性作用是指加热使蛋白质溶解度下降,产生凝固或沉淀,生理活性减弱或消失的现象。其机制在于蛋白质分子中的一些副链遭到破坏,使得肽链从卷曲、折叠、叠合等状态中伸展开来,使蛋白质内部疏水基因趋向表面,使蛋白质表面失去水化层,继而失去电荷而成为疏水基因沉淀下来。加入盐进一步促进原料溶于水,但未发生变性的大体积分子蛋白质也发生变性沉淀,并加快扫料在加热中的变性沉淀过程。

高分子链状物质在溶液中的吸附聚集作用,是指链状结构在溶液中互相吸引形成网络结构。吊汤时冲入的扫料汁在开始时是均匀地扩散在汤中,并逐渐沉底,当发生变性后,就互相聚集为团块,这是由于肽链的展开,呈一张网,在慢慢的上浮过程中将汤中蛋白质沉淀物吸附卷裹起来。将其捞起后,达到汤清的目的。

需要指出的是,扫汤去除的是汤中一些大分子蛋白质及不溶性微粒,而对溶于汤中的小分子蛋白质,如氨基酸及多肽浸出物并不能去除,并由于将扫料压成饼,在汤中用小火长时间浸置,使得扫料中可溶性物质充分吊溶于汤中,增加了原汤的质厚度,从而形成了一定的厚度感。据认为,所形成清汤的厚感主要与溶胶有关。

另外,应该注意的是,经吊汤后的一些扫料仍有使用价值,如红、白扫可以制馅料,猪肝扫(切片)可以炒制一般菜肴等等,从而达到综合利用的目的。

3. 油锅预热法

为了某种固形、增色、起香的预热需要,将原料置于油锅中加热成为半制成品,在传统上称之为“过油”,即原料在油锅中经过,达到上述目的。不同的油温可使食料产生不同的质度,过油为某些菜肴所特要表达的脆、嫩、酥、香奠定基础,这实际上是运用炸或煎的方法进行预热加工。

由于油温对被加热食料的质感形成十分重要的影响,因此,对油温不同温度级的认识是十分重要的。一般来说,油温的卫生与安全温度不超过230℃,并以此为界,作十成油温计。

过油根据油温的不同分为二级,即温热油锅的“滑油”与沸烈油锅的“走油”之法。

(1) 滑油法:将细嫩或上浆原料在油中受热变性分散。被滑油料形一般为片、丝、条、丁、粒等小料形。滑油是滑炒、滑熘方法的组成部分,目的是缩短炒、熘时的成熟时间,并增加其受热成熟的一致性。在滑油中,因油温低于粉浆糊化凝结的温度,会造成脱浆现象,过高则会结块结壳。油温是食料的2～3倍,故叫小油锅。

(2) 走油法:将块、段、整形或挂糊原料投入高温油中炸制,使之凝固、变性、结壳、上色、定型或脆化,走油实际上是烧、焖、扒、脆熘等方法的一部分工序构成,走油量一般为4～5倍,甚至达到十倍者,故行内又称大油锅。

油锅预热时应注意如下问题:

① 滑油要抖散分开原料,防止黏结成团或脱壳。

② 走油以上色、固型、结壳为度,不宜深炸而使之过于成熟,因为这样不利于后序制熟加工的进行。

③ 注意对油色使用的控制,做到清料清油,有色浑油的综合运用。防止淡色变深,深色却淡的现象。

类别	温级	油量	油温(℃)	时间	原 料	作 用	例 菜
滑油	一	2～3倍	70～95	短	茸缔	变性凝固	芙蓉鸡片、鸡茸蛋
	二	2～3倍	100～115	较短	鱼丝、虾仁	表层糊化变性凝固	彩色鱼丝、清炒虾仁
	三	2～3倍	120～140	极短	肉片、鱼片、腰片	表层糊化变性凝固	韭黄肉片、炒鱼片
走油	一	4～5倍	170～180	略长	剖后原料块	结壳、上色、定型	葡萄鱼、菊花里脊
	二	4～5倍	190～230	长	整形原料、块	结壳、上色、定型	熘咕噜肉
煎煸		1/2～1/3		略长		上色、起香	荷包鲫鱼

综上所述，预热加工实质上是制熟烹调方法的一个载体，是为了最终加热成熟的一致性所采用的超前预热加工。例如："茭白滑炒猪肉丝"为了在最短时间里将其同时加热成熟，就必须对整段茭白超前焯水，再切丝组配。肉丝则需上浆滑油后再与茭白丝同时炒熟成菜。预热方法尚有煎、蒸、熏等法，在后面将结合具体制熟方法一并解释。

第二节 油导热基本制熟法

引导案例

用食用油脂作为第三层面的导热介质，直接通过对其加热操作将食料制熟成菜，这是一个制熟方法类群，较复杂的表现是在具有单纯的基本结构与复杂的复合结构方面，依据用油量的大小，基本方法有大油量导热的油炸法与中小油量导热的煎与炒法等三个种类。

本节通过相关案例示范实训，使学生基本掌握炸、煎和炒的操作方法。

分析：油导热制熟法在用油量方面与温度同样重要，是形成菜点成熟不同风味的重要手段。但是，初学者却往往难以针对具体品种加热准确把握用油量，从而易造成对方法使用的不正确导致风味质量不佳，因此对各种基本的油热法特征进行详细分析和准确鉴别是十分重要的。

一、油炸制熟法

(一) 油炸法的基本特征

将菜点生坯投入多量食用油中加热，使之变性成熟直接成菜的制熟方法，皆称之为炸法。"炸"是对食料在高温油中，水分激烈迸发形态与响声的形象比喻，引申为此类方法的名称。

油炸的目的是使食料表层脱水固化而结成皮或壳，使内部蛋白质变性或淀粉糊化而成熟，因此，油炸菜点成品具有干、香、酥、脆、松、嫩的风味特点。无论东西方各国，炸法都是最为普遍和基础的成品制熟方法之一。

众所周知，食用油脂有许多品种，其熔点、沸点乃至燃点各不相同。然而就食料而言，在相同油温条件下，其熟化性质是相同的。一般来说，220～230℃以上油温会导致油中组分裂变而使一些炭化素氧化聚合物等有毒成分产生，因此，强调在230℃以下进行油炸是必要的。油的加热温度较之其他介质物大为宽广，不同的油温会使食料的成熟形成不同的质触感，在漫长的油热温幅下，油炸菜点具有极为细腻而丰富的质触变化。例如，120～140℃油温炸物会产生松软油润的特点；而210～230℃油温会破坏食料细胞内结构水，而形成酥、脆的特点等等。中国烹饪尤其擅长于对各油温层中食料所形成的丰富多样性的触觉风味加以提携和利用，因此形成了多种炸法，这也是中国油炸菜点所具有的独特风格。

在油炸过程中不能对食料进行调味，因此，炸菜需超前补充调味。香气浓郁都是炸菜的主要特色，为达到这一效果，内味对芳香型调料的运用是必不可少的，例如葱、姜、绍酒、花椒粉、葱椒盐浆、五香粉、芥末等等。在多数情况下，炸菜既要达到香脆酥松的效果，又要使原料内部水分不至于流失过多而保持一定的鲜嫩质感，因此对被炸原料外部施加种种保护层，例如挂糊、包纸、拍粉等等，从而使成品具有触觉的丰富层次特征。炸法原料的多样性，不同的油温、多样性的优化加工以及人们对炸菜多样触觉风味的需要，构成了炸法的丰富复杂性。

（二）炸法的分类依据

炸法有许多种，怎样进行区分，迄今仍是一个较为复杂的问题。我们知道，在炸法中，油的温度高低直接对其成品的触觉硬度产生重要影响，一般将其归纳为酥、脆、松、软四类感觉。此四类感觉是炸菜成品在人口中咀嚼的硬度明显的区别感。一般认为酥的质感是指食物松散、黏结力差，是食物入口咀嚼一触即碎的感觉；脆的质感是一嚼即破裂折断清脆有声；松的质感是食物的一种多气室结构的空松如海绵体的感觉；软的质感是阻力较小弹力弱，咀嚼无声的细嫩感觉。一些粗老韧涩的质感一般被认为是炸菜的不良触觉。在许多炸菜里，往往有 2～3 种触觉的综合感觉，例如外脆里嫩、外酥里烂、酥脆结合等等。然而不管多少触觉的层次感受或综合感受，每种炸菜总有一种最为强烈的突出触觉，例如“脆皮鱼条”的外脆里嫩，首先是外脆，其次才是里嫩，外不脆则制作失败。再如“香酥鸡”的外酥脆里酥烂，主要是外酥脆，其次才是酥烂，等等，这些最为突出的触觉是直接由不同油热加工所形成的第一感受，可称入口感，这是对各种炸法具体区分的主要标志。为实现上述四类触觉效果，还需对不同原料进行多种优化加工，如着衣、致嫩等等，这是对不同炸法作系统区分的层次性依据。依据上述，拟对炸法作如下分类：

首先将被炸原料视其着衣与否分为两大类，即着衣炸和非着衣炸。再依据触觉将现有炸法各归为四类，即着衣脆炸、着衣软炸和着衣松炸、着衣酥炸。非着衣炸亦作如是分类，得如下系列：

- 着衣炸
  - 脆
    - 干炸
    - 香炸
  - 软
    - 浆炸
    - 纸包炸
  - 松——高丽炸
  - 酥
    - 金酥炸
    - 锅烧炸
- 非着衣炸
  - 酥——香酥炸
  - 松——芙蓉炸
  - 软
    - 油浸
    - 油泼
  - 脆
    - 脆皮炸
    - 油淋
    - 清炸

(三) 基本炸法

依照上图,兹将各基本炸法叙述如下:

1. 着衣炸

将原料外层加以某种外保护层,如挂糊、上浆、拍粉、包高温玻璃纸等,目的是保护内部水分不被过多地蒸发,辅助实现特定的触觉指标。不同的保护层在特定的油温条件下形成不同的触觉强度。

(1) 脆炸　使原料实现外脆里嫩的炸法。要实现这一特色性触觉需具备两个条件,即增脆性质的外保护层和较高的油温(一般为 180～210℃左右)。一般是挂脆性浆糊和上浆拍粉,这又分为干炸与香炸两种。

① 干炸:即选用新鲜细嫩原料。腌渍后挂脆性浆糊的炸法,由于成品炸后外壳特别光滑干爽而名。脆糊一般有鸡蛋干面糊、米粉糊、镶粉糊和淀粉糊等,此类糊不加膨松剂,黏结紧密平实、结壳硬脆。干炸菜坯形一般为块、条、片、球和卷等,为增加酥性可在糊中加少量精炼植物油。典型干炸菜肴有炸响铃、炸仔盖、笔杆鸡、卷筒蟹仁等。

② 香炸:即选用新鲜细嫩的原料,腌渍后上浆拍粉的炸法。香炸成品脆度不减于干炸,更由于外层又黏了一层香型粉屑物而增添了浓郁的香气,故而称之为香炸。香炸菜品一般采用蛋粉浆,粉屑物有咸面包屑、干淀粉、芝麻、苏打咸饼干粉、椰茸、玉米片屑、麦片等。其菜肴生坯一般是片、条和球形及球形变体,如棒、锤、葫芦等。典型名菜有:炸牛排、鱼排、猪排、蒲棒长鱼、胡萝卜鱼、龙凤腿、青鱼塌、葫芦蟹、灯影鸡、吉力虾球等。通常将厚大的平片形制称为板炸;将球形制称之为吉力炸。

(2) 软炸　即使原料保持鲜嫩软滑的炸。软炸要求较低油温(约 140～160℃左右),短时间加热或使油不直接与被炸原料接触,从而实现其软嫩而香的风味,一般又有浆炸与纸包炸两种方法。

① 浆炸:将新鲜细嫩原料腌渍后,上蛋清淀粉浆的炸法。浆炸犹如滑油保持鲜嫩,微结薄皮,料形多为丁、片、条。为易于散开,浆后可拌入少量植物油。典型菜肴有软炸口蘑、软炸仔鸡、软炸虾仁等等。

② 纸包炸:选用新鲜细嫩原料腌渍后用高温玻璃纸包起的炸法。此法需将原料切成片、丁或丝精心调味,如蚝油纸包鸡需用蚝油、葱、姜、酒、酱油、糖、味精和熟芝麻与鸡丝拌和入味(包纸时去姜、葱),纸包炸一般将玻璃纸裁成 15 cm×15 cm 见方,将原料均匀分包成 12 只长方包,100℃时入油温炸至浮于油面即成(油温约 140℃)。典型名菜有纸包虾仁、纸包鸡丝、纸包鲜贝、纸包鸭肝等等。

(3) 松炸　即选用新鲜细嫩厚料,腌渍后挂蛋泡糊的炸法。蛋泡糊即将蛋清抽打成泡沫状加干淀粉或米粉或者精白面粉调搅而成的糊,又叫芙蓉糊,传统称为高丽糊,故又叫高丽炸,高丽炸成品要求壳层乳白,外形饱满,气室密布,松散而表层略脆。炸时油温一般控制在 120～160℃ 左右,温低易含油或脱壳,温高则易焦黄。典型名菜有松炸银鼠鱼、高丽虾、夹沙膏里香蕉等等。

(4) 酥炸　使原料实现外酥脆而里软烂或鲜嫩的炸法。与脆炸一样,酥炸需较高油温,但原料在许多情况下则需要预热加工使之熟烂,如蒸、煮、烧、蕴油等。着衣酥炸的外层须挂以酥质的糊,如金酥糊、酵面糊、苏打糊、油酥糊等等。视挂糊原料的生熟区别,又分为金酥炸与锅烧炸两类具体的炸法。

① 金酥炸:选用新鲜细嫩原料,腌渍后挂酥糊的炸法。由于成品都呈金黄色而又外层酥脆,所以叫金酥炸。尤以金酥糊与苏打糊为常用,成品糊层光滑饱满而酥松,典型名菜有金酥苹果夹、酥炸番茄、香松银鱼等等。

② 锅烧炸:将预烧、蒸或油焐入味酥烂的原料,重新挂以酥性糊的炸法。锅烧有回锅之意,例如"锅烧野鸭"是将野鸭预先加酱油、糖、香料、酒等各种调味品在锅中加热至入味酥烂,再将其拆出鸭肉碎片在盘中上下挂糊呈饼状炸制。锅烧蚕豆是预焐油,锅烧豆腐则预蒸等等。锅烧炸的菜肴主要挂的是酵面糊,即在糊中调入一些老酵面、碱水或鲜酵母使之膨胀,加油增加起酥性,从而使成品实现了外酥松而脆、里酥烂的效果,典型名菜有锅烧鸭、锅烧蚕豆等等。

2. 非着衣炸

即对原料不加外保护层的各种炸法,此类炸法使原料直接与油接触,为达到最佳效果,其优化工艺与加热方法则较前更趋于复杂化。在色彩上有的需助色,如挂糖浆、抹酱油等,加热方法更富于多样化;在形制上,大至整禽小至丝、茸体。以成菜触觉为依据亦分为脆、松、软、酥四类,有如下诸法:

(1) 香酥炸　将原料腌渍蒸煮至烂,再进行炸至外酥香干脆里酥烂的炸法,此是不着衣酥炸的唯一方法,适于对禽类制作,例如樟茶鸭,先腌渍,再预熏、蒸烂,最后炸制。香酥炸不分原料的老嫩以蒸烂为度,晾干乘热炸酥。可抹淡酱油增色,急炸而成。香酥炸油温一般为210～230℃。

(2) 松炸　将芙蓉嫩缔塑形直接置油中炸至成熟的方法,由于用芙蓉嫩缔故叫芙蓉炸。非着衣松炸仅此一法。芙蓉嫩缔即蛋泡嫩缔,油温高易使之色黄、膨胀而冷后瘪煬;油温低则不易使之表面结软壳而含油。一般初炸为 100℃左右,复炸 140～150℃即可。用于芙蓉炸的芙蓉嫩缔不用于芙蓉鸡片的缔子,即缔中不宜加水,以云雾香团为例,每 100 g 虾茸可用 4 只鸡蛋清,其成品洁白如雪、松软鲜嫩,入口即化,其形制多为球、棒形。

(3) 软炸　即不着衣使成品形成细软鲜嫩触觉的炸法。这种炸法的油温不能过高或不能在高温中过长时间,否则皮面硬化或内部失水过多而破坏了应有的风味。但又不能油温过低,否则油炸香味不能产生,一般说来,此类有两种具体的方法,即油浸法与油泼法。

① 油浸:将鲜嫩原料腌渍后置于高温油中,在油的自然冷却过程中使之变性成熟的方法叫油浸。油浸法选用鲜嫩原料,如鱼、仔鸡、对虾等将其腌渍后直接投入 180℃甚至更高的油温之中立即停止加热(离火)。当油温降至 100℃左右时即可,成熟视蛋白凝固为度。成菜直接浇上调好味的液汁。油浸将原料投入高温油使外部迅速凝固形成软膜,有效地限制了其内部水分的外渗,保证了肉质的鲜嫩,并由于高温油炸的同时形成了油炸的特有香气,随着油温的下降,又使皮面不能产生明显的焦化层,从而综合形成了油浸菜肴的油润鲜香细嫩的特有风味而与其他炸法相区别。现代一些酒店将油浸成熟过程直接上桌完成,就形成了"沸腾"类菜式。

② 油泼:将热油不断浇泼于细小鲜嫩的原料上使之变色成熟的方法。油泼法近似于油淋,所不同的是油泼用细小原料,如银芽、鸡丝、鱼片等,而且视其变色即可。保持鲜嫩,增其香味,不可脆化或焦化。一般油温在 150～180℃即可,迅速泼成,典型名菜有油泼银芽、油泼鸡丝、油泼虾仁、油泼鲍鱼等。

(4) 衣脆炸　即不着衣而使原料外脆里嫩的炸法。不着衣是使原料表面直接与高温油接触，使皮层脱脂而脆化。但既不能使之焦化过度又不能不上色，因此在以上油温中不宜受热时间过长，可采用拌酱油以助色，挂糖浆以增脆增色，对大型原料，如整鸡、整鸭可预热焯水，以减少正式炸制时间。此类炸法一般有如下三种基本方法：

① 脆皮炸：选用鲜嫩原料腌渍后挂厚糖浆炸制之法。厚糖浆可提高皮层的脆度，色泽红亮，具有淡淡的焦糖风味，例如脆皮鸡需抹浆，炸后皮呈枣红色，脆若烤鸭。由于脆皮炸需挂厚糖浆，油温使其焦化而里不熟，油温低则上色而不脆，因此需先将鸡焯沸烫，再入白卤水中浸卤加热至鸡断血水，用沸水淋去鸡皮咸味晾干悬挂淋糖浆，晾 1～2 小时，先用 210℃油淋炸鸡腹内至干香，待油温降至 180℃将鸡浸入油中炸至枣红色即可。

② 油淋：将高温油不断浇淋于原料使之表皮脆化的炸法。此法近似于脆皮炸，所不同的是无需浸卤和挂糖浆，而是腌渍、抹酱油晾干。欲使皮脆所需油温更高。一般初炸 160～180℃，复炸采用油淋在 210～220℃左右，使之皮层略脆，肉质脱生即可。先淋腹腔再不断淋于皮上至色泽金黄成菜。典型名菜有油淋仔鸡、油淋乳鸽、油淋鹌鹑、油淋鳜鱼等等。

③ 清炸：选用新鲜细嫩原料腌渍后直接投入高温油中炸至表面略脆制法。清炸近似于油淋，但所用料为丁、块形，并且直接投入油中快速加热，温低则不干爽，温高则起香，时长易脱水过多而老化，故急炸而成。如名菜菊花肫、清炸仔排、清炸鸡块等。

（四）炸法程序与风味的形成

对炸法的实施，一般不是一蹴而就的，而是必须依据原料的大小、厚薄、性能特征按程序操作来实现其特定风味指标。例如对整形禽、鱼的炸制，若直接投入高温油中旺火急炸，那么，当原料外部焦化过度时，其内部温度尚未达到蛋白质凝固的高度。因此，从整体出发，炸的工艺一般具备三个程序，即：初炸→蕴炸→复炸。

1. *初炸*

即对原料的最初炸制阶段。目的在于使一些茸缔原料或挂糊、上浆原料外部结皮壳而定型。因此，油温至少应在蛋白质迅速凝固和淀粉炭化固型稳定温度以上，但也不宜过高而防止过早焦化色形成。一般说来，松炸法的初炸油温在 90～120℃左右；脆和酥炸法初炸油温在 160～180℃左右；软炸中纸包炸则在 100℃左右。

2. *蕴炸*

将原料浸置于较低温油中缓慢加热，使之内部成熟而与外部受热相均等的阶段。一般针对较大或难以成熟的原料。在操作中蕴炸一般停止加热离开火口进行，其温度在 140～160℃左右，例如脆皮鲫鱼。为使内部成熟均匀，对一些原料还可以用尖状钎戳出若干小孔或用手勺压迫使之受热迅速。

3. *复炸*

即将原料投入较高油温中炸制使之上色、起香、脆化的阶段，又叫“重油”。重油是炸菜最终风味形成的关键。脆炸和酥炸制品的重油温须达 210℃以上，210℃以上油温能彻底地破坏原料中细胞结合水，使胶体老化。而松炸的重油温一般不超过 160℃，否则色重；但亦不能低于 140℃，否则制品因含油显得不够干爽。含油是指油脂过多地渗入并留存在原料内部空隙的状态。据认为，这是由于加热温度不够使原料内部蒸发力小于外部油渗透力所致。在炸的三个阶段中，以重油阶段为最迅速。当然，一些较小菜式和特别细嫩原料可采用初炸的形式（如跑马炸虾球）。

(五) 典型炸菜案例

【例 6-2-1】 卷筒鸡

制熟法：干炸。

原料：生鸡脯肉 125 g，熟笋 75 g，葱白 50 g，猪网油 200 g，鸡蛋 2 只，大米粉 75 g，面粉 50 g，酱油 25 g，芝麻油 15 g，葱椒盐适量，花生油 1.5 kg（实耗 100 g），花椒盐 0.5 g。

加工程序：

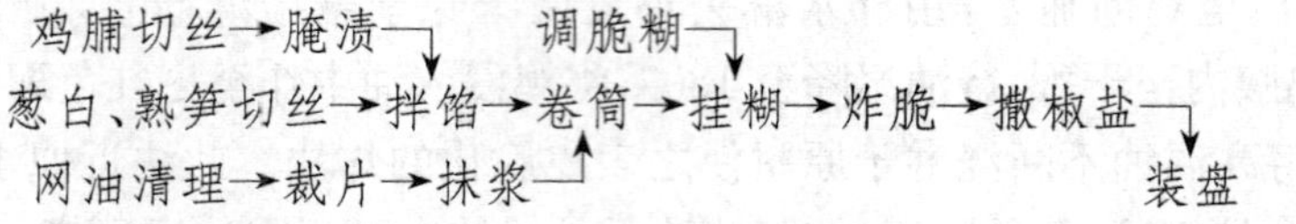

【例 6-2-2】 炸鱼排

制熟法：香炸。

原料：净鳜鱼肉 200 g，咸面包屑 100 g，鸡蛋 1 只，葱结 2 只，姜块（拍松）10 g，酱油20 g，干淀粉 15 g，味精 1 g，绍酒 25 g，胡椒粉 0.5 g，辣酱油 50 g，花生油 500 g（实耗 60 g）。

加工程序：

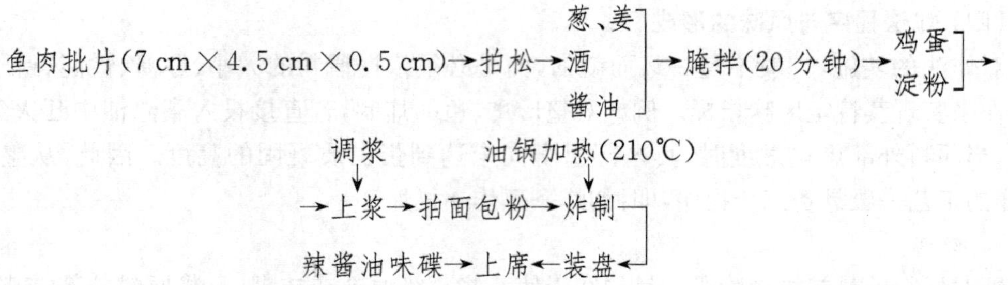

【例 6-2-3】 脆皮鸡

制熟法：脆皮炸。

原料：肥母鸡（当年）1 只约 1.2 kg，虾片 15 g，蒜泥 1.5 g，细葱末 1.5 g，辣椒末1.5 g，糖醋 100 g，糖浆 100 g，白卤水 2.5 g，湿淀粉 2.5 g，花生油 1.5 kg（耗 100 g）。

加工程序：

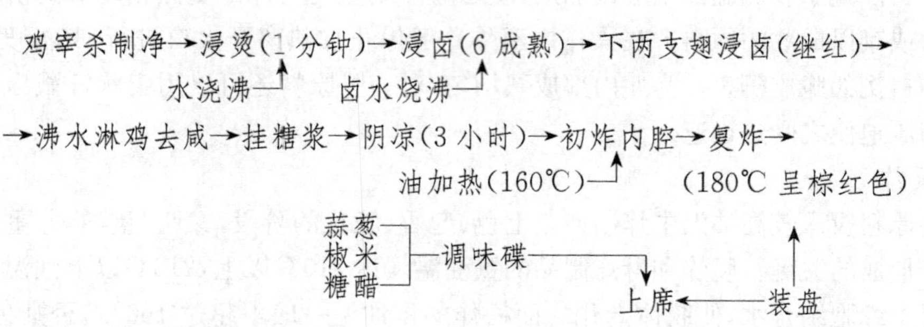

【例 6-2-4】 清炸菊花肫

制熟方法：清炸。

原料：鸡肫仁 300 g，黄油 20 g，酱油 2.5 g，味精 5 g，芝麻油 20 g，葱 2 g，姜 2 g，番茄汁沙司和椒盐适量，植物油 1 kg（实耗 75 g）。

加工程序：

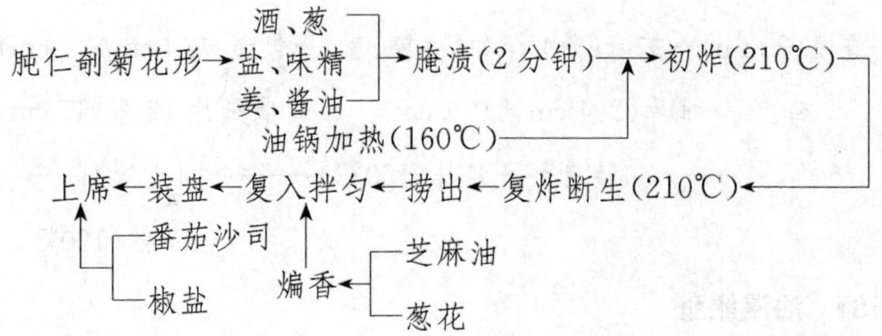

【例6-2-5】 松炸银鼠鱼

制熟方法：高丽炸。

原料：净黄鱼肉150 g，鸡蛋清4只，淀粉15 g，盐5 g，黄油15 g，味精1.5 g，葱油末少许，胡椒粉适量，色拉油500 g(实耗100 g)。

加工程序：

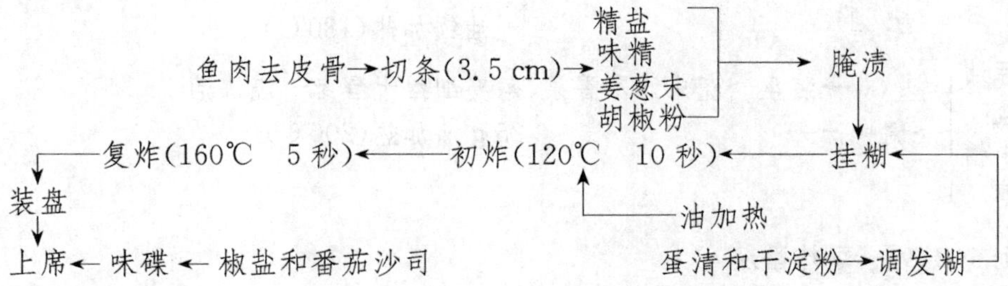

【例6-2-6】 云雾香团

制熟方法：芙蓉炸。

原料：云雾茶尖10 g，虾仁100 g，松子仁20粒，鸡蛋清4只，味精1 g，精盐2 g，绍酒5 g，干淀粉10 g，番茄酱25 g，色拉油500 g(实耗100 g)。

加工程序：

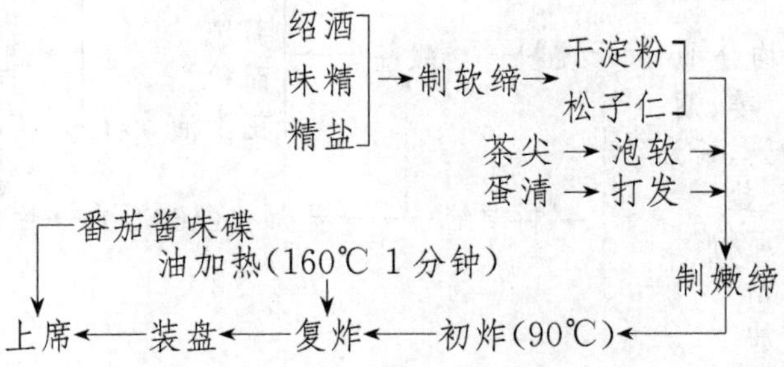

【例6-2-7】 蚝油纸包鸡

制熟方法：纸包炸。

原料：鸡脯肉200 g，玻璃纸一大张，蚝油25 g，味精1 g，姜块2 g，酱油5 g，葱2 g，糖4 g，芝麻油25 g，植物油1 kg(实耗100 g)。

加工程序：

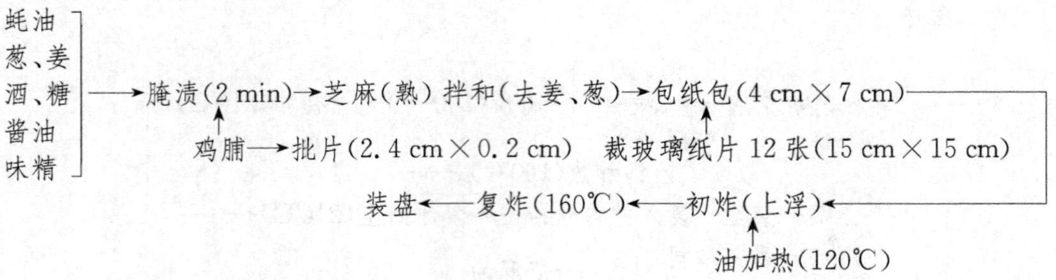

【例 6-2-8】 油浸鲳鱼

制熟方法:油浸

原料:鲳鱼 500 g(一尾),姜、葱丝少许,香菜 15 g,味精 1 g,酱油 25 g,糖 10 g,黄酒 15 g,芝麻油少许,精炼油 400 g(耗 75 g)。

加工程序:

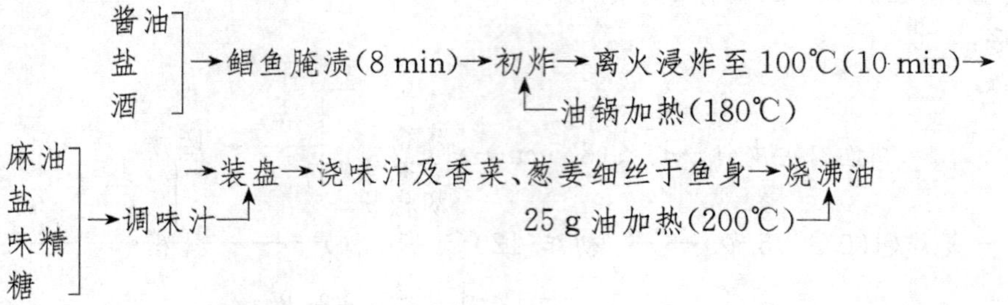

【例 6-2-9】 酥炸番茄

制熟方法:金酥炸。

原料:鲜番茄 500 g,鲜虾仁 100 g,猪瘦肉 150 g,鸡蛋 1 只,面肥 100 g,面粉 100 g,碱水少许,姜、葱、酒汁 5 g,绵白糖 2.5 g,干淀粉 10 g,味精 1 g,麻油 15 g,花椒盐 5 g,精盐 5 g,花生油 1 kg(实耗 200 g)。

加工程序:

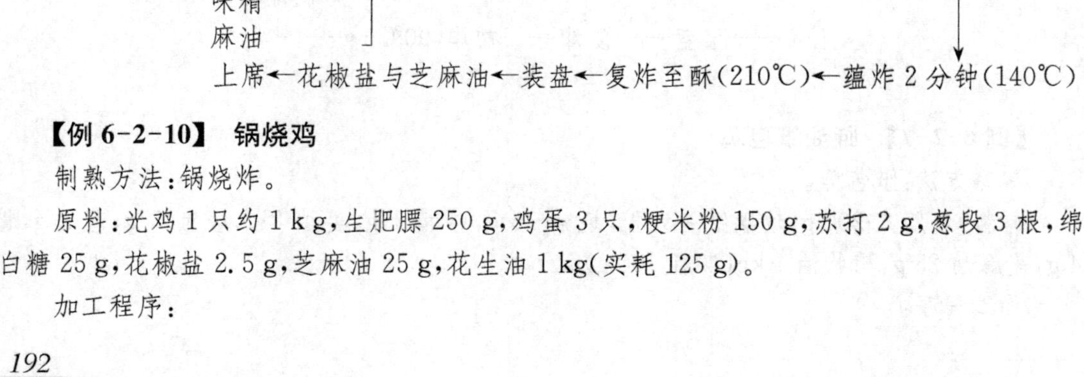

【例 6-2-10】 锅烧鸡

制熟方法:锅烧炸。

原料:光鸡 1 只约 1 kg,生肥膘 250 g,鸡蛋 3 只,粳米粉 150 g,苏打 2 g,葱段 3 根,绵白糖 25 g,花椒盐 2.5 g,芝麻油 25 g,花生油 1 kg(实耗 125 g)。

加工程序:

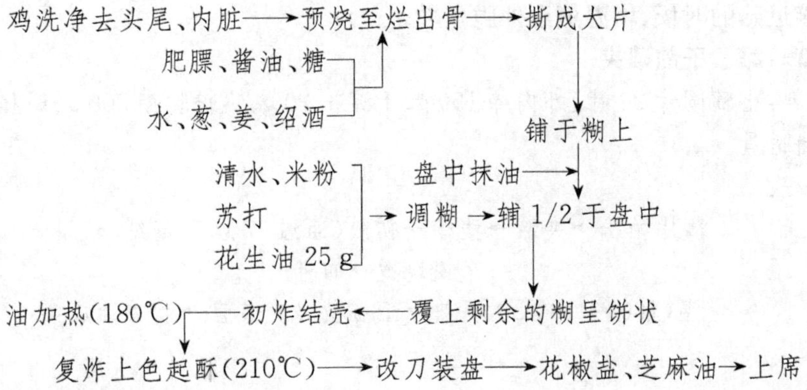

【例 6-2-11】 香酥鸭

制熟方法:香酥炸。

原料:肥鸭 1 只约 1.5 kg,姜 10 g,葱 10,桂皮 2.5 g,椒盐、番茄沙司适量,花椒 2 g,盐 4 g,花生油 1.5 kg(实耗 150 g)。

加工程序:

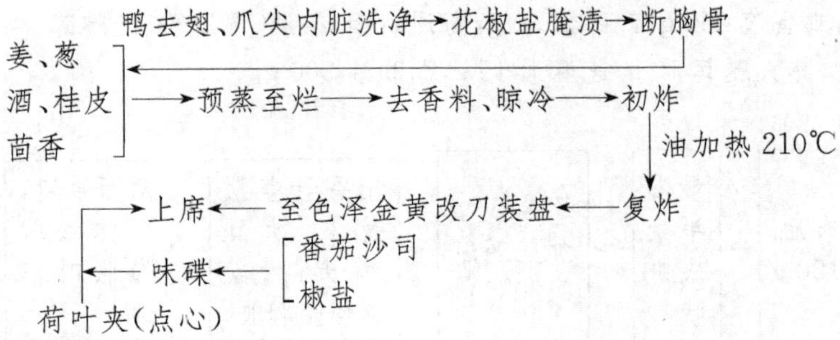

二、油煎制熟法

将扁平体菜点生坯贴在小油锅底缓慢加热制熟的方法。煎法也是最为古老的基本制熟方法之一,被世界各国广泛地运用。在熟化性质方面几乎与炸法相同,故叫"干煎",但在香味方面更觉浓郁,这是油量较少,使热呈香物质更为浓厚所至。例如,预煎狮子头的香气远比预炸狮子头显得强烈。

与炸菜一样,煎菜需超前和补充调味,煎熟即成,无中程调味。若热中加以调味则形成复合式制熟方法,谓之煎烧、煎烹或煎熘了。因此,作为基本的煎法并不需在加热中加入液态调味剂,这是干煎的本质特点。干煎的加热原理是炸、烙结合的,由于油量较少,菜点生坯得以直接贴在锅壁的部位,接受来自金属介质的直接传导,因此,锅壁要处理得特别润滑洁净。同时一部分也接受着油热渗透性导热。在这里,油起着更为重要的润滑剂作用,使原料能在锅壁轻易滑动调节受热的部位,达到均匀受热的目的。油还作为菜点的组分提高菜品的乳化性,显得润泽光滑而芳香。煎菜也是依据其成品质触感加以区别的,有脆煎与软煎两种基本方法。

1. 脆煎法

将生坯经拍粉、拖浆或挂糊后煎至质感外脆里嫩的方法。原料要求是肌肉和根茎类固形较佳的材料,如猪排、牛排、鱼排以及土豆、茄子、藕之类。温度不能过高,一般由低向高阶梯增温，接近熟的时候，增温煎至外脆里嫩。

【例 6-2-12】 干煎藕夹

基本原料：生藕圆片 20 片、虾肉缔 150 g、干淀粉 20 g、镶粉脆糊 200 g、调和油 100 g、蘸料二碟、香油适量。

加工流程：

藕片拍粉→夹缔→挂糊→初煎（油温 130℃）凝结→

净锅烧烫→布油↗

→增温（160～180℃）复煎→至金黄脆壳装盘→滴香油成菜

蘸料→上席

2. 软煎法

生坯不经作衣，直接用温油缓慢煎制，成熟时保持其软滑鲜嫩的质触风味。大都针对软性和缔质原料，如各种鱼、虾、肉缔与豆腐之类。名菜有软煎鱼饼、软煎牛排、煎鸡蛋等。软煎制品成熟后，有淡金黄色或原色的软皮膜包被着，但质感依然软嫩油润。

【例 6-2-13】 虾仁涨蛋

基本原料：鸡蛋液 250 g，鲜虾仁 50 g，高汤 50 g，绍酒、湿淀粉、肥膘茸、姜、葱、盐、胡椒、味精、糖等适量，熟火腿茸 10 g，芝麻油 15 g，调和油 200 g。

加工程序：

净锅加热（150℃）→布油 150 g→炒蛋半凝成饼状→添油 50 g 加盖焖煎（120℃）→出香开盖撒葱末、火腿茸，大翻锅继续恒温焖煎→两面金黄，蛋体松软膨胀时出锅→淋芝麻油装盘即成

虾仁、肥膘、湿淀粉、调味品→调蛋浆↗（炒蛋半凝成饼状）

煎制过程中，应适时地将锅移位和翻料以促进食料均匀受热，达到色度的一致性。另外，煎法是重要的预热方法，它与其他方法构成复合结构，如下图所示：

- 煎
  - 直煎法——干煎（片状原料、煎后即食、真正的煎法仅此一种）
    - 软煎（无着衣）
    - 脆煎（着衣）
  - 复合法
    - 煎烹（实为烹）
    - 煎烧
      - 煎转（自来芡）
      - 煎贴（人为芡）
      - 糟煎
      - （实为烧）
    - 煎扒（实为扒）
    - 煎焖（实为焖）
    - 汤煎（实为汆）
    - 煎蒸（实为蒸）
    - 煎熘（实为熘）
  - 以煎法进行预热加工

三、油炒制熟法

(一) 炒的基本特征与种类

加热时，将片、条、丝、丁、粒等小形食料在小油锅中边翻拌边调味直至食料变性入味成熟的方法叫炒法。将原料在热锅中翻拌受热的操作形式是“煸”。煸的目的是通过翻拌调节食料受热均匀，在加热中随着食料水汽的析出蒸发产生干香气味。煸在南方叫“煸”，在整个的成菜过程中，炒是不同煸阶段的总称，煸则是其操作的动作基础，故而炒的本质就是煸炒，炒菜都是通过在锅内快速翻拌最终成熟的。

煸炒是中国最为古老的也是最为基础的普及型传统制熟方法之一。据考古认为，源自原始的“石上燔谷”之法，这是中国烹饪所特有的，因中国内地农业食物结构而产生的制熟方法。具有极广泛地适用性和民俗文化意义，如炒肉丝、炒韭菜等等，几乎人人都会简单操作，因为，炒原本来自于加热谷物的搅拌本能。

但问题是，简单直接地煸炒，一方面食料会因脱水过多而老化或者破碎(如鱼片)，另一方面也因材质的不一产生受热成熟的不一，导致食料不能充分地对味汁吸附而造成缺味或味浓度不均匀等等。这些缺陷极大地局限了煸炒之法的用料与风味范围。解决这些问题的方法是：①采用上浆的方法；②采用分别预热的方法；③采用兑汁勾芡的方法。这些方法的结合使用有效地保护了食料的水分与形态，缩短了制熟煸炒时间，炒法成为世界烹饪中最为快捷的制熟方法。由于兑汁勾芡的作用，在调味的同时味汁被最为充分而均匀地裹附在菜料上，显得光滑而饱满，滋味也更为丰富而醇厚。因此，优化性质的炒菜技能关键结点正是上浆、预热、兑汁、勾芡和速度值。这些附加工艺的应用极大地拓展了炒法的用料面，使原本局限对一般性禽兽肌肉类与蔬菜类的煸炒，成为广谱加工方法性质。几乎所有的食料都能通过某种附加工艺的加工，使之成为炒菜的原料，并且原料中的各种质触美潜能也能通过炒的方法得到最为全面充分的多侧面的体现。原始单纯的煸炒演化为复合结构的现代炒技法。如图所示：

炒法
- 单一的炒
  - 干性煸炒(将食料煸干成菜无卤汁芡)
  - 卤性煸炒(将食料煸熟成菜有卤汁芡)
- 复合的炒
  - 熟炒(主辅预制熟再炒有芡)
  - 爆炒(最高温的炒)
  - 滑炒(主料上浆滑油再炒有芡)
  - 软炒(主料缔质，低温慢炒有芡)

炒的导热性质与煎相同，在受热过高时，调味的溶剂汁芡还具有一定调节受温防止焦化的作用。一般来说，旺火速成是对炒法性能的表述，但在实际操作中却存在差异，温度与速度因具体材质而不同，真正具旺火速成性质的是其中滑炒的方法，尤其是被称为“油爆”的方法。油爆是指原料预热过油时，油温与原料温差发生关系近似于爆溅的特点。从操作的技术结构分析上我们作如下比较：

几种炒法的技术分析比较表

菜名	炒法	优化	预熟	温速	操作方式	芡汁形式	平行食料
干煸牛肉丝	干煸			较慢	直接煸炒 分质下料	无芡 干无汁	禽、畜类肌肉
青椒炒肉丝	煸炒			中	直接煸炒 分质下料	兜汁芡	禽、畜类肌肉
滑炒鱼片	滑炒	上浆	滑油	快	辅料煸炒 主料烩炒	兑汁包芡	所有鲜嫩动物原料
油爆双脆	爆炒	肫、肚可致嫩	走油	极快	烹汁翻炒	兑汁包芡	肫、肚、肠、腰、心、鳝鱼、螺、贝
熟炒鳝糊	熟炒		余熟	快	直接煸炒	兜汁芡	不限
芙蓉鸡片	软炒	制缔	油或水余	中	辅料煸炒 主料烩炒	兜汁芡	茸、缔、奶、蛋
大良炒鲜奶	软炒	调浆		稍慢	徐徐拌炒	兜芡	茸、缔、奶、蛋

由于炒法是快捷的，在温度、速度与芡汁量方面较难把握。在锅、勺操作配合方面亦是最为重要的制熟工艺基本功夫之一，要在短期内达到准确、迅速、焖熟的程度并非易事。

(二) 炒的程序与关键点

1. 程序：(以滑炒三彩鱼丝为例)

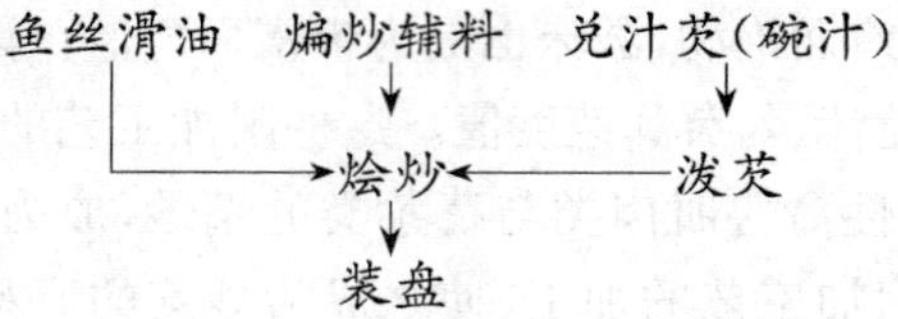

2. 关键点

依据这一程序讨论关键点如下：

(1) 锅温与油温：锅温应高于油温，达到热、滑、洁标准。热锅温油锅滑畅；热锅热油易焦化；冷锅热油易滞底。

油温因不同菜料而异，本菜鱼丝性质110～130℃范畴；缔质奶浆90～110℃范畴；肫、肚性质140～180℃范畴。料量多则温宜稍高，料量少则温宜适度。要注意的是，温不够易脱浆老化，温过高易变色变形。

(2) 煸辅料：不宜飞火起烟味；不宜延时脱水多；不宜同质次不一的辅料；料形不宜过薄易粘锅；断生为度最当时；适时点汤调干湿。

(3) 烩炒：易碎原料勿多翻；细嫩原料轻轻翻；收芡之时别乱翻；清质菜品忌搅翻；适时轻拌适时翻。

(4) 兑汁勾芡：调味芡汤视物而定，质滑者粉稍重汤稍少；质松者粉稍少、汤稍重；液体量视菜汤而定；锅汤多者，汁液量亦小，锅汤过多抽汤定芡量，反之亦然。

下芡视锅温而定，蓄温下芡勿使冷，温度不够易泄芡。温过高时快离火，翻拌不及起凝团。芡包成时布明油，油存一线盘中盛。

完美的炒菜应是形态饱满，色泽鲜亮，口感优美，清香恬人的，有芡而不见芡，只见光滑的质感,精细的质构。因此,炒法虽说是最简单最基础的制熟工艺技法,但也是最难掌握的。对炒法的深度把握就会对其他技法的掌握前进了一大步,这也是同学们需引起重视的。

(三) 炒法的基本种类

1. 煸炒法

无制缔、上浆和滑油过程,以少量油导热,直接投入原料在锅中翻拌、调味、勾芡制熟。煸炒是炒法中最为基础的方法,在煸炒中,油除了导热外,还有效地起着润滑作用,并且又成为所炒菜肴的重要营养与风味成分。一般来说,生煸蔬菜不宜勾芡,取其清爽脆嫩的风味,而生煸肉类则基本需要勾芡,以增强调味卤汁的附着力,而易碎的鱼、虾肉材料则由于煸的机械力较大而不宜使用。由于煸炒是基本炒法,因此,在取料上较其他炒法为宽松。煸炒又有湿性与干性之分,前者为常规,后者为特殊,容后讨论。

【例 6-2-14】 生煸草头

加工程序:

摘洗→煸炒→调味→装盘

① 将草头摘洗干净沥干。

② 将锅烧热至 200℃左右,加清油,将草头同盐、糖、味精一起投入锅中迅速翻拌至均匀变色,加入酒与酱油继续煸炒至草头柔软翠绿,出锅装盘。

特点:草头翠绿嫩软、酒香飘逸。

【例 6-2-15】 生煸肉丝

加工程序:

切丝→煸肉→煸笋→调味→煸韭菜→勾芡→淋明油→装盘

① 将肉洗净批切成细丝;笋切细丝;韭菜洗净切段。

② 将锅烧热至约 200℃,放清油,投入肉丝略煸,加绍酒再投入笋丝同煸至肉丝变色,即放酱油、白糖、味精、韭菜同煸至熟即勾芡,淋明油装盘。

特点:肉丝均匀细长,鲜嫩咸甜,色泽酱黄。

2. 干煸法

即干性煸炒,是煸炒的特殊形式。将丝、粒、末等细小形原料直接置于锅中,用中等热值缓缓煸炒至原料产生干、香、酥、脆的风味。

干煸先用较高温度(约 180℃)用少量油,将原料内部水分煸至基本挥发,再加调味品改用中温(120~140℃)煸炒至原料质地干爽酥脆。如果前阶段温度不够,则原料内水汽不会大量挥发,易产生韧而不酥的效果;后阶段温度过高,则原料内部水分来不及挥发而产生外焦里嫩的现象。干煸经过较长时间的加热,原料内结缔组织被破坏,从而形成酥松的质感。

一般来讲,干煸需用豆瓣辣酱、花椒粉、胡椒面等浓香刺激性调味料,构成其菜肴特定的口味特征,并有见油而不见芡和汁的特征。

【例 6-2-16】 干煸牛肉丝

加工程序:

切料→旺火煸炒→调味→中火煸炒→二次调味→中火煸炒→三次调味→装盘→补充调味

① 将牛肉切成细丝；姜切成细丝。

② 将锅加热至180～200℃，下油加热投入牛肉煸至水分将干，下姜丝、精盐、豆瓣（剁细）继续煸炒，移至中火，加入菜油煸肉丝至将酥时，相继投入辣椒面、糟汁、酱油、青蒜苗同煸，至蒜苗变色、断生时下醋，快速煸炒均匀，加上芝麻油，撒上适量花椒面即成。

特点：酥香化渣，略有麻辣，回味鲜香，色泽红亮，干爽无汁。

3. 滑炒法

即具有上浆滑油过程的炒法。

滑炒中主要煸炒对象是辅料，主料则经过上浆滑油过程。待辅料在锅中芡汁勾成，即将滑油的主料汇入锅中翻勺裹芡，速度较快，断生即可。采用兑汁勾芡即可，使菜肴具有光滑细嫩的质感。一般来说，滑炒取料虽广泛但很精细，需取用去皮、骨、壳的上等肌肉原料，如猪的里脊、通脊、臀部之纯净肌肉，鱼的轴上肌、虾仁、鲜贝、鸡脯等等，蔬菜原料不可滑炒。一般采用主辅7∶3的组配形成，对特别细嫩原料亦可不配以辅料，单一主料者谓之清炒或净炒，如清炒虾仁等。

【例6-2-17】 滑炒里脊丝

加工程序：

切丝→上浆→滑油→煸炒辅料→调兑汁芡→勾芡→装盘

① 将里脊肉切成细丝，浸漂至洁，挤干水分加蛋清、精盐、干淀粉上浆；将韭黄切成小段。

② 将油加热至120℃左右，投入肉丝滑油变色沥油；原锅留油投入笋丝煸炒，用绍酒、酱油、白糖、少许清汤、韭黄、味精，用湿淀粉调成兑汁芡泼入锅中，放下里脊丝，颠翻裹匀芡汁，淋麻油出锅装盘。

特点：色泽酱黄，肉丝细嫩而鲜香。

4. 软炒法

浆缔下锅，将茸缔或蛋、奶浆缔下锅制品用中温火力炒至凝结成形制熟的方法。在炒法中，软炒最为复杂，所用茸缔原料主要为芙蓉嫩缔与水调嫩缔，后者具有流体性质，而蛋、奶又具有液体性质，使软炒在实施中具有明显的操作区别，芙蓉嫩缔原料在炒制时，先需经过软炸成形的过程；水调嫩缔及蛋、奶原料则直接徐徐投入锅中，推炒至凝结成熟。前者如芙蓉鸡片，后者如炒鲜奶、炒鸡粥等等。

一般来说，软炒所需温度为90～130℃（锅温），低则易使原料碎，高则易使原料发黄或过于松胀而萎煽。软炒菜肴色泽洁白，光亮油润，质极嫩，入口即化。

【例6-2-18】 芙蓉鱼片

加工程序：

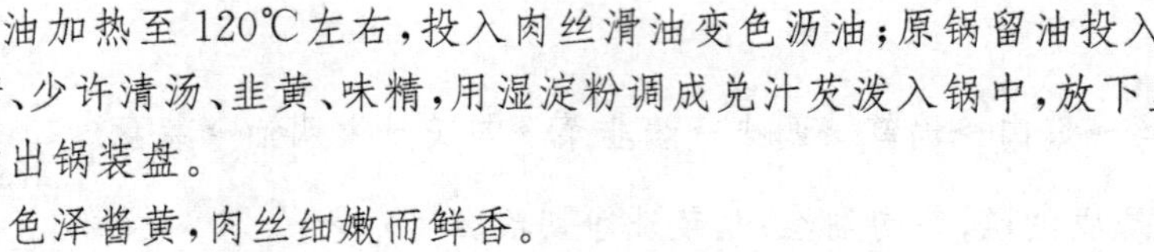

① 将鱼肉与肥膘分别制茸，合置一碗加葱姜汁、绍酒、鸡清汤调匀，加精盐搅拌成厚缔；另将蛋清打成发蛋分次掺入厚缔混合成芙蓉嫩缔；将水发冬菇批成大片，豌豆苗取嫩头

洗净。

② 将油加热至70℃，将缔子用手勺舀成柳叶片状投入油中浸养，待油温升至90℃左右，鱼片呈半膨胀状态捞出沥油。

③ 锅内放油投入辅料煸炒至豆苗碧绿，加入用绍酒、鸡清汤、精盐、味精、湿淀粉勾兑的粉汁，投入鱼片轻翻勺裹匀芡起锅装盘，撒上火腿茸即成。

特点：色泽雪白，主辅料色彩调和，口味咸鲜，触觉细软，入口即化。

【例6-2-19】 炒鲜奶

加工程序：

清理→切料→混合→炒制→装盘

炸排粉→装盘←撒火腿末

① 将鲜蘑切片；熟火腿切末。

② 将蛋清调散加鲜奶及蟹肉、鲜蘑混合调匀；将排粉入210℃油中炸松，装于盘内。

③ 将锅烧热，放入猪油加温至110℃左右，徐徐倒下鲜奶，用手勺贴锅轻轻推动，至鲜奶由稀至稠，出锅盛于排粉上，撒上火腿末即成。

特点：洁白如雪，细腻软嫩，口味咸鲜，入口即化。

5. 熟炒法

用熟料炒制成菜的方法。熟炒的基本操作仍是煸炒，又叫熟煸，无上浆滑油的过程，通常所指宫爆、回锅之类，皆属熟炒。运用熟料具有如下因素：肉类原料中不宜生炒者，如五花、血脖、坐臀等，用于熟炒可扬长避短，肥瘦间杂、滋润肥香形成新的风味；只能熟炒而不能生炒者，如螃蟹肉；既可生炒又宜熟炒者，如黄鳝，生则脆嫩，熟则软嫩，风味各别。一般鱼、虾及上等肌肉都不用于熟炒。就肉类而言，熟料次于生料，因此在调味上要求稍重于生料，常用酱、胡椒、姜、蒜、辣椒等刺激性强的调味品形成熟炒风味特征。

熟炒用料一般取其六七成烂即可，不可硬也不宜过烂。熟料外部水分较多，需煸去水汽起香，因此，比生煸更注重煸的熟炒是对生炒范围的扩大，对原料的综合利用，取长补短，对丰富菜肴品种具有明显的意义。

【例6-2-20】 回锅肉

加工程序：

清理→预热→切片→煸炒→调味→煸炒→装盘

青蒜切段→煸炒

① 将猪肉洗净入汤锅中煮至入指烂（六成），捞出稍凉，切成长方薄片；豆瓣剁碎；蒜苗切成长段。

② 将锅加热入猪油，将肉片略煸，加精盐继续煸至出油、肉片呈灯盏碗状卷曲，下豆瓣煸炒上色，放入甜面酱炒至出香，加入红酱炒匀，再放入青蒜苗段煸炒至变色即出锅装盘。

特点：红绿相衬，咸中带甜，微辣香浓。

【例6-2-21】 软兜鳝鱼

加工程序：

氽烫→拆肉→浸烫→煸炒→调味勾芡→投放韭黄→翻拌→装盘

① 锅内投清水、粗盐及香醋、葱结、姜片旺火烧沸，投入鳝鱼迅速加盖，至水沸再加水适量，用铁勺柄轻轻在鱼中搅动去黏液，待沸后离火，浸约3分钟将鳝鱼捞出于冷水中，洗去黏液，出骨后选用鳝背，每条切成两段，放入沸水中焯烫捞出沥水。将韭黄也切成段。

② 将炒锅烧热，下熟猪油加热至200℃左右，将蒜瓣煸香，投入鳝背煸去体表水汽，加绍酒、香醋、少量糖、酱油、湿淀粉调稀兑汁勾芡，投入韭黄拨散拌匀，淋入熟猪油少许，起锅装盘，撒上白胡椒面即成。

特点：口感绵软鲜嫩，紧油包芡，咸鲜微甜。

6. 爆法

将原料入锅，运用旺火热油急炸，旺火热锅兑汁勾芡迅速炒熟成菜的方法叫爆。爆的速度极快，每一加热过程仅为3～4秒钟，故被称为最快的制熟方法而具有温高时短的特征。

爆的本意取自水在油中爆激之声，爆法实质为炒的衍生之法，故又叫爆炒。一些食物原料具有脆嫩的质地，又具有令人生厌的臊臭异味，如用一般炒法，则易使之老化，又不利于异味的散发，故而采用爆法，由于温度的提高，缩短了成熟时间，减少了水分流失，并在短时间内表面的水汽大量挥发，利于异味的散发。原料剞刀为之提供了方便，促使原料在突然受高温情况下，迅速卷曲变形，立即达到保持脆嫩的质感与纯正的气味标准，又达到了美的形体标准。

爆的原料仅限于肚尖、肫、鱿鱼等几种，为达到最佳效果，常采用碱致嫩的方法，使致密结构疏松。由于时间较短，爆所采用的是超前腌渍调味和兑汁勾芡调味的方法。一般来讲，爆菜不需上浆，上浆则不利于散发异味，以咸鲜为主，辅之辛辣品，若用糖、醋，则无明显倾向。爆菜汁较紧浓，有“爆菜见油不见汁”之说。在用料上一般为净主料，即使有辅料也少于7∶3，并且为缩短成熟时间，需与主料同入油爆，无单纯煸的过程，最后才归结为翻拌炸至包芡。

依据爆时用油量与锅中温度的区别又有三种特色方法，即：油爆、葱爆、火爆三法。

(1) 油爆法　即将原料急炸后兑汁勾芡炒熟的爆法。适用于对一些脆嫩性原料，如鱿鱼、鳝鱼、肫仁、肚尖和螺、蚌等，大多采用花刀切块形或薄片。

在多数情况下，油爆原料需经过短暂的焯烫，以原料初步卷曲和一部分外层组织变性为度，其目的是减少油爆时间，避免表体与油的直接接触，防止原料表层因温度过高而挥发过度结皮老化。油炸的目的是迅速挥发体表水分结成皮膜，当水分从原料体表挥发时，原料即已变性成熟，从而减少了原料体内水分的过多流失。如果在油爆前对原料不焯烫，则油温应相应降低。食料在油爆时成熟变性程度一般为80%，其余20%在锅中瞬时翻炒勾芡时继续加热中完成，刚熟即起装盘。海螺、蚌类原料尤其如此。

【例6-2-22】 油爆双脆

加工程序：

剞花→焯烫→油炸→翻炒→勾芡→装盘

兑汁————↑（至勾芡）

① 将肫、肚去皮，剞肫为菊花形花块，剞肚为篮格形花块，蒜泥、葱姜末、黄酒、白胡椒、精盐、味精、芝麻油与白汤调成兑汁。

② 将肫、肚入沸水中略烫，至花纹初步卷曲，再投入180℃油中急炸变色捞出沥油，复与兑汁同时投入空油锅中迅速翻拌至包芡淋明油装盛盘中，带卤虾油小碟一同上席。

特点：滑嫩爽脆，紧油包芡，双脆褐白相间，口味咸鲜，蒜香浓郁。

(2) 葱爆与火爆法　将原料经腌渍入味，辅以葱段投入高温小油锅中迅速煸炒翻拌成熟的方法为葱爆；若将锅烧至近红，油热近燃，锅中有火苗上腾投入原料者，则谓之火爆。

葱爆与火爆实际上是极高温的煸炒，但都没有在焯烫、过油、加热中调味及勾芡的过程。由于用极高温加热，因此，时间极短，所用原料一定为薄片或丝、粒状的禽、兽肌肉，并且需提前腌渍确定性调味，不可能像油爆那样使用花刀块状及其原料，而仅局限于羊、牛、猪后臀肉以及肫、肾、肝、肚等原料。葱爆与火爆菜皆略带烟香风味，后者更强于前者，较为特殊，使用较少。

【例6-2-23】 葱爆羊肉

加工程序：

切料→腌渍→爆制→淋油→装盘

① 将羊肉逆丝切成薄片，葱切成滚刀段状。

② 将酱油、黄酒、精盐、味精、胡椒面调匀，再拌入羊肉，用芝麻油拌匀。

③ 将炒锅上火烧热，放入花生油加热至230℃左右，迅速投下羊肉片及葱块翻拌煸炒加热至肉片变色、葱绿加深时，淋芝麻油出锅装盘。

特点：肉片软嫩略有焦香，葱香浓郁，口味咸鲜。

【例6-2-24】 火爆燎肉

加工程序：

切片→腌渍→烧勺→爆制→装盘

① 将猪肉切成长方薄片，置碗中加葱丝、姜丝、蒜片、酱油、甜面酱、芝麻油、绍酒拌匀腌渍约3分钟入味。

② 将炒锅放旺火上烧至微红，放入花生油，火苗沿锅边逐渐引燃勺内油，火苗达30～40 cm高左右，迅速投入肉片快速翻炒约10秒，肉片变性成熟，盛入盘中。用葱白、甜面酱佐食。

特点：色泽紫红，鲜嫩而略带火燎焦香。

第三节 油导热复式制熟法

引导案例

复式制熟法是指制熟成菜的过程由两种相对独立工艺内容的结合。炸、煎与炒作为基本的油导热制熟方法，其意义犹如三原色、七原味，菜点的成品即是由其直接加热制熟的结果，具有直接因果关系。而复式制熟法其成品制熟与加热方法不是直接因果，而是由其他方法参与下的合作因果。一如脆熘，其制品的成菜并非是炸的直接结果，而是通过熘才使成菜达到最终的成熟。而熘恰恰又不是加热使原料变性的方法。在油导热的复式制熟方法里，大多数由炸、煎延伸演绎而成。炒则完成了自身的进化，演化出与滑油及其他预热方法结合的形式，但最终还是炒熟为直接因果。油导热制熟与水导热制熟一样是进化最为完善的制熟方法类型。油导热复式方法主要有以炸或煎为基础方法的烹法、熘法、拔丝等三种，其实质三法都是独具特色的加热中调味的方法。

本节通过相关案例示范实训，使学生基本掌握油导热的各种复式方法。

分析：油导热复式制熟法的关键并不是先经油加热再用其他方法加热，而是加热与独特的调味操作方法结合强调突出这些调味操作动作特征性，给人强烈的肢体操作表演的艺术化效果，这是初学者应予认真鉴别加以认识的。把握这些特征性方法与油加热过程配合的适时性是至关重要的。

一、烹制熟法

（一）烹制熟法概述

将预先调制的味汁迅速投入预炸或预煎至干脆金黄的锅中原料上，使之迅速被吸附收干入味的制熟成菜方法谓之烹。烹菜成品具有干香紧汁、外略脆里鲜嫩的特点，取料十分广泛，禽、肉、鱼、虾、贝及蔬菜皆可用；有（无）皮、骨、壳皆可行。通过煎、炸使原料形成酥脆、金黄、干爽的外壳，将烹汁投入后，水分会迅速地被原料吸收，从而形成外壳酥脆而松香的独特风味。烹汁入味是个关键，炸、煎必须与烹紧密结合构成复式。菜与汁的比例一般为5∶1，汤汁过多会影响其外壳脆度。烹汁有清、混之分，清汁为无淀粉之汁，混汁则有淀粉。

依据预熟加工，烹分炸烹与煎烹两类，在干湿性质上又有干烹与清烹两种形式。炸烹可清烹也可干烹，煎烹则主要是干烹。

- 烹法
  - 炸烹
    - 干烹（烹汁无粉芡）
    - 清烹（烹汁有粉芡）
  - 煎烹
    - 贴（基本干烹无粉芡）
    - 煸（着衣质感，如炸菜，干、清烹皆可）
      - 脆煸
      - 松煸
      - 软煸
      - 酥煸

（二）烹法的基本种类

1. 炸烹法

即炸后烹法。炸烹主要以小料形原料，如块、条、片、丝、丁等为对象，有利于在加热中迅速结壳和吸汁。一般来说，炸烹是烹菜中的主要内容，故有“逢烹必炸”之说。具有迅速方便、大众化的特点。烹时，先将姜葱小料煸香，等调成兑汁烹下（即泼入炸料里）快翻收汁淋明油出锅。炸烹以烹汁定味，而无需补充调味，一般以咸鲜微酸和小糖醋微辣为主要味型特征。其又可分为干烹和清烹。

（1）干烹法　将原料拌糊炸至金黄，烹以清汁，使之尽收于原料之上，盘中干爽无汁的烹法。挂糊经炸后，形成干脆外壳，吸水性极强，如果烹以混汁则不利于炸料对味汁的吸收而达到外脆的标准，因此，清汁方便吸收、蒸发，易达到干爽无汁的效果。

【例 6-3-1】 干烹黄鱼片

加工程序：

批片→腌拌→挂糊→炸制→烹汁→淋油→装盘
调糊→（挂糊）　调汁→（烹汁）

① 将鱼肉批成小片，用绍酒、葱姜汁、胡椒粉、精盐腌拌约 10 分钟入味；用鸡蛋 1 只加面粉、清水调成稠糊。

② 将油加热至 180℃，逐一将鱼片挂糊投入，炸至金黄色；另用酱油、绍酒、鸡汤、白糖、米醋调成“清烹味汁”；待鱼片外壳响脆时，沥去油。

③ 锅内留底油，投入姜、葱、蒜末煸香，立即投下炸料，烹下清汁，迅速翻锅，使味汁均匀吸附原料上收干，淋麻油出锅装盘。

特点：色泽金红，外松略脆里嫩，口味咸甜酸香，盘内干爽无汁。

(2) 清烹法　将原料拍少量干淀粉，炸至变性、色泽淡黄，烹入混汁，使之均匀吸附包裹的方法。清烹要求原料断红即熟，故而十分鲜嫩，由于拍粉吸去了一些水分，增加了炸时原料外表结壳的硬度，形成了脆感而有利于吸汁，但吸湿性低于干烹，在干爽中又有滋润，具有略带卤湿的特点。应说明的是，清烹所用混汁的芡量极少，少于炒、熘菜的芡汁浓度，仅起着协助味汁的吸附作用，而不能明显地体现，否则烹菜不够干爽，便与熘或炒菜风味无异了。

【例 6-3-2】 清烹仔鸡

加工程序：

清理→切块→腌渍→拍粉→炸制→烹汁→淋油→装盘
调味汁→（烹汁）

① 将鸡清理干净，鸡腿剖开排刀，切剁成小方块，用精盐及适量葱姜酒腌渍约 10 分钟入味；用黄酒、酱油、味精、白汤加淀粉调成混汁。

② 将油加热至 180℃，将鸡块拍粉分散投入油中炸约 1 分钟至结壳捞出，待油温升至 210℃左右将鸡块复炸约 2 分钟沥油；将鸡块复入空油锅随时烹下混汁，淋麻油出锅装盘。

特点：色泽金黄，干香鲜嫩，口味咸鲜微酸。

2. 煎烹法

即煎后烹法，将味汁或清水直接烹入煎锅中，于煎制过程中收干。煎烹菜肴一般以烹汁定味，若烹清汤（水），则需补充调味。在煎烹中以贴、煸两法最为典型。

(1) 贴法　即将扁平底面结构的原料底部拖糊（浆），紧贴锅底煎其一面，烹汁（水）加盖收干成熟的方法。贴菜皆属于干烹类型，在形制上，贴菜需用复合成形的菜点生坯，一般有三层合一的贴法生坯，以肥膘层下部拖糊（浆）紧贴锅底，如锅贴鸡；有底部平整的镶法生坯，如面色虾；有包捏成形的包、饺形生坯，如鱼皮锅贴、煎包等等。这些形制的菜点生坯，不宜煎制上部，否则形、质皆被破坏，由于菜点原料具有不良导热性，而使上部难以成熟，所以需采用烹水（汁）加盖的方法，利用蒸汽导热使上部成熟，但过多的水分易影响底壳的脆度，因此，烹水（汁）量一般不多于原料的 1/4。烹菜具有下脆上嫩、下金黄上淡黄的特点。拖浆（糊）则能有效地起到对底部增脆与保护的作用。贴菜可烹汁定味，亦可补充调味。

【例 6-3-3】 锅贴鸡签

加工程序：

鸡肉→批片→制坯→拍粉→拖糊→煎制→烹水→煎制→装盘

补充调味 肥膘批片 ↑（入制坯）

调糊 ↑（入拖糊）

① 将鸡脯肉去筋与皮，批成方片 12 片，其余鸡肉制茸加蛋清、湿淀粉、精盐、葱姜丝、小茴香粉搅拌成缔；将肥肉膘批成与鸡片相同的大片 12 片，用刀尖戳小孔数个，防止煎时卷曲。

② 将肉片平铺于案面，抹 1 mm 厚鸡肉缔，盖上一片鸡片，再抹一层干淀粉，再拖一层蛋黄糊。

③ 将拖糊之鸡并排贴于 150℃煎锅中加热，至肥膘出油、起脆、金黄时，沥去油，烹下清汤与精盐、葱椒调成的“清汁”，加盖移小火慢煎至水分收干出锅装盘。若仅烹清水，则需补充调味撒上花椒盐。

(2) **煸法** 将扁平体原料挂糊或拍粉后煎至两面金黄，烹以味汁收干的方法。**煸**，基本以味汁定味，也可补充调味。在形体上，**煸**菜较为复杂，可以是饼状，亦可以是碎片块状；可以是复合包法成形，也可以单纯大片料形。一般来说，由于烹汁，**煸**菜脆度较小，但比干煎酥松而滋润。**煸**法预煎亦如炸法一样可依据其成菜质感具有脆、松、软、酥的精细区别。

【例 6-3-4】 锅煸里脊

加工程序：

批片→剞刀→腌渍→拍粉→拖浆→煎制→烹汁→收汁→装盘

装盘调浆 ↑（入腌渍）

调浆 ↑（入拖浆）

① 将里脊批成大片，剞十字花刀，加葱、姜、黄酒和盐腌渍，两面拍上干面粉；鸡蛋加淀粉调成浆。

②放猪油于锅中加热至约 160℃，待拍粉肉片拖浆煎至两面金黄、结成薄壳，烹入用清汤与盐、味精、黄酒调成的汁，用中火将汁收干，出锅改刀装盘。

特点：酥松微脆，色泽金黄，鲜香干爽。

二、熘制熟法

(一) 熘法特性

将预熬熟制的稠滑黏性滋汁经过打→穿→浇或拌入(经过预热制熟)食料上的成菜方法。熘法关键在“熘”字，熘是滋汁在锅中稠滑流动而快速浇拌(已预热)菜肴的性状。当菜品主料经加热变性达到既定成熟度时需将滋汁迅速浇或拌入，浇时用 180～200℃热油适量加到锅中滋汁中迅速搅拌，这时滋汁极度沸腾，充满气泡，这叫“打滋”，适用于小形预热原料的拌入。而对整条鱼或较大型其他预熟原料的浇上则需“穿滋”。穿滋是将打成的滋汁迅速倒入另一只烧至近红的热锅中使之沸腾得更为猛烈，并快速浇在盘中菜上立即上席的过程。

穿滋以至滋汁到达客人面前尚有翻泡沸腾之状，经打、穿的熘菜滋汁在成菜上席尚有沸活状态的，传统上叫“活滋”。这个将滋汁打穿成沸腾状态浇拌菜者的方法就是熘法的本质内含，具有热沸迅速的特征。古法有“跑滋熘鱼”之说，如果滋打不活，那么熘菜则是不完美的，甚至是失败的。

熘法所用的主料半成品主要来自于炸和煎熟品，也可以是蒸和氽熟的。但是主要是炸，其次是煎，再次是蒸和氽。熘汁是为炸料而设计的油性糊芡，其打油量近1/3。成品汁芡透明纯净，黏滑，附着性强，口感滑，香气浓，可谓是油包芡芡包油，乳化性特强，常以酸甜为熘菜特征性口味，将食料复炸至酥脆时装盘，同时穿滋浇上会发出吱吱响声，这也是苏州“松鼠鱼”之名由来的因素之一。因此，用于脆熘的滋汁技术标准较高，而初学者又难以把握。以脆熘糖醋鱼为例，熘法的特色性制熟工艺程序如下：

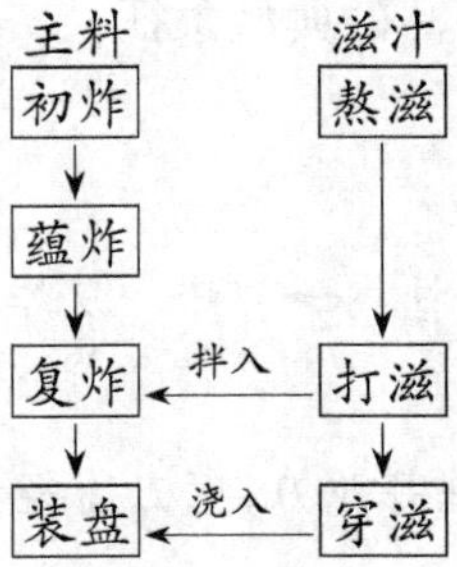

(二) 熘法基本种类

熘法与炸法一样，以成菜的触感区别有滑熘、脆熘、焦熘与软熘等等。

熘
- 脆熘—挂糊预炸、外脆里嫩
- 软熘
  - 茸缔预煎
  - 包卷预蒸
  - 块条预氽
- 滑熘—上浆滑油
- 焦熘—挂糊或拍粉预炸，里外酥脆

1. 滑熘法

滑熘是具有上浆、滑油过程的熘，成品滑嫩，与滑炒十分相似，但滑熘的芡汁是宽松的“小(糖醋)芡汁”，而滑炒则是亮油包芡。在料形上，炒更多的是丝、片、粒、茸，而滑熘则更多的是丁、条、块，还常用卷、包等生坯形制品，如三丝鱼卷、酿青椒等；在勾芡上，炒采用的是在加热中勾芡，而熘则是单独另调芡汁成为滋汁，再浇或拌入菜中。

【例 6-3-5】 三丝鱼卷

加工程序：

三丝鱼卷→抹浆→包卷→灌浆→滑油→裹拌→装盘

制馅→(包卷)　调滋汁→(裹拌)

① 将桂鱼肉批成大薄片；鸡蛋清加干淀粉调成浆液；笋、火腿、鸡脯肉均切成长约4 cm的细丝理齐成馅料。

② 将鱼片平铺案面，分别涂上蛋浆，放上三丝，卷成筒形，切齐两端使三丝微露，再滚沾上其余蛋浆，使浆灌入两端孔隙，置于抹有芝麻油的平盘中；另将冬菇、瓜姜、葱及红椒切成细丝作滋芡的辅料。

③ 将油加热至120℃左右，逐一放入鱼卷滑油至变色倒入漏勺沥油；将锅复上火，放入

酱油、绍酒、白糖、湿淀粉勾芡成滋汁，倒入鱼卷拌匀，加醋及芝麻油翻勺装盘即成。

特点：鱼卷滑嫩鲜香，甜酸适口。

2. 脆熘与焦熘法

将原料浸渍入味后经挂糊炸脆过程的熘法。成品外脆里嫩者是脆熘；成品色泽老黄、里外酥脆者是焦熘。焦熘侧重于片、条，炸时较长，油温较高（与酥炸相似）；而脆熘侧重于丁、块，通过炸实现外脆里嫩的效果，尤其在对大块"瓦块"和完整的鱼的熘制中，调汁穿滋是脆熘最富有魅力的内容，被誉为熘法的典型象征。

【例 6-3-6】 醋熘鳜鱼

加工程序：

清理→剞刀→挂糊→初炸→复炸→装盘→浇汁
调汁→穿滋→（浇汁）

① 将鳜鱼剖腹去内脏洗净，剞牡丹花刀，用刀面轻拍鱼体两侧使之疏松，用麻线将鱼嘴扎起。

② 将湿淀粉调匀挂满鱼身，使花纹翻下，抖动鱼尾，倒提投入 180℃ 沸油中初炸定型捞出，拆去嘴线，浸入 160℃ 油中浸炸至熟捞出，用铁钎戳十数小孔。

③ 另用锅加少许花生油将葱、姜、蒜末煸香，加酱油、白糖、绍酒、清水烧沸，勾芡至稠，调入醋与芝麻油即成滋汁。

④ 将鱼投入 220℃ 烈油中复炸，炸脆后捞出装盘，用洁布裹住压松，浇少许热油；同时将另一空锅干烧至微红，穿入滋汁，迅速浇于鱼上即成。

特点：外脆里嫩，甜酸适口，滋汁喧腾。

【例 6-3-7】 焦熘羊肉片

加工程序：

切片→挂糊→初炸→复炸→裹拌→装盘
调糊→（挂糊）
调滋汁→穿滋→（裹拌）

① 羊里脊肉切成薄片；湿淀粉加清水调成水粉脆糊；另用白糖、姜汁、酱油、醋、绍酒、湿淀粉混合于碗中成生芡汁。

② 将油加热至 180℃，将肉片挂匀糊逐一投入油中炸至淡黄色，结壳浮起捞出；整理后复投入油中浸炸至透；另用锅将芡汁熬至黏稠，加烈油穿入另一只烧热的锅中使之喧沸，将炸至老黄焦脆的肉片迅速捞出投入滋汁中翻勺裹拌，淋麻油起锅装盘。

特点：色泽红亮，肉质酥脆焦香，口味酸甜适口。

3. 软熘法

将调好的滋汁浇拌在经煎、软炸或蒸等预热加工后的原料上的方法。软熘成品以软、嫩、鲜、细为最显著特点，极易与蒸、软炒两法相混淆。两者的主要区别是：熘菜是另调滋汁，浇汁定味；而蒸及软炒皆无另调滋汁过程。软熘所用甚少，为较特殊的熘法，典型品种有西湖醋鱼、软熘三色鱼圆、五柳居鱼、煎熘牛排等。

【例 6-3-8】 西湖醋鱼

加工程序：

饿养→宰杀→分解→氽制→装盘→浇汁
调汁→浇汁

① 将草鱼入水饿养1～2天,使鱼肉结实、消除泥土味。

② 用时将鱼宰杀剖腹去内脏,洗净,将鱼背朝外,鱼腹朝里置贴于板上,从尾部向下颌剖开,劈开鱼头成两片,剔去鱼齿,在鱼的硬边斜向鱼头斜批数刀,深至骨,在腰鳍处切断鱼身为两段;在鱼软边肉面脊背中间从颌至尾斜批数刀,深约1/3。

③ 铁锅中加清水烧沸,先投入鱼的硬边上段,再将下段与软边同时放入,将头对齐,皮朝上,待水再沸,去浮沫加热约3分钟至鱼肉变色成熟,捞起装盘。

④ 锅中放水,加酱油、酒、姜末、白糖,沸后用湿淀粉和醋调匀勾芡,浇遍鱼身即成。

特点:鱼肉软嫩鲜香,姜味浓郁,酸甜爽口,滋汁红亮,透明如琉璃。

三、拔丝制熟法

1. 拔丝的特性

将原料炸脆投入热溶的蔗糖浆拌匀装盘,在冷却过程中拔出缕缕糖丝的方法叫拔丝。拔丝是利用糖溶化后的流变现象,这与糖浆的温度、溶解度和浓度有密切关系。糖浆从溶解到可以拔丝经历了如下过程:

初溶→充分溶化→增稠→突然回稀→上色→拌料拔丝
100℃→蓄温130℃→160℃→180℃→淡琥珀色→装盘
小火加热

溶糖需用小火并保持恒定,溶糖温度在100℃左右,火力稍猛易使糖焦,溶化不匀不能出丝;过于火小温低则易返砂,拔丝也归于失败。蔗糖在加热条件下,随温度的升高开始熔化,颗粒由大变小,当糖浆内部温度积蓄达160℃时,蔗糖结晶状态逐渐变为液体,黏稠度较大,呈稠黏状,有大汽泡不断泛起,当温度继续上升积蓄到180℃左右时,厚糖浆的黏胶状骤然变成较稀状液体,黏度也随之变得较低,此时温度正好是蔗糖的熔点。出锅当温度降低时,糖浆开始稠厚,逐渐失去液体的流变性,如果降至100℃左右,糖浆呈胶状黏结,可塑性特强,借外力可以拉出缕缕细丝,这就是所谓"拔丝"。拔丝是在装盘上桌后,食客筷夹所产生的拉丝塑形现象,被形容为"拔",其动态趣味盎然。一些糖塑食品也是在这一温界上加工而成的。如果温度持续降至冷却,蔗糖变成棕黄色的无定型透明玻璃体,故拔丝后的副品又被称之为"玻璃菜"。

蔗糖在一定酸的条件下形成转化糖,具有较高的甜度、较低的黏度、较大的溶解度和吸湿性。其溶化的糖液流变时间会延长,出丝时间也随之增长并能使丝长度增加。因此,在糖浆中添加少量无色酸味剂会有明显的上述效果。另外有实验证明添加少量的琼脂溶液也对增加糖浆出丝量与时间具有一定的帮助。另外,增香可用少量糖桂花或薄荷、香蕉等食用香精。

由于糖浆的黏性较大,且冷却速度限制了出丝的时间,因此,在盘中刷油,会防止糖浆黏结在盘上。上桌食用时下垫热盅可减缓其冷凝速度,带凉开水蘸食可防止粘牙和沾筷并增加入口的甜脆性。

在加热时,保持小火恒定,不能因为见糖浆稠厚而加大供热使之加快焦化;也不能因减小供热而使之返砂。

拔丝大多运用水果、蔬菜块根、茎和其他固形优质的食料，是“甜菜”的专门制熟法。依据溶剂的使用方式有油拔法、水拔法、水油合拔法与干拔法等不同形式。

2. 拔丝的不同控制

(1) 油拔丝法　以油为溶剂的拔丝法，具有速度快、出丝亮的特点，初溶油温在100～130℃，油糖比为1∶6～1∶7。由于油的燃点高，导热快，易产生焦化过快现象，须严格控温，推拌充分。随着糖浆蓄温升高，糖液由稠变稀，随之出现许多大气泡，继而泛起许多小泡，糖色由浅逐渐加深至淡棕黄色，色度接近油炸的主料色，但不能深于主料色深度，此时气泡由大变小，最后呈大小均匀状态，用手勺兜扬糖浆呈“稀米汤”线条下流时，正是投放炸料拌匀的最佳时机。

(2) 水拔丝法　以水为溶剂，溶糖拔丝。水拔比油拔导热平缓，能有效地减缓糖焦化的速度，使糖结晶体更加有效地充分溶化。一般来说，水拔难度大于前者，是因为水分不易被充分挥发而出现“返砂”现象，这是温度不够，糖液出现过饱和状态而重新结晶的现象。另外温度如上升过快，糖色变化加快而糖中水分来不及充分挥发，结晶未被充分溶化，也会导致返砂现象，从而使拔丝失败。因此，水拔在速度上慢于油拔，过程相同，出丝时温度稍低，在170℃左右，水糖比一般为1∶3～1∶4。

水油混合拔与干拔原理与上述相似，此不复述，不管采用什么拔法，都要严格控制火候，不能急躁。总含水量应低于2%，成品光亮透明，色度与主料相近。

【例6-3-9】　拔丝苹果(水油拔)

加工程序：

切料→拍粉→挂糊→炸制→滤干

调脆糊↑（至挂糊）

(水1/2，油1/2)熬糖浆

→拌匀→装盘→上席拔丝

① 将苹果块挂脆糊逐一入200℃热油炸至金黄捞起沥油。

② 熬糖浆至回稀投下苹果拌匀盛入拌有熟油的盘里。

③ 迅速下垫热水盅上席，在食客桌上拔丝即成。

特点：香甜脆响，趣味双全。

第四节　水导热基本制熟法

引导案例

用水导热的制熟方法很多，且名称复杂，有些对同一种方法，因地方方言各异而称谓不同。因此，常使初学者混淆不清，该使用炖法时却使用了煨法，该使用烧法却使用了烩法等等，这些现象屡见不鲜，至使菜肴成品常达不到应有的制熟品质标准。与油导热制熟一样，水导热制熟方法也分基本与复合式，前者用水(汤)直接加热制熟，后者则需经过炸、煎、烤等预熟加工。基本方法有炖、煨、卤、煮、涮、白焯、熬等方法。

分析：水导热基本制熟法与油导热基本制熟法一样，以一种介质加热贯穿全过程，所用的加热时间、温度、水量、加热器和操作的不同是形成不同加热方法的依据，同时也产生菜品不同的成熟风味效果，认真把握各种方法在时间、温度、水量、加热工具和具体操作方面所规定的标准和规范是实现特定方法表现特定效果的保证。

一、炖制熟法

(一) 炖法的基本特征

将原料密封于器皿中，加大量水长时间恒温在95℃以上100℃以下进行加热，使汤质醇清、肉质酥烂的制熟成菜的方法叫炖。这是制汤菜的专门方法，所用原料均需富含蛋白质的老韧性新鲜动物原料。汤与菜比例一般为2∶1，侧重于成菜中鲜汤的风味，同时要求汤料达到“酥烂脱骨而不失其形”的深度(8～10)成熟标准。

炖运用小火长时间恒温加热，使汤温保持在90℃以上100℃以下，汤面不能过于沸腾，原料内含氮浸出物能被充分溶出，呈氨基酸或多肽形式存在于溶液中，由于汤接近微沸，对组织结构的变形破坏力较小，原料内脂肪难以乳化，呈油滴逸出悬浮于汤面，变性沉淀的蛋白较少，很少有小微粒从组织上脱落，肉中胶原溶而不逸。因此，汤质清鲜醇净，肉质酥烂但不碎是炖菜的主要特点。炖的良好封闭环境，如桑皮纸、盖盘等封口，又使鲜味物质挥发减少，较高地保持了菜肴的原汁原味。

炖菜一般选用无异味的老韧性原料，如老鸡、鸭、鹅、鸽、鹌鹑及牛、羊、猪肉与蹄髈、脚爪等，少量的也选用一些鱼类及其他动物，如鳝鱼、鳗鱼、甲鱼等，常用根、茎、菌类蔬菜作为辅料同炖，嫩小的、无味或有异味的原料不宜炖制。

炖菜的预热方法主要是焯水。炖法的类型主要是菜肴保持原料原有色彩、汤质清澈见底的清炖。经过煸、炸等预热加工再与炖制或者添加其他有色调味料使汤质改变原色彩的叫侉炖，这是炖法具复式结构的特殊形式。在加热方法方面，有砂锅炖、隔水炖与汽炖三种方法，基本属于清炖。

炖法
- 清炖——[砂锅炖、隔水炖、汽锅炖、笼 炖]——基本型、预焯水
- 侉纯——[本色侉炖、有色侉炖]——复合型、预炸或煎、烤

(二) 炖法的基本种类

1. 清炖法

始终保持炖菜汤水清澈纯净的炖法叫清炖。清炖是炖法的主要形式，具有如下特点：以菜出汤而非使用它汤；不用有色调味品改变色泽；无需煸、煎、炸、烤等预熟加工，而是焯水撇抹处理；工具宜用陶、瓷器皿、搪瓷与电焖锅，而不宜使用铝与铁质的金属器皿。兹对具体方法讨论如下：

(1) 砂锅炖法　指将原料直接置于陶、泥质锅中加盖封口炖制的方法。这是炖法的基本方法，由于这类器皿内部呈多孔结构，导热速度比金属器皿缓慢和均匀，可使炖菜中蛋白质、脂肪、碳水化合物和维生素等营养成分在长时间的加热中损失少于金属器皿，特别是一些呈鲜物质，如肌苷酸、谷氨酸、呈鲜味的肽等，在陶、砂器皿中长时间缓缓加热，含量会逐

渐增加。另外,可避免肌肉蛋白质的过度收缩引起的胶体物质大量外溶,从而使炖菜肉质保持一定的柔嫩度而没有老韧、松散的现象。所以,陶、砂器皿对炖、焖菜肴独特风味的形成具有重要的意义。

炖菜需冷水下锅,旺火见沸,撇沫,加桑皮纸封口,移小火恒温在 95~100℃,长时间加热达 1~4 小时。

【例 6-4-1】 清炖蟹粉狮子头

加工程序:

猪肉分别切成粒→混合腌拌→拌嵌蟹肉→塑形→入锅加盖→加热至沸→转小火炖→成熟

① 将肉去皮、骨,洗净,肥肉切成石榴粒状丁,瘦肉切成更小的丁;菜选出菜头与菜叶,洗净;皮、骨剁成小块。

② 将肉丁置钵中加姜葱末、绍酒、蟹肉、虾籽、盐、清水混合搅拌均匀,起黏时,再加入蛋清、湿淀粉搅匀成缔,做成 10 只大小相等的圆球,在每只圆球上嵌以蟹黄成狮子头生坯。

③ 将菜头煸绿,与骨皮一道垫入沙锅底,加盐、绍酒、虾籽、水加热至沸,入狮子头生坯,将蟹黄一面朝上,盖上绿菜叶,加盖或封以桑皮纸,移至微火保持 95℃炖约 3 小时,揭去菜叶上桌即成。

特点:汤清肉嫩如豆腐,蟹黄红似玛瑙,鲜香醇厚。

(2) 隔水炖法　将盛有食料的容器注满水封上皮纸再置于一水锅中加热成熟的方法。隔水炖具有五层介质层次,传热更为缓匀平稳,锅内水可以滚沸,但容器中水不会滚沸,冲击力最小,汤汁最为澄清,加热便于把握,其制品肉质尤为柔嫩,汤品极高隔水炖受热一部分来自于水的导热,一部分来自于锅内蒸汽的导热,故又叫隔水蒸之法。在高压而又恒定的温度环境中,原料的鲜香不易散失,其汤汁较一般砂锅炖更为清澈,但时间较长,这是一种古老的炖法,是清炖的极品。

【例 6-4-2】 清炖鸡

加工程序:

焯水↓

清理→排刀→装器→炖制→调味→复炖制→成熟

① 将鸡脊开取脏焯水洗净,排刀,将鸡脯向上装于陶锅中,加姜、葱、酒及清水,盖上盖后用桑皮纸或高温无毒玻璃纸封扎口。

② 将大锅加火烧沸(水量为容器 3/4 高),放入陶锅,加盖,用中火炖 3~4 小时至鸡肉酥烂,揭开纸,调入盐,封好纸,再炖约 20 分钟即成。

特点:汤汁清醇,鸡肉酥烂鲜香而柔嫩。

(3) 汽炖法　即运用蒸汽的导热进行炖制的方法。汽炖与隔水炖不同,是完全依靠水的汽化加热,但又与蒸的制熟方法具有区别,蒸的原料需直接暴露在蒸汽中加热变性,而汽炖的原料则是浸没于容器的水里,并将容器封闭,依然是直接受水的导热,而间接受蒸汽的加热。汽炖具有受热平缓而均匀的特点,在形式上又有笼炖与汽锅炖两种。

① 笼炖:将盛料器皿加满水,封口,置于沸水笼中,用中等火力长时间加热成熟。

② 汽锅炖:将原料置于陶质汽锅里,加满水封口,再炖在另一水锅上,利用蒸汽进入气锅中中柱式气筒进入锅内加热,使菜肴汤清肉烂的方法。

汽锅是较为特殊的传热容器,形似砂锅,有盖,底部有一大孔连接中柱式气筒上突,与锅口平。加热时,置于水锅上,蒸汽便从气孔中沿气筒上升布满锅腔,原料因此吸热变性成熟。

【例 6-4-3】 汽锅葫芦鸡腿

加工程序:

切料→制馅→制坯→炖制→成熟

① 将笋、干贝、火腿、香菇、鸡脯皆切成米粒状,加精盐、蛋清、豆粉上浆滑油,锅仍加热将姜葱末煸香,投入五丁与虾籽略煸,加高汤烧沸,用盐、味精、淀粉调味勾芡成馅。

② 将鸡小腿去骨,用绍酒、盐腌渍入味,洗净填入馅料,用棉线扎成葫芦形。

③ 水锅烧沸,将鸡腿焯水洗净,排入汽锅,加清水、姜葱与绍酒,加盖置于水锅口上加热约 40 分钟,剪去棉线,再炖 20 分钟至酥烂,取下汽锅即成。

特点:形似葫芦,汤清肉烂,原汁原味。(汽锅宜置水锅口上,若置笼中或大水锅中,蒸汽都不能充分透进汽锅腔内,从而加长了炖制时间,失去了汽锅的意义。)

2. 侉炖法

原料经炸、煎、煸后用于炖制的方法叫侉炖。侉炖在加热上采用砂锅炖的方法,但原料所用不尽相同于一般炖法。侉炖是具复合结构的炖法。

侉炖采用先炸、煎或煸的预熟方法,达到起香固形的作用,有的还需经过着衣过程,如侉炖鱼块。由于侉炖选用一些出汤效果不高的原料,因此常要取些他汤或加深汤色,但在加热过程,则与清炖一致,多汤、小火,长时间加热。若用清汤者叫清汤侉炖,若用浓汤者(或有色调料),则叫浓汤侉炖。前者如清炖鸡孚,后者如炖酥鳝。

【例 6-4-4】 清炖鸡孚

加工程序:

分解→制坯→过油→炖制→成熟
制缔↗ 调糊↗

① 将鸡脯去骨,皮朝下在肉面排刀,将猪肉切成末粒状,加葱、姜、酒、蛋液、味精、淀粉及精盐调成蛋肉缔,排铺于鸡肉上,再排刀使之黏接,改刀切成菱形块。

② 将蛋清打成发蛋,加干淀粉搅匀成蛋泡糊,挂于鸡肉块上,投入 120℃ 油中炸约 60 秒,使之结皮捞出沥油。

③ 将鸡孚排于砂锅内,加鸡清汤、火腿片、绍酒、精盐,加盖,加热至沸,即移微火保持 90℃ 炖约 30 分钟,待鸡肉酥烂,放入冬菇再炖约 5 分钟即成。

特点:鸡孚洁白饱满,汤清鲜醇,鸡肉细软松嫩,色彩分明,香气清悠。

【例 6-4-5】 炖鳝酥

加工程序:

宰杀→去骨→炸酥→炖制→成熟
猪肉切片↗ 调味↗

① 将鳝鱼宰杀,剖腹去内脏,洗净,批去鱼骨及头、尾,切成斜方块,用洁布吸去体表水

分;猪肉切成片。

② 将鳝鱼投入210℃烈油中炸至金黄色起酥性,捞出沥油,与肉片、葱白段、姜片、酱油一起放入砂锅中,加猪肉汤、绍酒,置旺火热沸,再加绵白糖,加盖移小火炖约2小时,至鳝肉酥烂。

③ 将砂锅置旺火上烧热,加入花生油加热至160℃,放入蒜瓣煸香,倒入砂锅汤中即成。

特点:汤色淡酱色,鳝肉酥烂,蒜香浓郁。

二、煨制熟法

将富含脂肪、蛋白的老韧性动物原料经炸、煎、炒、焯后置于(陶、砂)容器中,加多量水,用中等火力加热,保持锅内沸腾至汤汁奶白、肉质酥烂的制熟成菜方法叫煨。

煨与炖一样需用多量水,以菜出汤,但不同的是炖用小火加热,使汤面无明显沸腾状态,而煨则需用中火加热,使汤面有明显沸腾状态,才能使汤汁浓白而稠厚。据分析,煨汤的呈白原因主要是脂肪的乳化与蛋白质的分解作用,而蛋白质是天然的乳化剂。在一般情况下,油和水是互不相溶的,将油加入水中,油即会浮于水面分离为两相,在两相界上,存在着各自不同的表面张力。使油成为微小的球滴分散在水中叫油的乳化,这必须降低油的表面张力,高温则可以使油表面张力降低。经有关实验表明,在沸腾的水中,脂肪的温度可达200℃左右,剧烈地翻腾是使脂肪分裂的机械力,大脂肪滴被逐渐粉碎为微细小溶滴与水充分混合,这些微小脂肪球在水中由于光线的反射与折射作用,逐渐使汤汁呈乳白色,但这种白色只是暂时的,油滴还会聚合浮于汤面使汤色返清。然而在煨汤的持续加热下,原料中胶原蛋白质被水解为明胶溶于汤中,对脂肪球形成包围,因而大大降低了油滴的表面张力,增加了亲水性,互相间形成排斥,构成特殊结构。明胶是一种表面活性物质,在煨汤中充当乳化稳定作用的是明胶的极性亲水基因,它使微细油滴分散于汤中成为稳定的乳状液。另外,明胶的多肽链可以通过一些弱键相互连接,在三维空间形成网络,从而增加了汤的稠黏度,使煨菜形成特有的浓厚风味。

煨的制熟方法在实施过程中应注意如下问题:

(1) 火力不够,则不易使汤汁浓白,应顶汤催白。

(2) 脂肪不足亦不易使汤汁浓白,可采用预炸、煎、煸等法增香、起色,加强乳化性。

(3) 半途加水则易使乳化过程还原,汤水应一次性加足。

(4) 断续加热亦不易使之浓白,应一次性加热,一气呵成,但要防止火力过高,并需完密锅口,防止汤液耗发过快。

(5) 为了缩短加热时间,加快汤液浓白,肉质酥烂的速度,可将煨料形式适当控制为块状、片状等。

【例6-4-6】 白煨香龟

加工程序:

宰杀→分解→预煸→煨制→成熟

① 将龟击毙,开壳;去底板及胆,剖开肠;去爪、头、尾,刮去皮,剁成条块,洗净。

② 砂锅内放猪油加热至160℃,下葱、姜煸香,再下龟肉与内脏、芝麻油煸至变色,盛入砂锅中,加清水加热至沸,移中火加热,保持汤面沸腾约2小时,加入龟蛋与盐,继续煨至汤

浓白、肉酥烂即成。

特点:汤色乳白,龟肉酥烂而鲜香。

三、卤法制熟法

(一) 卤法的基本特征

将原料置于卤水中腌渍并运用卤水加热制熟的成菜方法叫卤。在加热方面,卤采用“炖”或“煮”的形式,要求卤汁清澈,便于凝冻成“水晶”冻。有的将卤汁“熬”稠浓,便于附着于原料之上,常采用取部分收浓卤汁浇于原料之上,产生“红亮”的效果,又称之为“酱”或“烧”,例如,苏州酱鸭、杭州烧鸭。通常,卤法要求保持原料的柔嫩性,需将其预焯水,要焯得透,采用沸水下锅的方法,以尽快使原料表层凝固,减少内部脂肪与蛋白的溶出量,采用小火力加热,保持卤水的清纯。卤法运用肥嫩的禽类,要求断生即熟;运用肉类,要求软柔;运用嫩茎类蔬菜,要求鲜脆柔润。一般水生动物不宜用来卤制。

卤水反复使用即为“老卤”。由于浸出物积累较多,故为上等卤水。新卤水则是首次调制使用的卤水,其风味性差于老卤水。使用的卤水不宜过于稠浓,由于咸度过高,溶胶过多会影响卤菜的口味并且有碍水的渗透,因此,每次使用时都需“试卤”,按口味、厚度及色度需要添加或者稀释老卤。一般来讲,用于腌渍的卤水叫生卤水,有血卤与清卤之分。用于加热过程的卤水,又叫“熟卤水”,又有白卤与红卤之分。

(二) 卤法的基本种类

1. 生卤水

不用于加热制熟食物,而用于腌渍食物原料的卤水即为生卤水,又可分为血卤和清卤,因其不属制熟加工范畴,在调味一章已作简略说明。用盐与香料腌渍生食料,盐的渗透使原料体液析出汇集的血水叫血卤;将血卤下锅采用“扫料”扫清的称之为清卤,用其腌渍原料可减少体液的外析量,使腌品保持柔软湿润的品质,同时缩短腌制所需时间。

2. 熟卤水

将原料浸置其内,用于加热熟制的卤水即为熟卤水。既可作为传热介质,又可通过自身的滋味对食料进行调味,相当于一种特殊的调味兑汁,其用料配方很多,因地制宜,各有特色,在调味一章里已介绍了一些著名卤水,这里仅将最为重要的红、白卤水再分述如下。

(1) 红卤水　添加红色着色剂或有色调味品的卤水。味型多咸中带甜,鲜香浓郁。根据所用着色剂的不同又分为酱色红卤和红曲红卤两种。

① 酱色红卤水:品种很多,但一般有精卤水与普通卤水两种区别,在同样类型投料情况下,精卤水是普通卤水的升级,也就是在用料上更为精致或多样。仅以两例说明:

【例 6-4-7】 精卤水(A)

配方:八角 75 g、桂皮 100 g、甘草 100 g、草果 25 g、丁香 25 g、沙姜粉 25 g、陈皮 25 g、罗汉果 1 只、花生油 200 g、姜块 100 g、葱条 250 g、浅色酱油 5 kg、绍酒 2.5 kg、冰糖 2.1 千克、高汤 50 千克。

制作:将香料装成“药袋”,将瓦盆放在中火上,下花生油将姜块、葱条炸香,加入浅色酱油、绍酒、冰糖和药袋一起烧沸,改用小火加热约 80 分钟,去姜、葱及浮沫即可。

精卤水除每周换药料一次,其余原料应根据卤水耗用情况每天按比例增加。如:加入酱油 500 g，需加入精盐 7.5 kg、冰糖 200 g、绍酒 250 g，另外用老鸡、火腿、瑶柱、牛骨久制而成的上清汤作为卤水汤基，以保持精卤水的最优上乘的质量，这是广式精卤水。

在同等类型的普通卤水方面，一般用清水，再将冰糖改用白糖 3 kg、浅色酱油改用 3.5 kg，并增加清水 3.5 kg。制法同上。

【例 6-4-8】 精卤水(B)

配方：汤基 50 kg、上等酱油 1 kg、黄酒 500 g、冰糖 750 g、精盐 100 g、大小茴香 50 g、甘草 15 g、桂皮 20 g、草果 75 g、花椒 25 g、丁香 25 g。

制作：将清汤加热至沸，将香料包成"药袋"，投入沸汤，再加入酱油、盐、糖，用中火加热 2～3 小时，至香味溢出即成。

② 红曲红卤水

配方：带皮猪肥膘 7.5 kg、绍酒 1 kg、精盐 750 g、酱油 800 g、绵白糖 300 g、冻糖 1.5 kg、红曲米 750 g、葱结 200 g、姜块 200 g、桂皮 300 g、八角 300 g。

制作：将红曲米与桂皮、八角分别装袋，连上述其他原料一同下锅对 20 只光鸭加热卤制（水量以与鸭平为度）。鸭成熟后，所余下的卤汁即下次卤鸭的红曲卤水。每次使用时，都需按照比例添加或更换其中调料。

（2）白卤水　不添加有色调味料、色白而清的卤水。味型一般是咸鲜味型，品种也较多，一般没有精卤与普通卤区别。亦以两例介绍如下：

【例 6-4-9】 盐水鸭卤水

配方：清水 50 kg、精盐 200 g、大小茴香 100 g、桂皮 50 g、草果 50 g、甘草 50 g、沙姜 25 g、花椒 25 g。

制作：将水烧沸，将香料扎成"药袋"投入水中，加盐用中火加热约 20 分钟后。卤鸭得卤水，可反复使用，以陈为美。

【例 6-4-10】 肴蹄卤水

配方：清水 50 kg、盐 4 kg、明矾 15 g 加热至沸，撇沫，再加葱段 250 g、姜片 125 g、花椒 75 kg，八角 75 g，扎成药袋，绍酒 200 g 与 100 只猪蹄同煮，肴蹄成熟后，余下卤汁即为肴蹄白卤水，可反复使用，越陈越美。

对食物原料的卤制加工，卤水是基本条件，卤香味是主要风味特点，一般都采用多卤量，中、小火徐徐加热的方式。一般来说，卤制的原料如果无超前腌渍所卤得的卤水，又叫"鲜卤"，由于原料内口味不足，因此常取一部分卤水收浓至稠黏，浇于制品之上，传统上称之为"挂卤"，有的地方又叫做"酱"。如果卤制的原料具有超前调味的腌渍过程，所卤得的卤水又叫"腌卤"，由于原料内口味较足，故无需挂卤过程，而是浸卤使用，即用即提，防止干燥。

有一些卤菜常与冻制结合，即卤后继续冻制成菜，如水晶肴蹄，谓之"卤冻"。但绝大多数则无需冻制成菜，而是浸置使用。

在加工卤菜时，重要的还有对卤水的管理。一般来说，卤水保存和使用频率越长，则香味越浓。卤水很容易变质，因此，在每次卤料后，应重新烧沸撇尽血沫浮油，还需过筛"清底"防止沉渣腐败。另外，盛器的干净与防止生水渗入也是十分重要的。

【例 6-4-11】 水晶肴蹄(卤冻)

加工程序：

解剖→腌渍→浸洗→卤制→压模→冻制

① 将猪蹄剖开去骨,戳小孔,均匀洒硝水平放入缸内腌约 7 天(夏天腌 9～8 小时;春秋天腌 3 天)取出。放清水浸泡 6～8 小时(夏天 2 小时)去涩味,刮焯洗干净。

② 将姜、葱与花椒、八角拌匀,分装两小袋,大锅加老卤水用旺火烧沸,撇沫,将腌蹄皮朝上逐层叠入锅中(上层皮向下),烧沸去沫,放入香料袋、绍酒,压上竹箅,上放重物将蹄压没于卤中,用小火加热使汤面微有冒泡状,约 1.5 小时后将蹄子上下翻换,皮全部向上,微火加热约 1 小时,至蹄皮烂肉酥时起锅。

③ 取直径 40 cm、边高 4 cm 平盆,将肴蹄皮朝下、每两只相对平装一盆,上压空盆,20 分钟后将盆逐只用原卤冲去浮油于锅中,将锅中卤水烧沸,撇去油面,放明矾、清水,烧沸再撇去浮油,然后将卤水舀入肴盆,放阴凉处冷凝即成。

④ 余卤留作下次老卤。

特点:肉色鲜红,脂部洁白,皮光滑晶莹,卤冻透明如水晶。肉质清香酥烂,油润不腻,佐以姜丝、香醋,味更隽永。

【例 6-4-12】 苏州卤鸭

加工程序:

清理→卤制→成熟→装盘
　　　↓　　　↓
　　提卤→收卤

① 将鸭子剖开,清理干净,去爪;猪肥膘刮洗干净。用竹箅垫锅底,将鸭焯水后与肉同置于锅中,加水淹平鸭身,旺火加热至沸,撇沫。加红曲粉、酱油、精盐、绍酒、冰糖、桂皮、八角、葱姜,用木栅压住鸭身,加盖沸煮约 1 小时,将鸭上下层换位,改用小火加热,保持汤面微沸约 1 小时至鸭肉 6 成烂,取出鸭。

② 将鸭脯朝上置案上冷却,捞出锅中肥膘及姜、葱、八角、桂皮,将卤水过滤、撇油,提出部分卤水下锅加入白糖,旺火加热至卤水稠黏,用湿淀粉勾流芡,盛入盆中冷却,加芝麻油调匀作卤鸭装盘浇汁。

③ 余卤保存可下次再用,为老卤。

特点:鸭卤红亮,味咸甜,鲜香浓郁,鸭肉色泽酱红,皮肥肉柔嫩,小骨酥松。

四、煮法制熟法

将体小易熟的原料置锅中直接加入汤(水)旺火加热至沸调味成熟的成菜方法叫煮。煮是最普通常用的方法之一,家居饮食平常使用。在大多数情况下,煮法是以他汤做菜,汤菜并重,半汤半菜,无勾芡过程,加热时间较短,一般为 5～30 分钟,以入味成熟为度,老韧性原料则需经预热加工后才能用于煮制。在质感上,煮的制品不需酥烂而要软、嫩。煮不像炖、煨、焖诸法具有严格的器皿要求和密封性,而是更为便利的一种加热方法,通常将食料入锅,加汤加热至沸,调味即成。短时的沸腾程度强于煨,使汤汁与菜料极为融和,汤厚醇鲜菜料质纯软嫩,为菜汤、菜一体。

【例 6-4-13】 大煮干丝

加工程序:

切丝→焯烫→煮制→成熟→装碗

调味↗（调味→成熟）

① 将豆腐干批切成细丝，用沸水焯烫3次，每次2分钟，捞出沥水。

② 砂锅内舀入猪油，加热约120℃，将浆虾仁滑油变色出锅；加鸡汤于锅内，放入干丝，将鸡肫片、笋片、鸡丝放于干丝左侧，加虾籽与猪油，旺火加热至沸约15分钟，待汤呈乳白，干丝醇绵时，加酱油、盐调味，加热约5分钟，加入豆苗于一侧，待烫绿即将干丝装碗，辅料匀分散于干丝上部"盖帽"即成。

特点：干丝醇绵细腻，各色辅料色彩鲜艳，咸鲜爽口，汤汁奶白醇厚。

【例6-4-14】 水煮牛肉

加工程序：

切料→上浆→（煮制）

切料→煸调辅料→煮制→装碗

① 将牛肉洗净，切成柳叶薄片；莴苣切成骨牌片；葱切成长段；干辣椒切成小段；豆瓣剁成泥。

② 用盐、酱油、淀粉、郫县豆瓣老槽汁对肉片上浆。

③ 砂锅中投入菜油，加热至180℃，先将干辣椒炸成棕红色，再依次投入花椒炸香，葱段及莴苣煸炒，接着投入肉汤加热至沸约2分钟，下肉片滑散，待肉片伸展变色起亮度时装碗，淋辣椒油即成。

特点：肉片滑嫩，汤汁鲜香麻辣。

五、汆法制熟法

（一）汆的一般特征

将鲜嫩原料迅速投入多量热（沸）汤（水）中，变色即熟，调味成菜的方法叫汆。

在以水为介质的制熟成菜方法中，汆法较快，所取原料必须十分细嫩鲜美，且料形为片、丝或茸缔所制小球体之状，以菜制汤，以汤为主，是汤菜的专门方法。汆的原料主要是畜类一级瘦肉禽类胸脯及鱼、虾、贝类与肝、腰之类等等，无上浆过程。一般用他汤为汤基，加热至沸后投料汆制。一般老韧性、新鲜度较差、熟料或有异味的原料不宜制汆菜。汆菜特别注意对汤的调制，其特点犹如"制汤"。在汤质上有清汤与浓汤之分，制清汤者，叫清汆；制浓汤者，叫浓汆。一般来说，非茸缔制品皆用沸汤，而茸缔制品则由于十分细嫩，易起孔老化，故只宜用80～90℃汤温汆制。

（二）汆法的基本种类

1. 清汆法

用清汤或毛汤汆制，成菜汤清见底的方法叫清汆。根据原料的性质，一般茸缔制品需用清汤制，汤温不超过95℃，在汆制过程中，汤渐见沸，原料凝结变白需立即捞起，如汆刀鱼球、鸡茸豆花汤等等。而非茸缔制品一般使用毛汤制，沸汤下锅，如榨菜肉丝汤、腰片汤、猪肝汤等等，先将原料加适量水浸出血水，利用血沫的黏附性，使汤质清澈，其机理与制上清汤同，原料变色即起。若运用虾仁、鱼片等血沫少的原料汤，则需助以肉片血水或其他血水。清渣撇沫时，应防止沸滚使汤质浑浊。

【例 6-4-15】 出骨刀鱼圆

加工程序：

制茸缔→汤加热→汆鱼圆→装碗
制汤↗（至汤加热）　烫菠菜↗（至装碗）

① 将刀鱼清理，去头尾、脊骨，刮下鱼茸，排剁至细，加清水、绍酒、精盐调成缔。

② 将鱼骨置碗中，加葱结、姜片、绍酒、精盐、清鸡汤蒸约 30 分钟取出，将鱼汁入锅，另加清汤加热至 80℃，逐一将鱼缔挤成小球状投入汤中，保持恒温，待汤微沸，撇去浮沫，移微火约 4～5 分钟至鱼圆内部凝结；另将菠菜用沸水烫熟与鱼圆汤同时装碗，淋鸡油即成。

特点：鱼圆雪白，菠菜碧绿，汤清见底，细腻鲜嫩，入口即化，汤味咸鲜清淡。

【例 6-4-16】 榨菜腰片汤

加工程序：

批片→浸渍→汆腰片————→装碗
汤加热→烫辅料（烫辅料↑至汆腰片，烫辅料↑至装碗）

① 将猪腰剖开，批去腰髓，将肉壁斜批成薄片，加葱结，白醋 1 g，姜片、清水浸渍使血水渗出。

② 将汤加热至沸，迅速投下腰片及其血水，至变色捞出，拣去姜、葱，放腰片于碗内，加绍酒、酱油拌匀，锅内去沫，投下笋、木耳、榨菜和盐加热至沸，去沫，调入味精盛进汤碗，放下腰片，淋明油即成。

特点：汤质清醇，腰片细嫩。

2. 浓汆法

用奶汤或毛汤汆制，成菜汤汁奶白而稠浓方法的叫浓汆。浓汆不要求像清汆那样“吊汤”，而是运用顶汤至沸，使汤汁乳化白浊，其机理如同“煨”，但时间较短，火力更猛，以原料断生即可，通常取用活鱼制作，如大汤鳜鱼、奶汤鲫鱼、大汤黄鱼等等。一般来说，浓汆需用预制成的原味白汤汆鱼，传统称之为汆鲜鱼，鱼肉凝结即可。若先将鱼料煎或炸，用清水加热至沸，使鱼汤浓白，则是煮法，这一点须与浓汆区别。

由于鱼蛋白水解较多，大量溶胶溢出，鱼汤乳白较快而稳定，但是鱼肉又易老化，而使鱼肉破碎失鲜，因此，对鱼长时间加热，会产生不良后果。一般肉质较硬、失水较大的鱼种不宜汆汤，如鲣、鲳鱼等。100℃汆制 10～15 分钟，新鲜鱼肉一般减重失水 13.2%左右，能具有良好的嫩度，传统称之为“活肉”，亦即“凝而不散、润如凝脂”。

【例 6-4-17】 淡菜汆萝卜丝鲫鱼

加工程序：

鱼清理→汆制→装碗
发淡菜↗（至汆制）
萝卜切丝→焯水↗（至装碗）

① 将鲫鱼去鳞、鳃，剖腹去内脏，削去下巴老肉，洗净血水；淡菜用温水发开，洗净；萝卜去须、蒂、皮，切成细丝，沸水焯烫后浸于冷水中待用。

② 加猪油于锅中，将姜块、葱结炸香，投入白汤加热至沸，氽下鲫鱼、淡菜，待沸撇去浮沫，旺火加热约10分钟至汤液浓白，鱼肉刚凝结时，加猪油、萝卜丝、待重沸时调以盐及味精起锅装碗，带姜末、醋碟上桌。

特点：鱼汤奶白，鱼肉鲜嫩。

六、汤爆制熟法

将小形脆嫩原料沸水预焯变色，换清汤装碗成菜之法叫汤爆法。汤爆与清氽相似，但没有“扫汤”过程，焯水原汤不能用，也不以食料出汤，而是另换预制的鲜汤，汤菜相济。由于汤爆所用原料是肫、胃之类，具有一定的异味，因此，预焯的目的是去除异味，并使之成熟。汤爆用沸水焯烫，速度快于清氽，故借“爆”意。成菜质感较为脆嫩。

【例6-4-18】 汤爆双脆

加工程序：

切料→致嫩→焯烫→浇烫→（装碗）
汤加热至沸→调味→装碗→撒胡椒粉、香菜

① 将肚尖去皮及油脂，剞篮格花刀，切成条块；鸭肫去皮，同上剞花，将两者同置一碗，加碱末致嫩约1小时，洗净。

② 将锅中水加热至沸，加姜、葱及绍酒，投入肚、肫块烫至基本变色捞出沥水，去姜、葱，再加沸鸡汤浇烫一次至完全变色，装碗。另将上清汤加热至沸，加盐、味精后注入盛有双脆的碗中，调以胡椒粉，撒上香菜即成。

特点：双料嫩脆，汤清鲜醇。

七、涮法制熟法

筷夹细嫩薄小的食料在多量沸汤中搅动浸烫成熟，边烫边吃的加工成菜方法叫涮。涮法需用特制锅具——涮锅。涮锅是锅灶一体的特制工具，传统上有中柱式和圆底锅式两种类型。前者灶腔在中柱之底，多以木炭加热；后者灶腔在锅体底部，多以酒精燃烧加热。现时用电能或液化气加热的涮锅十分普及。

涮时，汤不断在锅中沸腾，进餐者则夹涮料边烫边吃，气氛热烈暖融，尤宜寒冷冬季。涮菜通常将各种原料组配齐全，围置于涮锅一周，辅以各种调味小碟，供食者自主操作，把握老嫩和口味，随机性强。

涮锅又称火锅，其品种因主料而定，有以突出某一主料特色的，如毛肚火锅、山鸡火锅、羊肉火锅等；也有以突出某一调味风格的，如菊花火锅、四季火锅等等。由于涮料基本为生料，并且主料多以片形，因此，涮锅又以“生片火锅”别称，以主料品种数量为名，如四生火锅、六生火锅、八生火锅等等。涮汤汤基一般先需烧沸，并调以基本口味，再注入火锅中，在涮制过程中，可续汤、添火。若将煮法移至火锅中，边加热边食用，则又叫什锦火锅、白肉火锅等，这种火锅没有涮过程，因此不能叫涮，这是应该加以区别的。许多地方将生料涮锅称为“涮锅”，而将什锦火锅等称为“暖火锅”。

【例6-4-19】 涮羊肉

加工程序：

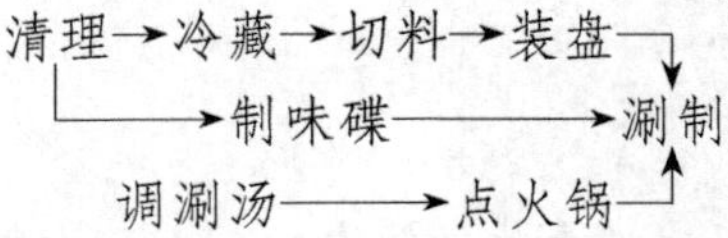

① 将羊肉剔除筋膜、淋巴，置零下5℃冰柜中压实冷藏约12小时取出，置于墩面，上盖洁布，右端露出约2 cm宽肉面，运用锯切法将羊肉切成夹刀薄片（每片约20 cm×5 cm，每500 g切40～50片），整齐码于盘中，按不同部位分别放置。

② 将肉汤烧沸，调以咸鲜基本味，注入火锅，并将火锅点燃，待锅内汤沸时，带羊肉及芝麻酱、黄酒、酱豆腐（磨成汁），腌韭花、酱油、辣椒油、卤虾油、米醋及葱、香菜末等调味碟一起上桌。

③ 将少量肉片夹入汤中抖散浸烫，当肉片呈灰色时，即可夹出蘸调味料，与芝麻烧饼、糖蒜食用。肉片随吃随烫，直至涮完，再放白菜头、粉丝等作汤菜使用。

特点：肉片细嫩鲜美，调料多样，汤鲜味浓，气氛暖融。

【例6-4-20】 菊花火锅

加工程序：

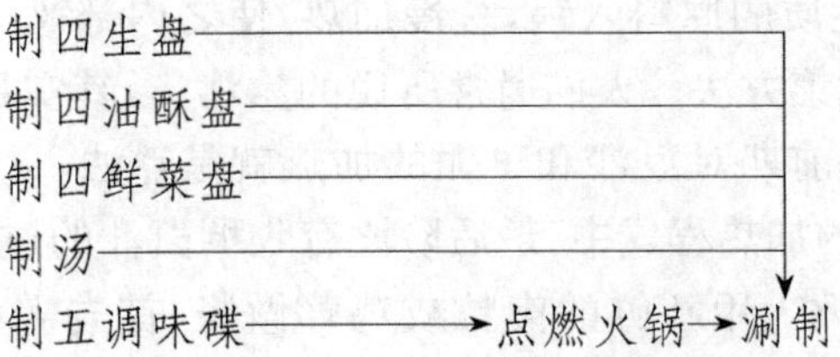

① 将鱼肉批片，鸡片去皮批成薄片；猪腰（去臊）与鸡肉都批成片，分别置4个七寸平盘呈风车形，用酱油、绍酒与精盐调匀分洒在各片上浸渍入味，再撒上姜末，即成"四生盘"。

② 将油炸粉条、馓子折断，花生去皮，油条切段，分别重炸至酥嫩，分别装于4只五寸平盘即成"四油酥盘"。

③ 将白菜心抽去筋，与豌豆苗、菠菜心、香菜洗净，分别装于4只五寸平盘，为"四鲜菜盘"。

④ 将大的鲜白菊花10朵（忌用药菊），切去花蒂、抽去蕊，仍以菊花原形摆在盘内；姜末10 g、葱花、胡椒粉、味精、精盐分别置于5只二寸碟中，成"五调味碟"。

⑤ 将锅中清汤加热至沸，投入鱼骨（取鱼肉之骨），沸煮约5分钟捞去，将汤注入火锅。

⑥ 餐桌上置一托盘，盘内盛入适量清水，上置火锅，点燃锅下酒精，将四生盘、四油酥盘、四鲜菜盘、菊花及五调味碟围在火锅四周，每人配以汤碗，生料由食者自取，随涮随吃。

特点：选料多样，口味丰富，鲜香自然，汤厚醇清。

八、白焯制熟法

将鲜嫩食料入沸水烫熟，弃汤取料装盘，带味碟组合的成菜方法。白焯取焯水之意，加姜、葱、酒、盐调味，加适量清油增加光度，调味蘸料随意。所用原料为囟脆嫩者，如鱼片、五香虾、鸡片、海蚌等等。

【例 6-4-21】 白焯鲜鱿虾

加工程序：

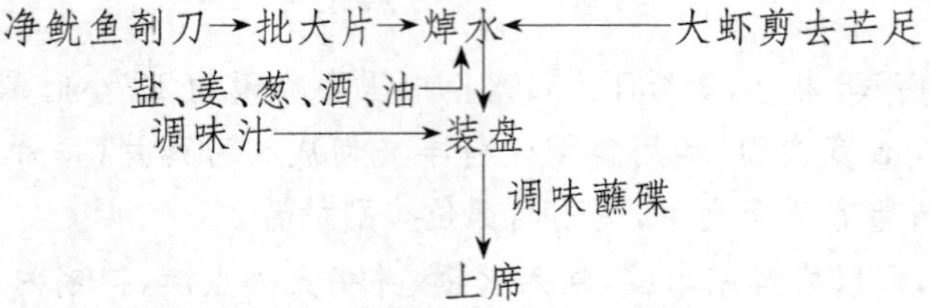

① 将净鱿鱼批成大薄片，大虾剪去芒足漂洗干净。

② 将锅中放水同时加入盐、姜、葱、酒、油等烧沸。

③ 投鱿片与虾入沸水中焯烫待变色成熟即捞起装盘。

④ 同姜、极鲜、香油、香醋、食糖调成蘸料，同小料碟跟主菜一同上席。

特点：鲜鱿片洁白脆嫩，大虾鲜嫩，蘸味食用，保有极佳的原质风味。

九、熬法制熟法

将具有薄质流动性质的原料入锅，缓慢加热，使之内部风味尽出，水分蒸发，逐渐黏稠而致汤菜融合的制熟成菜方法。人们通常所说的熬鸡汤，其实是炖或煨。而一些习惯上所说的炒豆沙、炒枣泥，其前期对豆沙和枣泥的加热就是熬法。炒豆沙用的是熬熟的豆沙复炒而已。再如在烧、焖的加热程式中，最后阶段有收稠卤汁的过程，卤鸭中有收浓鸭汤如酱汁的内容，其方法就是熬。用新鲜的肉粒或鸡茸做酱，首先需熬而使之出味，然后作芡为"酱"，如用熟料则称之为烩。将羹质嫩缔炒成鸡粥，应稍厚并有小米状颗粒凝结，这是用油软炒所致。但制成薄稠状鸡羹，细腻滑爽无明显颗粒凝结，这就是汤熬所成。由于熬与软炒、烩、烧具有如此精细的区别关系，对其把握应准确识别其中关键：

(1) 熬所用为生性动物类小型原料与含粉质丰富的茸泥状原料。

(2) 熬需通过较长时间的加热使这些原料出味并被收稠卤汁。

(3) 熬的成品为稠厚酱糊状。

(4) 在原料汤汁中可借用淀粉增其稠黏。

(5) 熬菜的稠黏是随水分的蒸发，动物溶胶、乳化、糊化等质量的提高而形成。

(6) 熬制品除了内有天然固体原料外，不具有结块特性。

【例 6-4-22】 蜜汁蕉蓉

加工程序：

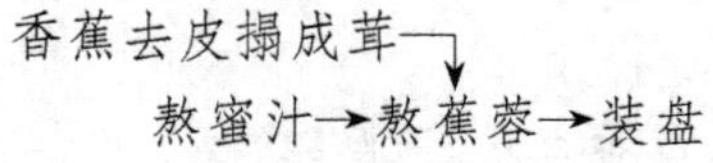

① 将香蕉去皮捣成茸。

② 清水、冰糖、蜂蜜按 1∶0.5∶0.5/300 g 配比，下锅用小火熬至黏稠，色呈棕黄色的糖水。将蕉蓉 500 g 投入糖浆中，另添入糖桂花、熟猪油适量，熬至黏稠装盘。用柠片点缀围边即可。

特点：色泽金黄，香甜糯滑。

几种基本水导热制熟方法比较表

方法	火力	时间	水量	厚料	料形	加热	加热中形态	汤性状	成品质感	特征性工艺
炖	小	长	大	老韧鲜活	块、段整形	恒温	汤面偶有细泡	清醇厚汤	酥烂 8～9 成	砂锅密闭
煨	中	长	大	同上	同上	恒温	中度沸腾	浓白厚汤	酥烂 7～8 成	同上
煮	大	中	中	易熟	丝、片、条、块		大沸腾	浓厚汤	软嫩	一般加热入味即可
卤	小	稍长	大	禽畜豆制品	块、段整形	恒温	同炖	清微卤水	6 成烂	专用卤水
氽	中	短	大	鲜活细嫩	片、丝条、块		见沸即止	清醇厚汤	断色即可、鲜嫩	断生即熟扫汤去沫
涮	中	短	大	同上	片		沸腾	清、浓皆可上汤	同上	筷夹边烫边食
汤爆	中	短	大	肫、肚尖、腰	片、条		同氽	清微上汤	同上	焯水换汤
白焯	大	短	大	鱼、虾、贝	片、丝厚形		同氽	弃汤	同上	弃汤蘸料
熬	中	中	中	禽、畜肉类，豆、枣泥	羹、酱状		中度沸腾	羹、酱状	黏稠糯滑	收汤至稠黏

第五节 水导热复式制熟法

引导案例

如前所述，基本制熟法的总特征就是一次性加热，同一种方式甚至在一种恒定温度中直接将食料制熟，有的虽有二次加热，其目的性也是一以贯之的。而复式制熟方法则需经过二次以上加热，两种以上不同导热介质加热方式甚至具有不同温度控制过程，才能将菜品制熟成形。这些方法给予我们更为复杂的风味体验和精妙的技巧认识。常用的有烧法、焖法、㸆法、烩法、扒法和爊法。

分析：仔细分析，与油导热复式方法不同的是，水导热复式方法的主导面在第二次加热的介质量操作方式和温度控制方面。第一次加热是为之奠定某些基础，与后续加热具有直接的因果关系，例如：将鸡预热走油，既可以将之扒制，也可以将之烧或焖制。一个完美菜品的风味形成正是过程中前、后多次加热制熟的共同结果。

一、烧法制熟法

（一）烧法的一般特征

将原料炸、煎、煸、焯等预熟加工后，入锅加水再经煮沸、焖熟、熬浓卤汁三阶段，使菜品软、烂、香醇而至成熟的这一过程，名之曰烧法。烧法是中国烹饪热加工极为重要的方法之一，常与炒法合称为“烧炒”，成为制熟工艺方法的总代称。“烧菜”或者“炒菜”是一般人的概念，是对制作饭菜的总概括。但是，就烹饪工艺来说，烧法却是一种极富特色的具体的菜肴制熟方法。

烧法取料十分复杂而广泛，大多以畜、禽、鱼及根、茎类蔬菜和豆腐为主料，因此成菜的触觉以软嫩或酥烂为特色。风味厚重醇浓，肥腴油润，口味深厚，香气复杂，色泽鲜亮而多样。在菜的卤汁方面，要求“油包芡，芡包油”。油包芡是汤汁稠黏光滑，封油明亮；芡包油是乳化充分，油润适口。成菜的汤卤要求为菜主料体积的 1/4，肉胶蛋白丰富的原料，卤汁为“自来芡”状，自来芡即是胶原与油脂乳化生稠的性状，食糖的溶化也增强了这种稠黏的自然形成，自来芡形似勾粉芡。在烧菜中如果勾芡则叫“人为芡”，而人为芡一般是不得已而为之的。

烧菜在口味调理上，几乎可采用任何味型，色彩的设置也不受限制，预热方法与加热时间的长短因原料而不同。一般来说，肉类宜煸；鱼类宜煎；禽类宜炸；鲍、参、翅、猴头菇宜套汤；无鳞鱼、两栖类与软体动物和素菜宜采用焯水。预熟加工都分别具有去异味、增香、着色和固形的作用，在加热三阶段中，煮沸是提温、焖制是恒温、熬制是收汤。这种多重的对火候的控制反映了烧法制熟过程的曲折和变化。

在原料方面，肉、禽类侧重于焖式加热，鱼类侧重于熬式加热，素菜类侧重于煮式加热，所以传统上有“文火烧鱼，武火烧肉，素菜一气烧”之说。由于烧法在调味、色彩、用料方面的界域宽广，国内各地有十分复杂丰富多样的烧法，据不完全统计，有 20～30 种不同烧法的名称，例如：红烧与白烧，南烧、南煎（本质是烧）、糟烧、辣烧、干烧、自来芡烧等等。但是，究其实质，从烧法加热过程的结构分析，其基本烧法只有五种，即煎烧、炸烧、煸烧、原烧和干烧。与其他烧法的关系如下图所示：

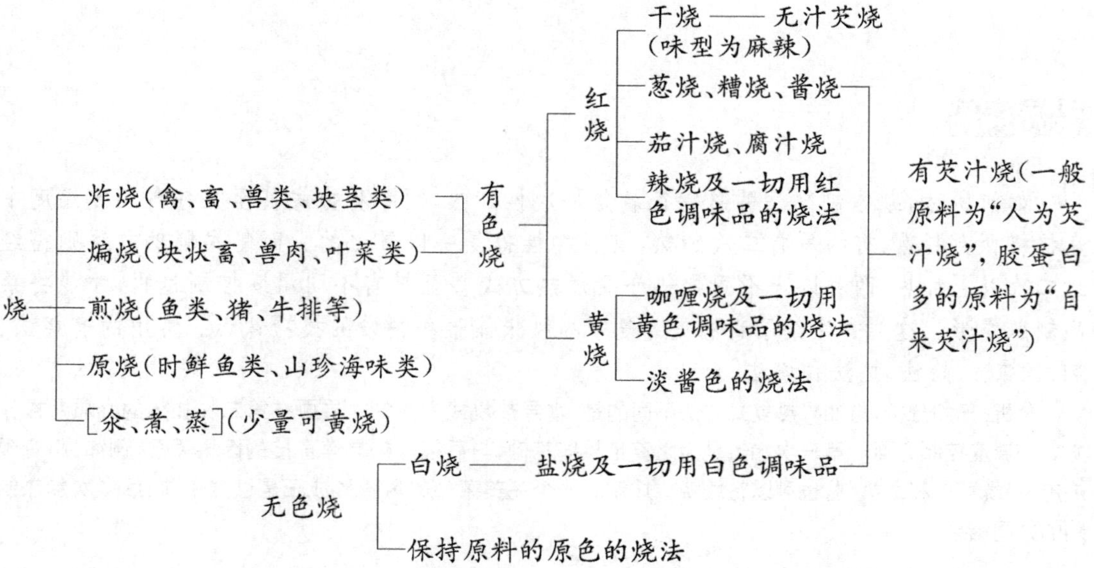

从上图中，我们可以十分清楚地看到每个层次的联系。无论是什么烧法制作的具体菜肴，依据此图都能推出具体的属种关系，得到正确的方法。如“煎烧”宜有色烧，“红烧”属于有色烧，“腐汁烧”是“红烧”的一种方法，“腐乳鲫鱼”是“腐乳烧”的一种具体的菜肴，这个一层一级的关系十分明确。再如“干烧鲫鱼”是“干烧”的一种具体菜肴，因没有芡汁故为“干烧”。又因为味具麻辣，采用红油和酱油，所以也是“红烧”的一种，又因为所用原料是鱼，烧鱼通常都是经过“煎”这一预熟手段，故亦属于“煎烧”这一范畴。下面我再将上图作一图解说明：

- 煎烧
  - 红烧（一般色较重）
    - 干烧——无芡汁烧
    - （味型为麻、辣）酱烧、茄汁烧、葱烧等
      - 人为芡汁烧（用一般性胶蛋白少的原料）——有芡汁烧
      - 自来芡汁烧（用胶蛋白多且时令性较强的原料）——有芡汁烧
  - 黄烧——咖喱烧等用黄色调味品或淡酱色（牙色）的烧法（一般色较淡）——有芡汁烧

(二) 烧法的基本种类

1. 炸烧法

将原料先经走油再烧制成菜的方法。一般适于禽类、排骨等，需上酱色或糖色，基本为有色烧法。

【例 6-5-1】 白果烧鸡

加工程序：

清理→剁块→走油→烧制→装盘

白果走油→去皮→（烧制）

① 将鸡宰杀清理，剁去脊骨，将鸡肉剁成方块，加酱油与鸡块拌匀。

② 锅内放花生油加热至 180～200℃，投入鸡块炸至金黄捞出，再将白果仁炸约 1 分钟捞出去皮。

③ 砂锅复上火，加入猪油，将姜、葱煸香，投入清水、绍酒、精盐、白糖、酱油、大料，再投下鸡块与白果仁，旺火烧沸约 5 分钟，改用小火加热约 1 小时至鸡肉酥烂，再移至旺火收汁至稠黏，加味精、淋麻油起锅装盘。

特点：鸡肉香鲜酥烂，白果清香，色泽淡酱色，卤汁稠黏，口味咸鲜略甜。

2. 煸烧法

将原料先经煸炒再烧制成熟的方法。煸的作用与炸相似，只是由于原料的性质适合于煸炒起香，尤其是猪五花肉类，煸有利于部分脂肪的溶出，但在酥性上次于走油。煸烧主要适用于对厚片状肉类原料的加工。

【例 6-5-2】 红烧猪肉

加工程序：

切料→预煸→烧制→装盘

① 将猪肉切成方块。

② 砂锅上火烧沸，用花生油先将白糖炒成浅红糖色，再投入肉块煸至半透明、色呈微红，即加清水及葱、姜、大料、桂皮和绍酒，用旺火烧沸，移小火持续加热约 1.5 小时，至肉烂，再中火收稠卤汁。

特点：肉块红亮、酥烂，味浓鲜香，卤汁稠黏。

3. 煎烧法

即先将原料煎呈金黄再进行烧制成熟的方法。煎烧最为滋润，表皮色美，芳香浓郁，质

感软嫩。主要宜对扁鱼类、豆腐及扁平的瘦肉型原料加工。由于鱼肉鲜嫩,且皮薄易破碎,故煎时应注意如下几点:

(1) 鱼洗净后须稍晾干,抹酱油助色。

(2) 对特别薄的鱼皮,如刀鱼皮,应在煎前约 5 分钟抹上适量盐分,使皮质收缩而致密,防止在煎的过程中使皮破损。

(3) 锅温要高,一般约 200℃以上,并且要滑净,防止沾破鱼皮。

(4) 煎鱼的油要适量多于干煎,一般煎 1 kg 鱼,需用油 200 g,以加强煎时锅的润滑性,达到煎皮完整、上色均匀的效果。

【例 6-5-3】 糟煎白鱼

加工程序:

糟腌→预煎→烧制→收汁勾芡→装盘→浇葱油

① 将香糟与绍酒、精盐拌和,涂在鱼段四周腌渍约 2 小时入味,再将鱼洗净。

② 砂锅置旺火上烧热,加熟猪油将鱼段煎至两面金黄,加入绍酒,加盖略焖约 1 分钟,再投入香菇片、笋片、酱油、盐、绵白糖、姜末和清水,加盖烧沸后移小火加热约 8 分钟,再移旺火收稠卤汁(若卤汁稍多,可用湿淀粉勾芡)装盘。

③ 另用砂锅上火,加猪油,放葱末炸香,浇于鱼段上即成。

特点:糟香浓郁,卤汁鲜稠,鱼肉微红香嫩。

4. 原烧法

将原料焯水后再烧制成菜的方法。焯烧易保留原料的本来色彩,故基本是白烧,适宜对新鲜细腻原料加工,如元鱼、鱼等,由于白烧汤汁浓厚奶白,故又叫"白汁",如名菜白汁桂鱼、白汁鱼唇等。焯水的目的是去除原料所含血水、异味或黏液。

【例 6-5-4】 白汁元鱼

加工程序:

宰杀→切块→焯水→烧制→ 多只同烧时采用(扣碗→复烧→) 收卤→装盘

蒸甲鱼蛋 ↗(并入装盘)

① 将甲鱼宰杀洗净,放入 70℃水中浸烫去膜,开背壳切下头、颈,将颈拍松,将其身剁成 6 块(前后爪 4 块、腹 2 块)于清水中浸约 10 分钟,洗净,投入水锅焯水取出,在清水中再漂浸约 10 分钟取出滤水。

② 将甲鱼蛋放入碗中,加葱结、姜片、绍酒、精盐,上笼蒸至熟,取出待用。

③ 锅中垫竹箅 1 只,将前爪块腹朝上、腹块及后爪腹部朝下排放入锅中,鱼颈、肥膘片放上面;另用炒锅置旺火上,舀入菜油加热至 160℃,放入葱结、姜块炸至黄起香时,将葱、姜连同菜油倒入锅中甲鱼块上,再加绍酒加盖旺火烧沸后,加肉汤烧沸,改用中火焖约 30 分钟,加精盐、蒜瓣至汤剩 6/10 时,加冰糖屑、熟猪油,用微火持续加热约 2 小时,至甲鱼肉酥烂,拣去葱姜,用旺火收稠汤汁,离火。

④ 取碗一只,将猪膘片、蒜瓣匀放碗中,放入葱黄起香,投入笋块、山药块、木耳、蒸好的甲鱼蛋,加绍酒、盐、绵白糖烧沸,将甲鱼肉倒入锅内一侧,加肉汤烧沸,加盖移小火持续加

热至卤汁稠黏，再移旺火上用湿淀粉调稀淋下勾芡，淋熟猪油和芝麻油，晃动炒锅装碗（盘）。山药、鱼颈垫底，上置甲鱼块，将笋、木耳以及鱼蛋盖帽。

特点：裙边透明光亮，黏如胶质；鱼肉酥烂脱骨，肥香入味；卤汁浓稠，白如奶汁。

5. 干烧法

干烧是烧中较为特殊的一种方法，即将卤汁收稠附着于原料之上的烧法。在本质上属于炸烧或者煎烧范畴，多用于鱼菜，如干烧岩鲤、干烧鲫鱼等。一般来说，干烧成品呈棕红色，口味麻辣咸鲜微甜。收浓卤汁既不能使鱼肉老化，又不能使之焦枯，因此烧时加热时间与投水量的多少是十分重要的，干烧水量应较少，通常比正常烧菜汤量少 1/3 左右，收汁时火力较小，否则原料表层有焦化现象。

【例 6-5-5】 干烧鲫鱼

加工程序：

清理→预煎→烧制→收汁→装盘

切辅料→预煸肉末→（烧制）

① 将鱼去鳞、鳃、内脏洗净，在鱼身剞人字花刀，用精盐抹遍鱼身，将猪肉切成末，葱白切成长段，泡红椒切成段。

② 炒锅置旺火上，下菜油加热至 200℃，将鲫鱼煎（亦可炸）至两面金黄铲起；将肉末煸炒至干香起脆，加精盐、姜、葱及泡椒略煸，即放入鲫鱼、糟汁、酱油、肉汤移至中火烧约 10 分钟，将鱼翻身，用中火持续加热，至汤干时，淋入麻油，装盘即成。

特点：色泽金黄，见油不见汁，鱼肉细嫩，肉末酥香。口味亦可略加糖调节，使椒味减弱。

二、扒法制熟法

（一）扒法的一般特征

在烧、蒸、炖基础上进一步将原料整齐排入锅中或扣碗加热至极酥烂覆盘，勾以流芡的制熟成菜方法叫扒。扒有趴伏之意，形容极烂（达 9～10 成），难以直立成形，在菜的形制上极为完整、整齐，风味清鲜而又肥厚。

扒菜原料一般使用高级山珍海味，整只肥禽，完整畜蹄、头、尾，蔬菜则选用精选部分，如菜心、笋尖、茭白、蒲菜等等。在色泽上，有红扒、白扒之分。所谓红扒，即加酱油的扒，有冰糖扒、金葱扒之法。白扒则用白汁奶汤扒制的方法，在形式上又有整扒与散扒之别，整扒即整形原料；散扒即块、条状整齐排列的扒法。

扒法是大菜的主要制熟成菜方法，在筵席菜肴中具有显要的地位。依据在加热方法上本质的区别，扒法只分为锅扒和笼扒两种。

（二）扒法的基本种类

1. 锅扒法

将经蒸、炖或煨煮至基本软烂的原料整齐排列于锅中，加适量汤与调料继续加热，小火烧至极烂叫锅扒。锅扒加热程式如烧，故又作“扒烧”。加汤量一般为 1/2 左右，所以加热时间短于正常烧法。

锅扒尤其注意锅内的造型，装盘要保持锅内造型形式，由锅中滑入盘中。因此，锅扒在淋芡、旋锅、大翻勺方面具有较高的难度。扒与烧的最大区别是，型更整齐，为一品方形、双层对叠形、扇面排叠形、圆周旋叠形等等，质地更为软烂，是周体原料最烂，界于破散的临界点，酥烂脱骨而不失其形，入口即化，烂度可达九度以上。

【例 6-5-6】 红扒大乌参

加工程序：

清理→剞花→蒸炖→扒制→装盘
煸菜心入味→装盘
撒火腿丝→装盘

① 将水发海参洗净，入 100℃水略烫 30 秒捞出，刮净外皮黑点，再用 70℃水洗净，在参腹腔剞十字花纹，放蒸盘加鸡清汤及母鸡、生火腿、葱、姜、料酒、精盐上沸水笼蒸炖至八成烂(约 30～60 分钟)。

② 将菜心头部削成箭形，洗净，入锅加猪油煸熟，加酒、盐、味精、白糖略烧使之入味，起锅整齐排放于大圆盘中呈放射状；将熟火腿切成长细丝待用。

③ 将海参出笼，捞出母鸡等另用。炒锅上火，加熟猪油将葱姜煸至金黄色，烹入清汤，捞出姜、葱，加入绍酒、精盐、味精、白糖、酱油、糖色，排入大乌参约 20 分钟至极烂，用湿淀粉勾芡，淋熟鸡油，将海参缓缓滑入菜心之上，另将熟火腿丝撒在乌参上即成。

特点：海参排列整齐，质极软烂滑糯，汤汁稠浓鲜香，口味咸中略甜，色泽红亮。

2. 笼扒法

将原料经烧、焖、炖至基本酥烂再扣碗，继续上笼加热至极烂，复碗装盘，勾以流芡的方法叫笼扒。

笼扒运用扣碗的方法，使菜形显得饱满完整，便于装盘。由于蒸温较高，提高了原料软烂的速度，并且能有效地防止因极度酥烂而造成的变形或破碎现象。但笼扒不易上色，如果红扒则需将原料先经烧、焖式的红锅预熟处理后方能进行。笼扒以原料的完整形态、半球面旋叠造型为主。

【例 6-5-7】 蛋美鸡

加工程序：

清理→焯水→炖制→扒制→装盘
烙蛋皮→包蛋烧卖→蒸制→装盘
制馅→包蛋烧卖

① 将鸡脊清理，去爪，排刀，连肫、肝一道焯水、洗净，置砂锅中(垫竹箅，腹朝上)加清水淹平鸡身，加姜、葱、酒，旺火烧沸，去沫加精盐，加盖及盖盘移小火持续加热约 3 小时至酥烂取出，腹朝下扣入大碗中，上笼蒸约 30 分钟至极酥烂。

② 将汤内肫、肝捞出，与笋、火腿、香菇、鸡脯肉分别切成绿豆丁。将炒锅上火，放入熟猪油，倒下各丁，加原汤、精盐、虾籽加热至沸，收汁用湿淀粉勾芡，盛入盘中冷却待用；将虾仁洗净剁茸，加蛋清、湿淀粉、盐调成厚缔。

③ 将 3 只鸡蛋加蛋黄 1 个及盐、湿淀粉搅匀，用手勺烙直径约 7 cm 圆蛋皮 12 张，平铺案面，用虾缔 2/3 平均抹在蛋皮四周，再将馅子分别放入各蛋皮中，拢成蛋烧卖生坯，另将 1/3 虾缔逐个将蛋烧卖封口，嵌上适量火腿末与绿菜末，蒸约 2 分钟至熟。

④ 将笋片切成长片，菜心剖开。将笼内扒鸡覆入大盘，围上蛋烧卖，另将笋片与菜心入

汤烫热捞出间隔围于鸡周围，锅内原汤收稠，用湿淀粉勾流芡，淋在鸡及烧卖上即成。

特点：鸡形饱满，肥润酥烂，色泽淡黄，汤汁醇厚，口味清鲜，蛋烧卖鲜香。

三、焖法制熟法

将炸、煎、煸、焯预熟原料置砂锅中，兑汤调味密闭，再经煮沸、焖熟、熬收汤汁三过程，使原料酥烂，汤浓味香的制熟成菜方法叫焖法。焖实际上是指加热中恒温封闭的阶段，侧重于原料加热过程中的原气焖熟所形成的酥烂效果。从形式上看，焖似乎就是烧法在砂锅中移植，实际上焖的加热与成品效果与烧菜具有明显区别：

①特征性加热容器的不同，焖特用砂锅，烧特用铁锅。②焖菜要求质感更烂于烧菜，因此，强调加热中焖的过程，其时间也因之加长。而烧菜更注重卤汁的浓缩，因之也更注重于熬收汤卤的过程，卤汁紧缩，虽然两者在加热之初的水量相等，但成菜后焖菜要求菜与汤比为 6∶4；烧菜则为 4∶1。③在成菜形成方面，焖的特色性在于砂锅原装带沸上席，原味性更突出，甚至可在席上架火炉加热保持菜的沸腾。而烧菜长于装盘，亮油封面。④加热中焖菜侧重于汤与菜的共融性，而烧菜则侧重于主从性。因此，烧更长于烧鱼，焖更长于焖肉。由于焖是食料原味的良好表现，一般与扒法一样，用料标准也高，成为高档山海珍品菜的主要制熟方法之一。焖与煨、炖构成了中国特色的“砂锅菜”系列。炖、焖、煨运用砂锅具有鲜明的中国民族特色，据认为是来自于中国远古饮食文明的遗存，陶器砂锅具有多孔的蜂窝状结构，使受热不至于像铁、铝、不锈钢锅那样具有快速传导的热激点，而是更为均衡地分散导热，具有良好的稳定性，并对风味物质具有良好的保存性。焖法依据调味色泽的分法有红焖、黄焖和原焖三种。加热原理与烧相同。

【例 6-5-8】 黄焖鸡翅

加工程序：

鸡翅清理→整形→过油→煸糖色→焖制→换砂锅收汤→上席

① 将鸡翅洗净剁齐根、尖，分切两段。

② 将鸡翅投入 200℃热油炸呈淡金黄色捞出。

③ 将鸡翅入锅加绵白糖、少量酱油煸上糖色排入砂锅加水调味加热，见沸转焖至基本酥烂，投入葱段、香菇等，再焖 15 分钟至汤见稠浓收缩时上席即可。

特点：色呈淡酱红，鸡翅酥烂脱骨，肥腴鲜香，汤汁醇浓，约为菜体 1/2。

【例 6-5-9】 原焖鱼翅

加工程序：

批片→预蒸→套汤→预蒸→换锅→焖制→上席

① 将鱼翅批成大片，排叠加入大碗，加鸡清汤、葱结、姜片、火腿片、鸡腿、肥膘，上笼沸蒸约 30 分钟，取出滗去汤，再加鸡清汤蒸约 20 分钟，再取出滗去汤，拣去葱、姜、鸡腿、火腿片及肥膘，再放入冬笋、冬菇、野鸭、鸡肫、鸡皮与绍酒、鸡清汤，蒸约 20 分钟。

② 锅加热，入猪油将菜心煸绿，倒入砂锅，将鱼翅复入砂锅中，加沸鸡汤、熟猪油、绍酒、精盐、虾籽加盖，用中小火加热约 30 分钟即成。

特点：鱼翅如银针，软糯滋润，汤质醇厚。

四、烩法制熟法

将多种预热的小型原料同入一锅，加鲜汤煮沸，调味勾芡的制熟成菜方法叫烩。烩具有锅中原料汇合之意，预熟原料方法不限，可用焯、煎、炒、烤、煸的多样原料同烩，故又有三色烩、五彩烩、八宝烩、什杂烩等等。实际上，烩菜的加热过程与煮无异，但在取材的预熟方面和勾芡用法是有差异的。一般煮法是主辅单一，由生到熟；而烩法是多主多辅，对已变性熟料的再加热由熟到熟转移用之。由于煮菜由生到熟有一个较长过程，味易出，汤易醇，故无需勾芡；而烩菜取自熟料，加热快速旺火即成。既然所用多为熟料，味香已不足，汤汁难醇美，故需勾芡以助其味，以增其厚，这也是与煮法的不同之处。

【例 6-5-10】 什锦烩鲜蘑

加工程序：

鲜蘑焯水→切料→焯水→烩熟→装盘成菜

蛋糕、烤鸭脯、水发干贝、熟火腿、熟肫、熟笋、熟青豆、水发木耳（→切料）

浆虾仁→滑油（→装盘成菜）

① 将鲜蘑焯水切片或丁，各料均以相等料形。

② 除干贝、浆虾仁外，各料再焯水。

③ 用与食料相等的鲜汤将各料（除浆虾仁外）煮沸、调味、入味勾流芡装入汤盘。

④ 将浆虾仁滑油后撒在菜面上即可。

特点：蘑菇较嫩，羹质稠滑，色彩绚丽多样，丰菜丰羹，入口醇厚。

【例 6-5-11】 五彩稀卤鸡米

加工程序：

切料→上浆→滑油

（切料）→烩制→勾芡→拌和→装盘

① 鸡脯去皮切成丁，用盐、淀粉、蛋清上浆待用，将蛋糕、热火腿、蘑菇分别切成方丁。

② 将鸡丁用 110℃油温滑油，原锅上火加汤、盐、味精与蘑菇、蛋糕、青豆烧沸勾米汤芡，另将滑油后鸡丁下锅，轻轻拌匀，淋鸡油，装碗即成。

特点：鸡米鲜嫩爽滑，色彩鲜明，口味咸鲜清淡，汤羹透明，半羹半菜。

五、㸆法制熟法

将食料炸酥、煎透、煸松再经过煮沸、焖烂微火长时、熬收汤汁，着汤汁紧附食料的制熟成菜方法叫㸆。㸆有靠意，又有烤韵，成菜干香入腠理，肉酥骨也香。从形式上看，㸆法与干烧无异，但精妙的区别是：干烧的预热以增香着色为目的，而㸆的预热则是以食料的干酥松脆为目的。干烧的成菜仍要求软嫩为标准，熬收汤汁时火力稍强，收缩也快，成品盘中见油而不见汁；而㸆法则注重长时的焖熬结合，火力较小，甚至微火力加热，使原料在长时加热中缓慢吸卤，徐徐收缩，成品盘中微有原汁。肉质也显得酥松入味，甚至连骨刺也酥松有味可嚼。㸆在本质意义上与熬的不同点是：㸆是通过长时加热使原卤被食料吸收而紧附；熬则是通过水分的蒸发与原料的糊化、溶胶作用而增稠。为了使㸆菜肉与骨达到酥松干香的目的，㸆菜中常多量使用香醋，这对酥松骨质具有一定作用，成品咀嚼耐味，余味绕梁。根据预热的性质，㸆与炸结合的叫做酥㸆，其他则为软㸆。

【例 6-5-12】 酥㸆鲫鱼

加工程序：

清理→炸酥→铺料→㸆制→装盘

① 将小鲫鱼(5 cm/条)背开去脏去鳞洗净晾干。

② 将鲫鱼炸酥阴干。将竹箅下垫锅底，铺 1/2 姜瓜、仔姜、葱丝与红干椒丝，将鱼背向上排入旋叠在垫料之上，上面再铺 1/2 各丝。加热加酱油、醋、糖、芝麻油、绍酒、清水等平淹鱼身。将鱼煮沸 2 分钟，加压盖盘，移小火徐徐加热 2～3 小时，待汤水被鱼吸至肉质酥松，卤汁浓稠存留是固体菜料的 1/4 时，装盘造型。将各丝点缀鱼面，浇上原汁即成。

特点：色泽金红，香酥松软，吸卤味浓，咸甜酸辣，鲜香强烈。

六、熝法制熟法

将原料浸于卤水中加热，热油封面、微火恒温使之成熟的方法叫熝。近似于卤，但与卤的区别在于不预腌卤，也不提卤收汁，并且需用相当于卤水量的植物油制成油卤封面，以增加原料成品的乳化性，使成品油润而鲜香细嫩，由于油卤在表层形成良好的密封层，使蒸汽不易散发，从而增加其嫩度和香料的渗透度。水的作用是溶解各种调味品，并且直接使原料受热，因此，熝也属于水热制熟法，但也有人认为是两属性质。

一般来说，卤菜以多次使用的老油卤为好，并且每次用后需将油、卤分别保管。熝菜使用如卤菜，但需补充调味。

【例 6-5-13】 熝锅油鸡

加工程序：

宰杀→焯水 ↘

煸香料→扎香袋→制油卤→熝制→装盘→蘸酱油

① 将鸡宰杀，肋开去脏洗净，卸下爪，入沸水中焯烫约 5 分钟取出，洗净。

② 将玉果、桂皮、八角、山柰、小茴香与姜黄入锅在旺火上煸炒出香，装成药袋，置于深壁砂锅中。

③ 将菜油加热至 180℃离火略冷却，倒入有药袋的砂锅中，同时加入清水、绍酒、精盐、葱结、姜块置旺火上烧沸成油卤，加盖置中火上烧沸，移微火持续加热约 1 小时(使卤面不时有小泡冒出)，取出鸡冷却后剁块装盘，淋上油卤，上桌另带酱油蘸食。

特点：油鸡金黄光亮，形态饱满，口感肥嫩，香气馥郁。

由于熝法的加热特点，用一般锅在容量、恒温与安全性方面存在不便，江南一带一般有专门锅具叫熝锅，旧时有铜制、瓦制、铁制等，肚大，壁深，锅口收小，现在多被不锈钢桶所代替。熝法与卤法相同，对禽蛋、畜肉、豆制品等皆可加工。蘸鸡酱油选用原抽加大茴烧沸起鲜增香另用味精适量调鲜，鸡装盘，盘下如垫以“山前香豆腐干”为最妙。

第六节 固态介质导热制熟法

引导案例

固态介质泛指具有固体性质的导热介质，一般有盐焗法、泥烤法、锅烤法、铁板烙法、石烹法、盐焐法等等。固态介质导热制熟一般历史较为悠久，是一古老的技法，在现代餐饮中，常将之某些方面进行改良，引入餐桌，给人以古朴的新奇感受。

分析：固体介质导热制熟方法一般不作为常规性使用，其制品一般较为干香，具有特殊风味。在一定环境中，还具有独特的演艺性，重要的问题是，使用这些方法要严格注意卫生质量，防止食料被污染。

一、盐焗制熟法

将食料密封在加热的粗盐堆中受热成熟的方法叫焗。焗的本意是食物在密封闷热的容器中徐徐受热变性成熟。在这个意义下，有汤焗、油焗、锅焗、笼焗、炉焗等，可见焗是一个宽泛的概念，实际上，焗在中国热制熟烹调方法中只是一个局部过程，许多制熟方法里都有焗的过程，也即是封闭恒温加热的焖的过程。

作为特征性制熟方法，用盐作为第三层介质。在铁锅中被加热至180℃以上，并保持在这一温阶，将食料包被油纸深埋在盐中受热成熟，具有既干香又保持一定鲜嫩度的特点，盐焗所用为粗盐，具有良好的蓄温性，在锅中经过翻炒烘烙，其温度不断抬升，180～200℃时十分灼热，具有很强的吸湿性，沾水盐粒也会爆炸开，用油砂纸将原料包裹，起到了重要保护作用，一方面防止了食料中水分直接与盐粒的接触，也隔离了盐粒对食料的直接污染；另一方面，在高温下盐与食料之间防止焦化现象的产生。通过对棉纱纸刷油对食料浸润，使得盐焗成品干香而不干燥，突出地表现了制成品肉香骨酥、原味鲜美的盐焗特色，盐量以能将食料纸包完全埋入为度，加热时，先需焙干盐中水分，翻炒时火力加强，待盐色是暗红色时，可埋入食料包，并改用小火保持温度。盐温高于180～200℃时，食料纸包会焦化，应降温。保温时，应经常旋锅，改变受热点，促使盐内温度稳定与均衡。

【例6-6-1】 盐焗鲑鱼

加工程序：

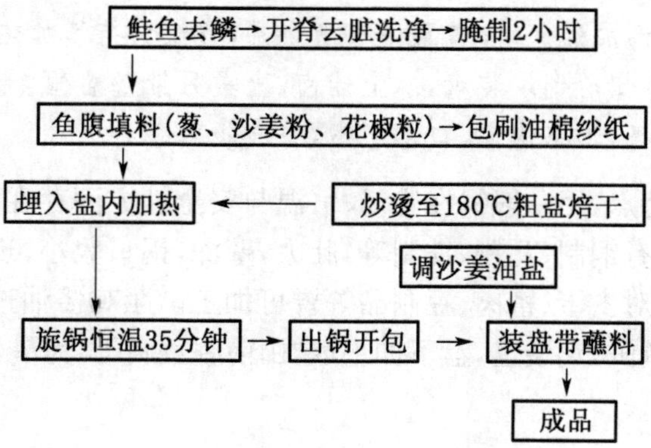

① 将鱼清理清净同五香、盐、黄酒、姜、葱汁腌制 12 小时。

② 在鱼腹中填入葱段、沙姜粉、花椒粒等，用刷过菜子油的棉纸包起。

③ 将粗盐焙干加热至 180℃，埋入鱼包。

④ 恒温焖焗 35 分钟待鱼熟出香，出锅开包装盘。

⑤ 调沙姜油盐味碟与鱼一同上席。

特点：鱼肉干香而鲜嫩，骨松香酥，香韵深远，色呈象牙黄。

二、泥烤制熟法

将黏土包被于食料外层进行烤制成熟的方法谓之泥烤，泥烤又称泥煨，其工序较为复杂，需经过包裹、捆扎、糊泥、烤制四道程序。包裹中的网油主要起滋润作用，若无网油，亦可用生肉皮或生肥膘肉片代替，但效果不及网油。荷叶则取其清香，并作为与泥的隔离层，有些还可在荷叶外层再加上玻璃纸，增强其密封性，防止卤汁外溢。捆扎需用细麻绳，先扎两道十字再密密地扎成椭圆形。

泥烤以糊泥最为关键，将湿黏土均匀地涂在包裹的原料外，既起到传递热能的作用，又起着良好密封容器的作用。黏土宜选用酒坛封口的细质黄泥，俗称“酒坛泥”，并需进一步加工，其方法是：将泥块压成末，掺进绍酒脚、细盐、适量细草段，拌和均匀，摔打以增强其黏结性，使之在加热烤制时不至于破裂。据分析，绍酒脚在泥中随加热而蒸发，其香气能渗透到原料中，产生酯化的芳香气味，细盐则能增强泥的黏凝性。糊泥时需用一块 80 cm×80 cm 方形湿布，撒一层干炭灰，均匀铺上一层黏土(相当于被包物的表体面积，泥层厚约 2.5 cm)，将卷包置于泥中间，提起湿布两端，对合将其包起，用手轻轻拍打使之紧紧黏附在卷包上，取下湿布，再包一层纸或草屑即可烤制。

传统的方法是采用木炭烤，即在火盆内将木炭烧红，挖一火塘，将泥包原料埋入，加铁盖至原料烤熟取出。目前也有使用多用趟式烤炉或远红外烤箱烤制。外部烤温开始较高，随着泥壳的干结逐步递减温度，烤时需在一侧戳一小孔，以便透气，防止因内部蒸汽过饱和而将泥层爆裂。待烤至泥层水汽将干时，可用湿泥补上小孔。烤时还需要有规律定时换烤面，使之受热均匀，开始时翻转要勤，约 5 分钟一次，待泥层干燥、烤温渐低，可 10～15 分钟一次，如此，烤 3～6 小时至内部原料酥烂即可。

泥烤具有特殊的风味，泥壳传热至内部平缓而均匀，并具有较好的恒温性能，加之内部包扎甚紧，使卤液与风味物质难以外溢，因此，成品显得鲜香滋润，酥烂脱骨，开壳时香气四溢，色泽金红，十分诱人。典型名菜有叫化鸡、泥烤金腿、泥煨鱼等等。

【例 6-6-2】 叫化鸡

加工程序：

宰杀→排刀→腌渍→填馅→包扎→糊泥→烤制→破壳装盘→上席

切料→制馅→(填馅)　和泥→(糊泥)　制味碟→(上席)

① 将鸡宰杀，肋开去脏，洗净晾干，用刀背排刀敲断翅、颈、腿大骨(不能破皮)，放入容器中加酱油、绍酒、精盐腌渍约 1 小时入味取出，将丁香和八角碾成末，与玉果末、山柰末拌和，匀擦鸡身。

② 炒锅置旺火之上，用猪油将葱段、姜米煸香捞去，投入虾仁、肉丁、火腿丁、鸡肫丁、香

菇丁、虾米炒至变色，加绍酒、酱油、绵白糖炒至断生盛起，待晾凉后，从鸡肋下填入鸡腹，卤汁亦沥入，将鸡头塞入刀口中，两腋下各放丁香一颗夹住，用网油紧包鸡身，再用荷叶烫后紧包鸡身，再包上玻璃纸，用细麻绳将鸡包扎成椭圆形。

③ 将酒坛泥碾碎，加酒脚、水、细盐、草屑拌和起黏，平摊在湿布上，包裹鸡包，揭去湿布，再用报纸贴在泥层外，然后用竹签戳一小孔。

④ 将泥包鸡小孔朝上放进烤箱，用200℃烤约40分钟，取出后用湿泥封住小孔，再用160℃烤约30分钟，改用140℃烤约80分钟，每隔20分钟翻转一次，最后再改用120℃烤约1.5小时取出。

⑤ 敲开泥壳，揭开玻璃纸及荷叶，淋芝麻油装盘，上桌另带葱白段与芝麻酱蘸食。

特点：原汁原味，鲜香四溢，鸡酥烂脱骨不失其形，皮色金红有光泽，口感肥酥，腹中馅料鲜香可口。

三、锅烤制熟法

锅烤亦称锅焗，即将原料置于密封性的铁锅中烘烤至熟的成菜方法。

锅烤必须使原料和盛器上下受热均匀，而不能一面受热，因此，必须在烘箱中加热，原料受热，蒸汽不易散出而形成一定的锅内压力，从而使成品产生膨润而鲜香的风味。一般来说，锅烤温度不宜过高，在105～160℃之间，时间随不同原料而别，通常蛋约20分钟，鱼约30分钟，嫩禽和肉类则为40～100分钟不等。

锅烤所用烤锅呈圆口、浅壁、平底形，近似煎锅，但有铁盖，使用时将铁盖烧红再盖于锅上，使原料置于下烙上烘的热环境中。这是古老的传统方法，成品风味较好，色泽金黄，鲜香滋润。

【例6-6-3】 铁锅蛋

加工程序：

调蛋浆（→下蛋）

加热锅体→下蛋→扣盖→淋油→扣盖→烘烤→装盘

烧红锅盖（→扣盖）

① 将鸡蛋打散调入味精、细盐、虾米。

② 将铁锅盖在炉上烧红。

③ 将铁锅置炉上烧热至110～120℃，半离火，徐徐倒下蛋浆，并用手勺搅拌，同时徐徐将鸡油拌入鸡蛋浆里，呈半凝固稠厚状，迅即将烧红的锅盖紧扣在锅口，形成“下烧上烤”约3～4分钟，半掩锅口，另将鸡油淋入锅中，复扣盖，晃动锅身，入烘箱，小火加热约5分钟，待蛋膨松涨发，即取下锅盖，装盘上桌。

特点：色泽金黄，口味咸鲜，膨松滋润。

四、烙制熟法

直接将原料粘贴在散热的固形物体表面，使之受热成熟的方法叫烙。除锅烤外，烙法是铁器直接导热制熟原料的常用方法，工具为锅、烙板、烙钳等。烙时，有的需要用肥膘在锅底抹一层油膜，增加润滑，方便取料，防止原料的黏结而焦化，有的则不需，但火力应更小，器面应更光滑。据此，烙有油烙和干烙之别。根据所用工具不同，烙分为锅烙、板烙和钳烙，一般锅烙、板烙温度较低，锅温不超过120℃，加热时间略长，而钳烙则温度较高，在

160～180℃之间，迅速烙成。

用于烙制的原料一般为浆糊状或加工成片状，烙时需不断晃动锅、板，或移动烙料，使之受热均匀，呈色一致。

固态介质热制熟法尚有砂炒之法和石烹，即所谓砂炒。即将原料置白沙粗粒中，在锅中不断翻炒至熟的方法，主要是对干果炒货的加工，如栗子、瓜子、花生等，具有平缓、均匀、吸湿性强的特点，炒出的干果既脆又香。石烹之法即是将烧烫的鹅卵石子将食料烫熟，两法皆是原始古法，很少延用，因加工简单，这里不多讨论。

第七节　辐射与气态介质导热制熟法

引导案例

辐射与气态介质热传递制熟法指运用热辐射、干热空气、蒸汽及烟气作为第一或第三层次导热介质，直接使原料受热变性成熟的一大类方法。其典型方法有烤、烘、蒸和熏等，是一类最为古老的制熟方法。因具有某些特有的风味价值，至今仍有着十分重要的应用价值，本节通过相关菜例示范与实例，使学生基本掌握其加热技术。

分析：气态介质有三种性质，在热辐射照射中的热空气较干无水，温度可达150℃以上，因此烤可使食料焦化上色。而蒸法是在水蒸发热作用下，温度在一般情况下不超过102℃，有一定的蒸汽压，食料不能焦化，但易膨胀，在西餐被归为水热制熟类。薰法则是在燃料不充分燃烧所产生的薰烟中加热，一部分是辐射，一部分是蒸汽，因此，薰法介质是中性的，半干半湿的，上色是薰烟色素的沉降所形成的。三种方法分别应重视的关键点是：烤注意温度不能过于使食料焦化；薰则要注意烟的浓度和沉降，防止过多不良物质的污染；蒸要注意压力不能使过大压力破坏食料细嫩品质。

一、烤制熟法

(一) 烤法的基本特征

烤法古称炙，即运用燃烧和远红外烤炉所散射的热辐射能直接对原料加热，使之变性成熟的成菜方法，也常用于对点心的制熟。中国的烤法可以说在世界烹饪中是最复杂的，将烤菜风格表现得淋漓尽致，从整牛整羊到整禽整鱼，再到肉类豆腐，原料无所不用其极，细到茸、丝，复杂到多料结合，其工艺的精细，风味的多样，造型的美观，将古老而简朴的烤法发挥到了极致。

	类别	方法	工具	受热
烤法	明炉烤	叉烤	铁叉	直面热源
		炙烤(铁扒)	铁条	
		串烤	铁钎	
		网烤	固定金属网络	
	暗炉烤	挂烤	挂钩	
		盘烤	平面盛器	
		烘烤：干烘	平面盛器	保温
		烘烤：锅烤	铁烤锅	

(二) 烤法的基本种类

1. 明炉烤

系指用敞口式火炉或火盆对原料烤制的方法。明炉烤设备简单,因火力分散,辐射热不易达到原料的背面,因此烤时需不断地、有规则地调换烤面,使之受热均匀,呈色一致。明炉烤对烤较小形原料以及对较大形原料重点部分的烤透,具有良好的效果。明炉烤对辅助工具的运用十分关键,具有较高的技术性,常用方法有如下四种:

(1) 叉烤　明炉烤的主要形式,即用双股长铁叉叉住原料在火炉上反复烤燎,对象主要是整形大块的乳猪、鹅、鸭和肉方以及烤网造型原料等。叉烤主要用果树、柏树、松树等木材与豆、芝麻秸为燃料,利用其燃烧后的余火烤炭,前者需加铁盖,后者要勤于调节火力。叉烤成品呈枣红,皮脆肉嫩,香味浓郁。上叉是叉烤的关键,上叉的目的是将原料固定在叉上,便于烤制,要求叉刺从原料内侧骨与肉间通过,不能破皮,不同原料的上叉方法也不同,以烤方、烤鸭、烤乳猪为例:

① 烤方上叉:选带有后七根肋骨的方肉一块,初步处理后,用铁叉在肉块第 2~6 根肋骨间,从骨下与肉之间纵向由骨缝叉入,至约 6.5 cm 处翘起叉尖出肉面,隔约 14 cm 再叉入肉内,从另一端骨肉间叉出,露出叉尖约 15 cm 左右,再用两根两头削尖的竹扦,横向从骨肉间插,固定肉形,防止弯曲。

② 烤鸭上叉:选肥大嫩仔鸭 1 只,初步处理后,用烤叉从鸭两股内侧叉入,穿过肋骨,至锁骨两侧插进鸡颈至宰口,将鸭头转向左侧,两股叉尖同时由颚部至脑门、嘴喙突出约 15 cm。亦可在宰口将鸭头扭向右侧,两股叉尖从眼、嘴部突出。

③ 烤乳猪上叉:选乳猪 1 只,初步处理后将两股叉刺一同从臀部两侧叉入,越过肩胛关节,由头部两腮内侧,从口侧突出约 15 cm(不要穿破腹皮与肘皮),刷糖醋后预烤至五成熟,在前后腿部呈工字撑开,使猪身向四面伸展,将烤曲的前后蹄用小绳扎住,用铁丝将前后腿对称钩住。

【例 6-7-1】 叉烤酥方

加工程序:

整形→上叉→初烤→刮皮→二烤→刮皮→三烤→刮皮→四烤→抽叉→修整→抹油→片皮→上席

抹油→切肉制酱碟

① 选用皮厚约 1 cm 的带后七根肋骨的方肉一块,将肋骨中间剁断,将皮朝下置砧板上,修切齐四边整形成 27 cm×20 cm 的长方形,用直径约 0.7 cm 的尖铁签在肉面上戳若干深至肉皮的排气小孔,然后上叉。

② 炉膛内分 3 次放入芦柴,点燃后烧至无火苗无烟时,将柴灰拨成凹槽形,平持叉柄将肉块皮朝下伸入炉膛,离底火约 14 cm 高度,摆动烤约 20 分钟,至肉面水被烤干、皮呈黑油色、焦层脱落状态时离火,用湿布盖在肉皮上湿润一下,用力刮去皮上焦层,再用前法刮烤一次,至肉皮呈金黄色约七成熟时,用钢针在肉皮上戳透气小孔,以免皮泡起与肉分离。

③ 将肉皮朝下,再入烤炉,在微火上烤约 20 分钟,当肉皮再呈黑色时取出,经过 4 次烤、3 次刮皮,皮已很薄、肉烂熟,最后,将肉皮朝下用微火烤约 30 分钟,并将肉块迅速不停

转动,不使油滴落,让油渗进肉皮发出“吱吱”声时,抽出烤叉、竹扦,用刀刮尽肉皮与四周焦痕,抹上麻油,既成烤方。

④ 将烤方肉皮批成长方片,再将肉切成薄片,分装盘中,带清汤、甜酱、花椒盐、葱白段、空心饽饽上席。

特点:皮脆松,肉酥烂而不肥腻,色泽金黄,香气浓郁。

(2) 串烤　用特制铁或银钎串上切成薄块、片形原料烤至起香成熟的方法。串烤需用长槽形敞口烤炉,内烧木炭,火力中、小,将原料腌渍后穿成串,架于炉口槽上,边烧边不断翻动,直烤至起香。典型如新疆烤羊肉串。

【例 6-7-2】 烤羊肉串

加工程序:

清理→切块→穿串→烤制→装盘

制酱油→调味(→烤制)

制椒盐→调味

① 将羊肉洗净,切成小块,取数根银钎(一种银制如箭形的工具,尖扁圆后有柄,长约40 cm),左手捏住肉块,将银钎从肉的背面穿至正面,再穿至背面,如同缝衣,每根银钎穿肉 5～7 块。

② 将酱油加入味精调匀,将花椒粉、辣椒粉、精盐和味精拌匀成椒盐。

③ 将肉串平排架在烤炉上,微火随烤随将酱油刷在肉上两次,并撒上椒盐,烤约 3 分钟,待肉呈酱黄色时,再用同样的方法烤背面,最后将两面刷上芝麻油,带着银钎装盘上席即成。

特点:色泽酱黄,肉质鲜嫩,味兼麻、辣。

(3) 网烤　又叫“叉烧”,即将所烤原料用网格固定再上叉烤至成熟的方法,网烤针对小形的或一些不能直接上叉的原料,如长鱼方、叉烤鱼、八宝酥方、叉烧豆腐等。这些原料需着衣,上网后还需上叉,故严格地讲,仍是叉烤的一种,网格用铜、铁丝编织而成,为两个形状相迎的凹形网,其有一边相连,可开启或闭合,放入原料闭合后呈长方形、船身、椭圆等形的盒状,用铁叉插上后即可烤制。网烤一般宜在明炉,有时也在暗炉烤制。

【例 6-7-3】 叉烧鳜鱼

加工程序:

清理→剞刀→腌渍→填馅→包裹→上网格→上叉→烤制→装盘

网油浸渍→上浆(→包裹)

调蛋浆→上浆

制馅(→填馅)

① 将猪网油洗净,置葱、姜水中浸数小时捞出晾干,鸡蛋中加葱、椒盐、干淀粉调成浆,肉丝煸熟加京冬菜、笋丝、绍酒、精盐、味精炒制成馅。

② 将鳜鱼去鳞、鳃出脏,用洁布吸去水分,剁去鱼鳍和脊刺,在脊背上两侧剞上花刀,然后用酱油泡,使之入味。将馅子由鳃口填入鱼腹,网油摊开,涂满蛋浆,放上鳜鱼,包裹,接口处用蛋浆封起。

③ 取铁丝格 1 只,将包好的鱼夹起,鱼两侧各放葱、姜,上叉别紧。

④ 炉膛内燃黄豆秸火,使底火积约 20 cm 厚时拍平,将叉伸进炉膛,不断晃动,将鱼烤约 10 分钟翻身,将两面烤至金黄色取出,除去铁丝格与葱、姜放入盘中,用刀顺长划破鱼腹,

淋上麻油即成。

特点：色泽金黄，外酥香，里鲜嫩。

(4) 炙烤　与西餐铁扒相似，在火盒上架一排铁条（铁条又叫支子或炙子）。也有蒙铁网的。盒内烧火将铁条烧热，将腌渍的薄形原料铺置铁条上炙烤，用筷子翻拨使之逐渐成熟。这是北方著名的风味烤肉的方法，有淡淡的焦香风味，成品较为鲜嫩，其加热既近似于烤，又近似于烙。这种在火上烤时又在铁条上烙的烤烙结合方法为之炙。

【例 6-7-4】 烤肉

加工程序：

清理→冷冻→切片→腌拌→炙烤→加香菜烤炙

装盘子炙子加热→铺葱丝→（炙烤）

① 羊肉的选用与“涮羊肉”同，如用牛肉，宜选用 4～5 岁体重在 150 kg 以上的西口羯牛或乳牛，将肉料选好，去除筋膜、淋巴，入冰柜中零下 5℃冷藏，然后切片（肉片应比“涮羊肉”厚）。

② 将炙子烧热后，用生羊尾油擦遍。

③ 将绍酒、酱油、姜汁、冰糖、味精、芝麻油等与肉片拌匀浸约 1 分钟。

④ 将大葱切成丝铺在炙子上，再铺肉在葱丝上，边烤边用长竹筷翻动肉片，待葱丝烤软时，将肉与葱摊开，加香菜段继续翻动，待肉呈粉白色（牛肉呈紫色）时，盛入盘中，上桌与烧饼、糖蒜或嫩黄瓜同食。

特点：选料严格，烤法别致，肉嫩而香鲜，独具风味。

2. 暗炉烤

使用可以封闭的烤炉对原料烤制的方法叫做暗烤。暗炉烤具有同温热气对流强烈的特点，能使原料四面均匀受热，容易烤透，著名品种有北京烤鸭、广东叉烧等。暗炉烤在固定工具上与明炉烤不同，是特制的挂钩、挂叉、铁钎、模盘等工具，依据其支撑固定工具的不同，又分为挂烤与盘烤两种方法。

(1) 挂烤　将原料钩挂在炉中进行烤制的方法。用于挂烤的烤炉又叫挂炉，有方形与桶形，圆桶形又叫转炉。挂炉烤鸭是依靠热力的反射作用，即火焰发出的热力由炉门上壁射至炉顶，将炉顶壁烤热后再反射到鸭身的结果，而不是完全依赖火焰的直接燎烤。炉温一般稳定在 230～250℃之间，避免过高或过低。烤制时间因不同原料、不同季节而不同。

【例 6-7-5】 北京烤鸭

加工程序：

打气→掏膛→上撑→洗膛→挂钩→烫皮→打糖→晾皮→灌水→烤制→片鸭装盘

① 将鸭洗净置于案面，切下双爪，割断气、食管，拽出鸭舌，从刀口处拉出食管，左手拇指沿食管推进，使之与周围组织分离，将气泵嘴由刀口插入，握紧后打开气门，使空气充入鸭体皮下脂肪与结缔之间取下气嘴，双手挤压鸭体使空气充满各部位，手指插入肛门勾断直肠，用小刀在腋下开一弯向脊背的月牙形小口，由此逐一掏出内脏，取高粱秆一节，削成鸭撑，从刀口伸入鸭膛，撑紧使胸膛隆起，剁去双翅，由刀口处灌满清水，从肛门排除，如此清洗数次，挂钩后用沸水浇烫鸭体，使皮肤紧缩绷起，再浇淋饴糖水，挂通风处晾干。

② 在鸭肛门处塞入高粱秆制成的塞子，从腋下口处灌入沸水（约八成），提起挂入炉中，

先烤有刀口的一侧，待鸭皮转黄白，转烤另一侧，并不时排起鸭子在火焰上微微晃动，如此直至鸭体呈枣红色。

③ 放下鸭子，用刀将其皮、肉片成片，头剖为两半，尾尖片下，一并装盘，随带薄饼、甜酱、饽饽、葱白段等上桌。

特点：色泽红艳，柔嫩皮脆，鲜香肥腴。

【例 6-7-6】 叉烧肉

加工程序：

去皮→切条→腌拌→上挂钩→入炉→封盖→蘸糖水→烤熟

① 猪肉去皮，切成长条，入盆加糖、酱油、大茴、豆瓣酱、白酒腌拌(搅拌两次)约 6 小时至入味取出。

② 将肉条穿挂上丁字形挂钩(叉环)，瘦、肥各挂一钩，肥瘦各半的肉应全部穿入环内以免烤时肥与瘦脱叉，落入炉底。

③ 将叉环逐排挂入炉内，盖紧炉盖，先使瘦肉向火，烤约 40 分钟，将叉环转一面，肥肉向火烤约 15 分钟，至肉呈金黄色时取出，稍凉后蘸饴糖水，再挂入炉中烤约 10 分钟，至深红色即成(亦可不再烤制，色呈金黄)。

特点：色泽深红或金黄，外甜里咸，焦香悠长。

(2) 盘烤　又叫托烤、模烤，即将原料置于一盛器平面上入炉烤熟的方法。烤器主要有金属板、盆和各类浅口模具，一般使用隔层烤炉，目前主要为远红外烤箱，主要用于对畜肉、禽肉、鱼虾蟹蚌以及酥点、蛋糕、面包等等，用料广泛，牛排、酥点等食品的烤制成熟，一般温度控制在 150℃～220℃，成品色泽金黄或棕红，酥香松软。时间亦依具体原料而定。

【例 6-7-7】 锦酱烤鱼头

加工程序：

鱼头 1 500 g 半只洗净→用混合酱腌 2 小时(混合酱：盐、味精、麻辣酱、番茄酱、海鲜酱、蚝油、南乳、白糖、白胡椒混合之酱)→将京葱、球葱、花椒少许垫入烤盘，上置鱼头→鱼头上辅洒黄油 50 g 入炉，用 220～250℃温度烤 40 分钟→出炉在鱼头上涮芝麻油装盘→淋上原汁即可。

特点：奇香浑厚，鱼头鲜嫩，口味复杂，色泽红亮。

除了烤外，尚有烘法，即将原料不直接与热辐射接触，单纯依靠干热性空气热对流加热，使之水分蒸发(或者变性成熟)的方法，这也是重要的脱水保藏方法之一。作为制熟成菜方法，所用极少，故在此不再讨论。

二、熏制熟法

将原料置于锅或盆内，利用熏料不充分燃烧升发的热烟制熟成菜的方法叫熏法，这是重要的食物保藏方法之一，用于对食物原料的直接制熟，一般为再加工，具有特殊的烟香风味。

1. 熏烟的产生

熏烟是植物性材料，如不含树脂的阔叶树(如山毛榉、赤杨、白杨、白桦、樟树等)、茶叶、竹叶以及松、柏枝等缓慢燃烧或不完全氧化产生的蒸汽、气体、液体和微粒固体的混合物。较低的燃烧温度和适当的空气供应是缓慢燃烧的必要条件。

木柴含有40%～60%的纤维素、20%～30%半纤维素和20%～30%木质素。木柴和木屑分解时，表面和中心存在着温度梯度，外表面正在缓慢燃烧，内部却正在进行着燃烧前脱水。在脱水过程中，外表面稍高于100℃。脱水或蒸馏过程中，外溢的化合物有一氧化碳、二氧化碳以及某些挥发性有机酸，当木屑中内部水分接近零时，温度就迅速上升到300～400℃左右，发生热分解并出现熏烟，实际上，大多数木柴在200～260℃就有熏烟产生，温度达到260～310℃时，则产生焦木液和一些焦油，温度再上升到310℃以上时，则木质素裂解产生酚和其他衍生物，正常烟熏情况下，常见的温度在100～400℃之间，这就会产生200种以上成分，并能从木柴全部熏烟中分离出来，熏烟对引入的氧气导致氧化作用，熏烟成分会进一步复杂化。若将空气严格地加以限制，烟呈黑色，并含有大量羧酸，则不适宜制作食品，为此，烟熏的发生器应具有某些供应适量空气的条件。有研究表明，供氧量增加时，酸和酚的量增加，如果供氧量超过氧化时需氧的8倍左右，形成量达到最高值，温度超过260℃时，木质素的分解和酸形成最多；如温度较低，酸的形成量就比较大，如果燃烧温度增加到400℃以上，酸和酚的比值就下降，400℃为分界线，高或低于它时所产生的熏烟成分有显著区别，适宜于产生酚的温度也会将它们氧化成其他产物，其中有些就会对熏烟的芳香味产生有害的影响。

燃烧温度在340～400℃以及氧化温度在200～250℃间所产生的熏烟质量最好，在实际加工中要使燃烧过程和氧化过程完全分开是难以办到的，因为烟熏放热过程使食料在热作用下才能成熟，并附着熏烟的一些挥发性物质而形成特有的熏烟风味，400℃燃烧温度最适宜形成最高量的酚，同时也有利于苯并及其他环烃的形成。如将致癌物质形成量降低到最低温度，实际燃烧温度以控制在343℃左右适宜，在烹饪中运用湿茶叶和湿木屑为燃料，即起到控制燃烧温度，减缓燃烧速度的作用，以便产生更多的蒸汽和熏烟。

2. 熏烟的性质

刚产生的熏烟如气体状，但迅速分成气相和固相，在气相中有较多挥发性成分，大部分具有特有熏烟芳香味和风味，一些具有较多挥发性芳香物质的燃材，如樟树、松柏枝、茶叶、甘蔗秆、花椒、茴香等尤其如此。利用静电沉积固相试验表明，制品中有95%烟熏风味来自气相部分，如将固相沉淀并除去后，熏烟中的有害物质的焦油和多环烃的含量就会大幅度下降。熏烟产生时酚类和醛类缩合形成树脂，在熏烟成分中可占50%，为烟熏食品中大部分色素成分，熏烟的正常色泽为暗灰色，但这种色泽在菜肴中被认为是不美的，不能助长人的食欲和兴趣，因此，常在食料表面抹以酱油或饴糖水、酒酿汁晾干助色，并在燃料中添加适量食糖，从而使食料成熟后具有喜人的棕红色或金黄色，并且使焦糖风味有显著的增加。

3. 熏烟的沉淀及其控制

影响熏烟沉淀量和速度的因素，有熏烟密度、空气流速和相对湿度以及食料表面状态，熏烟密度和沉积速度关系明显，密度越大则熏烟沉积量越大。烟熏器中的空气流速也有利于沉积，因为流动越迅速，和食品表面接触的熏烟也越多，然而在高速流动的空气中难以形成高浓度熏烟，因此，速度和密度处于对立位置。在实际加工中，既要求气流能与烟熏食料充分接触，但又要使熏烟密度不致下降，一般采用7.5～15 m/min的空气流速，在熏锅（盆）

上加盖，以限制空气流速，提高熏烟密度，加强熏烟沉积，但不利于色泽形成，潮湿有利于吸收，干燥则延缓吸收。一般来讲，脂性较足的食料表面需晾干，如鸡、肉等，其他原料则可潮一些，如鱼、蛋、笋等。

4. 熏法的基本种类

熏是食品保藏的一个重要方法，熏烟所含的酚、醋酸、甲醛等物质渗入食料内部能有效地抑制微生物的繁殖，在食品工业中以冷熏为主。在烹饪工艺中，熏则是直接制熟食物成为菜肴食品的一种方法，制熟后即可食用。因此，在熏料上更注重选择具有香味性质的软质或细小材料，常用的有樟木屑、松柏枝、茶叶、米锅巴、甘蔗渣、糖等，而以热熏为主。

冷熏系指制品周围熏烟和空气混合气体的温度不超过 22℃，不能使蛋白质受热变性，熏料燃烧放烟不直接与原料接触，而是专门烟熏室中，放烟入室进行熏制。热熏系指制品周围熏烟和空气混合气体超过 100℃，需用具有一定水湿性的熏料，在熏的过程中熏料在下，中隔网格，在网格上密铺以葱叶与菜等，上置食料，对不利的固形物有较好的过滤与隔绝作用。燃料烤燃起烟首先是蒸汽作用，迅速提高温度使食料制熟，而熏烟在制熟过程中降为次要作用，热熏使蛋白质凝固，杀菌迅速，达到食用的要求，但只限于一些细嫩的原料，如鱼、虾等。

采用生料的熏法，通常称之为生熏，用细嫩原料一次性熏熟，温度可达 102℃左右，原料内部温度亦可达 60℃左右。以熏白鱼为例，在这种温度下，鱼蛋白能迅速凝固，表皮形成干膜防止水分外渗，并能使脂肪溶化，从而产生光亮而烟香浓郁的风味效果。用禽、肉类原料，一般不能在短时间内熏制成熟，因此常作为预熟加工方法，仅起到增强风味效果，熏制后尚需继续用其他方法制熟，如樟茶鸭子熏后继续蒸、炸成熟。

若用他法制成的熟料熏制，则称之为熟熏，主要是起到增强熏烟风味的效果，如熏鸡蛋先需煮熟再熏，熏实际上是一种调味调香功能。

根据使用工具的不同，熏分为室熏、锅熏、盆熏三种，室熏基本为冷熏，常用于食品保藏，与烹饪工艺关系不大，下面只讨论锅熏与盆熏方法。

(1) 锅熏法　将熏料垫在锅底，中隔一竹箅，上置食料，盖上锅盖逐渐加热熏制的方法，锅熏一般温度较高，主要用于生熏，熏后即食。

【例 6-7-8】 生熏白鱼

加工程序：

清理→分割→腌拌→熏制→装盘

① 将白鱼清理后用刀尖伸入顺骨脊上下顺长划 2 刀，以便渗入调味品，再将鱼从脐处切断为两截，用黄酒、盐、酱油、白糖、葱、姜及花椒将鱼腌拌约 2～3 小时至入味。

② 将锅中放柏木屑，用清水拌和，亦可均匀放上白糖、米饭、湿茶汁和花椒，熏料放好即在锅口垫隔一层铁丝网箅，网上铺清茶叶和葱段。

③ 将白鱼置于网中青菜叶面上，盖好锅盖，上中火加热约 4～5 分钟，锅红起烟时迅速撒入白糖于锅边四周，瞬即加盖，缝隙用湿布封严，使鱼受浓烟熏制约 1～2 分钟即可取出，装入鱼盘，淋上麻油，冷却后上席。

特点：色泽黄亮，鱼肉鲜嫩，有特殊的烟熏香味，为夏令名品。

(2) 盆熏法　即在特制木盆中置泥碗，泥碗中点燃熏料，盆中垫上铁丝网箅，网上置食料，加盆盖将食料熏制入味的方法，盆熏温度较低，约 50～60℃，常用于预熏加工或熟熏。

【例 6-7-9】 樟茶鸭

加工程序：

清理→腌渍→焯烫→熏制→蒸制→炸制→装盘

① 将光鸭清理，从腹部去内脏，割去肛门洗净，清水加花椒，精盐调成细盐溶液，将鸭腌浸约 4 小时取出，沸水焯烫至皮收缩。

② 将熏料放于泥碗中，然后将泥碗入熏盆，取一大块烧红木炭放入泥碗，使熏料燃烧冒烟，迅速装上网箅，放入鸭子加盆盖熏约 5 分钟，翻身再熏约 5 分钟，至鸭皮呈黄色取出，亦可将鸭放入熏炉，用花茶、锯末、柏树枝、樟树叶洒水拌匀作熏料，熏至上色。

③ 将糟汁、绍酒、胡椒粉均匀拌在鸭身上，将鸭放在大蒸盒里，上笼蒸约三小时出笼。炒锅肉加入菜油，加热至多 210℃左右，投入蒸鸭炸至鸭皮酥香，捞出刷芝麻油，改刀装盘即成。

特点：香酥突出，色泽金红，熏香之味沁人齿颊。

三、蒸制熟法

（一）蒸法的一般特征

蒸法是将原料置于笼中直接与蒸汽接触，在蒸汽的导热作用下变性成熟的成菜方法。蒸汽可以用于蒸炖和笼扒加热，但作为一个独立的制熟成菜方法，则是干蒸，即所蒸制的菜点中不加汤水掩面的方法，成品汤汁较少或无汁（点心）。

（二）蒸法的几种控制

一般来说，烹饪工艺所采用的蒸法是笼蒸方式，笼能将水蒸汽集中在一个密封环境——笼腔之中，形成较高的温度和气压，当水沸腾之后蒸汽大量蒸发，在笼中升腾，从笼顶向下回旋，逐渐膨胀饱和从笼的各个缝隙向外喷泻，这就是所谓的“圆气”。这说明笼中气压和温度已到极限，温度可达 102℃，每千克水能释放 539 千卡能量，是对肉、禽、鱼及酵面点、水调面点与糕团的蒸制最佳条件，蒸法具有成熟快、平稳、保形、保持原味的优点，但对于一些软、嫩缔质原料和蛋制品，则易受蒸汽过强的膨胀力作用而起孔失水老化，因此需减压，抑制水蒸汽的蒸发速度和蒸汽量，有时还需增加蒸汽从笼中的逸出量，而将笼盖微启，此谓之放气蒸。在蒸制过程中，对温度和时间的控制，应根据具体原料的不同需要，采用如下四种控制形式：

（1）旺火沸水圆气的强化控制　即运用旺火将水加热至猛烈沸腾，汽化迅速、温高压强，使蒸汽有力地在笼上喷泻，加强笼的密封性，减少蒸汽的外泄量，使食料在短时间内迅速蒸成，这是蒸制鱼菜以及面点的最佳方法，时间一般在 5～15 分钟左右，成品鲜嫩，点心则暄松饱满。

（2）中火沸水圆气的普通控制　即运用中、小火将水加热至沸，使汽量充足，但不猛烈喷泻，这样锅中水不被迅速地耗干，温度不致过低，但压力明显减弱，能保持蒸制较长时间，主要针对禽、肉类原料，以鸡为例，约 1～3 小时，成品酥烂，但不适合对酵点的加热。

（3）中火沸水放气的有限控制　即运用中火将水加热至沸，微启笼盖，限制蒸时的汽量、温度和压力,使笼中温度保持在一定平衡的水平上(约80～90℃)。能防止食料因气流和温度的影响而起孔老化,主要适宜软、嫩质缔与蛋制品原料的蒸制,蒸时较短,约5～15分钟,以鱼糕为例,约10分钟,成品软嫩,但不适宜对点心的加热。

(4) 微火沸水持气保温控制　即利用微弱的火力加热,使水保持微沸状态,使热蒸汽保持在50～60℃之间在笼中回旋,主要用于对食品的保温,而不能产生制熟的效果。

蒸法的原料范围较广,除异味较大的食品原料外,皆可制作蒸菜。蒸菜主要突出原料的本质风味特点,以新鲜风味为主体,若原料不新鲜或有异味,则不能被掩盖。在将菜点上笼蒸时应注意:汤少、色淡、不易成熟的食物原料,应安排在笼的上屉,反之则安排在笼的下屉,蒸箱则设有此项控制。

【例6-7-10】　清蒸刀鱼

加工程序:

清理→预烫→刮洗→整形→排盘→蒸制→烧卤

① 将刀鱼去鳞、鳃及内脏,用沸水浇烫,刮洗去黏液,在鱼脐门处切下鱼尾整形,相对排放于汤盘中,铺上笋片、火腿及冬菇、猪板油丁、姜、葱等于鱼面上。

② 撒盐与黄酒于鱼身,上旺火沸水笼中蒸约6分钟,至鱼肉凝结出笼,拣去油丁和姜、葱,将原汁浇锅中,加脊豆、鸡清汤、胡椒调卤,见沸浇在鱼上即成。

特点:鱼形完整,鱼肉洁白鲜嫩,风味清鲜。

【例6-7-11】　荷叶粉蒸肉

加工程序:

清理→切料→腌渍→拌粉→包叶→蒸制→装盘

制米粉→(拌粉)

① 将猪肋条洗净去骨,切成长方块,用酱油、黄酒、白糖、葱、姜腌渍约30分钟入味。

② 将大米入锅炒约45分钟,至色黄质酥,加入大茴香与桂皮继续炒出香味,出锅拣去香料,将炒米碾成碎米,拌入肉中。

③ 将肉皮朝上整齐排列在铺有荷叶的大盘中(亦可用荷叶包裹肉块),用中火沸水圆气笼蒸约3小时至酥烂取出,另用小张鲜荷叶将肉块包成长方包,排入盘中,再蒸约20分钟,至肉油浸出荷叶、冒出香味即成。

特点:肉质酥烂,肥而不腻,米粉焦香,荷叶清香,口味咸甜适中,风味高雅。

第八节　非热加工制熟法

引导案例

非热加工制熟法,系指菜点在最终成菜的制熟过程中不用加热的一类方法,其中有的从一开始就不需要加热,有的则虽有加热预熟的加工过程,但最终在成熟时,不采用加热的方法，前者如泡、腌，后者如冻、拌等。本节通过相关案例示范实训使学生了解这些方法的区别，理解加工原理，掌握基本操作技法达到实际应用的目的。这一大类方法主要有发酵制熟、化学剂制熟、凉冻制熟和调味制熟等四个类型。

分析：非热加工制熟法的关键是看菜肴装盘前的成形加工的性质是什么，该类加工十分复杂，须要认真鉴别。例如：醉鸡在醉前须要加热、冻蹄在冻前也要经过加热，但是在最终使之成熟的方法却不能加热，反要降温，以利于发酵或凝冻。因此说，非加热制熟并不是指过程，而是指最终阶段，这里应与前面加热制熟加以区别。

一、发酵制熟法

（一）发酵制熟的一般特性

食物经发酵后能直接被食用的制熟成菜方法统称为发酵制熟法，这与面团发酵具有不同的意义，通常有泡法、醉法、糟法、霉法等等。这类方法因原料与菌种发酵性质的不同，其机制十分复杂，制成的菜肴很受欢迎，如糟蛋、醉蟹、泡菜、霉豆腐等，都属于发酵食品的一个部分，但至今对此研究尚不够深入，还有待更多的研究结果。

“发酵”过程指轻度发泡或沸腾状态，1 000 多年前则用来表示酿酒的过程，而对其反应原理并不了解，仅知发泡是糖转化时形成的气体外泄现象，经过盖吕萨克的研究，才理解发酵是糖转化成酒精和二氧化碳的过程。巴士德证实酵母和发酵的关系后，才进一步明确发酵是微生物引起的。而近年来又将其与酶联系起来，认识到微生物和酶作用于糖类不一定产生气体，还能促进非糖类物质，如蛋白质和脂肪的分解，并形成二氧化碳以及范围非常广泛的各种物质。如今，发酵这一名词可以进一步理解为有氧或缺氧条件下，糖类或近似于糖类物质的分解。

在实际应用中，发酵范围还要广泛些，发酵食品实际是一种特殊类型的食品，这些食品常是糖类、蛋白质和脂肪等同时变化后的复杂混合物，或在各种微生物和酶依照某种顺序作用下形成的复杂化合物，在变化类型上需加以区别，如蛋白质的变化属于“朊解”或“腐败”，而脂肪物质的分解属于“脂解”变化等等。在自然条件下，复杂的食品发酵所经历的每种类型变化的程度并不相同，因此，了解发酵对食品品质的影响情况以及微生物在食品中作用的类型及其控制是十分重要的。

（二）发酵制熟的控制

1. 发酵对食品品质的影响

发酵食品不仅为人类提供更多的花色品种，以改善人类的食欲，还在一定程度上提供了安全保障，不少食品的最终发酵产物，特别是酸和酒精有利于阻止腐败变质菌的生长，如肉毒杆菌电荷在 pH 值为 4.5 以下就难以生长和产生毒素，显然，酸性发酵食品中就不会有肉毒杆菌的生长。

实际上，与未经发酵的食品相比，发酵食品还提高了它原有的某些营养价值，一般来说，微生物不仅是将复杂物质进行分解，同时还进行着代谢，合成许多复杂的维生素和生长素，能将封闭在不易消化物质构成的植物结构和细胞内的营养释放出来，有助于人的深入消化，一些人体不易消化的纤维素、半纤维素和类似的聚合物在酶的裂解下，能形成简单糖类和糖的衍生物，在这些变化过程中，食品原来的质地和外形也同时发生变化，因而发酵食品的状态和发酵前相比有显著的不同。

2. 微生物在食品中作用的类型及其控制

在食品中正常微生物群裂解产物的范围相当广泛，随着微生物作用的对象物质不同，大致可分为朊解、脂解和发酵三种类型，只有少数微生物在其各种酶的相互作用下能同时进行朊解、脂解和发酵，大多数微生物类型则将随着环境条件和其他因素的不同，各自在不同程度上显示出某种特性，只能显示出某一种变化而已。

一般来说，朊解菌会分解蛋白质及其他含氮物质，并产生腐臭味（如臭豆腐）；脂解菌则侵袭脂肪、磷脂和类脂物质，易产生哈味和鱼腥味等异味，一般不受欢迎。另一方面，发酵侵袭对象大部分为糖类及其衍生物，并将其转化为酒精、醋酸和二氧化碳，这类产物能普遍受到人们的青睐。

在实际发酵工艺过程中，迄今为止尚未见到有一种发酵模式是按照1～2种菌种作用于1～2种食品成分构成的，而被认为是一种综合反应，只是某类菌种得到迅速生长，而某些则被控制。在有些情况下，由于外界控制的介入，几种被认为有益的变化都会相应增长，例如有些食品降乳酸发酵外，还因不同程度的蛋白质裂解而通过对微生物引起发酵过程进行均衡合理的控制所形成的和谐风味。

微生物导致食品的变化很多，其反应各不相同，这就要求根据发酵食品的要求有效地控制各种反应，即促成或抑制或综合某些反应，以达到预期效果，控制的主要因素有酸度、酒精含量、酵种使用、温度、通氧量和加盐量等等。

（1）酸度控制　不论是食品原有成分或外加以及发酵后形成的酸，皆有抑制微生物生长的作用，对于一般含酸低的食料需要在腐败前迅速加酸或促使发酵产酸，否则有害微生物将大量繁殖，如泡菜，加酸原料有白醋或柠檬酸等，含酸食品有一定防腐能力，但是有氧存在时，表面会有霉菌产生，而将酸消耗掉，以致失去防腐能力。

（2）酒精控制量　与酸一样，酒精同样具有防腐作用，主要取决于其浓度，按容积计算，12%～15%发酵酒精就能抑制酵母生长，20%以上足以防止变质和腐败，用于醉或糟的酒主要有黄酒、啤酒、葡萄酒、白酒等，应视其原始糖分酵母的种类、发酵温度和含量而控制用量，除白酒外，其他饮料酒的酒精含量仅为6%～17%，缺少防腐能力，宜采用巴氏杀菌并控制空气量。

（3）酵种的使用及其温度控制　发酵开始时，如有大量预期菌种存在，既能迅速繁殖，并能抑制住其他杂菌生长促使发酵向预期方向发展，主用什么菌种就能形成什么风味。目前，在科学发达地区已在许多食品发酵中使用纯粹培养的菌种，除了酒类、面制品外，一些腌制品、肠制品中也使用了酵种菌，如红腐乳用的菌种一般为单纯的霉菌，但一些传统的糟、醉、腌食品仍必须在酒或酒精中以及腌制过程中获得所需酵菌。

对发酵过程的温度控制，有利于特定酵菌的繁殖和生长，如0℃时牛乳中很少有微生物活动，生长受到抑制而很缓慢；4.4℃时微生物稍有生长，易于变味；21.1℃时乳酸链球菌生长很突出；37.8℃时保加利亚乳杆菌迅速生长；65.6℃时，则嗜热杆菌生长而其他微生物则死亡。

（4）氧的供应量控制　霉菌完全是需氧性的，在缺氧条件下不能生长，故缺氧是控制霉菌生长的重要途径。酵母是兼性厌氧菌，在大量空气供应条件下，酵母活动繁殖远超过发酵，但在缺氧条件下，则将糖分转化为酒精进行酒精发酵。乳酸菌也为兼性厌氧菌，然而它在缺氧条件下才能将糖分转化成乳酸。为此，供氧或断氧可以促进或抑制某种细菌的活动，同时可以引导发酵向预期的方向发展。

(5) 加盐量的控制　在发酵食品中加盐是一个重要的控制不良反应的方法，各种微生物的耐盐性并不完全相同，细菌鉴定中常利用它们的耐盐性作为选择和分类的一种手段。其他因素相同，加盐量不同就能控制微生物生长及它们在食品中的发酵活动，因此，食品发酵时可用食盐作为选择适宜的微生物进行生长活动的手段。

某些乳酸菌、酵母、霉菌对适当的盐浓度具有一定的忍受力或适应能力，需氧或厌氧芽孢菌对盐溶液无忍受力，它们在乳和菌产生的乳酸和盐液两者相互补充作用下，完全会受到抑制，脂解酸脱解菌同样也会在酸和盐的互补作用下受到抑制，不过这些菌对酸比对盐敏感得多。如果耐盐的霉菌和能利用酸的菌生长，以致介质中酸度下降，那么脂解和朊解菌就会大量生长而导致食品的腐败。

由于盐对食品的发酵过程有如此重要的作用，因此用于菜肴的发酵致变过程是与腌制结合进行的，可以认为，食品的致变过程是某些菌种与盐分的双重作用造成的，例如，黄瓜、卷心菜、某些肉类、蛋类及肠制品在发酵过程中常见的乳酸菌一般能忍受10%～18%的盐溶液浓度，而蔬菜腌制中出现的许多朊解菌和其他类型腐败菌都不能忍受2.5%以上的盐溶液。

腌制时添加食盐会使蔬菜渗出糖分与水，这样，盐液中增加了糖分，为发酵提供了养分，有利于向细胞内扩散乳酸菌进行深层发酵，但水分会降低盐液的浓度，这就需要经常添加食盐调整，以保持防腐所必需的盐液浓度，腌制卷心菜用盐量为2.5%左右，低盐度有利于迅速产酸，其防腐主要依靠酸的作用，也有人使用5%～6%的盐溶液，黄瓜的腌制需要高达15%～18%的盐溶液。

许多动物类原料发酵是在明串珠菌、乳杆菌和嗜球菌等细菌菌株发酵下获得独特风味的。一般来说，这些菌种所产生的乳酸量比蔬菜低，发酵蔬菜的酸度大约为pH2.5～3.5；而发酵肠制品酸度一般为pH4.0～5.5，这种酸度正处于防腐的边缘界线，一些醉鸡、醉蟹、糟蛋、糟鱼等制品，也大约如此。

另外，许多发酵食品常利用一些香料的防腐能力，然而不同种类的香料防腐能力差异很大，如芥籽油抗菌能力强，而胡椒的抗菌能力则很差等等，这在发酵加工中也是应该注意的。

(三) 发酵制熟的基本方法

发酵制熟的方法和食品很多，除了酒类及一些调味品外，在烹饪工艺中，用于发酵制熟成菜的方法有如下几种：

1. 醉法

用多量酒、盐对原料浸渍至发酵成熟的方法叫醉，即酒醉之意。依据溶液量的多少，加水叫浸醉法，反之叫干醉；又依据用料的预热与否，若用生料则叫生醉，若用预热加工后的半成品则叫熟醉。一般虾、蟹、蛤与贝及嫩茎原料用于生醉，而肉、禽、鱼等原料则用于熟醉。醉法主要依赖酒精发酵，需密封和加大盐量，尤其生醉，醉时较长，约5～15天，故需盐量增加，如每5 kg生螃蟹可用1 kg食盐，而熟醉以一昼夜为度，仅使醉料肉质松嫩、酒香浓郁而无腐败之虑，故盐量不必过重。

【例6-8-1】　醉蟹(生醉)

加工程序：

清理→入坛→投料→封坛
水烧沸→冷却↗

① 将蟹洗净，入篓压紧置阴凉处 6 小时，使之吐去腹中污水，装入平底洁坛压紧。

② 将水烧沸，投姜、葱、盐、冰糖、花椒、陈皮溶解，冷却 3 小时，将酒与盐水注入坛内，用干荷叶扎口，用湿黄泥封坛隔绝空气，置于 15℃环境中醉约 6～7 天即可。

③ 醉蟹亦可干醉，其方法是：将曲酒注入坛中，投入螃蟹，使之饮醉连酒取出，启开脐盖，在每只蟹中放盐 1 小撮，丁香 1 粒，将蟹复入坛中加盖，先倒扣，约 5～6 小时，使蟹吐出积水，再注入曲酒、花椒、姜葱及冰糖屑，封口同上，醉约 15～20 天即可。

特点：酒香醇浓，蟹黄甘鲜细腻，肉质如胶。

【例 6-8-2】 醉鸡（熟醉）

加工程序：

清理→预熟→切块→装钵→加盖
调制溶液↗

① 将鸡腹剖开去脏洗净，焯水预烧至 6 分烂出锅冷却。

② 将鸡切成 4 块，放入钵中，鸡肉汤加精盐、绍酒、丁香、八角上火燃沸冷却，放入酒酿搅匀，过滤澄清后倒入钵中，加盖静置于 5～10℃温度中醉制约 12 小时，将鸡块取出改刀装盘，浇上卤汁即成。

特点：鸡肉洁白细嫩而饱满，酒香扑鼻。

2. 糟法

将原料置于以酒糟与盐为主要原料的浸渍液中发酵成熟的方法叫糟，糟与醉法原理相近，故有人称糟亦是醉，醉亦是糟。酒糟是酒脚经过进一步加工而成的香糟，一般酒精含量在 10%左右，并且有与酒不同的风味，如红糟，有 5%的天然红曲色素，有的酒糟则掺 15%～20% 的熟麦麸与 2%～3%的五香粉混合而成，用于发酵制熟，酒糟的作用与酒同，但是，其风味是很不同的。

香糟用于对生原料的糟制，往往由于菌力不足而不能使之充分致变成熟，因而常用于糟腌方法之一，其成品还需用其他方法加热制熟，从而成为糟蒸、糟烧等菜肴的加工程序之一，若欲直接将原料糟至成熟，还需借用酒的功能，纯粹的糟是难以致变奏效的。

在本意上，糟含有下脚的意思，除了酒糟外，尚有酱糟和腐乳糟等。在糟法上，虽然在致变过程中需借助酒，然而糟本身还是具有一定的发酵作用的，并且成品所突出的又是糟香风味，因此，将糟与醉法加以区别是很有必要的。

糟法在糟料使用上，有酒糟法、酱糟法、腐乳糟法之分，在主料上仍然是生糟和熟糟两种，凡糟法皆需借用多量酒，这是糟法的一个特点，若不用酒或少量用酒则应为其他方法，如酱制发酵、腐乳发酵等法，这在酱制品加工中是常用的重要工艺内容。

【例 6-8-3】 红糟鸡（熟糟）

加工程序：

清理→预熟→切块→入钵→腌糟→糟制→装盘
萝卜切块→剞刀→腌渍↗
红椒切丝↗

① 将鸡开腹洗净，去爪、翅入沸水锅预煮约20分钟，至基本成熟取出。

② 将鸡头切下，鸡身切成四块，另将白萝卜洗净去皮，切成四块，在萝卜块面锲十字花刀。

③ 将鸡入钵，用精盐与酒调和倒入钵中，封口，将鸡浸渍约2小时（翻一次面），然后将红糟、冷开水及五香粉、白糖调和倒入钵内，封口浸渍约8～12小时取出，去红糟，剁块装盘。

④ 另将白萝卜用精盐腌渍约30分钟，挤去水，与红椒丝及白糖、白醋拌匀浸约20分钟后，与鸡块拼盘。

特点：鸡肉松胀鲜嫩，糟香浓郁，萝卜酸甜适口，清脆诱人。

【例6-8-4】　糟蛋（生糟）

加工程序：

洗蛋→晾干→入坛→封口
制糟→（入坛）

① 将绍酒、白豆油、胡椒粉、花椒末、白糖、香糟油、红豆腐乳（或涝糟汁）放一起调匀，入糟菜坛，用黄泥封住坛口，经约1年成糟汁。

② 将鸭蛋（或鸡蛋、鹅蛋）放入坛中，封坛口后经约3个月即成糟蛋，其制作宜在秋冬进行，食用时用小刀划开蛋皮膜，加少量白糖和曲酒佐食。

特点：蛋质如胶，糟香浓郁，咸甜鲜美。

3. *泡法*

将新鲜的蔬菜在一定浓度的盐溶液中长时间浸泡，利用乳酸发酵至熟的方法叫泡，即浸泡之意，成品统称为泡菜。制作泡菜的盛器是特制的坛，为凹槽式小口细大颈肚平底构造，与糟菜坛、醉菜坛不同的是凹口处可用水封口，上加盖碗，具有良好的密封性能。

泡菜是四川与延边的特色菜品之一，成菜具有不变形、不变色、咸酸适口、微带甜辣、鲜香清脆的特点，其制作一般有制盐水、出坯、装坛泡制三道工序。

（1）制盐水　泡菜质量主要取决于盐水质量，一般盐以纯洁度高为好，水则必须经过沙缸过滤，并忌用塘水和沸水，因塘水杂菌较多，沸水缺少无机盐，皆不利于乳酸菌的生存和繁殖，盐水通常分为出坯盐水与泡菜盐水两类。

① 出坯盐水：即对原料进行初腌的盐水，盐水浓度为1∶5，过滤后使用，可连续使用，但每次需补充盐水比例并进行过滤。

② 泡菜盐水：用于泡制原料的盐水，可分为5种：a. 接种盐水，含较多的菌种；b. 新盐水，川盐加清水搅拌溶解，澄清后去水面泡沫的清亮溶液，可根据需要加入其他调料，并可加接种盐水加速乳酸的发酵；c. 洗澡盐水，临时配制、边泡边吃的盐水，可加接种盐水；d. 陈盐水，存放与使用500天以上的盐水；e. 老盐水，存放两年以上的盐水。

用于制盐水的辅佐原料一般有干酒、绍酒、糌糟汁、干红椒、干蔗、红糖及草果、花椒、八角、山柰、胡椒等香料。各种盐水不宜混装，若暂时不用，可酌加佐料、香料分别保存。

（2）出坯　原料装坛泡制前用出坯盐水预腌，并上压重物，使盐水渗入菜内，部分水分析出的过程，有杀菌、褪色、定形和去异味的作用。泡菜原料一般选用新鲜的时令蔬菜，要求当天采摘当天处理，品质不宜过老和不够成熟，肉厚硬脆，无虫眼溃烂，由于各种原料品质不同，故出坯时间不一，如芋艿、大葱需5～7天，豇豆、四季豆需1～2天，而卷心白、芹菜心仅需1～2小时。

(3) 装坛泡制　有两种方法：

① 分层装坛：将原料与盐、糖、香料等分数层装入坛中，灌注盐水后封口，浸泡至成熟。

② 浸渍装坛：直接将原料泡入有盐水的坛中，封口浸渍至成熟，一般现泡现吃。

泡菜制成后可有多种食用方法，以泡子姜为例，可撕成粗条吃本味；可切成细丝，用清水泡去咸味，用糖、醋、香油、泡红椒、熟菜油和原盐水拌食；或切成丝或片，装入盛有糖、粑糟汁、醋等调味汁的瓶中浸渍数小时以后食用，味可多变，如酸甜味、玫瑰味、辣味等。

除了上述的发酵方法外，尚有利用霉菌发酵致变成熟的方法，称为霉法，此法在一般饭店、酒楼不使用或很少使用，目前也仅限于对豆制食品的加工，如腐乳、臭豆腐干、霉豆腐等。臭豆腐干的加工通常用浓度为2.5%以上的老盐水，并常以老笋根、苋菜秆为主要辅助料，温度为25℃左右，霉制1～4天而成。

二、化学剂制熟法

(一) 变法

变法是指运用碱、石灰、食盐、茶叶、氧化铅等材料构成混合制剂，对鲜蛋类浸拌致变的方法。其成品叫变蛋，如鸭变蛋、鸡变蛋、鹌鹑变蛋等，也称皮蛋、彩蛋、碱蛋。

变蛋的加工原理很复杂，涉及颜色反应、吸附理论、蛋白质变性等理论问题，各地有一些传统的工艺，现在已逐渐由分散的小批量民间生产转向大批量的工厂集中生产，新的工艺流程，逐渐取代传统的工艺流程。有关研究认为，按新的工艺流程，将蛋浸入致变溶液中，通过蛋壳对溶液的吸附作用，在内部产生了渗透压，茶、盐、铅、石灰等溶液的分子透过壳内半透膜进入蛋体，经过一系列化学反应，使蛋白质胶体水解而变性凝固(凝体被称为胨，是水解后形成的第二步产物)，并在综合作用下产生变蛋的特有风味和形态。

变蛋的工艺流程与配方很多，如一般将变蛋分为溏心与硬心两大类，前者叫京彩蛋，后者叫湖彩蛋，这两类蛋的变制、配料均不相同。另外，鸭变蛋、鸡变蛋、鹌鹑变蛋乃至鹅变蛋的方法亦有区别，在配料上，又有无铅、有铅、无铅增锌等不同。在致变剂介质方面，有泥和水两种，用泥者叫泥包致变法，用水者叫浸泡致变法，前者多用于硬心变蛋(湖彩蛋)，是传统方法，后者多用于溏心变蛋(京彩蛋)。

【例6-8-5】　京彩蛋

加工程序：

选蛋→下缸→质检→出缸洗蛋→晾蛋→筛选→包蛋→装缸储藏
配液→(下缸)　　制料泥→(包蛋)

① 选新鲜鸭蛋分大小装缸。

② 将碳酸钠与红茶末同置空缸中，加入沸水搅拌，使之溶解，分数次加入石灰，边搅边加使其混合均匀，取少量料液，加入氧化铅在钵中充分研磨后混入缸中，最后加入盐搅拌均匀，冷却后待用。

③ 将溶液灌入蛋缸、浸没蛋身(需加压蛋网格)置20～25℃室温中浸约3～7天，此谓作清期，约10天左右逐渐凝固，经过20～30天变成松花蛋。在成蛋前几天抽样调查，如烂头、过辣，表明液性太强，应提前出缸，如果软化不实，则说明液性较差，应推迟出缸。成熟好的

松花蛋有弹性，照蛋呈灰黑色，剥壳见蛋凝固光滑，不粘壳，呈棕褐色，置一段时间有松花出现。

④ 蛋熟后壳变脆薄，为了防止变质和破碎，需涂泥包糖，将蛋表残液冲去，晾干，用缸中溶液将黄泥和成糨糊状，将蛋包上，滚沾稻壳，搓成团即可装箱保藏。

（二）腌渍制熟法

将原料腌渍后不经发酵过程，脱水入味即食的制熟成菜方法叫腌法。作为独立的制熟方法，腌法不同于预腌，而是以盐或糖为主，辅以其他调辅原料将主料一次性加工成熟的方法。主要用于对鲜嫩蔬菜的加工，现腌渍现食用，一般时间较短。

【例 6-8-6】 酸辣白菜

加工程序：

清理→切条→预腌→挤水→二次腌→成熟

① 将白菜剥去边叶，切去根及叶边，将叶柄切成条，姜及泡椒切成细丝。

② 将白菜铺在容器中，撒入盐及适量黄酒，压重物预腌 1 小时，将白菜翻身，再压 1 小时，见白菜软缩并有水渗出时取出挤去水分。

③ 将挤干水分的白菜置于钵中，上铺姜及泡椒丝、干辣椒丝，再加入糖、醋。将芝麻油加热至 180℃，投入花椒炸香捞去，迅速将烈油浇在白菜上立即压盘，二次腌 3 小时即可。

特点：酸辣咸甜，鲜香脆嫩。

三、调味制熟法

将调味原料一次性直接加入食料中调拌均匀即食的制熟成菜方法，统属此类，主要有凉拌与炝两法。

1. 凉拌法

将调味原料直接加入经煮熟或焯水后的原料中拌均匀即食的方法叫拌，拌法通常在冷却的食料中加入调料拌匀凉吃，故叫做凉拌。凉拌所取用的原料基本上是半成品，如凉拌肉、拌鸡丝、拌药芹等，故有“熟拌”之说。并且料形皆小，如小块、丁、丝、片、末等，以利于拌匀入味。

【例 6-8-7】 拌海带丝

加工程序：

海带洗涤→切丝→焯水→拌匀→装盘
海米泡发————↑（至拌匀）

① 将海带洗涤，切丝，焯水，挤去水分，将海米泡发。

② 将海带丝置于盆中，加酱油、醋、味精、麻油、虾米及香菜段、大蒜末拌匀装盘。

特点：脆嫩清香，咸鲜爽口。

2. 炝法

将浓味调味汁直接加入鲜活的细嫩原料中，迅速使之入味食用的制熟成菜方法叫炝。炝是拌相对概念的调味方法，传统有“生炝”、“熟拌”之分别。由于炝菜取用生料，相对拌菜而言，故有“生炝”之说，炝制需静置片刻以入味，凡炝之法，食料皆不需熟烂或预腌，此是与拌法和腌法的根本区别，在调味上以葱、姜、酒、花椒、胡椒为标志，依据调味汁的温度又分冷炝与热炝。

(1) 冷炝法　即炝制味汁不加热的方法，以新鲜度高和活料为对象，故又常称为“活炝”、“生炝”。

【例 6-8-8】　生炝活虾

加工程序：

洗净→醉酒→炝味→静置→装盘

① 将活虾剪去步足、额箭，洗净三沥干置于盆中(或者不需修剪)。

② 葱切成段，将花椒拍松与葱椒泥、姜末、酱油、香醋、白胡椒、绍酒调匀成炝味汁。

③ 用 52°曲酒醉虾 1 分钟滤去，将炝味汁倒入盆中虾上，盖盘静置 10 分钟入味。

④ 将虾取出，装盘，浇上炝汁即成。

特点：大虾鲜活细嫩，味汁咸鲜，清香爽口。

(2) 热炝法　将调味汁加热，趁热浇在原料上，使之迅速入味的方法。除活料外，新鲜细嫩的原料皆可热炝。

【例 6-8-9】　炝黄瓜

加工程序：

清洗黄瓜→切块→炝料→静置→装盘
调味汁加热──↑

① 将黄瓜洗净，切条块。

② 用白酱油、精盐、姜末、糖、味精与瓜条拌匀。

③ 将瓜条装盘，上缀蒜茸，将调味油 2.5 g 加热至 180℃，浇在瓜条蒜茸上即可。

特点：黄瓜鲜香脆嫩，清爽利口入味。

炝菜一般使用活虾、活鱼、活贝类，必须调以高度(52°)曲酒或白醋、芥末、蒜茸之类，具有较好的杀菌作用，因此在调味上一般又有酒炝、醋炝、芥末炝与葱椒炝之分，香菜与蒜茸一般通用，而且量大。如果不用上述调料，就不存在炝菜意义了。

四、凉冻制熟法

将食料加热后利用冷却凝结或凝胶特性，使制品降温冷凝后最终成菜的制熟方法。凝结是通过自然降温使糖溶液重新结晶成为霜状糖粉，将其黏结在食料上，将食料包被的方法，也叫做“挂霜法”。通过冷冻的方法使动物或植物凝胶溶液凝结成为冻体的被称之为“凝冻法”或“水晶法”。

(一) 挂霜法

即原料炸熟后挂满霜状糖粉的成菜方法。有冷挂霜与热挂霜两种方法。

1. 冷挂霜(糖粉挂霜)

将原料炸脆与冷凝的猪油或牛油拌匀，再遍沾糖粉叫冷挂霜法。冷凝的油脂具有较好的黏沾性，能较充分地将糖粉裹附在食料上，糖粉一般用葡萄糖粉加绵白糖或方糖粉加片糖粉。糖粉可着色成玫瑰红、粉绿、鹅黄、咖啡色等，又可添加适量食用香精(果味)使成品色彩鲜艳，香脆甘甜。

【例 6-8-10】 玫瑰花生仁

加工程序：

预烫→蕴炸→冷拌猪油→裹拌糖粉→冷藏

① 将花生仁投入 120℃油中加热，油温逐渐升高，至花生仁脆化，捞出沥油，加熟猪油拌匀，放入 5℃冰柜中冷却至油脂凝冻。

② 用干绵白糖与色素拌匀，滚沾在原料表体即成。

特点：花生香脆、外皮凉甜、有玫瑰红色与玫瑰甜香。

2. 热挂霜(糖结晶挂霜)

将炸后原料投入热溶糖浆中拌匀，出锅迅速冷却，使糖重新结晶，在原料表面凝结成霜状糖粉的方法，是挂霜的主要内容。利用糖溶化后晶核生成，重新结晶凝结的原理使原料表层粘凝上霜状糖粉，制作时，首先要将糖用水加热溶解成饱和溶液，在一定的温度和浓度下，在糖液所含水分的逐渐减少中重新结晶。

在温度 20℃时，每百克水可溶解白砂糖 203.9 g，随温度的升高而溶解度加大，100℃时，可溶解 487.2 g，此时即为饱和溶液，超过这个限度即为过饱和溶液，其能生成多量晶核，温度下降则溶解度下降过快，数目过多，颗粒间距太小，则结晶颗粒容易凝结形成大颗粒或块结，如果加热时间过长或火力过大，晶粒易发生聚合，焦化变色，成为酸状硬壳，因此，当糖充分溶化时，有较密的大泡沫生成。温度约 130～160℃时需立即投下原料滚拌均匀，迅速出锅翻拌降温。

热挂霜在霜层上有薄厚之分，其方法是不同的。

(1) 薄霜　将炸成的原料放在烧热的锅中，烹入浓度为 60%～70%的糖溶液，让水分在锅中迅速挥发，原料上凝结一层薄薄的糖霜。此法实际是属于烹法，如糖烹栗子等。

(2) 厚霜　水糖比例一般按 1∶4.5 溶化糖浆滚拌原料，冷却后凝成一层较厚的糖霜，通常有两种方法：

① 拌浆滚粉法：在原料入锅搅拌上浆时，加适量干淀粉，降低甜度，防止黏结增加其松脆度，一般用于小吃或挂霜干果。

② 裹浆滚粉法：将原料裹浆拌匀后再滚糖粉以增加甜度，增强菜肴的酥松质感。此法为甜菜挂霜法。

【例 6-8-11】 挂霜排骨

加工程序：

熬糖→挂霜；金桔粒→拌糖粉

剁骨→上浆→脆排→挂霜→拌糖粉→冷藏

① 将排骨剁成蚕豆大小的丁，加蛋清、淀粉上浆，金桔饼切成小丁。

② 将油加热至 200℃，投入排骨炸至金黄沥油晾干，另用锅放清水烧沸，加糖用小火熬溶，至糖中水分逐渐挥发，糖浆稠黏翻大泡时倒入排骨与金桔饼丁，下桂花拌匀起锅，滚拌干淀粉冷却即成。

特点：糖霜洁白，结晶细腻，外脆里嫩，香甜适口。

(二) 凝冻法

利用食料加热后的亲水性胶体凝冻原理，降温凝胶成菜点的制熟方法，统称凝冻制熟法，简称“冻法”。

根据原料的不同性质，有动物胶凝冻、果胶凝冻、琼脂凝冻和淀粉凝冻四个类型，如冻蹄、果冻、杏仁豆腐和凉粉就是这四类凝冻的典型制品。了解凝胶的一般特性对制作冻制菜点是十分必要的。

1. 冻制菜点的凝胶特性

在菜点中一般以动物凝胶与琼脂凝胶为主要冻制品形式。一定浓度的蛋白质溶液冷却后能生成凝胶，蛋白质胶即水分散在蛋白质中的一种胶体状态，其可以含有大量水，具有一定的形状和弹性，具有半固体性质。动物皮腱、骨骼、肌肉中含有多种蛋白质，以凝胶和溶胶混合状态存在，在加热中，亲水性胶体溶解于水中，并吸收大量水分，体积随之扩大，冷却后形成凝胶体。

多数冻制甜食主要运用琼脂与果胶，尤以琼脂为最强。琼脂为半乳糖的多糖聚合体，具有较强的凝胶力，优质琼脂的0.1%溶液即能形成冻胶，稍次在0.4%以下，较差的在0.6%以下。

2. 凝冻加工及其控制

各种凝胶性质的不同，其吸水率与硬度亦不同。一般来说，利用蛋白质凝胶加工的菜点，其水量与溶胶原料比例为1∶1～1∶1.5，即食料多于水量或相等，如羊糕、冻蹄等。若运用琼脂凝胶则吸水量较大，一般水量与胶体原料比例为1∶0.003～1∶0.006左右，如西瓜冻、冻鸡丝等。

对胶体原料加热，需用中、小火力，肉类原料需极酥烂，使胶原能尽可能多地溶出，并常添加皮腱(明胶)原料增强成品的凝胶力。琼脂与果胶一般可蒸或用小火缓缓加热，使之充分溶化。

在降温过程中，动物凝胶宜在0～3℃温度环境中，琼脂和果冻则适宜在0～10℃温度下，不宜在冰点或冰点以下过低的温度中，防止凝胶水分析出而影响弹性。冻制时应静置，不宜受外力震动而影响凝胶的固体性、完整性，而使凝胶不充分，凝胶时亦不宜渗入其他生水。水晶冻体还需用汤筛过滤液汁，以提高胶体的透明度和纯净性。

【例6-8-12】 羊糕

加工程序：

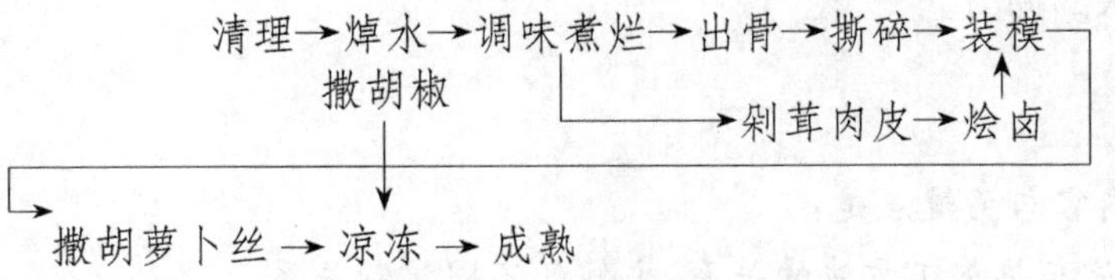

① 将羊肉、猪肉片洗净，焯水，入锅加清水旺火加热至沸，去沫后加入黄酒、葱片、酱油、白糖、胡萝卜、葱结，移小火加热约3～4小时至酥烂，捞出羊肉去骨，将肉皮剁茸。

② 将羊肉撕碎放方模盆里按平，将锅内卤汁中姜块、葱结及胡萝卜去除，再加入皮茸及味精、精盐，浇于羊肉上，撒上胡萝卜丝、姜丝、胡椒粉，冷却后置冰柜中冻至凝结成块即成羊糕，食时切刀装盘。

特点：羊糕精韧而酥烂，口味咸甜鲜香，佐以蒜丝、辣酱风味尤佳。

【例 6-8-13】 水晶橘冻

加工程序：

溶胶→调味→过滤→装模→凉冻
去橘皮→切块——↑（入装模）

① 琼脂、白糖用清水加热，充分溶解后加香蕉香精，用筛过滤。

② 将橘去皮，切橘肉成碎块，铺在方模盘中，将琼脂溶液轻轻注入模盘中，冷却后入冰柜 3℃左右冻制成块，食时改刀装盘，淋柠檬汁上桌。

特点：冻胶透明如水晶，清凉爽口，软嫩光滑，香浓沁甜。

综上所述，中国烹饪工艺 96 种具体的制熟方法构成了中国烹饪制熟工艺的多彩世界，其精妙的变化，细腻的体察，非常人所能甄别真伪、辨异求同。在许多方法上古人也说得含糊，今人也各有称谓，有同名而非同事者，有同事而非同名者，只有通过实验的方法，通过对结构上的每一个细节分析并得到求证，加以规范。除上述外，尚有极少的方法并没有在本书中讨论，因为这些方法并不具有科学性、普及性和样板性，例如“石烹法”即是有些酒店流行的“桑拿法”，将烧烫的石块投入罐中使水沸腾烫熟食料，有“桑拿虾”、“桑拿鱼片”等等，其卫生性令人怀疑，再如“石子馍”的石烙法，并不具普及推广价值，再如“竹筒法”中的竹筒不过是盛器而已等等。一些如屈、文、吾、笃等名字实质含义在上述方法中都具有相同重复的性质，故不予运用。

为了熟练操作并准确掌握烹饪工艺的各项技艺，应注意平时在以下四个方面的训练：

(1) 操作的规范化训练　指对工具运用的动作和形态从优选角度，做到灵活、优美、准确、迅捷、省力和健康。

(2) 严格对数量意识的训练　指温度、时间、容量、重量、破碎度等，数量意识训练会提高操作的准确性和标准化、制品数量和加工效率。

(3) 操作加工的节律训练　指加工中的每个动作、环节的有机配合，加强动作的目的性、节奏性、连贯性以及工作环境的有序性。

(4) 加强平时身体素质的训练　鉴于目前的厨房工作强度，要有健康的体格，才能适应现代餐饮繁重而复杂的体力与脑力的双重劳动，特别是在臂力、腕力以及腰腿方面，要有坚强的力量和耐久的韧力。

本章小结

本章主要内容与关键点是：

1. 导热介质与热加工方法的关系，火候的不同控制关系。
2. 基本加热制熟与复式加热制熟方法的区别特性。
3. 不同加热制熟方法在操作中对工具的不同控制原理。
4. 非加热制熟方法与“熟”概念的辩证认识。
5. 对制熟加工方法的辨析、评价和确认。
6. 对中国主流制熟方法内部区别的认识和掌握。

检 测

一、名词解释

传热介质 预熟加工 制熟工艺 传热途径 走油 火候 焯水 红锅 油炸法 酥炸 脆炸 松炸 炒法 干煸 滑炒 软炒 盐焗 炙烤 暗炉烤 锅烤 熘法 汤爆法 涮法 汆法 㸆法 爊法 煨法 烹法 拔丝 泡法 醉法 炝法 煀法 边炉 铁板烧 烧法 挂霜 泥烤 放气蒸 直煎法 烙法 隔水炖 干烧 精卤水

二、复习思考题

1. 简述制熟加工的性质与任务。
2. 什么是火候？火候在制熟加工中的功能作用有哪些？
3. 分析中国弧形锅的操作技法原理。
4. 什么是预熟法？在什么情况下需要预熟？
5. 举例描述油炸方法的种类。
6. 什么是煎法？煎法有几种？
7. 什么是炒法？描述滑炒、爆炒、干炒的火候控制。
8. 什么是油导热复式加热制熟法？
9. 简述熘法的特征及其种类。
10. 什么是拔丝和挂霜？两者有哪些不同？
11. 炝法和煀法的加工特点是什么？
12. 指出基本水导热制熟法在火候方面的关键控制点。
13. 简述卤水的制作过程。
14. 砂锅加热有什么特色处？适宜于什么制熟方法？
15. 举例阐述四川火锅、淮扬火锅、港粤火锅和北京火锅的不同特征。
16. 举例说明熬法的特色。
17. 复式水导热制熟方法与基本水导热制熟方法有什么区别？
18. 举例说明烧法与扒法、㸆法、焖法的区别点。
19. 爊法与卤法的区别是什么？
20. 指出泥烤法在用料加热方面的特色。
21. 举例说明锅烤与烙的加热区别。
22. 查看《粤菜》中的“锅焗菜”与“锅烤之法”进行比较，指出异同。
23. 以盐焗鸡为例，试分析其加热特色。
24. 熏法与蒸法是怎样加热的？两者有什么区别？
25. 烤法有哪些具体的特征性控制？这些控制对烤的具体操作有什么意义？
26. 参考《西餐工艺》谈谈中、西在烤法中的不同区别。
27. 简述发酵制熟中微生物的作用及其控制。
28. 试分析醉法、糟法、炝法的食品成熟风味特色。
29. 简析腌、拌、炝的异同。
30. 举例阐述挂霜制熟方法的种类和特色。
31. 试分析凉冻制熟法中冻的种类、凝胶特色及其控制。

阅读材料

当代火锅

一、火锅的界定与种类

火锅，即锅中有火、炉、锅盛食器于一体的独特的传统锅器。凡边煮边烫边涮边吃的样式都可以称为火锅；凡可边吃边加热的锅叫火锅；凡供人上桌加热的锅具亦叫火锅。火锅这个概念是广泛的、多样的，具有可以不断创造的自由空间。火锅的概念是以火锅的工具性作为纽带的专门化烹饪技术范畴和成品体系。

火锅作为中国饮食的一种特有样式而源流久远，然而它最先产生于何时何地，并无确考，可以说它是中国人类鼎鬲饮食生活的伴生物。一种假说：当人们在鼎下生火，边煮边吃食物的时候，火锅就诞生了。火锅是最直接、最古朴、最自然的一种饮食形式，是早期民族集体生活主义精神的一种体现，也是现代都市火锅现象中最为真、善、美的表现。鼎鬲煮食在汉唐已被锅釜所替代。火锅则演变成为一独立的种类。东汉有火锅叫"镬斗"(出土的东汉文物)，三国时魏文帝曾享用一种内有几个格档，同时可煮数种不同食料的多格火锅叫"五熟釜"。唐代大诗人白居易在《问列十九》诗中有对吃火锅的真实的描写。诗云："绿蚁新酷酒，红泥小火炉。晚来天欲雪，能饮一杯无?"南宋人林洪在《山泉清续》中写"拨霞供"的吃法：在桌上放个生炭小火炉，炉上架个汤铮，将兔肉切成薄片，用酒、酱、椒、桂做成调味汁，等汤开后夹兔肉逐片在汤中涮熟，蘸着调味料吃。在大雪纷飞的冬季里，约三五好友围炉谈笑风生，随兴取食，愉快至极，真为"浪涌晴江雪，风翻照晚霞"的一番美丽意境，而将涮兔肉火锅起名为"拨霞供"。到了明清之际，火锅已成为冬季饮食的一种时尚。特别在清宫饮食中，火锅形式已成风俗，其冬季宴席形式相当豪华而端严。在京津、江淮之间的冬季火锅成为庄重礼仪的一部分。据史料载：乾隆帝不但巡幸江南，火锅自备，还于嘉庆元年的"千叟宴"中用火锅 1 550 个，品尝者达 5 000 多人，可谓盛况空前的火锅宴会。而川滇之间火锅已是市肆小吃的重要组成。有所谓"流水的客人，铁打的锅，春夏秋冬香辣鲜"。

纵观中国古往今来的火锅历史，从风格上讲，火锅分三种：①川滇之间家常乡土风格；②港粤之间的悠闲市风风格；③京鲁淮扬之间典雅庄重风格。家常便饭、不分季节；悠闲市风则是举家休闲，打边炉娱乐；典雅庄重者，就是火锅在正规宴席中庄重使用，并且以冬季为正令。这三种风格是对火锅不同角度理解所造成的。川滇将火锅视之为餐饮小吃，港粤视之为游戏，京扬视之为正菜仪式。现代，这三种观点已经相互揉合，形成一个更为庞大的体系，百味分呈，新品迭出，但总体来说火锅种类可作如下分类：

- 单纯火锅
  - 涮锅
    - 白水锅、清汤锅——生片火锅类
    - 白汤锅——牛羊涮锅类
    - 红汤锅——毛肚火锅类
  - 综合锅
    - 多味锅——鸳鸯火锅类
    - 原味锅——珍菌火锅类
  - 暖锅
    - 原汤锅——鱼头火锅类
    - 高汤锅——什锦火锅类
  - 干锅——甲鱼干锅类
- 组合火锅
  - 两项锅
    - 煎涮锅——港式边炉类
    - 煎煮锅——台湾火锅类
  - 三项锅——三吃围炉类

火锅依据其构件用途一般分为两大类，即：单纯火锅与组合火锅。

1. 单纯火锅

即仅有火锅本身，而无其他构件者。又依据成菜性质分为涮锅、暖锅、综合锅、干火锅四种类型。

(1) 涮锅　即以鲜嫩生料为主，作用于涮食(边烫边食)的火锅。又依据汤质分为清汤锅、白汤锅和红汤锅之类。①清汤锅使用优质上汤为汤基，一般无汤底，汤清澈见底，鲜醇香滑，多适用于对细嫩新鲜、无异味的片状或小形动物类原料的涮食，故统称"生片火锅"。较著名的有"菊花火锅"、"山鸡火锅"、"八生火锅"等,具有做工讲究、精细,所用荤料皆在盘中卷叠成花形图案,与蔬菜及其他辅料、调料一同围于火锅周围,显得庄重而典雅。这种火锅不宜使用野兔、狗、猫之类原料,因其病菌不易被杀死,不具备安全性。②白汤锅使用优质浓白汤为汤基,一般也无汤底,汤白浑厚,鲜纯肥美。多适用于对鱼类、牛肉、羊肉等单纯主料涮食。例如北京涮羊肉火锅,这种锅若以清汤为汤基则显得单调不厚,以精制白汤为上。食时,卷切羊肉论斤涮食,充分表现出北国豪迈开阔的气度和风范。③红汤锅经精确调味,色以淡酱色的上汤为汤基,调味具有麻辣、香鲜的特点。多用香型药料勾兑、牛油封面,给人浓烈刺激的感受。唯有红汤调味依据不同制作者个人制作特色而显得千差万别,各有秘方。这些涮料一般用上清汤则不可为,腥膻之味难去,然而红汤火锅则有妙法:其调。这种调味秘方是红汤火锅的制作法宝之一。例如著名的四川毛肚火锅,其涮料是:牛肚、牛肝、牛腰、牛脊柳肉、牛脊髓等,这些涮料若用清汤则腥膻之味难以去除而不可为。然而红汤火锅则有妙法,加强去腥膻、增鲜香,其调料是葱、姜、芝麻油、辣椒粉、料酒、花椒、盐、豆豉、糟汁、豆瓣、青蒜苗、香菜、熟牛油、牛肉汤等。

(2) 暖锅　即将桌上将食料直接煮烩而食的火锅,无涮食过程,也不用细嫩生料,而是运用一些全熟或半熟的原料,食时达到热烫鲜浓的效果。其中又有本汤暖锅与高汤暖锅的区别。①原汤暖锅。用新鲜的老韧肥大原料,经过炖、焖、煨、煮等不同烹调方法而制成的浓汤,原锅连汤连菜上桌,边煮边食。著名的有"川鱼头火锅"、"姜母鸭火锅"、"酒烧鸡火锅"、"红烧羊肉火锅"等。例如川味鱼头火锅,就是用特制的豆瓣("二筋条"辣椒+蚕豆+20多味中草药经封坛久制而成)烧制鱼头汤,具有鲜、浓、香、辣、本质本味的鲜明特点。姜母鸭也具有特制的专利性制汤配方。本汤暖锅一般在食用主料时配以适量新鲜蔬菜烫食。②上汤暖锅。即用其所制的上汤将所用食料集中在锅中边煮烩边食用的火锅。具有融和暖热之美,最具典型的有"什锦火锅"、"鱼肚火锅"、"参翅火锅"、"麻辣火锅"及各式明炉锅仔之类。文火滚煲慢慢吃。

(3) 综合锅　即兼有涮锅与暖锅之共同特点。所配料或煮烫或涮食,所配汤基或清或白或红或黄(咖喱)并有少量汤底以助出味。细分又有多味锅与原味锅。①多味锅。即一锅之中分隔多档,各呈一味的火锅,典型的有川味"鸳鸯火锅",一红一白、一辣一鲜,双色双味,配料粗细结合,生熟夹用。其红汤一般有三种配方(亦属保密),但基本调味的汤基采用牛肉汤。调味品是牛油、郫县豆瓣、永川豆豉、辣椒末、姜末、花椒、川盐、绍酒、冰糖、醪糟汁等,麻辣适口、鲜香回甜。白汤一般要加吊汤料,使其呈上清汤,调味品为白酱油和鲜味剂。汤底漂几片西红柿以增鲜、色。②原味锅。即利用原料炖或煨出汤,主料汤底外加辅料涮烫而食。典型的有"珍菌火锅"、"鱼龙火锅"、"龙凤火锅"等等。例如"珍菌火锅"就是以老鸡或老鸭、火腿、瑶柱、开洋、小排骨等炖制成汤,配以鲜嫩野山菌与蔬菜烫食。

(4) 干火锅　即干锅,是火锅中的特色品种,锅中不用水或汤而是用适量油边炒边吃的方式。具有干香扑鼻、色重味猛的特点,主要选用牛、羊、鸡、狗、鳖等料。

2. 组合火锅

在火锅容器上加上具有其他加热功能附件的锅叫组合火锅。在这种火锅上不仅能涮能煮,同时还具备煎、烤功能,其品类火锅又有两项功能与三项功能与之组合之分。①两项火锅。以广东打边炉为典型,在圆形金属加热板中设有锅状容器。吃时四周可煎烹菜料,中间可煮可涮,平添几分乐趣。②三项火锅。样式与两项火锅基本相同,只是圆板各分两半,一半为煎面,一半为烤面,整个锅面皆可旋转,方便在各客位前的自煎使用。

二、火锅工艺程序与特征

火锅制作一般的工艺程序是:制汤→调香→辨味→配料→导餐服务。

1. 制汤

好汤是火锅的灵魂,汤美菜始美,汤助菜味,亦保菜质。行话说:"火锅用水薄如纸,火锅用汤甘如饴。"汤确定了火锅的基础、基调,故又叫汤基。汤的优劣反映了火锅菜品的品质高下。有时在汤中也放一些硬料以助汤出味,以便火锅在较长时间的食用下不至于味单薄,使本质的鲜味绵绵不绝而出。在一般的情况下,汤基分清、白、红三种。而以清、白为基础,红汤则是在清、白汤基础上加料调成。清、白两汤因火锅品种不同而存在许多差异,且亦是许多商家的秘密,多不愿意真实道来。其实制汤只要把握各种汤料特性,完全可以随意而为之。现简单介绍几种常见清、白、红汤制法：

(1) 清汤

鸡清汤：老鸡＋猪骨＋火爪＋干贝文火炖焖5～6小时＋鸡骨绍。此型汤多用于生片锅类。

牛肉清汤：牛骨＋牛肉＋开洋文火炖焖8～10小时＋牛肝绍。此型汤多用于麻辣火锅汤基。

素清汤：黄豆芽＋鸡腿菇＋虾籽＋花菇文火炖焖2～4小时＋蛋清绍。此型汤多用于素食火锅。

(2) 白汤

骨白汤：猪骨＋五花肉＋老鸡＋火爪中火煨6小时至汤汁奶白。此型汤多做暖锅汤基。

鸭白汤：肥老鸭＋风鳗干＋火爪＋淡菜煨5～6小时至汤质浓白。此型汤多做海鲜类火锅汤基。

鱼白汤：鱼骨(或小鱼、鳝鱼骨)过油＋风鱼干(粒)＋文蛤壳煨1小时至汤汁奶白。此型汤多用于海鲜类暖锅、涮锅。

(3) 红汤

麻辣红汤：郫县豆瓣剁细→炒酥→加入姜末、辣椒粉、花椒粉→炒香→牛肉清汤烧沸→加黄酒、豆豉、醪糟汁→烧沸撇浮沫→定味成汤。此型汤多用于川味麻辣锅类。

鸳鸯火锅红汤：有多种配方，其中一种是以牛清汤、牛油、郫县豆瓣、永川豆豉、冰糖、辣椒末、姜米、川盐、料酒、醪糟汁等调制而成，要求麻辣适口、鲜香回甜。

不管是清汤、白汤、红汤都要求汤质纯净，无悬浮物，汤质滑醇。

2. 调香

香味是火锅的眼，也是各火锅家讳莫如深的秘密。菜谱上一般没有详细而真实调香的内容。所谓香飘万里、闻香下马、佛跳墙之类，都是对火锅香气的赞扬。我们虽然不便强于道破商家的隐私和专利，但对调香的原理正是我们迫切需要研究的。实际上这是火锅制作中的关键之眼。固然姜、葱、酒、醪糟、蒜、辣椒之类具有调香的重要作用，但更重要的还是在味觉方面的感受。而这里所特指的调香是食用性中药料材之香，火锅调香需首先遵奉如下原则：

(1) 使用药料时需熟知药性，不能盲目使用，应对其充分了解后方可使用。

(2) 香味力求清悠，力戒重药恶香。

(3) 不宜以多为美，而应科学地使用相得益彰，以最少香料达到最佳的效果。

(4) 使用香料，不得有损人体，注意科学配比，补益人体。

(5) 药料之间香味相乘相补则用，相克相掩则不用。

(6) 力求香味纯净不杂，戒香味混杂不清，防止因用香而损其质。

火锅制作的调香对所使用香料药材的药性、色相、口味以及相关工艺性能的理解是至关重要的。除去药性不谈，其他性能例如当归、大茴、陈皮为一组香料，其中当归味苦应少用，大茴色重应洗泡干净，陈皮易受热糜烂应迟放等等。否则事与愿违，适得其反。

一般来说，批量生产火锅时，香料汤是统一配料熬制勾兑的。常用火锅的香料有：丁香、草果、山柰、豆蔻、玉果、大茴、花椒、月桂、香叶、良姜、当归、白蔻、草蔻、姜黄、罗汉果、甘草、淮山、南姜、干姜、陈皮、沉香、砂仁、白芷等等。根据需要取出某些组合，加水熬成浓汤，用时取适量兑入火锅汤基中即可。

这里仅以一例香汤配料为例进行解释(此配方未经中药学临床药理鉴定，特此说明)。

甘草10 g、枇杷叶200 g、毛桃100 g、丁香100 g、红蔻75 g、香果100 g、香叶50 g、草蔻75 g、千里香150 g、香圆150 g、山柰50 g、肉桂200 g、白蔻75 g、良姜100 g、马草50 g、当归100 g、花椒500 g、甘果10 g、草果150 g、熟菜油25 kg、牛油1 500 g、干辣椒7 500 g。

3. 辨味

辨味即辩证定味，辨味是火锅之骨，支持对火锅的整个品尝过程。味的轻重浓淡视火锅的主料而定，也视地方风味习俗而定。火锅一般注重本味的多项融合。例如在一只火锅里除汤基锅底外，在品尝过程中有各种主辅料之味在锅中交融，因此对火锅调味的作用就是提味、去腥、增鲜。调味品以清淡为宜，不压本味。如本锅味较淡时可以加蘸料碟以补充调味。因此火锅之中的调味品就不如平时制菜那样口味的多样和变化，而一般为咸鲜、咸辨、麻甜、咸酸辣、咸辣鲜等为主。火锅的辨证定味应遵循如下八项基本原则：

(1) 清汤基不宜咸，而要以鲜本味为主。

(2) 辣度应视进餐对象的喜好而增减。

(3) 红汤不宜色重、质稠、味过甜。

(4) 腥膻反差较大的原料不宜同锅。

(5) 禁用生素油、老油、变质油。

(6) 禁用重复使用的陈汤(因为汤汁浓缩、具有多样致癌物质及传染病源隐患)。

(7) 禁用非食用性原料(如具有一些增强兴奋、麻醉功能的药料)。

(8) 杜绝"口水"式换菜不换汤的不健康火锅形式。

火锅调味常用原料除盐、酒、增鲜剂(味精等)外，一般常用的有：

干辣椒：功能是增色、增香、增味，在川味火锅中普遍使用。

豆　豉：功能是增色、增香，在川、滇、粤火锅中普遍使用，一些干锅制品也普遍使用。

郫县豆瓣：功能是增鲜、增味、增色、增香，是火锅中主打调味品。

醪　糟：作用同酒，但具鲜香，在滇、粤火锅中普遍使用。

胡　椒：功能是去腥膻、提鲜香，在京、鲁火锅的白汤中普遍使用。

白　菊：功能是去腥膻、增清香，为生片类清汤涮锅中普遍使用。

泡辣椒、泡酸菜：功能是增味、增鲜、去腥膻、增食欲。如川、滇及满、蒙、朝鲜族火锅的特色主味。

俗话说"百里锅不同，千里味相殊"，火锅里调味尽管千变万化，但都是具有去腥膻、增香、美色彩的作用。但在一般情况下咸味都不宜一次性过足调制。以觉各味齐全，唯咸味略缺一二为妙。否则几口菜吃下，便觉咸碱涩之味反为不爽。那么，辨证定位的关键就在于味碟的配置了。

蘸料以各人喜好所配，各地各锅又有许多不同。例如：

(1) 御龙火锅的味碟：酱豆腐乳拌香菜末，另有韭菜花、卤虾油、芝麻油、辣椒油各碟。

(2) 麻辣火锅味碟：香油＋熟芝麻、红腐乳、白腐乳或川奇各碟。

(3) 毛肚火锅味碟：芝麻油碟。

(4) 素火锅味碟：酱汁碟有三，即①生抽、麻油、辣油合碟；②日本芥末辣糕一茶匙、素上汤2茶匙合碟；③沙茶酱、芝麻酱、素上汤各一汤匙合碟。

(5) 川南汤火锅味碟：蒜泥、味精、蚝油、酱油、盐拌匀合碟。

(6) 生片火锅味碟：腐乳、咸韭菜花、卤虾油、蒜泥、米醋、麻酱糊、酱油、红椒油、精盐、胡椒粉、味精、葱花合碟。

(7) 涮羊肉味碟：芝麻油、咸韭菜花、黄酒、酱油、辣椒油、卤虾油、糖蒜合碟。

(8) 滇味火锅味碟：辣椒酱、味精、麻油合碟。

4. 配料与导餐服务

火锅的配菜虽然用料丰富，随意拈来，但各类火锅都有自身独特的规则。有的还寓意生动，象征性强。例如东北火锅的规则是"前飞禽、后走兽、左鱼鲜、右虾蟹，四周轻撒菜花"。再有台湾人在年初七吃火锅，必须要用七样，即芹菜、蒜、葱、芫荽、韭菜、鱼、肉，分别寓意"勤快、会算、聪敏、人缘好、长久幸福、年年有余、年富足"。再如菊花火锅需要先鱼、虾、鸡、鸭、肉切片，然后再将脏器切薄片，最后是蔬菜、油果之类逐一配涮。每种火锅的配菜都是循序渐进，按食用先后配置。按照规则食用火锅，会效果倍增。这里，在餐间对食客的导餐服务是十分重要的，要教会客人先吃什么后吃什么，怎么吃味道才最好等，否则有损进餐效果。例如，土豆片就不能过早烫食，否则汤易稠浑。再如，海鲜就不能在河鲜之前涮食，否则将失去河鲜的营养价值。再如，粉丝不能在锅中久煮，否则易碎，鸭血要烫透即食，不透则腥，过久则老；食用红汤火锅时，不能先烫食绿叶蔬菜等等。由于火锅是边煮边涮边烫边食，因此，导餐服务就是火锅制作工艺的一部分。客人应在指导下加工进食，更添趣味。

综上所述，火锅的工艺过程是一个流动过程，客人进餐结束同时也是火锅加工结束。因此，火锅的加工不同于一般菜肴而是具有更为专业化过程与食用同步紧密联系。由于火锅的专项性而更具有许多个体独创性技术秘密因素，因此，实际上也是大多由专门的人来负责火锅的生产，以增加其商业竞争的能力。在每个特色火锅店以及大酒店中，都有专门从事火锅技术生产且具有神秘色彩的核心人员。这些专门技术人员就是传统观念上的火锅师傅。

（转引自《中国烹饪研究》陈苏华著.人民日报出版社，2004年1月出版）

第七章 成品造型装饰工艺

学习目标

通过本章的教学，使学生初步理解成品造型装饰工艺的设计构成原理；基本掌握成品造型形态的加工方法；开拓学生的创新思维，了解菜点创新方法，提高学生对艺术造型规则的共享能力。

本章导读

菜点在锅或笼中制熟后，人们并不能在锅或笼中进餐，还需将制成的菜点装盛在餐具器皿中才能达到目的。然而，装盛食品并不是无意识的、杂乱的，而是有设计思想、有目的的加工。通过加工，给人以进餐的便利和菜点食品形态美的享受。

将菜点有规则地装盛加工简称为装盘。无论任何菜点的装盘都以最终完美的形态向人展现，体现其设计思想与加工的质量。大量的事实可以说明，造型的美丑会直接影响到进餐的质量，因为菜点的造型能充分而真实地反映菜点本身材质质量、卫生程度和等级的高低以及制作人的思想传达。事实上，只有经过装盛造型，才是菜点的最终成形，才能完善人的筷夹、匙舀的进餐过程。如果说清理工艺的重要意义在为整个工艺流程奠定基础，那么成品造型工艺则是工艺流程的最后总结，其以菜点的特定形态反映工艺流程的质量以及其人与食品关系问题。在本质上，改变了取食粗陋不便的形态，赋予菜点装盛以美的形态和方便的形式，因此，实质上是特定菜点的装饰美化工艺。本章涉及的知识包括成品造型的设计构成、成品造型的形态与加工方法以及成品造型加工的共享规则等。

第一节 成品造型的设计构成

引导案例

某酒店的一个包间里，客人面对几只装盛得杂乱无章的菜肴满腹意见，只见红烧鱼的一头尾比盘子长；一碗羹只装了1/2；几只炒菜乱摊在盘的一侧且盘边还有油垢污迹；一个砂锅却装满溢出污染了桌面；另外，一只脆皮鸡没改刀剁块，使客人无法下箸取食。为此，客人们向餐厅经理提出了投诉，并且要求退菜。

分析：这是一个明显缺乏关于装盘造型的性质、重要性和造型美规律常识的案例，尤其在设计思想方面显得贫乏。

从本质上来讲，菜点是供人食用的，只要装入盛器给进餐提供方便即可，这是实用的，但无论如何装盛，菜点总是具有一定的形式、形态，总是具有具体性质的造型物体，这种最初食物造型形态属于原始功能主义。例如原始的餐具，是为了装盛食物而产生的，是为生存出发的实用技术。然而人是按照美的规律来创造的，对食物而言，“人类也按照美的规律来造型”。可以认为，从彩陶文化开始，中国精美的餐具是为了完美进餐形式、美化装饰食品形态而发展的。从“周八珍”开始，食品的自然美与技艺美被逐步认识，到了“唐宋花式菜点”发展到一个高潮，菜点成品造型已在实用功能主义的技术中融入了更多的艺术性，随着现代工业与艺术设计思想的成熟，实际上，已为菜点成品造型找到了自己的艺术位置，既是技术的又是艺术的，具有双重属性的功能性性质，属于工业产品设计的造型范畴。其本质是从实用功能出发，注重结构美化的技术与艺术的统一，强调的是造型的实用性与功能美，并通过特定形式充分证明其合理与完善性。例如相应的形式，与合理的材料结构能体现成品造型的实用性与功能美，成品造型的功能美是指菜点风味与营养所给人的官能性愉悦，是与自然美相近的美感。另外功能美在成品造型中还具有某些社会性含义。成品造型只有在实用性与功能美的合理结合的条件下才能具有实质性的内容与形式美特征。因此，对菜点的成品造型形式创造的自由度上，不能背离其实用目的，这也是菜点成品造型与纯艺术造型相区别的本质。现代烹饪食品造型，更多地具有工业产品的图案艺术设计的特征，是食品内容美与形式美的共同载体，在制作工艺、功能目的、成本价格与美感的共同制约下，对菜点的形态、色彩、空间等视觉要素进行组织，并通过特定的加工方法来实现，强调的是菜点材质与形态自身固有的审美效果，而较少借助于与食用无关的材质与装饰。一般来说，盛器是烹饪制品造型平台，具有一定的包装性质但不完全具有工业食品的包装特性。更确切地说，盛器与食品是烹饪成品向人展示的一个整体，其协调性构成了菜点的完美。在实用性与功能美方面，烹饪食品的成品造型的一切形式与装饰形态都为完美进餐过程服务，而不是唯形主义的。烹饪成品造型以方便食用，因材制形，简朴美观，意趣天成为最佳境界，反对因形而伤材损质，降低风味妨碍食用甚至于被污染。这里让我们首先了解构成的一般特性。

一、设计构成的一般特性

与盆景造型相似，在盘、碗等餐具的方寸之间，通过对菜点成品的造型，力图最佳的表现出菜点的材料美、技术美、形体美与意趣美。除了要了解所制菜点的食用本质属性外，还应了解选型构成与布局的基本法则，做到成竹在胸、事半功倍，我们用同样的原料可以创造出具有不同形态的菜点，这主要是采用不同的构成方式所决定的。

现代造型艺术的构成主义对烹饪工艺的造型产生着巨大的影响，构成主义是近几十年间发展并普及于世界各国的一种前卫派艺术理论，是指非传统的材料创造非传统的雕塑，并把传统雕塑的实体完全引申到包括“虚空间”在内的空间概念，形式上是抽象的，它从立体和平面两个方面影响到建筑、工艺设计，乃至烹饪工艺的产品设计，逐渐形成了平面构成、立体构成、多彩构成体系。

现代烹饪工艺造型设计已日益显得重要，设计的构成是构思—构图—构成的行动过程，从而形成和谐的组合方式。在内容和形式、实用和审美方面建立菜点和谐统一的整体。从形式表面来看，构成只是由元素（点、线、面、体色彩）通过组合方式的一种“组建”，但其内部的秩序和规律却决定于时空要素和形式规律，现代烹饪工艺的设计观与其他工业艺术设计思想具有许多相似的方面。另外，要加强对三维以外的第四维行动空间的重视，如前所述，不是三维的唯形主义，而是多维的包括味、香、色、形、融、意以及操作程序方面的总体造型设计，目的是建立一种新的时空秩序，寻找表现的新空间，从而摒弃了那种被动的、局部的、孤立的烹饪工艺传统设计模式。虽然目前在广大烹饪教育与企业中，烹饪工艺设计的专业及相关课程还没有明显的特征，但是，随着现代产品的国际化进程和设计学理论的全方位发展，在烹饪行业与教育中独具特色的设计专业与相关课程已呼之欲出了。

二、设计构成的规律

设计构成规律是指构成中组合方式的一般规律，也叫形式美规律或形式美法则，构成受制于形式美的自然法则，按照形式美的普遍规律行事，形式美受主观因素影响很大，因此是一个极其复杂而含义深广的命题。一般在烹饪造型工艺中有如下构成的形式美法则：

1. 单纯齐一

用一种口味、一种色彩、一种造型是谓单纯齐一，看不见明显的差异和对立因素，给人以明净、纯洁、清雅的感受，整齐而划一。

2. 重复与渐次

重复和渐次体现的是节奏韵律之类，例如将同等大小的原料在盘面连续排叠，构成排面，体现相同的节奏叫重复；将大小不等的原料由小到大或由大到小排叠，构成由远及近的排面，体现变化的节奏叫渐次。运用重复的方法构图具有节奏整齐的特点，运用渐次的方法构图具有节奏运动向上的力度。前者如什锦拼盘，后者如雄鹰的双翅羽毛。

3. 对称与均衡

对称与均衡具有稳定、平衡的美感，对称即以盘中为核心，或以两端为中轴直线，将具有同样体积、形状、重量的原料置于盘周或相对的两端，前者是中心对称，可作三面、四面乃至整个围绕中心一周的圆对称；后者叫轴对称，这是最常用的一种构图形式，很容易获得“圆满”的效果。均衡则是在变化中构图的，较为自由，是对称的变体，两侧形体不必相同，在一定的距离上相互照应，原理犹如杠杆，秤砣虽小但重量相当。

4. 严整与灵动

严整与灵动给人以形体的严肃、规整、凝重或轻灵、活泼、富于生命的感受。严整是将原料堆砌构筑在一个范围内，大小高低都受到严格的规定，不扩大也不缩小，抽缝直角，整齐划一，给人以板块般庄重之感；灵动则不受绝对范围的约束，曲线迂回，游动、飞翔、奔跑，显示出活泼的气氛，富于生命力的表现。

5. 写实与象形

对某一事物进行真实的模仿，像如其物叫写实或象形，如在盘中将各种食品拼摆成孔雀开屏、金鱼戏莲等图像，这种构象最容易引起人们对自然界图景的美的联想，难度较大，题材必须选择吉祥如意、可爱的内容，如龙、凤、孔雀、白兔、雄鸡、鹰、彩蝶、金鱼、花卉及山石等。

6. 夸张与变形

将某一部分夸大，突出事物的本质，如雄鹰展翅夸大其双翅其鹰嘴与爪，可以使鹰像更为传神，再如葵花冷盘，花盘由菱形料形构成，可以使葵花丰满而凝重等等，本质更为突出，这种造型形体就是变形，将物象变形具有装饰美感，如金鱼的尾，可以尽量地使之夸大变形，给人以飘逸灵动的感觉，既像真物，又没有真物应有的比例，在于似与不似之间，突出人对事物感受的精神意念。

7. 粗犷与精细

将原料整只整块地构图，显得肥壮丰厚，此为粗犷，但粗犷而不粗糙，寓分割于整形之中，如大块的肉方、整只的肥禽、整尾的壮鱼等等；如果构图中处处有细密的叠面、加工的痕迹、灵巧的造型等，则是精细。粗犷与精细都给人以法度严谨的感受。

8. 调和与对比

在盘中用两种以上原料造型则会形成调和或对比的关系。调和是反映同一色及形体中变化和近色近形的变化，在色上有黄与绿、绿与蓝、蓝与青等等，以及同色的浓与淡等等，在形上有方形、长方形、梯形、圆与椭圆等等，调和具有融合与协调的特点。对比则是将两种相反或相对的物体并立，如体积对比、色彩对比、重量对比和形态对比等等，对比使人感到鲜明、醒目、振奋、活跃、跳动，具有"蝉噪林愈静，鸟鸣山更幽"的意境。

9. 多样与统一

这是形式美的最高境界，也叫和谐，从单纯划一到对称均衡再至多样统一，体现了造型工艺中对立统一的规律，多样性体现了各种原料的个性千差万别，统一性则体现了各个事物的共性和整体联系性。构图布局的多样与统一，是通过各事物间，即局部与局部、整体与局部之间的比例关系来实现的。因此，比例关系到整体形态，还对局部与局部造成影响，比例失调会产生畸形，在成品造型中则会产生丑的形态。所以，比例是各种事物间关系的规律，任何多样统一的法则都要求突出重点，即有主有次。各种比例必须为重点服务，构成向心的多样化整体，例如百花争艳冷盘，一组近10朵花卉，大小不等，中间一朵为主花，四周花卉形态各异，向中心围绕，突出了主花卉，构成了百花争艳的整体图像。

在成品造型中，装盛器皿与制品之间是一个不可分割的整体，存在着衬托与对比的关系，一般来说，成品造型应充分运用原料本身的自然色彩与形体，突出原料的质地、形态、色泽美，而不应将其掩盖，甚至扬短避长。

在造型中，各食品之间要注意在色、香、味、形、质方面食料不相融洽的不应混杂一盘，否则容易破坏主题与制品的统一氛围，每个菜点制成品都具有独特形式的表现，但必须为食用服务，只有当食品外部形式从属于特定的食用目的时，才能实现其作为外部形式表现的意义，才能反作用于造型的艺术构思过程，具有表现的自觉性和确定性。因此，菜点成品造型工艺的最高目标是实现菜点实用性与审美性的多样统一。

第二节 成品造型的形态与加工

引导案例

在酒店供应的菜点中，装盛形态是质量体系中重要的部分，"饮食问器"历代被文人雅士所关注。菜点除了配器外，其装盛的方法与形式也至关重要，有法有度、中规中矩。然而在一些低等级饮食场所，对这方面一般忽略不计，造成一种粗陋流风给进餐宾客带来不便与不快的同时也降低着制品本身品位质量。例如同样是香菇菜心，将其盛装在大碗里或整齐排列在小砂锅和平盘里，其价值判断高低呈现，无疑前者粗俗，后者高雅。一个菜品在盛器中要结构鲜明，否则就是乱堆柴草，主次难辨，这是成品装盛造型装饰美化的大忌。即便是最简单的烧鸡块，在装盛时也要将鸡胸与鸡腿等完好的部分放在上面，将鸡背、鸡颈等骨多而不规整的部分垫衬在下面等等，这是常识，但是往往我们在一些地方见到的都是头颈在上的现象，给客人以上当吃亏的印象。

分析：上述现象的出现，反映了制作者缺乏对餐具装盛形态的认识，缺乏对菜品装盛造型结构的认识，也缺乏对相应地正确造型方法与形式的认识，在此，我们先从餐具装盛形态进行讨论。

一、餐具的形态特征

餐具是装盛菜点的专门器皿，作为菜点成形统一体的一个局部，与菜点的整体具有不可分割的联系。虽然餐具本身的一些形状与装饰图文具有远离食用工具的性质，但餐具的本质就是菜点成形的表现平台。餐具作为实用性与艺术性的最佳结合典范，许多已被视作为纯艺术品范畴，例如雕塑性质的餐具、具有精美图文的餐具、奇形怪状的餐具等等。但从本质而言，餐具的各种造型形态与装饰图文都是以装点美化食品出发点的，都极大地优化了所被装盛的菜点的质量，同时也切实赋予了进餐者食用的方便，提高了进餐的热情，菜点的附加值也随之增强。与菜点成品成形有极大关系的正是餐具的形态与型号。

由于餐具是被用来装盛食物的，而具有包装的意义，其形态的共同特征就是具有一定的容量和空间，有深凹面、浅凹面、平面形态三种结构，深的叫做锅碗，浅的叫做汤盆，平面的统称之盘碟，这种容腔结构决定了菜点种类的表现形式。

(1) 锅碗型餐具　锅碗是容量较大，装载汤量较大菜肴的容器。通常锅类有火锅、砂锅、陶罐、明炉锅仔、干锅、砂钵等，可边吃边加热保温，以自身古朴形态平添了菜肴古雅风韵；碗类有品锅、汤锅、饭碗、口碗、羹盅等，以自身精雅的品位赋予菜点以典雅亲和的风度。

(2) 汤盆型餐具　主要装盘汤菜相融干湿各半菜肴，有汤盆、鲍鱼盆、烩菜盆等。大者为汤盆，有12～20英寸直径不等。鲍鱼盆与烩菜盆较小为4～12英寸直径不等。汤盆以其雄浑宏大的气势，雄霸全席，渲染菜肴富贵荣华的气派，小者又具有融合经典的品味。

(3) 盘碟型餐具　大者为盘，7～18英寸直径不等，小者为碟，2～7英寸直径不等。具有平滑的盘面，最利于菜点形体的展现，主要装载干性为主的菜点。

如果说前两者菜点造型的形态以本身形态为主，那么盘碟餐具则以其自身淡雅华贵的气质烘托着菜点优美的形态。

在材质方面，餐具有陶瓷、竹木、金银、玉石、玻璃等等。在形状方面：有圆形、椭圆形、方形、三角形、梅花形、风轮形、叶形、竹形、船形、桶形、鱼形等等。在纹饰方面更是花样繁多，精美绝伦。餐具作为菜点展示平台与第一背景，其品质越高，则菜点被人食用时的附加值越高。正如古人有云“美食不如美器”、“美食需要美器”，餐具的形、色与材质同所装载菜点构成和谐协调风格是成品造型的最高境界。

二、菜点成品的总装加工方法

就菜点本身的形体而言，在生坯组配加工时已初具形状和规模，经制熟加工后，将菜点在餐具中总装或称为“再造型”，将配形制熟的菜点各部分总体装配于盛器中形成特定的结构与形状。一般来说总装的结构部分可分为底、面、围、缀四部分：

(1) 底即制垫底之料　在造型中起着陪衬、烘托主料的作用,使菜形更加丰满、充实。

(2) 面即是面料　通常是主料或用料中最肥美、最完整的部分,使主菜更为突出,风味更为明朗。

(3) 围即是围边之料　犹如房屋的墙壁,用品中次质硬料,具有支撑主体的作用。

(4) 缀指装饰点缀的异质性原料　主要具有装饰美化菜点盘中形态的作用。

在菜形立面方面,有平面结构,即平面排列结构;有主体结构,即原料的主体堆砌结构,以及平、立面结合结构,即平列与堆砌的组合式结构。

在外形轮廓方面,一般为统一型轮廓,即边线一以贯通,一菜一形;分隔型轮廓,即边线各形,多形组合,其中又有均衡分隔与主次分隔两种形式。

在形态方面,或具象或抽象,皆随器造势,随意赋形。在形态操作方法上,一般热菜与点心侧重于装盛点缀,冷菜则侧重于装盛拼摆,现将各法分述如下:

(1) 装盛法　将制熟的菜点直接装入选定的器皿中,具体的方法又因菜型的不同而有异,一般有装盛六法:

① 拉入法:将锅倾临盘上,用手勺将菜拉拨入盘中,呈自然堆砌形的圆馍状,一般小料以及较干爽的菜肴适于此法,如炒类菜肴。

② 倒入法:锅位如上,让汤卤流入碗中之法。

③ 舀入法:用手勺将锅内黏稠性羹肴舀盛入碗中之法。

④ 排入法:将原料预先排入盘中,蒸热之法。

⑤ 拖入法:将长条形或排列整齐的菜肴,由锅中直接滑落至盘中之法,滑时拖锅迅速离菜即成。

⑥ 覆入法:将扣蒸菜翻身覆入盘中之法,覆时碗下盘上翻身即成。

(2) 拼摆法　拼摆是指运用拼和摆的形式将菜品装入盘中之法,拼即是拼合,摆就是放置,运用一种原料拼摆的盘式叫单盘,运用两种以上原料拼摆的盘式叫拼盘,拼盘有双拼、三拼直至运用十种原料的什锦拼。用于冷食的叫冷拼,用于热食的叫热拼,以象形与几何图案拼为最常用,拼摆的具体方法有铺、排、堆、叠、砌、插、贴等。

① 铺:用刀托起菜料,平坦脱落盘中叫铺,是盖面垫底、围边所用的基本方法,运用铺法可使菜料平整服帖,铺前将原料稍压,更具有平整的效果。

② 排:将多种菜料平行排列,整齐一致,多用于菜面和四周,以排法为主的菜或造型叫"排盘"。

③ 堆:运用勺舀或筷夹,将原料自然地呈馒头状置于盘中叫堆,常用于垫底或对细小以及带角原料的造型,速度最快。

④ 叠:将片形原料有规则地一片压一片呈瓦楞形向前延伸叫叠,可使造型富于节奏感,一般是盖面的专门手法。

⑤ 砌:犹如砌墙,将原料齐整或交错地堆砌向上伸展叫砌,常用片、块等形原料,对高台、山石等立体形象造型,亦用于基础加工,如垫底或砌墙打围等。

⑥ 插:将原料戳入另一原料中,或夹入原料缝隙中叫插,常用于填空和点缀,便于对冷盘成形不完美处修整,如对垫底的垫高等等。

⑦ 贴:将微小的不同性原料黏附在较大物体表面叫贴,如对鱼、龙等造型上贴鳞,对鸡、孔雀等造型贴羽毛等。

（3）点缀法　点缀是指对菜点主体成形后的装饰方法，所用材料色艳，一般可食但不具实质性，可有可无，或者是辅料中的最具对比性部分，点缀方法一般有五种形式：

① 垫底：运用对比色彩，盛的食料铺垫在菜之下，例如冰糖扒锦下可垫绿菜心。

② 围边：运用形色特征鲜明原料圈于主菜一周，起到装饰图形的作用，这种围边是一种点缀方法，而与菜主体结构中的围性不同，围边具有周密、完善的美感。

③ 点角：在菜肴全体一侧点缀以装饰性材料，与主菜形成呼应，使视觉重点突出，一般有1～3等角点缀，如在银鼠鱼的前侧点缀饰件，是点角或装饰，具有灵活、生动、可爱的特点，在对角或等角点缀给人以均衡的感觉。

④ 牵花：将花型、花边型、波浪型等饰件牵引在菜面一侧，或在软隔断菜肴的对拼菜局部之间，具有变化、轻松活泼、点化意境的特点，例如在八宝鸭脯一侧点缀以小拼花纹饰，于单调里增添动感。

⑤ 盖帽：将华丽而量少的原料覆盖在主原料表面，或谓之菜肴的顶部，犹如戴帽子，再如，大煮干丝中，用鸡丝、火腿、虾仁等装盛在干丝表面，叫盖帽，盖帽是提高菜肴品质的重要装饰手段。

三、成型加工的共守规则

不问单盘或是拼盘，也不管是热菜还是冷菜、点心，在装盛拼摆点缀时都应该恪守以下规则：

（1）盛器容积应与制品量相适应　如果菜量大而容器小会显得壅塞，甚至易产生汤汁溢出污染桌面的现象。将量小的菜肴盛于大器则显得空虚旷薄，一般来看，装菜一般在容量的70%～85%之间，以内侧线为度，形态饱满，点缀应有相应的空间，外空间应是预留的而不是临时推挤而出的。

（2）盛器形式应与制品相符合　如果盛器不与制品特征相符，则会产生不协调感，一般是腰盘盛鱼不露头尾；汤盘利于汤卤融烩；炖、焖、煨菜砂锅最宜；炸、煎、熘、炒宜于平盘，利于表现。

（3）盛器色彩应与菜点色彩相谐　衬托菜色，烘托氛围，一般应注意，复杂菜肴用清纯餐器，简单菜肴用复杂容器，暖色菜肴用冷色餐具，冷色菜肴用暖色餐具，餐具的成套型使用有系统一致的感觉，餐具的各色随配型使用，则具有五彩缤纷的效果。

（4）盛器应严格消毒杀菌　一般采用高温与药物杀菌，灭菌后严禁手指与盘内壁接触，严禁长时暴露在灭菌区外的空气中，严禁用抹布等物擦抹盘面，也禁将配菜容器作成形容器使用，防止二次污染。

（5）坚持实用的第一性、装饰的第二性原则　所制造型必须以方便进食为目的，增强食欲为手段，而不应唯形造型，因型伤质，降低食用价值。点缀装饰物不应喧宾夺主、本末倒置、哗众取宠，更不能将有害人体安全与健康的物质充当装饰物点缀，例如在餐具中使用有毒胶水、竹木牙签、不洁鲜花、色素，甚至泡沫塑料等物，那是有害行为，愉悦人心应自然取美，随性取趣，按质造型，切忌强行拼接，弄巧成拙，品相媚俗低级。

（6）坚持准确、迅速、卫生的规范化操作　应以最短时间达到最佳效果，反对延时，对热菜与点心的装盘点缀装饰应超前准备，成品装成即好，不宜装盛后再点缀，否则易产生菜冷、味变、质衰的不良效果。在冷盘方面，切料拼摆应将手消毒，动作要麻利，成形要准确，不因摸索而延时，不使菜料因长时裸露而氧化生菌。应简朴、美观、意趣天成，反对因精雕细镂而增加污染。如果冷拼造型的食物人不敢吃，卫生得不到保证，则虽美观也会失去意义。对冷拼比赛的评定引进防疫学的测定机制是最为基本的标准之一，时间与速度则以短快为优。现在一些烹饪大赛却以冷拼之形为首要，显然具有极大的偏颇性与非科学性。一些参赛品种的点缀超过了菜肴主体比重，也是反常规的。

【相关链接】

菜点成品的评定标准如下图所示：

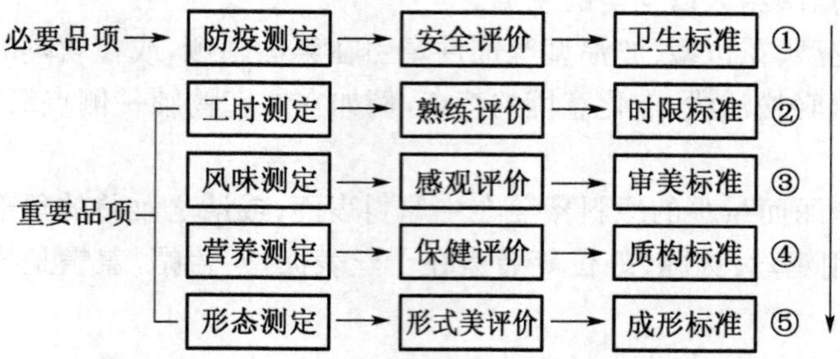

这是大赛菜点成品评审方法体系，应高于酒店菜点评审标准，是菜质量体系的最高体现。

四、菜点成品造型的设计与思维

1. 菜点造型设计思想的三种模式

菜点成品是菜点设计思想的集中体现，是工艺流程加工的最高结晶，然而就设计而言，设计思想是极其重要的。设计思想是对世界认识的一种观念。对各种设计类型的归纳可以看到三种比较清晰的设计形式，即模仿式、继承式和反叛式。

(1) 模仿型设计　模仿是人的天性，是天生的，是历史最为悠久的，是生命力最为旺盛的设计类型。模仿是创造的源泉，是来自于对自然界认识的灵感冲动。模仿是对事物的复制，落后的企业模仿先进的企业，在现代酒店业中相互模仿形成了千店一面的品种经营特点。模仿在人类的早期是创新的，但随着人类文明的发展，模仿具有类比推演的性质而极具创造性。模仿设计不能简单地重复和仿制，而应该是一种再创新过程。但模仿型设计必须来源于对已有的事物的联想灵感。

(2) 继承型设计　继承型设计是通过教育实现的，是人们最为熟悉习惯的风俗传统中耳熟能详的事物，相比模仿型设计虽具有相似之处，但属于保守的、被动性的。在承上启下方面，继承型设计虽有改良的行为，但对传统的主流却严守根本，过去大多数烹饪工艺的产品都是继承型设计的产物。继承型设计具有长期稳定的结构，在历史传统的惯性力之下，继承成为本能或自觉的无意识行为，个性在历史长河中淹没，设计隐埋在共意识海洋中，因此，不存在实质性的个性化设计。继承的改良性具有较好的创新性，是设计承上启下的中间形态，具有时代潮流的特征，所开发的新产品是熟悉的新口味，最易被周围人所接受。

(3) 反叛型设计　反叛型设计是思想认知的跳跃，伴随社会的重大变革而产生。国际的文化、科学、技术的深入交流以及科学技术的重大进步，都会引起反叛型设计思潮。反叛型就是对现有事物的反思维，其创新思想特别强烈。究其实质，反叛型设计就是反常规设计，不受模仿与继承的限制，随心所欲，个性得到充分张扬。现代流行于市的中西合璧菜点就是典型菜例，反叛型设计或者能成为新传统的典范或者会昙花一现，是极不稳定的短期行为，但却有流行设计的强大思想动能，极具个性特点。反叛型设计的产品会被流行一阵，被认为时尚，当人们熟悉以后，一部分会被共识成为新派传统，另一部分则会在深入地思考中消失。

2. 通用设计方法

（1）直觉经验的形象标准化设计方法　迄今为止，绝大多数菜点都是在直觉经验模式设计中产生的，尽管在设计时，许多厨师并没有明确认识到这一设计存在的客观性。当现代酒店在激烈竞争的情况下，频频要求更新其产品品种时，他们绝大多数厨师都具有设计的潜意识和行为。他们苦思冥想试图有所创新和突破，但由于方法的缺乏，很难做到准确表达，在生产方面，也难以实现标准化的贯彻执行。

直觉经验设计是依靠经验积累的，是经验与灵感产生共鸣的过程，这是人类最为古老的食品设计方法。当一个人的实践经验具有一定量的积累时便会自然地产生灵感，便会自觉地进入设计角色。然而纯粹的经验又是不可靠的，随机性较大，也难以把握，难以形成对规模性生产的标准化管理，将直觉经验的灵感加以捕捉，成为设计的形象，拟定标准需经过以下设计程式：灵感→构思立意→设计草案→类比→优选→实验→评价审定→制定生产方案→编织工艺流程→样品生产→培训→扩大生产→信息反馈整理→再设计，灵感来自于对事物观察，引起与经验共鸣的瞬间感觉，产生创造的冲动，这是一种直觉的冲动，有时存在于朦胧之中。许多有经验的厨师会经常出现这种状况，这种状况有时片刻即逝，因此，应抓住时机进入理性设计状态。

① 构思：在有意识的对灵感冲动的思索中产生扩散式的联想，生成连锁反应，这时朦胧的冲动已消退，眼前出现了较为具体清晰的创造形象、菜点轮廓，这时可以将其记录下来，明确创作的主题和意境。

② 制定草案：根据记录，首先勾勒所创菜点的成品造型、形态的初步图案，进入图案设计。一般可设计数种相类似的略有变化的图案，并制定实验的行动方案。

③ 类比与优选：全方位地搜寻与之相似的同类信息，并与之对比，这时可能会得到相类似品种的数十条信息，运用解析分析的方法，统计、归纳与推演的方法，优选出最佳方案，确定所创作构思的特色含意，修改实验的方案。

④ 实验：依据优选确定的最佳方案进入实质性实验加工，制出设计品种，这时，会产生一种或数种定型品种，并形成量化的参数系，可以进入评审程序。

⑤ 评审：依据质量体系评审标准，进行相关专家联合评审，得到实验品所需的理论数据而相互验证，最终确定等级性规格模型。

⑥ 制定生产方案：当模型一经确立，便不能随意更改，随之对加工流程的工艺方法、操作形式等等以及原料的采购和加工模式的设计形成一套行动方案。

⑦ 组织工艺加工流程：将设计方案交付厨房由厨师长组织实施，通过各岗位的协作形成行动的加工流程，生产第一批样品。样品一般是有限供应的新品。

⑧ 样品生产：样品生产是在正常经营过程中进行，在一餐中供应，样品用于试销售，在销售过程中收集有关反馈信息进行适度调整。

⑨ 培训：在正常情况下，顾客反映较好时，可以有一个对生产与销售员工的培训，培训

的目的是使之熟悉工艺，掌握量化标准，了解新品特色性质，便于生产与销售。

⑩ 扩大生产：在良好的情况下，这次设计基本结束，其设计品种由实验品转为正常的企业品牌产品，并根据现实情况扩大生产规模，推广至连锁企业。

⑪ 二次反馈与再设计：当该类菜点作为常规供应一个阶段后，可根据二次反馈进行再设计或者更换设计。

在产业化经营的酒店中，新产品必须通过这一设计周期，如果还依赖厨房生产设计的随意性，其质量与生产秩序的稳定性必将受到不利影响。而这一过程也只能通过专业设计部门完成。其知识与经验的信息含量以及微机化科学技术的含量，并非是纯直觉经验型的简单设计所能比拟的。

(2) 虚拟定性与量化实证结合的设计方法　这是纯理性设计，无中生有，极富创意，品相极高，用一个典型的菜肴设计案例以资说明：

命题：岁寒三友。

虚拟原料：松、竹、梅。

菜性：高级花式素菜，风味清鲜淡雅，本色，盘装造型。

构思：可造其型，可取其味，可用其材，可结合运用。

原料选择：红胡萝卜、西兰花、芽春笋、松子仁、鲜奶、腊梅3朵、盐、鸽精。

制熟方法：油蕴→烩熟。

构图立意：意象，笋象征竹；西兰花象征青松；胡萝卜刻梅花形块，象征红梅；鲜奶象征白雪。松子仁取松味，腊梅增香。

图案设计：

A. 笋排圆周形，西兰花扣碗覆入层中，胡萝卜花朵围叠，松子仁撒面点缀。

B. 笋排扇面形，西兰花围边，胡萝卜在扇面内侧沿边排列，松子仁撒在中间点缀。

C. 将笋与西兰花相对排列，胡萝卜叠于中界分隔，松子仁撒上点缀。

定量实验：芽笋10支去根对剖，西兰花300 g摘成小朵，红胡萝卜150 g，刻直径2 cm红梅型块20只，鲜奶100 g，上汤150 g，盐、鸽精、湿淀粉适量，按设计制熟造型三次，制熟后，选定一型。

运用上述菜品设计方法时，在同一命题下采用不同原料可设计三套方案，例如全荤式、半荤式等等，这是其中一套方案，设计程序的周期与前法同。

这种设计方法对设计者而言，丰富的成菜经验的积累虽很重要，但不占主导地位。而对烹饪工艺学相关知识的深刻掌握，对大量类菜信息的掌握和运用具有主导地位，着重在于组织能力与创造力。个人的实践经验则融入了设计者对整体技术、知识、信息的组织和运用之中，在没有样板的前提下创新出独特的菜点。

(3) 功能性拓展的推演设计方法　推演性设计是在一个基点上，运用可能性逻辑推导演绎派生出类型品种的方法，这种方法在中国传统菜点的设计中运用有大量实例。对新功能的开发是一种创新，产生前无古人的新菜品。然而新功能又极难被发现，一般可采用借鉴与综合的方法对食料或制熟方法的功能进行扩大和延伸，例如用裱花嘴挤出鱼线就是一种借鉴开发了鱼缔可塑形如线的新功能，再例如将四川灯影牛肉的成形与加热方法转移到鱼片上来，从而开发了鱼片也能像牛肉一样片薄透明、酥脆易化的新功能，等等。实际上中国许多系列菜点都是由功能演绎扩展而来。我们在日常的生产过程中也对此思考最多，但难以突破，似乎功能已被发挥殆尽。实际上只要将各种食料与工艺性能进行深入的理解，通过综合运用，其原有的各项功能便会得到更多的扩展延伸，这称为推演的连锁设计。

命题：凡具软韧质地的大片状原料皆可以制作包卷形菜点。

判断：Ⅰ 百页、腐皮、白菜叶、包菜叶具有上述功能性质。

Ⅱ 大块的软韧性原料可以批成大片，畜、禽肉类与鱼肉具有这一功能。

Ⅲ 浆、糊类原料可以通过煎烙形成皮片形状，面粉与鸡蛋具有这一功能。

Ⅳ 根茎类原料会在腌渍后脱水而软化，萝卜、土豆、冬瓜等具有这一功能。

结论：上述原料都具有被设计成包卷类菜点的功能，第Ⅰ次是直接运用，其他均需通过相应的加工扩大其原有功能，达到适用。

上述三种方法只是常用的三种，还有的方法因过于深邃而未被叙述。然而这三种方法的设计运用并不是相互独立的，在设计过程中则是互通共融的，说明在成品造型设计的模仿、继承、反叛三种基本思想模式中都可以综合运用。

3. *菜点成品设计中的创造性思维*

创造性思维在各行各业中具有重要的意义，创造是发展的动力、是品牌的源泉，创造性思维的产物是独创性的、新颖的。创造性思维的本质就是发现新问题，找出新关系，寻找新答案的思维过程。那么烹饪工艺设计的“创新”思维是什么呢？例如，中国是“烹饪的王国”，吃在国民生活中占到了首位，但是在悠久的历史进程中，其菜点的品种和技艺已经极其丰富而复杂，再有新的突破实属难题，在林立的饭店里，供应的品种千篇一律，难以给人以新刺激。人们对每日习惯性食品已缺少新鲜感和应有的冲动，许多人在美食生活里感到无啥好吃的了。于是有人发明了“避风塘”式系列炸菜，使常规油炸食品的形式发生了变化；又有人发明了“沸腾”类菜品，对传统的油浸菜改良移植到桌面锅内继续保持油沸状态；又有的则将火锅的形式简约化发明了明炉锅仔，火锅形式在小型化里变得更为灵便和清新等等，这些打破常规但又与传统不相冲突的方法，正是运用新方法解决新问题的创新思维范例。人们为之有了新鲜感，有了冲动的食欲，酒店则增加了营收，创新达到了应有的效果。创新就是寻找临界点、突破新界、面获得新感觉、创造新系列，这一切都来源于我们有新的想象。

前苏联心理学家彼得罗斯基在《普通心理学》中有一句著名的论断，他说：“人类劳动与动物本能行为的根本区别在于借助想象力产生预期的结果表象”，我们在设计菜点时，实际上已经“看见”了菜点的成品和形态，只不过不是用眼睛，而是用大脑去看。我们对一切结构、原料、加工工艺和操作，都是为了实现这一造型结果而设计而组织的。这就是心理的“构想造型”。

社会的需要给予我们创造性的想象动力，对想象物的设计与制造，正是再造想象的过程。而掌握的相关知识与经验的深厚程度却给我们以更为丰富的想象内容、更为广阔的想象空间、更为强大的想象创造力。想象是无比深邃高远而丰厚的，但将想象转向设计时，表现有三种思维规律：

（1）辐散性思维规律　即从一个中心点向多面辐射扩散的规律，是开拓性的思维，是创造力的源泉和温床。美国心理学家巴特利特称其为“探险思维”，具有突破常规多向拓展的特征。运用假设的虚拟定性设计方法是辐散性思维的特色。多侧面地寻求食料与工艺的功能性突破，别出心裁，出人意料是其产品效果。例如：以煮鸡块为中心，辐散思维形成一个"设计圈",将一种简单的菜品设计深化为一系列菜品。

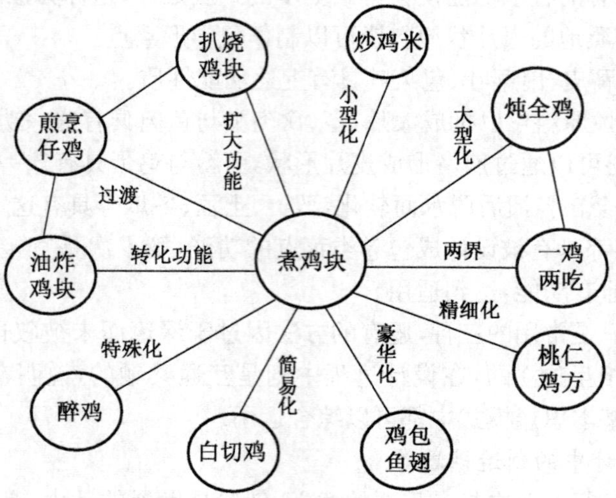

鸡菜设计圈(辐散思维)

(2) 变通思维规律　举一隅而三反,触类而旁通,实际上是启发式思维方式,在推演型设计与模仿型设计方法中变通的思维规律起到了重要作用。通过移植的手法,将此类设计运用到另一种设计之中,解决邻近的相似问题。例如同一种制熟方法适用于相近性质的不同原料;同一种原料也可以制作不同类型的菜品。这与邻近事物具有密切的联系性,在烹饪工艺中,南北风味、东西菜式、古今工艺的糅合借鉴就是变通思维的典型特征。

(3) 辐合思维规律　纯艺术想象是无比自由的,不受任何实用客观条件的限制,主观情感性飞翔如天马行空独来独往。而烹饪工艺的创造性想象却受到食用性、工艺性、原料性的种种客观界限的制约,使设计具有选择性,做到有所为有所不为,将多向性的扩散思维的一些不合理结果剔舍,将合理的结果加以鉴别求证和筛选。著名的数学家彭加勒曾说过"发明并不是由无用的组合构成,而是由数量上极少的有用组合构成的。发明就是鉴别、选择",这种对辐散思维结果集中、辨异求同的思维规律称之为辐合思维的收敛性。

当我们对设计的几种构想与方案的选择确认后,便会集中思维求得完美结果,因此辐合思维是单项展开的纵深思维。对烹饪工艺设计创作的菜点正是经过了冲突更改、限制、补充的交互作用过程逐步达到整个创新菜点的统一协调和丰富多彩的完美境界。

本章小结

本章的主要内容与关键点是:

1. 成品造型设计构成的规律。
2. 菜点成品总装加工的装饰方法和规则。
3. 成品造型设计模式与创新思维。
4. 成品造型设计方法的实用意义。

检　测

一、名词解释

成品造型　设计构成规律　造型形态　拉入法　覆入法　点角　牵花　盖帽　模仿型设计　反叛型设计　形象标准化设计　创造性思维　辐散性思维规律

二、复习思考题

1. 简述成品造型的性质与作用。
2. 以实例分析菜肴成品造型设计构成。
3. 通过具体菜品的装盛实例阐述设计构成诸规律。
4. 阐述盛食器皿的类型与装盛特征。
5. 举例叙述不同类别菜点的装盛装饰造型技法特点。
6. 在成品总装加工时应遵守哪些规则?
7. 用实例说明对点缀装饰方法的应用。
8. 自己设计一道菜点,并说明其设计思想。
9. 灵活应用三种设计方法,设计 1～2 种菜点品种。
10. 什么是创造性思维?举例说明鱼类菜肴的创新辐散思维。
11. 通过对一些菜点的设计,印证其变通与辐散思维规律。

参考文献

1. 黄梅丽.食品色香味化学.北京:轻工出版社,1984
2. 戚昌滋.现代设计法.北京:中国建筑工业出版社,1985
3. 郑奇.烹饪美学.昆明:云南美术出版社,1988
4. [日]太田静行著;方继功等译.食品调味论.北京:商业出版社,1989
5. 陈苏华.中国烹饪工艺学.北京:商业出版社,1991
6. 诸葛铠.图案设计原理.南京:江苏美术出版社,1991
7. 萧帆.中国烹饪词典.北京:商业出版社,1992
8. 何坚,孙保国.香料化学与工艺学.北京:化学工业出版社,1995
9. 顾国贤.酿造工艺学.北京:轻工出版社,1996
10. 丁时态.食品风味化学.北京:轻工出版社,1996
11. 胡慰望,谢笔钧.食品化学.北京:科学出版社,1997
12. 赵晋府.食品工艺学.北京:轻工出版社,1999
13. 张根旺.油脂化学.北京:财经出版社,1999
14. 凌关鹰.食品添加剂手册.北京:化学工业出版社,2000
15. 赵谋明.调味品.北京:化学工业出版社,2001
16. 蔡育发.新潮调味品和港式海派菜.上海:上海科技出版社,2001
17. 曹雁平.食品调味技术.北京:化学工业出版社,2002
18. 董胜利等.酿造调味品生产技术.北京:化学工业出版社,2003
19. 陈苏华.中国烹饪研究.北京:人民日报出版社,2004
20. 陈苏华.中国烹饪工艺学.上海:上海文化出版社,2006
21. 黄刚平.烹饪营养卫生学.南京:东南大学出版社,2007